# 非固体废物鉴别原理及案例分析

Non-solid Waste Identification Principle and Case Analysis

周炳炎　于泓锦　主编

化学工业出版社
·北京·

## 内容简介

本书以非固体废物鉴别原理和案例分析为主线，主要介绍了我国固体废物鉴别相关标准和规范中建立的非废物鉴别判断准则，总结了非固体废物鉴别基本原理和方法，介绍了进口物质属性鉴别中判断为非废物的大量信息以及鉴别过程，保税维修和再制造物品进口管理及其鉴别事项，进口物品鉴别中非固体废物鉴别重点和趋势分析，汇集了固体废物属性鉴别实践中判断为非固体废物的典型案例。

本书具有知识面广、实用性强、政策性强的特点，可供从事再生资源产品进口和利用、固体废物处理处置及污染管控等方面的工程技术人员、科研人员和管理人员参考，也可供高等学校环境科学与工程、材料工程、生态工程及相关专业师生参阅。

**图书在版编目（CIP）数据**

非固体废物鉴别原理及案例分析/周炳炎，于泓锦主编. —北京：化学工业出版社，2023.12
ISBN 978-7-122-44203-1

Ⅰ.①非… Ⅱ.①周…②于… Ⅲ.①废物管理-鉴别-案例 Ⅳ.①X7

中国国家版本馆CIP数据核字（2023）第181434号

责任编辑：刘兴春 刘 婧　　文字编辑：王云霞
责任校对：李 爽　　装帧设计：刘丽华

出版发行：化学工业出版社（北京市东城区青年湖南街13号 邮政编码100011）
印 装：北京建宏印刷有限公司
787mm×1092mm 1/16 印张23¼ 字数522千字 2024年4月北京第1版第1次印刷

购书咨询：010-64518888　　售后服务：010-64518899
网 址：http://www.cip.com.cn
凡购买本书，如有缺损质量问题，本社销售中心负责调换。

**定 价：198.00元**

# 《非固体废物鉴别原理及案例分析》

## 编 委 会

主　　编：周炳炎　于泓锦

副 主 编：赵　彤　杨玉飞

编委成员：周炳炎　于泓锦　赵　彤　杨玉飞　郝雅琼
　　　　　魏中舒　余淑媛　周依依　孟令易　吴宗儒
　　　　　杨　威

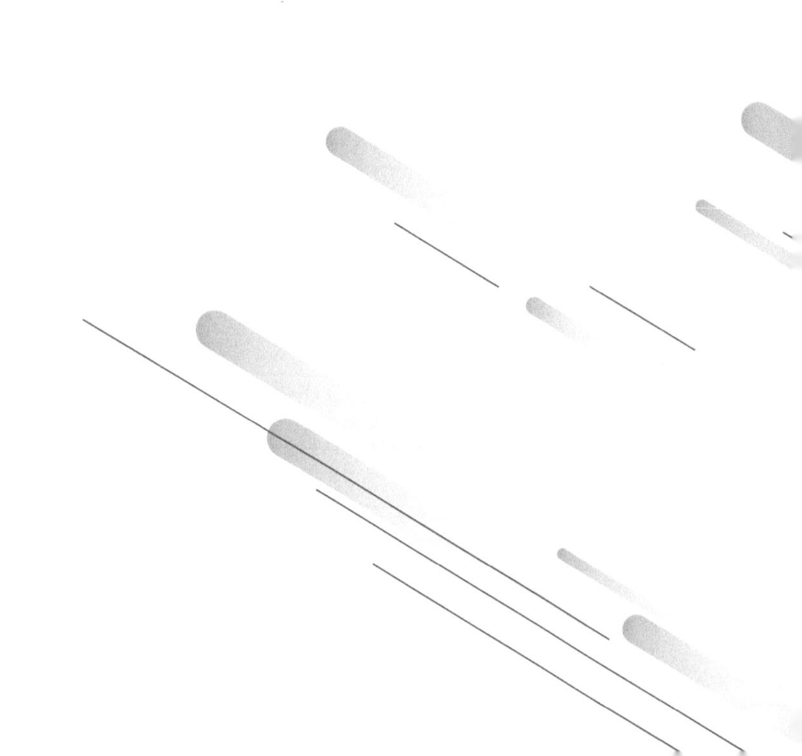

# 前言

PREFACE

物质的固体废物和非固体废物的属性鉴别已成为海关系统打击“洋垃圾”入境行动的主要技术支持之一，在海关系统生态环境领域得到了广泛应用。其中非废物鉴别（主要指鉴别判断为产品）并不是一项独立的活动，是在固体废物属性鉴别活动中伴生出来的技术工作。在2016年笔者出版的《固体废物鉴别原理与方法》一书的前言中首句便是“固体废物鉴别是确定固体废物和非固体废物管理界限的方法手段”，意味着固体废物属性鉴别包含了非废物的鉴别判断。对海关查扣的疑似固体废物的鉴别判断，其结果要么是固体废物要么不是固体废物。不同时期由于政策不同可能对相同的物质得出不同的结论，由于鉴别机构数量的显著增加，不同机构对同一批物品的鉴别判断可能出现相反的结论，即便同一个鉴别机构对同类物品也可能出现不同的鉴别结论。当生态环境部和海关总署共同组织对有异议的固体废物属性鉴别报告进行仲裁会议时，与会专家对鉴别结论也会产生分歧意见。这种情形反映出固体废物概念具有相对性的特点和物质来源复杂多样的特点，固体废物属性鉴别绝非易事。

从2006年4月国家环保总局、海关总署等部门发布的《固体废物鉴别导则（试行）》，到2017年8月环境保护部、国家质量监督检验检疫总局发布的《固体废物鉴别标准　通则》(GB 34330—2017)，再到正在修订的《固体废物鉴别标准　通则》，这些规范性文件中都包含或将包含一些非废物的鉴别判断准则，为非废物的合理判断奠定基础。但方法和准则会存在难以覆盖到的地方，甚至不同的人对判断准则条款还会存在不同的理解，所以笔者认为对非废物鉴别依然要坚持物质产生来源的基本分析方法，进行综合分析判断，有必要将以往鉴别经验进行总结，加强鉴别判断的一致性和准确性。

在长期的固体废物属性鉴别活动中，中国环境科学研究院固体废物污染控制技术研究所（本书简称为中国环科院固体废物研究所）获得了固体废物产生来源的大量信息，成为绝大多数“疑难杂症”物品鉴别判断的开拓者。在已完成的1200多项固体废物属性鉴别报告中，每年有20%～25%的案例没有判断为固体废物，非废物鉴别判断的原则流程与固体废物的判断原则流程基本一样，即首先必须掌握鉴别对象的表观特征，然后进行针对性的理化特征特性分析，掌握物质的主要化学成分、物质结构、基本性能，然后要进行物质的溯源分析，最后进行物质属性鉴别判断。由于很多鉴别对象是未知准确产生来源的物质，对其进行溯源分析有些时候很棘手，需要克服各种困难进行合理和科学地推导。在各类鉴别案例中，判断为非废物的物质主要有初级原材料或初步加工产物、符合产品标准规范的物质，包括矿物、金属、冶金产物、石油化工初级原料、高技术原料、塑料初级原料、橡胶初级原料、生物质加工产物、各类纤维丝或丝束初级原料、部分旧机电和机械设备、农林牧副渔业加工的初级产品等。

鉴别工作很重要，鉴别结论为解决鉴别物质是通关入境还是退运出境提供了基础依据，为涉案货物的处理提供了技术依据；还在于通过案例汇集了各类物质的知识信息，能起到举一反三的作用，为从事固体废物相关工作的人员提供借鉴和参考，节省大量的摸索探究时间；更重要的是在国家管理部门制定和调整进口废物相关政策时，鉴别案例起到了积极的支持作用。从 2020 年之前的历次进口废物管理目录的调整，到几次制修订的《进口可用作原料的固体废物环境保护控制标准》（GB 16487）系列标准，到 2017 年中央全面深化改革领导小组第三十四次会议审议通过的《关于禁止洋垃圾入境推进固体废物进口管理制度改革实施方案》，再到国家有关部门支持制定的各项再生原料的产品标准，对固体废物和非固体废物鉴别案例都发挥了不可替代的作用。

2020 年 9 月 1 日起实行的新修订的《固体废物污染环境防治法》第二十条规定国家逐步实现固体废物零进口，标志着我国审批进口固体废物的时代终结，进口公司和利用企业再进口固体废物将面临严厉的违法惩处。2021 年 11 月《中共中央　国务院关于深入打好污染防治攻坚战的意见》中再次强调全面禁止进口“洋垃圾”，生态环境部等部门为深化巩固禁止“洋垃圾”入境工作的成果部署了多项措施。在习近平生态文明思想统领固体废物管理工作的新时代下，海关严格落实法律规定，维护法律尊严，查处和打击各种形式的进口固体废物行为，还会有一些查扣货物被鉴别为非废物。根据近些年的管理变革和发展轨迹，今后会有部分固体废物在境外经过加工处理并符合我国再生原料产品标准后再进口，应坚持落实走高质量发展道路的方针，合理利用境外再生资源产品，保障国民经济发展所需要的资源供给。2020 年 5 月，商务部、生态环境部、海关总署发布了《关于支持综合保税区内企业开展维修业务的公告》，鉴别经验也证明在口岸保税维修物品管理中物质属性鉴别发挥了重要作用，未来也应将以保税维修、商品再制造、检测检验为目的有瑕疵的合法合规产品或样品通关入境，同时应防止变相进口有毒有害物质及固体废物。

长期以来，在固体废物属性鉴别工作中，中国环科院固体废物研究所得到了生态环境部和海关总署的全力支持和指导，得到了各方面和各领域专家的大量帮助，在此表示衷心的感谢！本书包括上下两篇：上篇内容是非固体废物鉴别原理与方法，是基于国家高度重视充分利用国内和国外两种资源和两个市场推动经济高质量发展，其中再生原料产品也是资源的必要组成部分，有必要利用好境外再生资源产品；下篇内容是56个鉴别判断为非固体废物的典型案例，所列案例时间跨度较长，都是基于委托鉴别当时的法规、标准以及鉴别人员的认知水平，由于塑料物品的固体废物和非固体废物鉴别内容在2023年2月出版的《塑料物品固体废物特征分析与属性鉴别》一书中已专门论述，所以本书不再重复塑料方面的相关内容。

本书是对2016年出版的《固体废物鉴别原理与方法》一书中，固体废物鉴别原理和方法的补充和延伸，由周炳炎、于泓锦担任主编，赵彤、杨玉飞担任副主编，参与本书编写的人员还有郝雅琼、魏中舒、余淑媛、周依依、孟令易、吴宗儒、杨威，全书由周炳炎统稿并定稿。在此对为本书做出贡献的所有人员表示衷心感谢！本书中有些案例的来源分析引用了一些参考文献，也有一些文献（包括重复的）没有标注出来，在此一并说明，并对所引用文献的作者表示衷心感谢！

由于被查扣货物的生产加工过程及其产物均复杂多样、专业性强，导致物质的属性鉴别具有相当难度，要求鉴别人员必须不断学习。限于编者专业知识、水平以及编写时间，书中可能存在一些不足和疏漏之处，敬请读者批评指正！

**编者**

**2023年11月**

# 目录

CONTENTS

## 上篇
## 非固体废物鉴别原理与方法



## 下篇
## 非固体废物鉴别典型案例分析

上篇

# 非固体废物鉴别原理与方法

# 一、固体废物鉴别规范中有关非废物鉴别判断原则及其修改思考

固体废物鉴别是从固体废物管理逐步深化发展中产生的一项重要技术措施，在口岸物品或货物管理中首先被怀疑为固体废物，然后通过鉴别活动确认是否为固体废物，这一活动中包含着非废物（主要指鉴别判断为产品）的判断，国内还没有人对此进行过专门研究，结合长期以来的鉴别实践和鉴别标准，总结如下。

## （一）《固体废物鉴别导则（试行）》中有关非废物鉴别判断原则

2006 年 4 月国家环保总局、海关总署、国家质量监督检验检疫总局等部门发布《固体废物鉴别导则（试行）》（简称导则）之前，我国没有建立明确的固体废物的鉴别准则和判别依据。当时，鉴别机构以及鉴别人员非常少，固体废物属性鉴别的判断依据主要是根据对《固体废物污染环境防治法》中固体废物定义的理解，以及借鉴国外固体废物的定义和判断依据。当涉及非废物鉴别判断时，主要是寻求鉴别物质的非废物特征以及产品的符合性，对符合产品标准和非废物原材料要求的或具有强烈产品有利特征的判断为非废物。随着固体废物属性鉴别作用日益凸显，单纯依靠鉴别机构人员的主观判断便难以适应由鉴别结果带来的各方质疑，如执法部门或当事人经常询问鉴别的合法性及其明确依据，需要政府部门建立一些公认的管理规范和判断依据。因而，《固体废物鉴别导则（试行）》中便建立了固体废物和非废物的判断原则。

非废物鉴别的内容贯穿在《固体废物鉴别导则（试行）》的全过程当中，具体如下。

① 适用范围中强调了适用于固体废物和非固体废物的鉴别，意味着物质的属性鉴别结论有属于固体废物和不属于固体废物两种情况，非废物鉴别主要是指鉴别判断为产品。

② 从程序上进行规定，如“固体废物与非固体废物的鉴别首先应根据《固体废物污染环境防治法》中的定义进行判断；其次可根据本导则所列的固体废物范围进行判断；根据上述定义和固体废物范围仍难以鉴别的，可根据本导则第三部分进行判断。对物质、物品或材料是否属于固体废物或非固体废物的判别结果存在争议的，由国家环境保护行政主管部门会同相关部门组织召开专家会议进行鉴别和裁定”。这一处理流程中，明显是将固体废物判断和非固体废物判断融合考虑，作为鉴别工作中矛盾对立统一的有机整体，是事物的两方面。

③ 列出了不属于固体废物的 5 种典型情况：a. 放射性废物；b. 不经过贮存而在现场直接返回到原生产过程或返回到其产生过程的物质或物品；c. 任何用于其原始用途的物质和物品；d. 实验室用样品；e. 国务院环境保护行政主管部门批准其他可不按固体废物管理的物质或物品。

除放射性废物管理具有特殊性并需要专门机构按照《放射性污染防治法》的规定及相关标准要求进行管理外，其他 4 种情形下的物质可不按照固体废物进行管理。这 5 种情况既是国际上固体废物管理中总结出来的经验，也是我国固体废物管理当中最早的排

除或豁免准则，起到了开启和示范作用。

④ 在固体废物和非废物综合判断上列出了固体废物与非固体废物判断的综合考虑因素，从物质的利用方式、处置方式、正常循环使用链、价值、环境影响等方面进行分析，并建立了判别参考流程，如图 1 所示。

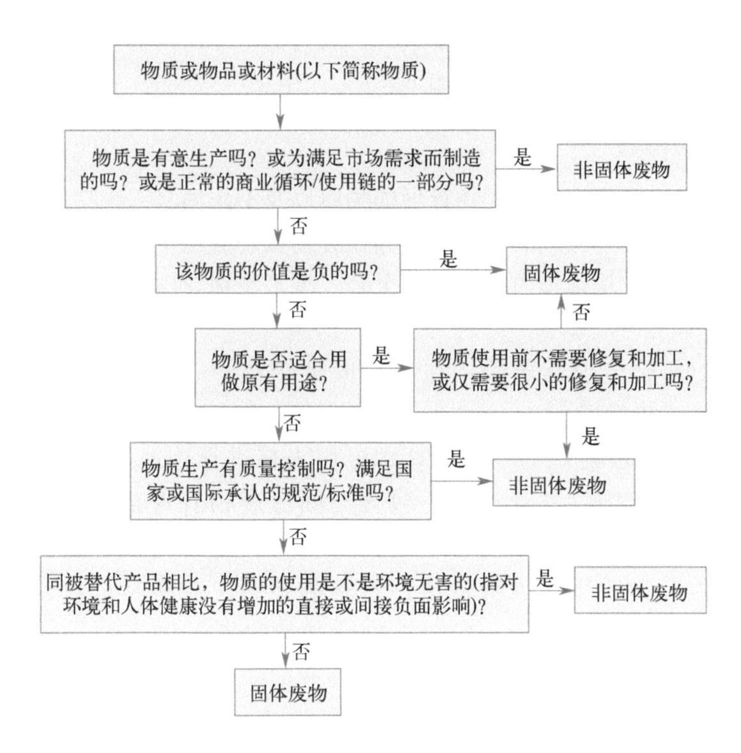


图 1　固体废物和非固体废物判别流程

从导则中的该部分内容看出：a. 物质是有意生产，是为满足市场需求而制造，是属于正常的商业循环或使用链中的一部分，那么物质不属于固体废物；b. 物质的经济价值不为负，该物质具有商品的原有用途，并且使用前不需要修复和加工或者仅需要很小的修复和加工，那么物质不属于固体废物；c. 物质生产有质量控制，并且满足国家或国际承认的规范或标准，那么物质不属于固体废物；d. 如果根据前述步骤还不能判断物质的属性，同被替代产品相比，物质的使用是环境无害的（指对环境和人体健康没有增加的直接或间接负面影响），那么经过综合分析后物质可能不属于固体废物。

导则中确定的这些非废物判断原则在以往的鉴别工作中发挥了重要作用，在理解和应用时尽量不要与固体废物判断原则完全割裂开，它们构成固体废物属性鉴别工作的整体。随着管理和执法的不断深化和扩展，导则虽然确立了非废物判断原则，但其范围、表述和类别列举上明显有些窄，难以涵盖物质来源的各种复杂情况，需要扩充和修改。

## （二）《固体废物鉴别标准　通则》（GB 34330—2017）中有关非废物鉴别判断准则

2017年10月起实施《固体废物鉴别标准　通则》（GB 34330—2017）（简称为鉴别标准），该鉴别标准替代2006年发布的《固体废物鉴别导则（试行）》，对非废物的判断和不作为固体废物管理的物质进行了细化，成为各口岸监管机构和固体废物鉴别机构遵循的基本准则，主要内容及其解析如下。

### 1. 标准的适用范围

范围中明确提出不作为固体废物管理的物质以及不作为液态废物管理的物质，但更多的不属于固体废物的鉴别判断是隐含在固体废物鉴别概念中；从逻辑上看，鉴别结果包括非废物鉴别判断；从标准内容的表述上看，少了鉴别导则中的非废物鉴别判断的直接说法。

标准范围上明确放射性废物不包括在固体废物管理范围中，主要原因是我国制定了《放射性污染防治法》、《放射性废物管理规定》（GB 14500—2002）、《放射性废物分类》等，由放射性的专门机构和专门人员进行管理。美国、欧盟、日本等国家和地区对放射性废物的管理也不包含在固体废物管理范围内，避免法律管辖范围上的重复。当然，放射性废物本质上是废物，而且是放射性更大的废物，只是不属于《固体废物污染环境防治法》管辖的范围。在物品进口管理环节，放射性废物是我国明确禁止进口的，放射性检验是货物通关中首要检验和重点监控的项目。

### 2. 术语和定义

首次定义了目标产物和副产物，建立了副产物和副产品的区分界限是鉴别标准的亮点之一，从而将产品和副产品归属于非废物范畴，将固体废物和副产物归属于废物范畴，解决了过去各行各业中非常随意不加区分的说法，有利于统一鉴别思想，其意义和作用不可低估。

任何生产活动一定有其主要生产目的，首先是为生产既定所希望得到的一种或多种目标产物而确定工艺设计、建设和运行管理，其次才考虑副产物的控制要求。鉴别工作首先要确定物质是否属于产品，排除产品后才能考虑是否属于固体废物。目标产物是生产中要获得的产品，包括主要产品和副产品。那么，定义目标产物是指在工艺设计、建设和运行过程中所希望获得的一种或多种产品，包括副产品。

从鉴别角度，副产物是指在产品生产过程中伴随目标产物产生的物质，副产品是指在生产主要产品过程中附带生产出的次要产品，副产品也是生产中的目标产物。也可理解成副产品是次要产品，副产物是废物，这是对固体废物法律定义的具体延伸，有利于固体废物的鉴别管理。

### 3. 建立了固体废物生产的产物不属于固体废物的鉴别准则

编制鉴别标准时参考了美国、欧盟的固体废物管理经验，形成了鉴别标准中第5.2

条的鉴别条款，利用固体废物生产的产物同时满足下述条件的，不作为固体废物管理，按照相应的产品管理（按照标准中第 5.1 条利用或处置的除外）：

① 对于固体废物加工的产物，首先应考虑符合国家、地方制定或行业通行的被替代原料生产的产品质量标准。

强调符合国家、地方或行业通行的被替代原料生产的产品质量标准既是生产的基本要求，也是为了防止有些企业为了规避固体废物管理，制定约束条件很少的企业标准，仅到当地质量技术监督部门进行备案，将其作为固体废物生产的产品标准。

笔者认为，当还没有直接可用的产品标准时才考虑被替代原料生产的产品质量标准；当由固体废物生产的产物已经有可适用的专门产品质量标准时应遵从该产品标准，鉴别工作中不再考虑其他因素。

② 符合相关国家污染物排放（控制）标准或技术规范要求，包括该产物生产过程中排放到环境中的有害物质限值和该产物中有害物质的含量限值；当没有国家污染控制标准或技术规范时，该产物中所含有害成分含量不高于被替代原料生产的产品中的有害成分含量，并且在该产物生产过程中，排放到环境中的有害物质浓度不高于利用所替代原料生产产品过程中排放到环境中的有害物质浓度，当没有被替代原料时不考虑该条件。

这里强调国家污染控制标准或技术规范，是因为与正常原料生产的产品相比，以固体废物为原料生产的产品中可能有多种污染物，因此，以固体废物为原料的生产过程和产品的污染控制标准或技术规范中应该对其中的污染物予以限制。

借鉴了美国 40 CFR 260.34 和 40 CFR 260.43 中有害再生原料不属于固体废物的其中两个条件，即“有害再生材料的化学和物理特性与商业产品或中间产物相当”和“在加工生产过程中，排放到环境中的有害物质浓度不高于利用所替代原料生产过程中排放到环境中的有害物质浓度”；也借鉴了导则中“该物质是否含有对环境有害的成分，而这些成分通常在所替代的原料或产品中没有发现，并且这些成分在再循环过程中不能被有效利用或再利用”和“同相应的原料相比，在生产过程中该物质的使用不会对人体健康或环境增加风险，不会对人体健康或环境产生更大的风险”。

③ 严格意义上，固体废物加工的产物应有稳定、合理的市场需求。

在欧盟对物质属于副产品需要满足的条件，以及美国确定有害再生材料属于产品而不属于固体废物的因素中，均提到了二次材料再生利用的合法性，结合欧盟列出的固体废物经过加工不再属于固体废物的条件，利用中有稳定和合理的市场需求是衡量固体废物加工产物不属于固体废物的重要因素，也是其合法性的重要体现。也是为了避免滥用固体废物生产的产品，打着生产产品的名义消纳固体废物，或者无限度地降低固体废物生产产物的质量。自 2017 年以来，国内的确有这种不太好的趋势和情况发生，如很多本属于固体废物的物质经过简单勾兑、处理后便作为农业用肥料或土壤改良剂而施用于土地，对田地和作物均可能造成一定的污染风险隐患，这一情况还没有引起国家农业部门和生态环境部门的高度重视。因此，固体废物属性鉴别过程中当遇到固体废物加工产物还没有直接的产品标准时，产物有稳定合理的市场需求应同被替代产品标准和污染控制要求一起考虑。

### 4. 建立了其他几种形式下不作为固体废物管理的判断准则

（1）明确不作为固体废物管理的物质

鉴别标准第 6.1 条中列出了以下不作为固体废物管理的 4 类物质。

① 任何不需要修复和加工即可用于其原始用途的物质，或者在产生点经过修复和加工后满足国家、地方制定或行业通行的产品质量标准并且用于其原始用途的物质。

该准则综合考虑了以往鉴别导则中的“任何用于其原始用途的物质和物品”的准则，也结合了鉴别导则中综合判断流程的考虑因素，如“物质使用前不需要修复和加工，或仅需要很小的修复和加工”时属于“非固体废物”，否则属于“固体废物”。这一条在日常生产和生活中比较常见，很多产品在使用中遭到小的损坏，通过维修后还是原来的用途，还是具有原有功能的产品或固有用途的原材料。例如，生产厂家召回的待维修或改进处理的产品，保质期内或保质期已过的待维修产品，生产过程中的大块边角料在企业内部进行一些加工处理后仍可直接作为生产的原材料等，销售给小厂继续使用的自动化生产流水线下来的卷材或大片材等。

② 不经过贮存或堆积过程，而在现场直接返回到原生产过程或返回其产生过程的物质。

该准则参照了鉴别导则中的“不经过贮存或堆积过程，而在现场直接返回到原生产过程或返回到其产生过程的物质”，并借鉴经济合作与发展组织（OECD）对固体废物排除的条件“固体废物必须直接从产生者传送到它将被利用的加工过程”和美国“固体废物作为配料被用于或再利用于产品工业生产过程”时作为非固体废物管理的情况。例如，铁精矿生产烧结矿与球团矿、直接还原铁产品过程中产生的散料，即筛下粉料和部分未烧结好的球团混合物，这种混合物直接返回原厂的配料过程；即便不在现场直接返回原厂配料过程，也是较好的铁精矿原料。

③ 修复后作为土壤用途使用的污染土壤。

该条准则为污染土壤的管理属性建立了重要原则，只要经修复后依然是按照土壤用途来使用，便不应按照固体废物进行管理。

④ 供实验室化验分析用或科学研究用固体废物样品。

该准则是将原鉴别导则中“实验室用样品”进行了范围上的约定和明确，并借鉴美国其他固体废物排除中“样品和可处理性研究”。实验样品仅限于实验室分析化验用、科学研究实验用、工艺研究实验用的固体废物豁免，对于工程试运行和验收过程中大批量使用的固体废物不宜直接进行豁免管理，应视具体情况来定；对于海关查扣的实验样品，应通过基本证据证明是用于实验目的，但这种证明不宜过度要求当事人提供各种证据。

（2）固体废物处置之后不作为固体废物管理的情形

鉴别标准第 6.2 条中列出了固体废物处置之后的物质，不作为固体废物管理的 2 种情形：

① 金属矿、非金属矿和煤炭采选过程中直接留在或返回到采空区的符合 GB 18599 中第 I 类一般工业固体废物要求的采矿废石、尾矿和煤矸石。但是带入除采矿废石、尾

矿和煤矸石以外的其他污染物质的除外。

该准则是从矿山固体废物管理工作实践中总结得出的，我国矿物种类非常多，很多矿山地理位置和条件非常不好，对于一些可就地进入开采环境中的矿物性废物予以豁免管理具有很好的现实意义。在这里限定符合 GB 18599 中第Ⅰ类一般工业固体废物要求的采矿废石、尾矿和煤矸石，是避免将危险性较大的第Ⅱ类一般工业固体废物以及危险废物的采矿废石、尾矿也直接留在或返回到采空区，对环境造成污染，体现出有限豁免的管理原则。

② 工程施工中产生的可按照法规要求或国家标准要求就地处置的物质。

该准则对于国内工程施工中的一些产物管理具有重要意义，可避免固体废物管理范围扩大化。例如，在挖掘隧道、野外管线铺设、道路修筑、重要设施施工作业等过程中，挖掘出的可就地处置或进行生态恢复的土石就没有必要按照固体废物来管理。

（3）国家认定的不作为固体废物管理的物质

鉴别标准第 6.3 条中列出了国务院环境保护行政主管部门认定不作为固体废物管理的物质。该准则参考了原鉴别导则中“国务院环境保护行政主管部门批准的可不按照固体废物管理的物质”的内容，是给生态环境行政主管部门对固体废物进行豁免管理预留的特别规定，但在过去很长的管理实践中并不经常使用。

上述不作为固体废物管理的物质，总体上包括 3 个方面：

① 不属于《固体废物污染环境防治法》管理范围的物质，或者本不属于固体废物且容易被误解为固体废物的物质，即固体废物排除；

② 对一些有利于环境净化或还原的特定处置，且不会对环境产生不利影响的固体废物，即固体废物豁免；

③ 国家行政主管部门认定不作为固体废物管理的物质。

### 5. 不作为液态废物管理的物质

由于《固体废物污染环境防治法》中明确规定液态废物的污染防治适用于本法，因此一方面鉴别标准中包含了液态废物，另一方面又必须将废水排除出来，避免废水和废液管理范围的混淆不清，因此鉴别标准第 7 条中列出了不作为液态废物管理的物质。包括以下 3 条：

① 满足相关法规和排放标准要求可排入环境水体或者市政污水管网和处理设施的废水、污水。

② 经过物理处理、化学处理、物理化学处理和生物处理等废水处理工艺处理后，可以满足向环境水体或市政污水管网和处理设施排放的相关法规和排放标准要求的废水、污水。

这两条准则是避免与废水管理部门交叉管理和错位管理。例如，全国人大常委会通过了《水污染防治法》，国家质量监督检验检疫总局和国家标准化管理委员会发布了《污水排入城镇下水道水质标准》（GB/T 31962—2015），废水不能归入固体废物或按照固体废物来管理。同时还参考了美国非废物范围中“生活污水和生活污水混合物，以及其他通过污水系统排入公共处理设施的废物”和“《清洁水法》管理的工业废水”。但是，即使利用物理处理、化学处理、物理化学处理和生物处理等废水处理工艺进行处理，也无法满足相关法规和排放标准要求的废水、污水、废酸和废碱，仍作为液态废物管理，需要按照本标准的具体条款对其是否属于固体废物进行鉴别。

③ 废酸、废碱中和处理后产生的满足前述两条要求的废水。

酸或碱的使用范围非常广泛，使用量也较大，产生废物的情况也较为复杂，对于废酸和废碱通过中和处理之后产生的符合相关法规要求和达到相关排放标准的液体，不再作为废液（废酸或废碱）管理，而是作为废水管理。

## （三）《固体废物鉴别标准　通则》中有关非废物鉴别判断准则修改的思考

到2020年底，我国已经全面禁止进口固体废物，固体废物零进口写入新修订的《固体废物污染环境防治法》中，促使一些行业重视再生资源产品进口。随着口岸执法管理的不断深入，有必要进一步捋清非废物（主要指鉴别判断为产品）的产生来源，进一步细化和明确非废物鉴别的判断准则，增强《固体废物鉴别标准　通则》（GB 34330—2017）中非废物鉴别判断内容，以利于口岸打击固体废物进口的执法行动和固体废物鉴别。对《固体废物鉴别标准　通则》中有关非废物鉴别方面的修改思考如下。

### 1. 标准适用范围、引用文件、术语和定义

（1）标准适用范围

可在标准范围中明确包括非固体废物的判断，解决口岸长期以来纷争不清和鉴别准则条款适应范围太窄的问题。例如，可增加不属于固体废物的物质，这是零进口固体废物新形势下的必要举措，也是保证再生资源产品或初级加工产品能够顺利进口的措施。

（2）规范性文件引用

可适当增加一些不属于固体废物的产品标准的引用，例如《硫铁矿烧渣》（GB/T 29502）、《煤焦油》（YB/T 5075）、《富锰渣》（YB/T 2406）、《高钛渣》（YS/T 298）、《用于水泥中的粒化高炉矿渣》（GB/T 203）等。有的标准名称本身还带有“渣”，有的属于长期以来的习惯性说法，让人们误以为相关产品属于固体废物。新的鉴别标准中如果将这些物质加以区分，一定程度上可解决口岸管理当中一些难鉴别判断的情形，避免过度判断为固体废物的情形发生，也减少一些无谓的纷争，体现再生资源可利用性在物质属性鉴别当中的分量。

还可进一步扩大再生资源产品标准的引用，例如冶炼用氧化锌富集物行业标准，最近几年发布的再生铜原料、再生铝原料、再生塑料颗粒原料、再生钢铁原料等国家标准，以及再生资源产品行业标准。这些原料标准能正确引导境外固体废物经过加工处理后成为非固体废物原材料，有利于弥补我国原生资源的不足。

（3）术语和定义

通过标准条款的使用，可进一步明确副产品、副产物废物、替代利用、行业通行标准、二次物料、再生原料产品、等外品、副牌料、尾料（余料）等定义。这些定义一方面对固体废物和产品管理产生直接作用，完善固体废物的术语体系；另一方面这些定义

有利于物质属性判断和归类，避免将一些高品质的稀缺再生资源、没有丧失原材料的原有用途的物质、没有丧失产品可维修或再制造的物质、由固体废物经过加工处理后的资源仍按照禁止进口废物管理，只要符合产品标准或正常原材料要求的便可按照产品管理。

### 2. 强化对没有丧失原有利用价值的物质的鉴别准则的建立

物质和物品丧失原有利用价值是固体废物法律定义中的核心含义之一，在修订通则标准时可进一步考虑以下不作为固体废物管理的情形：

① 在产生点或返回原生产企业或授权维修企业修复和加工后，恢复原有使用功能的物质，并可进一步限定所述修复和加工行为包括清洁、整形、更换零部件、添加有效成分等。对于进口货物而言，也有必要区分获得政府主管部门批准的保税维修、一般货物再维修和再制造企业资质的进口货物，尤其是海关各类特殊监管区内的这部分货物不应简单地都归为固体废物。但是以下处理行为的物质仍应属于固体废物：a. 通过拆解、分解、分选等物理方法回收原材料，并且该材料明确不符合相关产品标准要求或主管部门制定的政策要求；b. 通过火法冶炼、湿法冶炼回收金属，并且该金属材料远达不到行业通行的产品质量要求；c. 通过精馏、蒸馏、结晶、沉淀等物理化学方法回收有用物质，并且该物质品质仍较差或仍不具备直接使用价值；d. 法律法规、国家标准、技术规范中明确规定属于固体废物的物质。

② 返回原生产企业，原生产企业不需要对其原生产工艺进行任何的改造即可作为生产原料使用的物质。这一想法主要适用于国内生产企业生产的并且在国内销售的物质，对销往境外的货物在回收后返回国内生产企业进行加工处理并不十分合适。

③ 对返回维修企业进行修复和加工处理后恢复原有使用功能的物质不再作为固体废物管理。

④ 对转让给与原生产企业具有相同生产工艺的企业，该企业不需要对其原生产工艺进行任何的改造，即可作为生产原料使用的物质也可不再作为固体废物管理。

⑤ 还可从更宽范围列明一些非固体废物的物质来源，尤其以往存在争议的一些物质，例如企业内部所使用的非废物原材料、中间物料、半成品、内部返工的物质、内部返回到原料前端的二次物料、根据市场生产和出售的产品、按照特定工艺路线生产的中间体、有瑕疵但没有丧失原有使用性能的处理品、等外品、副牌料、尾料（大块余料）、内部返工的物质、没有经过长期堆存过程的内部返回原料前端的二次物料等；生产、销售、流通和使用过程中未丧失原有利用价值的物质，当然包括有瑕疵的旧品、旧货、旧设备、旧品的收藏品、旧件展览品等，也应包括海关特殊监管区内维修或保税维修加工的物品以及一些专业化程度很高的再制造的物品。

### 3. 进一步突出产品标准在鉴别工作中的重要作用

2018 年以来，我国政府主管部门组织制定并颁布了一系列再生资源产品标准，有利于境外固体废物经过加工处理后再进口。由于原材料产品标准在物质属性鉴别方面具有重要作用，在修订《固体废物鉴别标准　通则》时可突出产品标准的作用，建立更符合生产实际情况的判断准则。例如，可规定凡是符合已有产品标准并且适用于该标准范围内的物质都不属于固体废物，包括由废物或含废物的物质经过加工获得的原材料，不要再考虑过多的其他附带条款，以免引起额外的纷争；在2017版《固体废物鉴别标准 通则》中对由固体废物再加工利用的产物的三条判断准则过于严厉和复杂，附带了难以操作的其他一些考虑，如应同时考虑质量标准、污染物排放达标、市场供需、市场价值和再生产品生产中的潜在污染控制等问题，不利于口岸查扣货物的鉴别判断和快速通关处理。

当然，对一些粗制滥造的企业标准或标准范围本就不适用的产品标准也应谨慎使用，在修订通则标准时尽量明确采用国家和行业制定的产品标准。

### 4. 强化对固体废物生产的产物的鉴别准则的建立

利用二次物料生产的产物或固体废物生产的产物来源范围非常广泛和复杂，成为鉴别的难点之一。当该产物还没有明确可适用的产品标准时，如果同时满足下述条件可不作为固体废物管理。

① 利用二次物料或固体废物必须对利用产物起到一项或多项有益的作用，例如向利用产物贡献有价值的成分，利用过程中回收了有价值的成分。

② 生产过程具有配套的质量控制工艺，如技术规程、操作手册、替代产品标准等。

③ 加工获得的产物可以作为商业产品的有效替代品，该产物具有一种或多种用途，具有稳定、合理的市场需求，根据该产物的市场供需价格、生产和运输成本计算应具有实质性的经济效益。

④ 产物还应满足以下污染控制要求：

Ⅰ. 符合相关国家固体废物利用污染物控制标准或技术规范所规定的有害物质的含量限值。

Ⅱ. 当没有国家固体废物利用污染控制标准或技术规范时，与所替代产品相比，满足以下任意条件：a. 产物中不含有所替代产品中未发现的有害成分且其他环境有害成分含量不高于所替代产品中的有害成分含量，或所含有的有害成分不足以对人体健康或生态环境造成不利的影响；b. 如该产物作为工业生产原料使用，该产物在用于所替代工业原料的任何生产过程中，排放到环境中的有害物质浓度不高于使用所替代工业原料生产产品生产过程污染控制标准所规定的污染物排放限值，且使用该产物生产的产品所含有害成分含量满足相应规定；c. 如该产物作为燃料使用，排放到环境中的有害物质浓度不高于该燃烧设施污染控制标准所规定的污染物排放限值。

### 5. 可适当增加固体废物的豁免管理准则

固体废物在以下利用处置行为的特定环节可不再作为固体废物管理。

① 以固体废物作为生产原料的生产过程中，固体废物进入以下生产活动中，不作为固体废物管理：a. 固体废物替代或部分替代生产原料开展的利用活动中，与其他正常物料混合后进入生产设施后；b. 固体废物作为水处理剂，包括与水混合后；c. 固体废物协同处置过程（含水泥窑、锅炉及其他工业窑炉），固体废物与正常物料混合进入协同处置设施后。

② 作为样品在以下活动中使用的固体废物，在从采样到完成测试活动期间、样品进出口活动期间不作为固体废物管理（不包括完成以下活动后剩余的物料）：a. 为了解物质组成和特性而开展的检测活动；b. 科学研究活动；c. 为开展生产工艺（包括处理处置工艺）可行性分析活动（包括实验室研究和中试）；d. 为验证或分析生产设施、设备和零部件性能的活动。

当然，上述活动所需的固体废物数量应在合理范围内，如生态环境主管部门批准的数量，试验和研究方案要求的数量；当面对被查扣的货物鉴别样品时，鉴别机构应寻找用于实验目的证据。

③ 满足以下条件的二次物料，作为特定生产工艺生产原料使用时，不作为固体废物管理：a. 采用硫铁矿焙烧制取硫酸过程产生的满足《硫铁矿烧渣》（GB/T 29502—2021）的硫铁矿烧渣，作为炼铁原料；b. 电解精铜生产过程产生的满足《铜阳极泥》（YS/T 991—2014）的铜阳极泥，作为贵金属冶炼原料；c. 满足《煤焦油》（YB/T 5075—2010）技术要求的高温煤焦油，作为原料深加工制取萘、洗油、蒽油等；d. 不需要任何修复和加工，即可作为特定生产工艺生产原料使用的已列明的物质；e. 其他属于特定产品生产过程唯一或主要原料的物质。

#### 6. 其他应引起重视的问题

① 固体废物属性鉴别中经常会发现固体废物和非固体废物混合装运的情况，固体废物主要以混合物的状态为主，产品也有混合物的情况，目前对此缺乏明确的鉴别判断区分准则，成为鉴别判断的难点之一。在修订鉴别标准通则时可增加针对性的区分条款，分别列明对混合物判断为非废物和固体废物的主要情形和原则。例如，矿物中发现有冶炼渣相如何判断，分清渣相物质是生产不可避免还是掺混进来很重要；又如，同一个集装箱中鉴别出固体废物和非固体废物混装的情况如何判断等。

② 很多中间产物的原材料不同于终端消费产品，其原有利用价值或原有用途可能是多方面的，可能涉及传统和扩展的生产领域，在固体废物属性鉴别过程中不能将大量的初级原材料的一两个主要用途作为原有用途，对中间材料的原有用途应拓宽范围，不能仅停留在传统的用途之上，新修订标准中对此也可增列相关判断准则。

③ 保税维修和再制造物品是2018年以来口岸海关查扣货物的重要方面，主要集中在机械设备、电子电器产品及其零部件、飞机零部件、旧汽车零部件、新能源领域的回收旧品、大块裁切料、卷料等，由于货物存在缺陷瑕疵或使用过的痕迹，管理人员以及鉴别人员如何把握废和不废的度较难掌握，修订鉴别标准通则中可增加一些判断准则。

④ 任何不属于固体废物的实验样品，例如各类正常的样品，有瑕疵的保税维修和再制造的实验样品，邮寄给技术部门的查找物品故障原因和分析零部件性能的样品等。

## 二、非固体废物鉴别原理和方法

固体废物鉴别活动中包含了非废物（主要指鉴别判断为产品）鉴别，鉴别标准中也包含了非废物鉴别相应准则，但鉴别准则背后体现的是物质流动和社会管理运行的规律。物质流动运行的规律遵循的是商品流通的规律，市场上只要同时存在供给和需求的有利条件，便会存在物质的转移和运输流通，再生资源（含废物资源）也是遵循这个规律，从物质的产出地、可供给地流动到另一个有需求的地方，实现资源利用的增值和商品功能，甚至实现固体废物异地处置和利用的目标。社会管理规律能有效促进再生资源的流通或阻滞，当需求存在缺口、有利可图、有利社会管理秩序时，管理者和经营者顺势而为会促使再生资源快速流进来，并建立进口再生资源产品入境政策；反之，可通过制定强力政策来阻滞低价值、高污染、市场严重饱和的低端货物的大量流入，并根据社会经济高质量发展要求、生态环境保护高质量发展要求等调整进口废物管理的法律规定，从国家和政府层面建立禁止进口废物政策。我国现行的进口再生资源产品政策以及禁止进口废物政策正是这两个规律的体现。从有利于固体废物和非固体废物鉴别角度出发，笔者总结出非废物鉴别原理与方法，主要内容如下。

### （一）固体废物鉴别中应优先重视非废物的鉴别判断

固体废物属性鉴别不可逾越的一步是判断被查扣物品（货物）及其样品是否为正常产品、商品或非废物的原材料，鉴别机构有责任验证物品报关名称的真实性、符合性以及非废物的可能性。对于有证据能确定具有正常产品特征或不具有废物特征的鉴别物品应当判断为产品，如非废物的原材料、再生资源产品等，对于不能归于产品范畴并且废弃特征比较明显的物品才判断为固体废物。面对进口管理中遇到的来源不清楚、不确定、似是而非、形态各样的物品，仅确定被怀疑对象为正常产品或非废物原材料这一步便有相当的难度，但有难度也应予以优先考虑。主要是因为固体废物鉴别是立足于对鉴别物品的产生来源分析及固体废物概念内涵和外延的分析判断，固体废物鉴别不应该也不可能取代对商品的品质检验或质量分析；还因为不同产品的质量要求不同、千差万别，非检验系统的固体废物鉴别机构并不具有商品品质检验的条件和优势，非生产企业的质检人员也不具有对各类产品的认知、不掌握产品技术要求，例如鉴别人员很多时候只能面对个别样品，而不是批量产品，丧失了对物品的感官认知和总体把握优势。那么，口岸海关监管机构或检验机构对进口物品疑似固体废物的最初判断非常关键，这取决于口岸监管或查验人员对被查扣物品的初步认知和经验多少，监管者不宜过度怀疑进口物品为固体废物，怀疑的前提是在个人或集体认知范围内，初步认为进口物品具有被抛弃理由、废弃特征或非正常产品特征、对环境和健康具有明显的危害性、掌握当事人故意打政策的“擦边球”或明知不可为而故意为之等因素。随着管理经验的积累和技术的进步，近些年海关系统风控部门会根据一线口岸上报的信息，下达查扣固体废物的布控指令，实行统一查扣和打击行动，提高了查扣固体废物的有效性和时效性，增强了打击洋垃圾入境行动执法活动的均衡性，减少了非废物被查扣的随意性。即便如此，也不能保证其他口岸在查扣同类货物时都属于固体废物，鉴别过程中应先验证物品的产品属性。

根据对以往鉴别样品的初步统计，各地海关或检验机构委托中国环科院固体废物研究所鉴别的物品或样品经鉴别后，绝大多数判断为固体废物，其比例高达 75% 左右，表明打击“洋垃圾”入境工作任重道远，口岸查扣疑似固体废物具有合理性，其中只有少部分样品可凭物品或样品的外观特征判断为固体废物，如报废电子电器产品、废轮胎、废橡胶、废金属、废纸、废塑料、废纤维下脚料等容易识别的固体废物，而对于粉末、块状、泥状、液态及其混合物等凭借样品外观特征或鉴别人员的感官认知难以判断，必须通过实验和综合分析才能确定。对鉴别判断为非废物的情况，主要原因是鉴别中没有发现明确属于固体废物的证据，而是更加符合或表现出产品和初级原材料的某些典型特征，或者有的物品具有较高的资源价值和具有不可替代性，鉴别机构可以从产品外观特征是否均一、包装是否规范、关键指标是否符合产品质量标准、用途是否正常、产物是否可稳定供需市场等角度进行综合分析，如有色金属矿、再生铜原料、再生铝原料、再生钢铁原料、再生塑料颗粒、替代铁精矿粉、富锰渣、高钛渣、高碳铬铁、未经使用过的塑料卷材和板材、部分没有改变材料性质和用途的尾料或涂料、再生橡胶、橡胶生胶或品质均匀的混炼胶、牛肚腹皮毛皮、动物成品毛皮大块料、骨质颗粒、其他废物经过处理之后的初级加工产物等。

如果固体废物鉴别当中鉴别人员可以有先入为主的话，便是从多个角度优先验证鉴别对象非废物的真实性，但这并不等同于一定要判断物品为非废物，这样优先考虑有一定的合理性。

① 物品是被怀疑为固体废物，说明进口报关名称一般不是固体废物，申报为正常原材料或产品，验证报关名称的真实性是顺理成章的事。

② 如果由于非废物的理由压倒了固体废物的理由而鉴别为非废物，对进口当事人有利，有利于化解管理者和被管理者之间的矛盾；当判断为固体废物时，也可最大限度地说服当事人，减少矛盾冲突，快速采取有效处理措施。

③ 这样做也是固体废物属性鉴别工作中体现公平、公正性的重要方面，表明鉴别人员是建立在综合比较分析基础之上，并不是为废物而判断为废物。

总之，非废物鉴别是海关查扣货物的物质属性鉴别中应优先考虑的问题，只有排除非废物后或固体废物证据明确后才可判断为固体废物。

### （二）非固体废物鉴别也应遵循物质产生来源分析方法

在长期的固体废物属性鉴别活动中，形成了目前固体废物鉴别领域中公认的物质产生来源分析方法，即物质溯源分析方法。其基本要义是将鉴别对象放到合理的产生场景中、生产和加工利用环节中、报废产生和收集环节中，从物质的前端原材料、中间加工工艺和产物、后端产品和固体废物、固体废物加工预处理以及固体废物处理处置流向等重要环节进行综合分析，得出鉴别对象来自哪个生产环节并具有什么样的物质品性，合理判断鉴别对象的物质属性，包括原材料的产品或固体废物。如果鉴别人员对物品、货物的判断不能合理解释这几个环节的基本过程，便无法判断物品产生的来龙去脉，很难说尽到了鉴别人员应有的责任和义务；如果鉴别人员过度依赖产品标准的指标进行比对，或是靠猜测进行鉴别判断，都难以得到正确的判断结论，即便结论是对的，鉴别人员也会是知其然不知其所以然，埋下隐患，可能给鉴别机构和人员造成不利影响。

一些情况下，当鉴别判断为非废物时综合分析鉴别物质是不是《固体废物鉴别标

准　通则》中的目标物质很重要。通则标准中定义的目标产物“是指在工艺设计、建设和运行过程中，希望获得的一种或多种产品，包括副产品”，这个定义明显包含经过有意加工后获得的产物。面对已知生产流程产生的物品不难分辨出物质的产生是有意还是无意，但面对未知来源或复杂来源的物品时，便会较难分辨是有意还是无意生产，有意或无意属于主观判断范畴，不同人的理解会有差别，鉴别时不宜直接以有意和无意作为主要判断依据，需要通过鉴别工作过程再找出有意还是无意的辅佐证据。那么，如何把握物品是有意产生还是无意产生的呢？第一，看物质的生产目的，生产目的明确，得到的产品自然明确，很难发现现代生产条件下不是有目的的生产，都是通过生产出不同的产品而获得利润和价值；第二，看对物质生产工艺流程是否有控制措施，有目的的生产一定是围绕得到主产品和若干副产品进行工艺控制的生产，越是精细高端的产品其生产工艺越复杂，其控制难度越大，其装备要求越高，因而产物的价值和功能也越高；第三，看产物的品质和质量，有控制规范的生产一定首先是为了得到满足质量标准或规范要求的产物，只有经过了品质检验才可推向应用和消费市场，才可正常流通和放心使用。正面肯定了这几点，鉴别物品应该是有意产生的，不属于固体废物，否则可能属于固体废物。例如，高炉炼铁是为了得到铁水或生铁，炉料配制、工艺控制、设备定制、出铁水时间、自动化控制等都是为了得到符合要求的铁水或生铁，此时铁水或生铁是冶金产品；而从炼铁炉（如高炉）排出的熔渣则不是生产的目标物和进行工艺控制的产物，炉渣不会有质量控制标准（不能与成分及含量范围相混淆），炉渣属于人们普遍认可的固体废物。因此，将鉴别物品的前述产生来源几个方面分析清楚，鉴别物品是有意产生还是无意产生便基本清楚，此时有意或无意才能作为判断物品为固体废物或非废物的重要依据。对于工艺流程环节复杂、产生较多副产物质的某种产物进行固体废物属性鉴别，准确把握以上方面（原辅料、生产工艺过程、产品和废物、废物去向）并非容易，需要从更宽广的角度进行综合判断。例如，原油炼制过程中产生的渣油，渣油进一步提取燃料油和润滑油之后的沥青，对渣油和沥青不能简单地以有意或无意产生来进行判断，需要考虑行业的通行做法和市场需求，产生量很大、管理规范、有稳定市场需求时不宜判断为固体废物。在我国渣油通常属于原油炼制的中间原料，是进一步催化裂化冶炼获得各种油品的原材料，有些大型炼油厂每年还要进口数百万吨的渣油原料，沥青也属于传统的炼制副产品。当然，如果这些渣油中掺混了更多其他来源的物质，影响作为渣油的原有用途，则可能属于被二次污染的物质，是否仍属于产品则要谨慎分析判断。

当鉴别判断为非废物时，要防止简单和片面地依据样品的主要物质结构和主体成分含量将来源复杂、成分复杂、环境污染风险较大、不能有效利用的物质归入正常产品和非废物的商品和原材料的范畴，应进行综合分析判断。

当遇到有固体废物和非固体废物混合在一起的证据时，也不宜一味朝固体废物方向进行鉴别判断，应将物质放在工艺来源或产生来源的合理性分析基础上进行实事求是的分析判断。例如，当发现鉴别物质中明显含有所谓的固体废物（如冶金渣相物质）时，应搞清楚它是生产工艺中正常允许带入的还是从外部环境中人为掺杂进来的，如果是正常生产工艺过程中不可避免产生的，那么不可凭此直接认定鉴别物品属于固体废物；如果有证据证明夹杂物是人为掺杂带入的，或者夹杂物含量异常，或含有显著有毒有害组分时则可从严判断。又例如，对于申报为金属矿产物品，不能单纯依据其酸碱性有些异常就直接判断为固体废物，一定要研究其成因，如果是正常开采选矿中长期露天堆存硫化矿氧化后所致，或者是有意酸化选矿工艺所致，那么不能仅凭酸碱性指标判断为固体废物甚至危险废物，还要分析有没有其他属于固体废物的更有力证据。

鉴别工作中，判断为非废物的物质类别来源不在少数。总体上口岸海关的鉴别机构判断为非废物的案例比例高于判断为固体废物的比例，而中国环科院固体废物研究所的鉴别报告则相反，判断为固体废物的案例远高于非废物比例。鉴别为非废物的物品物质来源广泛，主要有初级原材料、固体废物初步加工产物、符合产品标准规范的物质、高技术加工产生的可梯次利用的物质、有瑕疵的纤维原料、成卷的塑料原材料、稍有瑕疵的塑料板材、没有丧失原有利用价值和产品功能的旧货、二手设备、维修产品等，包括矿物、金属、冶金产物、石油化工产物、高技术原材料、旧机电和机械设备、初级加工的再生塑料、橡胶原料、生物质加工产物、农牧渔业加工产物、海洋产品加工物料等。

## （三）非固体废物鉴别应建立在物质理化特征和特性分析基础之上

非固体废物鉴别判断也是建立在对鉴别物品的特征特性分析基础之上，一种物质有别于其他物质的特征特性，不同来源途径物质有其独特的表现，紧扣物质的特征特性是非废物鉴别判断的必由之路。这与固体废物鉴别判断方法并无质的区别，包括鉴别物质的外观状态描述、物理特性、化学特性、加工利用技术指标等。理化特性分析难以有统一或固定的要求，主要依赖于鉴别人员积累的知识和经验，以得到正确的鉴别结论为目的。最有效途径是将鉴别样品咨询行业专家和进行必要的实验分析来确定其特征特性，根据物质类别不同有针对性地运用，不同物品不一样，简单的和复杂的样品鉴别都应抓住其基本特征。

### 1. 外观状态特征

无论是物品的现场鉴别还是实验鉴别，都要准确记录描述鉴别对象的外观状态，外观状态是指人们感官上对物质外在特征的基本认定，包括许多方面，例如：物理形状，是精细粉状、粗粉状、粒状、碎屑、块状、条状、片状、球状、柱状、带状、纤维或纤维丝束状、乱麻状、粗绳状、细线状、熔融状、轻质浮渣、多孔蜂窝状，还是多种形状间杂、混杂的都有；规整情况，是很规则的、基本规则的、不规则的，还是大小不同、尺寸不同等基本混杂的；物质形态，是固态、气态、液态、潮湿、黏稠还是半固态泥沙泥土状，是水溶液、乳化液、油液还是其他液体；物质颜色，是单色、杂色，是鲜艳、黯淡还是无色透明；物质气味，是无味、霉味、氨味、酸味、恶臭，还是散发其他刺激性异味；物质脏污和破损程度，是锈迹斑斑、污染渗漏、杂乱无章、破损严重，还是明显夹杂、混杂其他物质；软硬和强度，是柔软、有弹性、易拉伸、易碎、易断裂，还是非常坚硬不易破碎；新旧程度，是半新不旧、基本完好、瑕疵可修、具备物品原有功能和使用用途，还是破败、污损、污渍不堪；包装特征，是散装堆放、规范包装，还是破损包装、杂乱包装等。

根据大量鉴别经验，加工产品往往外观状态均匀均一、干净规整、基本无可见杂质，其包装比较规范，与绝大多数固体废物的混杂外观形成鲜明对比，即便是 2019 年起可以进口的氧化锌（ZnO）富集物以及 2021 年起可进口的再生铜、再生铝、再生钢铁、再生塑料颗粒等原材料产品，外观也应明显具有均匀、分类和加工的特征，基本属于同一性状的物质。对于不能完全依据外观特征进行鉴别判断的物质，其外观特征的准确描述在鉴别中依然不可忽视，具有很大的辅助作用，是非固体废物鉴别工作中首先应引起重视的方面，可以起到事半功倍的重要作用。

### 2. 物理特性

鉴别工作中容易忽视对样品物理特性的应用，同物质外观状态一样，物理特性对于鉴别人员掌握鉴别物质的产生来源同样重要。物质的物理特性、技术指标各不相同，包括灰分含量、可燃成分含量（如挥发分、烧失率、总有机碳含量）、水分指标（如含水率、湿度等）、粒度（如粒径分布、颗粒形貌、比表面积等）、强度性能（如拉伸强度、断裂伸长率、定伸应力、硬度等）、不同部分的质量百分占比（如筛上物占比、筛下物占比、过滤残余物占比等）、物质的密度（如相对密度、容重、堆密度等）、热值、黏度、馏程、熔点或熔程、沸点、水溶解性、渗透速率、孔隙率、磁性、总固含物比例、固体残渣等。

鉴别工作中要根据不同物质的报关信息和外观状态，有选择性地应用各种物理特性，首先必须排除一些物理性能分析。例如：对于干燥的固态样品可不测定含水率；对于均一的材料性物质，如橡胶、塑料、树脂等高分子物质，一般不需要测定其密度，可选择测定强度性能（拉伸强度、断裂伸长率、定伸应力）；对于无机物样品一般不需要测定热值、黏度、烧失率等有机物指标；对于大块的非细粉末样品也不需要测定粒度分布和电镜形貌特征；对于不含可溶盐样品不需要进行水溶解性实验；对于非过滤性材料样品不需要测定其过滤性能和孔隙比表面积；对于非油类和非有机溶剂类物质不需要进行温度馏程和组分分配试验；对于非高分子有机物质、非黏稠和液态的物质不需要测定黏度；对于生物质和有机化工类物质不应考虑磁性等金属物理特性指标等。

利用物理特性进行物质来源分析和鉴别判断，是非废物鉴别中常用的方法。

（1）样品的含水率和烧失率

测定鉴别样品含水率可以反映出鉴别物品或样品产生和收集过程中带入的水的多少，对于判断物质是否来自水和废水处理过程的产物、来自溶液中反应分离产物或是因物品存放中吸水变质等具有直接帮助作用。样品干基在一定温度下灼烧烧失率可以反映出物质来源的不少信息，烧失率为零或很低的情况下，通常表明不含有机组分，很可能为无机矿物或金属物质或经过高温处理后的产物；烧失率明显为负值时，表明样品中含有容易氧化的金属物质或低价态金属，进一步发生了氧化反应；烧失率较高时，表明样品中含较高的有机组分或可燃组分，或含有容易分解的水合物；烧失率很高时（如 50% 以上），表明样品以有机物为主，烧失残渣很可能为原料中添加或混入的少许无机填料物质。例如，曾经遇到一些明显含较高水分的钕铁硼磁性材料加工产生的粉末样品，后来通过咨询行业专家了解到，这样做的目的可能是产生者成分配方保密需要，也可能是防止存放、储运过程中发生自燃现象而导致火灾风险。

（2）粉末样品粒径分布和形貌特征

测定粉末样品粒径分布及颗粒形貌可以反映出很多粉末物质的来源特征。例如，磨选后的无机金属矿物（精矿或尾矿），其粒径通常为74μm左右（约200目），磨选后的颗粒形貌为不规则的棱角状、碎屑状、条块状；如果细粉末粒径分布呈正态曲线形状，表明可能是来自同一产品正常生产过程；反之，如果细粉末粒径分布呈现几个高低不均的非正态峰分布情况，则可能是来自不同生产过程中的回收产物或混合物；如果超细粉末明显并且粒径基本在几微米至30μm范围之间，且粒径形貌为球珠状的话，则很可能来自高温烟气处理（冶炼、燃烧）回收的烟尘；如果粉末物质在电镜下观察为细颗粒的结晶集合体，则可能是来自溶液中沉淀结晶后的产物；如果粉末物质在电镜下呈现出空心微珠状态，则可能来自燃煤产生的收集烟尘；如果再生钢铁原料、再生铜原料、再生铝原料中明显混有2mm以下的脏污粉尘或细颗粒粉末，粉尘或粉末含量超过一定质量分数（如0.5%以上）的话，则应分析产生的原因和粉末的基本性状，含量明显较高且严重影响后端入炉使用的应判断为固体废物；如果干法再生纸浆中混有较高含量的0.3mm以下的粉末，或者明显含有较多的未解离纸片和非纸纤维的杂物，则应判断为不合格品，且仍属于固体废物。

（3）样品不同部分的质量占比

可以将样品中不同部分进行必要的分类，确定各部分的质量分数，通过分析鉴别物品不同部分的质量占比，如筛上物占比、筛下物占比、过滤残余物占比等，对于明显为不规则的混合物且呈现不同差异时，这反而有利于判断样品的来源过程。例如，块状和粉末混合物，块状可能为冶炼渣，也可能为烧结矿，粉末可能为回收粉尘、烟尘，也可能为精矿粉或返粉，各部分特性搞清楚了，样品整体来源才会清楚；又如再生塑料颗粒中明显有连粒，且连粒并没有超出相关标准中的大粒尺寸（如长度不超过5mm或6mm），对后端塑料制品生产也不会产生影响的话，则不应视为夹杂物，可能是正常再生塑料颗粒。

（4）材料的强度

主要是针对塑料和橡胶等合成材料的拉伸强度、断裂伸长率、定伸应力等。对于合成树脂原料、较均一的塑料材料、未硫化橡胶混炼胶等高分子物质的鉴别样品，有时很难确定是产品、正常原材料还是固体废物，这时可借助必要的物理性能指标及其指标的均匀性进行判断。例如，再生塑料材料制片之后的样条断裂伸长率的测定及其指标对于反映原料的可加工性能很有帮助，如果指标很低的话，说明塑性品质较差，可能是严重老化所致，也可能是含大量杂质所致，结合其他不利指标和废弃证据，可判断为固体废物；又如测定橡胶样品的未硫化橡胶的“杯”形硫化曲线，对判断是否为来自未硫化橡胶的材料很有帮助。

（5）黏稠油液样品馏程分布

石油产品、产物都有其特定的馏程温度范围和各馏分馏出比例，通过对相关鉴别样品的馏程分析，有利于判断是来自哪个生产和工艺环节的产物，如果不具有油品特定馏程及产物的理化特征，则可排除某些相关产物。例如，怀疑样品为高温煤焦油时应进行必要的馏程分布测试，掌握不同温度段的馏出物的百分比，与文献资料中高温煤焦油的馏程分布进行比对，对判断是否为高温煤焦油具有重要作用；沥青、渣油、重油的鉴别也很有必要分析物品的馏程分布。

（6）密度、黏度

对有机黏稠样品，通过测定其密度指标、一定温度下的黏度指标，可以帮助推断鉴别样品的产生来源，尤其对容器中具有分层现象的样品，分别测定各层的密度指标有助于判断其来源。测定有机材料的密度并结合其主要成分组成，是合成树脂材料和再生塑料颗粒样品鉴别中常用的方法。

（7）过滤性能

吸附过滤材料的过滤性能包含渗透速率、吸附效率等。对多孔吸附材料，这类测定比较专业而且应用范围比较窄，但对于吸附过滤材料类物质的属性判断非常实用。例如对查扣的活性炭材料、经过专门加工处理后的稻壳灰吸附材料等，测定样品的吸附性能是鉴别过程应考虑的。

（8）磁性

当怀疑样品中有磁性金属或磁性金属氧化物时，可以用磁铁最简便的方法进行快速判断，如果具有磁性，那么物质来源的溯源范围可以大为缩小，很可能跟磁铁矿及其冶炼或磁性金属加工有关。

（9）样品的水溶解性和挥发性

如果是无机样品中含有可溶解于水中的物质，表明样品很可能含有可溶性盐类物质；如果样品明显具有挥发特性，表明含有易挥发的有机组分，这对于进一步确定样品的物质组成和判断物质来源具有帮助作用。

（10）总固体残渣

总固体残渣主要是指液态废物在一定温度下蒸发，烘干后残留在器皿中的物质，对于认识高浓度废液特性具有帮助。

### 3. 化学特性

当依据鉴别样品的外观状态和物理特征还不能准确判断鉴别物品的来源属性时，对鉴别样品进行基本化学特性分析便成为必然的选择，通过化学特性了解物质的内在特征、化学组成、复杂特性，为分析样品工艺来源打下基础。物质化学特性非常多，由于物质属性鉴别不是进行物质理化性质的全解析，也不完全等同于产品质量的分析检验，更不是产品化学性质的研究和生产工艺的研发，而是物质来源过程的推导再现，因此物质属性鉴别中的化学特性分析主要集中在基本化学组成及其含量分析上，其他还包括化学组成分子量、化学组成物相结构、燃烧性能、酸碱反应特性、酸值、有机溶剂中的溶解性、硫化剂及橡胶交联特性、挥发性有机气体、固体废物的危险特性（酸碱腐蚀性、浸出毒性、毒性物质、易燃性、反应性、急性毒性）等，不同物质要进行不同特性分析。

以下仅仅是鉴别工作中经常遇到的化学特性分析，并不是物质的全部化学特性分析。

（1）化学组成及其含量

不论产品、副产品、非废物原材料，还是生产中的残余物、其他废物等，都有其特定或主要化学成分。物质化学成分的差异一定程度上可以反映出不同来源物质的差异，但不是绝对和充分的决定条件，即不同来源的物质可能化学成分完全不同、基本一致或大体相似，同一来源的物质也可能性质不同、成分不同、基本一致或相似。在鉴别中要抓住物质成分的共性特征和差异特征，例如有机化合物（包括有机废物），基本成分是C、H、O，还有N、S、P、Cl等，而无机物则是由无机金属和非金属元素组成，固体废物也可分为无机物和有机物两大类，根据物质基本成分和理化特性，先要确定鉴别样品是无机物、有机物还是两者的混合物，然后再确定有机物和无机物的具体成分。

掌握鉴别样品化学组成是鉴别工作的最基本要求，其分析技术手段较多，在鉴别中常用X射线荧光光谱仪（XRF）分析无机样品的基本成分，需要精确分析主要金属含量时通常采用物质全量消解的方式再用现代仪器进行测定，或者进行化学滴定分析；常用X射线衍射分析仪（XRD）分析无机样品的物相构成；常用傅里叶变换红外光谱仪（FTIR）确定有机分子的价键结构以及官能团的种类，对有机物进行成分定性分析。XRF、XRD、FTIR分析方法在固体废物属性鉴别中应用非常普遍。其他常用的精密仪器还有原子吸收光谱仪（又称为原子吸收分光光度计，AAS）、原子发射光谱仪（AES）、原子荧光分析仪（AFS）、分光光度仪（分光光度计）、紫外光谱仪（UVS）、核磁共振谱仪（NMR）、等离子体发射光谱仪（ICP）、高效液相色谱仪（HPLC，包括离子色谱仪）、液相色谱 - 质谱仪（LC-MS）、气相色谱仪（GC）、气相色谱 - 质谱分析仪（GC-MS）、汞（Hg）元素分析仪、氰化物（$CN^-$）分析仪，C、H、O、N、S元素分析仪、合金元素分析仪等，也是经常使用的分析手段；其他化学滴定分析方法有酸碱滴定、络合滴定、氧化还原滴定等。

鉴别中常利用X射线荧光光谱仪（XRF）分析无机样品的基本成分，除元素周期表中原子序数较小的前几位轻元素之外的其他元素（通常位于元素周期表氮元素之后）并且含量在0.01%以上的都能反映出来，再结合利用X射线衍射分析仪（XRD）分析无机样品的物相构成，两个方法对掌握鉴别样品的整体化学特征非常实用有效。例如，高纯硅（电子级单晶硅和太阳能级多晶硅）、工业硅、石英玻璃、微硅粉、砂子、硅酸盐、其他硅化合物、稻谷壳燃烧灰（含无定形$SiO_2$）、熔融玻璃体等物质，采用XRF可确定物质中硅成分的基本含量，这些鉴别样品再配合XRD分析，便可基本确定样品的整体化学组成特征，是单晶硅、多晶硅还是氧化硅、其他硅化合物，是无定形氧化硅还是晶态完整的硅；又例如，矿物、无机盐、金属及其合金粉、冶炼渣、污泥等干固态样品，利用XRF方法能基本摸清物质基本组成成分及其质量分数，是再进行物相分析和其他性能分析的基础；又例如，石膏除主要含有$CaSO_4 \cdot 2H_2O$成分之外，根据产生来源不同，还可能含有其他特征成分，分别形成脱硫石膏、磷石膏、硼石膏、氟石膏，还需要重点关注其中的S、P、F元素。但XRF方法通常对物质中的C、H、O、N、He、Li、Be、B等轻组分元素的灵敏度不高，确定这些元素组成需要采用其他更有效的技术方法，例如，黑色精细粉末样品如果测定出其中含有一定量的Li、Co、Mn元素，则很可能与锂离子电池及其原材料相关，这样极大地缩小了对其来源范围的摸索；如果具有磁性的含铁样品中含有1%左右的硼以及明显的Nd、Pr、Dy元素，则可判断样品是来自NdFeB磁性材料的生产和加工过程，当然消磁后的这类物料也基本是来自这些过程。

有机样品的成分及含量分析则更为复杂一些，尤其是有机物为主并含有无机组分的混合物样品以及液态有机混合物样品，几乎不可能用单一的分析技术对其进行成分测定，也难用单一的成分分析结果判断物质的产生来源，需要进行多技术、多方法、多仪器设备的综合分析。经常用傅里叶变换红外光谱仪（FTIR）确定有机分子的价键结构以及官能团的种类，对有机物进行成分定性分析，如塑料、橡胶、有机树脂、低聚物、其他有机化合物等可用该方法；还有经常使用气相色谱、液相色谱、气相色谱 - 质谱等仪器分析成分较为复杂的有机混合物，适合油类物质、有机溶剂、有机气体、石油残渣、煤焦油（含有各种多环芳烃物质）、有机合成产物、其他精细化工产物等的分析；有机物分析中，还应特别注意挥发性和半挥发性等不同挥发特性的物质所采用的分析方法及其仪器设备的不同要求。例如，通常按照橡胶聚合物分析的方法对橡胶样品聚合物成分进行定性；又例如，气相色谱法（GC）分析技术是一种将混合有机物中的各种成分通过物理分离，并且对分离出来的组分进行定性和定量分析的方法，但是它仅能分离在操作温度下能汽化而不分解的低沸点、易挥发性有机物。

（2）物相分析

物相分析是对物质中各组分存在的状态、形态、价态进行确定的分析方法。利用物理原理的方法有密度法、磁选法、X 射线结构分析法等；或利用不同溶剂，将物质组分各种不同的相进行选择性分离，然后再用物理或化学分析方法，确定其组成或结构；此外，还有价态分析、结晶成分分析和晶态结构分析等也属于物相分析。物相分析主要用于金属与合金，岩石、矿物及其加工产物等领域。由此可知，物相本质上是物质化学构成，本节将物相分析从前一节的化学成分中再抽出来，主要原因是固体废物与非废物的鉴别中金属及其废物、矿物及其废物、中间物料及冶金渣、冶金粉末及回收粉尘废物、湿法冶金产物及污泥等这类具有很强对比性的鉴别样品占有比例非常高，采用矿物相鉴定的方法分析样品的物质化学成分构成和产生来源，是鉴别工作中的法宝之一，不可或缺。

对无机金属及其矿物类的鉴别样品，最后都要确定是金属、合金为主还是氧化矿物、硫化矿物为主，是火法冶金中间物料、副产品还是冶金渣、湿法冶金泥渣，是二次加工处理专门回收的烟尘还是烟气治理中收集的除尘灰，是有意氧化焙烧产物还是燃烧残渣，是湿法冶金产品还是沉淀槽渣、废水处理污泥等，都要搞清楚并加以区分。诸如，各种金属硫化矿物非常多，包括方铅矿（PbS）、闪锌矿（ZnS）、黄铁矿（$FeS_2$）、辉铜矿（$Cu_2S$）、黄铜矿（$CuFeS_2$）、辉镉矿（CdS）、辉锑矿（$Sb_2S_3$）、辰砂（HgS）、毒砂（FeAsS）、雄砂（$As_2S_3$）、辉铋矿（$Bi_2S_3$）、方钴矿（CoS）、辉砷钴矿（CoAsS）等；各种金属氧化矿物包括白铅矿（$PbCO_3$）、铅矾（$PbSO_4$）、菱锌矿（$ZnCO_3$）、异极矿［$Zn_4(Si_2O_7)(OH)_2 \cdot H_2O$］、硅锌矿（$Zn_2SiO_4$）、红锌矿（ZnO）、菱钴矿（$CoCO_3$）、氧化锰矿（MnO）、软锰矿（$MnO_2$）、红土镍矿（含铁的氧化镍矿）等；矿物中的各种脉石组分，磁铁矿及含铁物质中的磁性组分，冶金渣中造渣组分（如高炉渣的长石组分，钙铝硅复合氧化物），冶金灰渣中金属及其氧化物赋存状态（如铁橄榄石、钙镁硅橄榄石），金属打磨抛光过程中粉尘及粉末冶金产物的金属形态，稀土磁性样品的特征组分（如 NdFeB、SmCo 永磁材料），Cu、Al、Pb、Zn、Ni、As 等元素的金属及其再生金属冶炼灰渣复杂成分（如黄铜灰渣、一次铝灰渣、二次铝灰渣、铅浮渣、铅铜浮渣、铅锡浮渣、锌渣、镍钒渣、砷铅黄渣），燃煤发电产生的粉煤灰特征成分（如明显含空心微珠组分），石墨粉，轧钢氧化皮的鳞片状构成组分，含锌冶炼烟尘中的 ZnO 及 $ZnFe_2O_4$，其他高温产生的收集烟尘颗粒（电镜下观察呈现珠状、球状、针状、柱状）集合体及其主要成分，电镀泥渣中金属、合金、盐类等物质组成，脱硫石膏在电镜下观察呈现的针状或条柱状结晶状态，废水处理沉淀泥渣等无机物样品几乎都应进行必要的物相分析，鉴别样品特定的物质构成对确定其产生来源具有重要意义。例如，具有火法冶金残渣外观特征的样品，通过物相分析证明有铁橄榄石组分（$Fe_2SiO_4$）和磁铁矿（$Fe_3O_4$）物相，并含有辉铜矿（$Cu_2S$）、斑铜矿（$Cu_5FeS_4$）、金属铜珠，结合成分组成复杂及有价组分含量较低等特征，可判断该鉴别物品不是天然矿物或冶炼的目标产物，综合判断为铜冶炼炉渣；又例如，具有冶炼迹象的轻质多孔块料样品，当钠、钙碱土金属元素含量较高，并且富含锑元素时，很有可能为金属锑冶炼中产生的锑泡渣。

（3）化学危险特性

鉴别中经常要进行化学危险特性分析，如果怀疑鉴别物品为危险废物，那么可进行危险特性鉴别，包括样品的酸碱腐蚀性、浸出毒性、毒性物质含量、易燃性、反应性等鉴别分析。危险废物特性分析是固体废物鉴别的进一步延伸，其前提是鉴别物品已经属于固体废物；反过来理解，如果能找到鉴别样品具有危险特性的证据，对推导出样品的产生来源也具有帮助作用，结合其他报废特征，便多了一个判断为禁止进口废物的理由，但应注意并不是所有鉴别物品都适合通过危险特征鉴别来反推其废物属性。如果是属于非危险废物的物质，也可通过物质的危险特性分析，从化学危险特性角度反映出鉴别样品的来源途径。例如，呈碱性并明显含有金属碱性沉淀物的鉴别样品，其来源很可能与碱中和反应有关，而碱中和反应是酸性废水处理去除金属杂质或回收金属杂质常用的技术方法，对判断样品是否为废水处理的沉淀污泥很有用；样品呈泥状，具碱性，并明显含有氨氮气味，不排除是来自氨碱反应后的产物；泥状样品中含有明显的铜、锌、镍的硫酸盐或氢氧化物，并且含有明显的硫和磷元素，则可朝着电镀污泥或金属表面处理废物方向进行考虑；有机样品的酸值较高，可能来自酸性有机物的加工生产过程或有机物酸性反应过程的产物；样品遇水发生反应产生明显的气泡，表明具有较高的反应活性，可能含有活泼金属、活泼金属氧化物和过氧化物、金属氮化物、硼氢化物、氢化物等；无机样品燃烧后发生增重现象，表明含有低价态的金属化合物或零价态的金属单质，并发生了金属高价态氧化反应；鉴别时如果发现样品中某一毒性物质含量异常偏高（如多氯联苯、二噁英和呋喃、其他多环芳烃、有机氯农药成分、有机汞、镉、砷等），反而更有利于判断鉴别样品的产生来源过程，例如多氯联苯（PCBs）可能来自变压器油，二噁英可能来自燃烧产生的烟灰，煤化工产生的混合有机物常含有多环芳烃。

总之，分析、掌握和发现鉴别物品的化学危险特性，对缩小判断物品的产生来源范围、评价物品的环境和人体健康危害性具有不可低估的意义。

（4）热值

在燃料化学中，热值是表示燃料质量高低的一项重要指标，即单位质量（或体积）的燃料完全燃烧时所放出的热量。对于与燃烧相关或以碳为主的物质，如褐煤、烟煤、无烟煤、焦炭、石油焦、炭电极、渣油、沥青、生物质燃料、石油化工产物、有机物无机物混合物、燃烧不完全的粉煤灰、其他碳质材料等都有不同的发热值，通过分析样品发热值的高低不同，有利于搞清楚这类含碳物质的来源过程。

（5）其他化学特性

如物质的酸溶解性、碱溶解性、有机物溶解性、可燃性、热稳定性、分子量高低、吸水性、耐腐蚀性、表面活性、挥发性有机气体、冶金渣碱度等均可能在鉴别中得到应用。例如，判断橡胶样品是硫化过的还是未硫化的，可依照《硫化橡胶溶胀指数测定方法》（HG/T 3870—2008）中的方法，以苯为溶剂对样品进行溶解实验，溶剂浸泡后发生溶解的为未硫化橡胶，发生溶胀而不完全溶解的为硫化橡胶；又例如，对于某些成分复杂的样品，通过酸溶解实验，将酸溶后的残余物与原样进行成分对比分析，可大致判断样品中含有的酸溶解组分和不溶组分，有利于分析样品来源属性；又例如，有的样品具有强烈的吸水性，干燥后放置一段时间再吸水，这一现象表明样品含有吸水性物质，应重点进行分析；又例如，怀疑是来自高分子材料合成过程产生的低聚物，可通过凝胶渗透色谱（GPC）方法估测样品的分子量范围，如聚乙烯蜡分子量在 500 ～ 2000 之间；钢铁冶金渣的碱度取决于渣中的 Ca/Si 值，对稳定成熟的工艺，渣的碱度是在一定可控值范围内的，这一特点可作为评价鉴别样品是否属于钢铁冶金渣的重要指标之一。包括固体废物在内的很多物质会散发一些气味，特别是含有机成分的废物，例如硫化氢气体、甲苯（$C_7H_8$）、二甲苯（$C_8H_{10}$）、甲硫醇（$CH_3SH$）、二甲二硫（$C_2H_6S_2$）气体、二氧化硫气体、氯化氢气体等会产生刺激性气味，挥发性气味是典型特征，有利于物质产生来源判断。例如，回收废铝熔炼金属铝时产生的一次铝渣，冷却后长时间内还会有刺鼻的氨味，是因为铝渣中含有氮化铝（AlN），其遇水后生成氨气，$NH_3$ 遇水生成氨水。由此表明，鉴别人员应具有丰富的专业知识和敏捷的辨识能力。

### 4. 材料的使用性能

这里所指的物质使用性能强调的是在物质属性鉴别中对样品从产品或材料的使用性能或技术指标角度进行的特性分析，通过是否符合产品的使用性能要求来推导分析出物质来源属性，区分是产品还是固体废物。材料的使用性能分析不是鉴别工作中一定要使用的方法，不是所有鉴别样品都需要进行使用性能分析，因为物质属性鉴别并不是直接着眼于如何利用产品或利用废物。只有对于某些特定材料性物质，特定非废物原材料类物质，或者依据前面讨论的通过理化特性分析还无法判断的物质，才需要从使用性能角度分析物质的基本属性，是物质特性分析的较高级层面，也是鉴别工作中难度较大的方面。如前所述，固体废物鉴别不是产品或物质特性的全解析，物质使用性能分析也只能是有选择性地进行，抓住物质的关键指标或特征指标非常重要，当然应尽量按照产品标准中的关键指标进行分析，不符合产品标准要求的关键性能指标往往是难以修复的或不可逆转的，基本上属于报废品，属于固体废物。

例如，对于合成树脂原材料、均一的塑料材料、未硫化橡胶混炼胶等高分子物质，有时很难判断是产品、非废物原材料还是固体废物，这时可借助必要的拉伸强度、断裂伸长率、定伸应力等性能指标进行物质属性分析。对于是属于石油产品还是废油的鉴别样品，可参照相关产品标准中的技术指标进行特性分析，如灰分、水分、机械杂质、运动黏度、硫含量、闪点、酸值、馏程、沥青四组分等，将指标结果作为物质来源属性判断的重要依据。对于可能来自煤制气、炼焦、煤化工行业的煤焦油样品，可先按照《煤焦油》（YB/T 5075—2010）标准的要求，分析样品的理化指标，如果其中明显含有萘等系列多环芳烃，便是煤焦油的特征指标，将样品实验结果与标准要求进行对比，以确定物质是哪一类煤焦油。对于可能为有机肥的样品，可按照《有机肥料》（NY/T 525—2021）标准要求分析样品中的N、P、K、pH值、有机质百分含量等指标，看是否符合肥料标准要求。对于可能来自甘蔗制糖过程中的糖蜜产物，按照《甘蔗糖蜜》（QB/T 2684—2005）分析样品糖分、纯度、酸度、总灰分等指标。对于申报为精对苯二甲酸（PTA）产品又怀疑为废物的粉末样品，按照《工业用精对苯二甲酸》（GB/T 32685—2016）标准要求，对样品进行主要指标分析是鉴别过程中的必然方法。有些无机矿物、金属粉末、无机材料的样品鉴别中也常进行使用性能分析，尤其适用于对杂质含量有较高要求的产品和原材料等。

实践经验表明，鉴别机构对很多委托样品进行物质使用性能分析有一定的难度，主要原因是物质使用性能分析专业性强，往往要求较高的条件，非专业的分析检测机构很难进行正确的操作分析，也难以具备相关实验分析条件和有相当专业经验的人。例如一个从没有做过混杂黏稠油类样品的实验机构，对这类样品成分和物质组成的实验分析是很难做准确的，这时往往需要不同的实验机构从不同角度进行实验，然后鉴别人员相互比对和验证分析，才能确定物质的真实来源。那么，鉴别中进行物质使用性能分析应尽量选择各行各业的专业技术机构，不能拘泥于鉴别机构本身的条件来完成使用性能或特性分析任务。

### （四）非固体废物鉴别不能替代产品的质量检验

非固体废物鉴别是在物质固体废物属性鉴别中首先应考虑的问题，但绝对不能认为非废物鉴别可替代对产品的质量检验，固体废物属性鉴别不应该取代对正常商品的品质检验或质量分析，主要是因为非商品检验系统的固体废物鉴别机构并不具有商品质量检验的各种条件、资质和优势。比如，国内焦化行业的企业通常对煤焦油会有固定的检验程序和质量要求，其品质检验是基于物质来源已经确定、实验分析非常成熟的情况，然后根据行业标准或国家标准要求进行品质分析，通常不会考虑煤焦油是不是固体废物，而是考虑煤焦油的品级、价格、合同约定等要求；但对口岸监管机关查获的或上级机关布控的疑似固体废物的煤焦油物品的属性鉴别则不一样，目的是要找到判断固体废物或者非废物的基本理由，此时鉴别机构的工作比企业实验室的物质分析要复杂很多。

在物质属性鉴别工作中，应尽量避免实验分析误区，即对样品进行全解析或按照产品质量要求进行全分析时，面对纷繁的样品是难以做到对所有样品都精细化解析或全分析的。对某些高技术材料废物或精细化工品的报废料，如果能找到某一杂质指标及其含量显著异常的特征，而且该指标对产品的形成或质量影响至关重要（往往不可逆，不再作为原料产品使用），则可以不需要分析材料的其他更专业的技术和性能指标，便可判断为报废产物。例如，多晶硅生产中产生的“U”形棒炭头块料，如果硅块中很容易发现有圆内弧形面、深黑色炭迹象和外表面光滑弧形的迹象，基本可认定为不好用的炭头料，可判断为固体废物，比通过实验分析来确定要容易得多；反之，如果从实验分析的角度去验证单晶硅或多晶硅中硅的纯度品质，或验证半导体材料中有意掺杂元素的含量，那么非专门的质量检验机构会面临较大难题，鉴别机构会被质量要求难住。

尽管如此，鉴别过程中对不判断为固体废物的样品依然要遵循一定的原则：一是要尽量符合产品或原材料标准的要求，找到一些有意识加工生产的证据，如基本满足产品的行业标准要求、国家标准要求、公认的加工产物要求、公认的替代原材料要求等，对于是否符合产品标准要求，笔者主张抓少数几项关键指标即可，不能贪求全解析和过于严苛，尤其还要考虑到很多原材料（包括固体废物加工的二次材料）还没有标准的情况；二是固体废物的证据不明显或不足，如外观干净整洁、成分基本均匀、无杂质、物相结构清晰、多层包装、标签完整、价值远远高于同类物质的固体废物等；三是产物确有稳定的市场需求、较好的经济效益，即首先具有较好的可利用性，尤其是对材料性物质的鉴别判断，眼光不宜只盯着一个应用领域，应适当放宽材料应用领域范围，例如有些复合纤维、玻璃纤维、合成纤维、人造纤维其生产的目的主要是作为纺织材料，但用于纺织行业生产产品并不是唯一目的，也不是唯一用途，也可能以复合材料、保温或防火隔热材料、建筑材料等为目的，当然这些用途的玻璃纤维品质并不要求达到用于纺织纤维一样高的品质，纺织材料以外的目的也有必要考虑；四是鉴别对象基本不含对环境和健康造成严重危害的物质，符合生产和使用领域里正常原材料的要求。

由于我国已经实施固体废物零进口政策，对一些由固体废物加工获得的原材料的判断，要遵守相关产品标准的要求，当没有直接产品标准时，看是否符合相关的替代产品标准要求；对一些入境的旧机电和机械设备、入境保税维修产品、加工再制造物品，有必要认真区分进口去向是不是属于回收拆解出售材料为目的，如果是则表明物质已经丧失了原有用途或原使用领域的用途，应判断为固体废物，如果不是则应考虑是否符合相关原料的标准或规范要求，是否符合非废物材料的通行要求，是否符合有关监管部门出台的允许进口政策要求，如工信、发改、生态环境、商务或海关等部门出台或批准的保税维修和再制造相关政策、进口文件、技术标准等。

### （五）非固体废物鉴别应充分重视固体废物的排除和豁免

在固体废物管理体系中，固体废物排除和豁免的情况不可避免，可能是在长期实践中自然形成从而促使管理上默认而成，也可能是政策法律制度的专门安排。固体废物排除和豁免是从管理上规定一些种类的物质物品不属于固体废物，是对特定情况下物质不按照废物管理的进一步明确，使管理具有一定的灵活性，反映出固体废物管理的普遍性和特殊性相结合的特点。

#### 1. 国外固体废物的排除和豁免

国外废物管理体系中，固体废物排除或豁免是一项必要技术性措施或制度性安排。在美国《资源保护和回收法》（RCRA）固体废物定义中明确不包括家庭污水中的固体或溶解物质或水资源中的其他污染物，如泥沙、工业废水中的溶解或悬浮固体、灌溉出水中的溶解材料或其他水污染物；在美国环保法（EPA 40 CFR）的固体废物定义中，明确指出固体废物是在没有被排除或豁免的前提下被丢弃（抛弃）或以处置为目的的物质。美国固体废物排除或豁免包括类别排除、小量产生者有条件豁免、低风险豁免、混合和衍生条件下的豁免、废物产生源个体豁免等情形。其中类别排除中列出了 20 多种不属于固体废物管理范围的物质，例如，生活污水、工业废水、灌溉回流水、放射性废物、开采现场就地处置的采矿废物等。

美国固体废物的定义内容比较多和复杂（40 CFR 261.2），被抛弃是固体废物的核心含义，在 40 CFR 261.2 这一节中同样列出了非废物的条件，当物质能以下列方式再循环利用时不属于固体废物：

① 物质没有被回收，而是作为成分被用于或再利用于产品工业生产过程。

② 物质作为工业品的有效代替物被利用或再利用。

③ 物质作为供给原料的替代品被返回到原生产过程，而没有首先被回收或在土地上进行处置；如果物质所返回的原生产过程是二次加工过程，物质必须被利用而不能放置在地上。

同时，美国还列出了固体废物排除［40 CFR 261.4（a）］的一些具体情形，例如“将被循环使用的加工过的废金属”。获得当地政府主管部门的同意，是固体废物排除的前提。

欧盟在排除或豁免管理方面，排入大气的气体污染物由于不是固体废物，而被排除在废物指令（2006/12/EC）管理范围之外，下列废物由于已经有其他指令管理而排除在指令 2006/12/EC 管理范围之外：放射性废物、采矿业相关废物、农业废物（动物尸体、排泄物等天然产生的农业废物）、废水（不包括液体废物）、已退役 / 销毁的炸药。

### 2. 我国固体废物的排除和豁免

排除或豁免是固体废物管理的一种必要方式，是基于污染风险最小化目标条件下，按照法律要求建立的排除或免除物质不属于危险废物或不按危险废物管理、不属于固体废物或不按固体废物管理的制度政策。主要通过建立列名种类和原则规定来实现排除或豁免管理，包括危险废物排除或豁免名录以及固体废物排除或豁免名录。

我国 2004 年的《固体废物污染环境防治法》明确规定不适用于固体废物海洋环境污染的防治、放射性废物污染防治、排入水体的废水污染防治，这是法律层面规定的固体废物排除或豁免管理情形，即管理权限上的规定。我国对固体废物排除或豁免管理的研究始于 21 世纪初的环境保护“十五”科技攻关项目，当时主要针对危险废物的排除或豁免管理，提出了基本概念、基本方法、申请程序等研究成果内容。2008 年的《国家危险废物名录》第六条规定，家庭日常生活中产生的废药品及其包装物、废杀虫剂和消毒剂及其包装物、废涂料和溶剂及其包装物、废矿物油及其包装物、废胶片及废相纸、废荧光灯管、废温度计、废血压计、废镍镉电池和氧化汞电池以及电子类危险废物等，可以不按照危险废物进行管理。但是，将这些废物从生活垃圾中分类收集后，其运输、贮存、利用或者处置，按照危险废物进行管理。在 2016 年 8 月 1 日新修订执行的《国家危险废物名录》中增加了豁免管理条款和清单，其中第五条指出“列入本名录附录《危险废物豁免管理清单》中的危险废物，在所列的豁免环节，且满足相应的豁免条件时，可以按照豁免内容的规定实行豁免管理”。《危险废物鉴别标准　通则》（GB 5085.7—2019）第 5.2 条规定，仅具有腐蚀性、易燃性、反应性中一种或一种以上危险特性的危险废物与其他物质混合，混合后的固体废物经鉴别不再具有危险特性的，不属于危险废物；第 6.1 条规定，仅具有腐蚀性、易燃性、反应性中一种或一种以上危险特性的危险废物利用过程或处置后产生的固体废物，经鉴别不再具有危险特性的，不属于危险废物。2021 年 12 月 2 日，生态环境部发布了《危险废物排除管理清单（2021 年版）》，将表 1 中 6 种情形的固体废物明确不属于危险废物，至此我国危险废物管理上将排除和豁免予以分开，列表管理，范围及对象更加清晰。

**表 1　危险废物排除管理清单（2021 年版）**

| 序号 | 固体废物名称 | 行业来源 | 固体废物描述 |
| --- | --- | --- | --- |
| 1 | 废弃水基钻井泥浆及岩屑 | 石油和天然气开采 | 以水为连续相配制钻井泥浆用于石油和天然气开采过程中产生的废钻井泥浆及岩屑（不包括废弃聚磺体系泥浆及岩屑） |
| 2 | 脱墨渣 | 纸浆制造 | 废纸造浆工段的浮选脱墨工序产生的脱墨渣 |
| 3 | 七类树脂生产过程中造粒工序产生的废料 | 合成材料制造 | 聚乙烯（PE）树脂、聚丙烯（PP）树脂、聚苯乙烯（PS）树脂、聚氯乙烯（PVC）树脂、丙烯腈－丁二烯－苯乙烯（ABS）树脂、聚对苯二甲酸乙二醇酯（PET）树脂、聚对苯二甲酸丁二醇酯（PBT）树脂七类树脂造粒加工生产产品过程中产生的不合格产品、大饼料、落地料、水涝料以及过渡料 |
| 4 | 热浸镀锌浮渣和锌底渣 | 金属表面处理及热处理加工 | 金属表面热浸镀锌处理（未加铅且不使用助镀剂）过程中锌锅内产生的锌浮渣；金属表面热浸镀锌处理（未加铅）过程中锌锅内产生的锌底渣 |
| 5 | 铝电极箔生产过程产生的废水处理污泥 | 金属表面处理及热处理加工 | 铝电解电容器用铝电极箔生产过程中产生的化学腐蚀废水处理污泥、非硼酸系化成液化成废水处理污泥 |
| 6 | 风电叶片切割边角料废物 | 风能原动设备制造 | 风力发电叶片生产过程中产生的废弃玻璃纤维边角料和切边废料 |

注：1.“固体废物名称”是指固体废物的通用名称。

2.“行业来源”是指固体废物的产生行业。

3.“固体废物描述”是指固体废物的产生工艺和环节等具体描述。

早在 2006 年发布的《固体废物鉴别导则（试行）》中明确列出了下列不属于固体废物的 5 种情况：放射性废物，不经过贮存而在现场直接返回到原生产过程或返回到其产生过程的物质或物品，任何用于其原始用途的物质和物品，实验室用样品，国务院环境保护行政主管部门批准其他可不按固体废物管理的物质或物品。这是我国最早期的固体废物管理中明确的排除或豁免条款。

在 2017 年发布的《固体废物鉴别标准　通则》（GB 34330—2017）标准中，对固体废物排除或豁免也进行了考虑，但没有将排除和豁免决然分开，整体上将不作为固体废物管理的物质作为标准的重要组成部分，主要包括明确列出不属于固体废物管理的物质、废物处置之后不作为固体废物管理的物质、其他不作为固体废物管理的物质三方面的内容。

在修订《固体废物鉴别标准　通则》时有必要增强固体废物排除或豁免的内容。

### 3. 固体废物排除和豁免在非废物鉴别判断中具有重要作用

固体废物具有社会属性，社会属性主要应遵循政府主管部门的要求，那么，相关部门可以通过建立非废物的先决条件，或者建立固体废物豁免管理依据，来引导固体废物向非废物方向转化，这是推动固体废物资源化的路径和动力。固体废物排除和豁免是固体废物管理的制度措施，使固体废物管理具有一定的灵活性和适应性，避免不必要的过度管理、显著增加企业成本和管理成本，从而减少不必要的管理纠纷和不合理现象，当然这一管理都是建立在物品物质的低环境污染风险基础之上。

建立范围更加宽泛的固体废物排除或豁免管理规则、管理名录，可以起到下列作用：

① 避免将不属于《固体废物污染环境防治法》管理范围的由其他法律管辖的物质或废物纳入，造成管理权限和范围上的不清楚或交叉重叠，例如废水以及可按废水管理的废液就不应按照固体废物进行管理，又例如固体废物污染海洋环境的防治和放射性固体废物污染环境的防治明确不适用于《固体废物污染环境防治法》，都是从管理权限上进行了划分和限定；

② 避免将不属于固体废物的一些物质纳入固体废物管理范围，造成固体废物范围的任意扩大化，增加管理的复杂性和行政管理成本，例如只要符合各类再生资源产品标准的原材料都不应属于固体废物，自然而然将这些原材料排除在固体废物范畴之外，对这类产品的通关出入境、贮存、转运、综合利用都有好处；

③ 避免监管机构事无巨细啥都去管，减少监管机构勤于应付具体案例事务的被动局面，给环境污染风险很小、不便管不值得管的物质产生者一定的豁免管理方法，有利于节约管理成本，例如对可以在现场直接返回到原生产过程或返回其产生过程的物质从管理上明确予以豁免，对经过加工处理的再生资源排除不属于固体废物；又例如，对各类合规进出口的样品也不应按固体废物管理。

## 三、典型物质类别的非固体废物鉴别方法

在长期的固体废物属性鉴别工作中，接触到了海关查扣的各种初级产物或初步加工产物，这些产物中有一部分没有被鉴别判断为固体废物，鉴别工作中除了遵循上述非废物鉴别基本原理方法外，对这些特定来源的物质应充分考虑不同行业物质产生特点、需求和管理状况，坚持一分为二的辩证法观点，既不过于宽松朝着非废物原材料方向判断，也不过于严苛朝着废物方向判断，都要有支持鉴别结论的理由。下面是一些相关知识和经验的总结。

## （一）矿物的鉴别

### 1. 精矿产品的鉴别

矿物及其替代矿物的样品所涉及的范围很广，有可能来自各种天然矿物甚至放射性矿物，凡是符合精矿产品特征和要求的一般都不属于废物，这是一条基本原则。那么，除了使用和满足相应的各类精矿产品标准外，在鉴别工作中充分遵守海关《进出口税则商品及品目注释》对“精矿”的解释尤为重要，其表述为“适用于用专门方法部分或全部除去异物的矿砂。品目 26.01 ～ 26.17 的产品可经过包括物理、物理化学或化学加工，只要这些工序在提炼金属上是正常的。除煅烧、焙烧或燃烧（不论是否烧结）引起的变化外，这类加工不得改变所要提炼金属的基本化合物的化学成分。物理或物理化学加工包括破碎、磨碎、磁选、重力分离、浮选、筛选、分级、矿粉造块（例如，通过烧结或挤压等制成粒、球、砖、块状，不论是否加入少量黏合剂）、干燥、煅烧、焙烧以使矿砂氧化、还原或使矿砂磁化等（但不得使矿砂硫酸盐化或氯化等）”。这一对精矿的表述准确、科学、合理，表明精矿产品是经加工获得的人造富矿，天然矿物开采选矿产物是主要来源，同时还明确包括经过一定的物理、物理化学、化学加工的产物，也就是焙烧氧化产物及其之前各工序的产物。当海关查扣报关为精矿产物的物质时，应关注物质是否符合海关对归类商品的注释，符合的话才具有判断为矿产品的基础，如高品位原矿、精矿、烧结矿、球团矿、伴生矿、多金属混合矿等。

要鉴别判断物质属于哪一种或哪一类矿物并不容易，需要掌握矿物学或矿物鉴定学方面的知识，通常需要进行矿物相综合分析，解析出物质的基本组成、物相组成、纹理特征等。一是采用排除法排除一些矿物，例如天然硫化矿物是金属矿物的主要赋存形式，如果物相分析中发现明显的冶金金属相、合金相、冶金渣相等特征，可判断物质不是或者不单纯是来自天然矿物，存在混合收集的可能性，当然也不排除人造富矿或者本就不是矿物；如果申报为重金属矿物的物质中明显含有石膏相、钠盐物相、氯化物相、氟化物相等，可判断物质基本上不是来自天然选矿产物；如果申报为氧化矿物的物品中发现大量冶金烟尘相、硫酸盐相，基本上可排除物质为天然氧化矿物，但硫化矿长期露天堆放发生氧化的产物除外。二是依据各类矿物的典型特征进行相应矿物的判断，典型特征是各种矿物质在长期地质条件下形成，在以物理方法为主的选矿方式下，矿物典型理化特征不容易被破坏而是会保留特有的矿物相结构，如物质的天然纹理、物质的均质相嵌结构、物质的晶型结构、物质的成分组成和物相组成等。例如，磁铁矿为一种具有亚铁磁性的矿物，富含四氧化三铁，产于变质矿床和内生矿床中，氧化后变为赤铁矿或褐铁矿，是炼铁的主要原料；褐铁矿是铁矿物之一，是以含水氧化铁为主要成分的褐色的天然矿物混合物，但含铁量并不高，是次要的铁矿石。

### 2. 中低品位矿物的鉴别

对中低品位矿物的鉴别也不容易。

① 应确定这类被查扣物质的真实产生来源，是天然形成还是后天人为加工、人为干扰后得到的，要给出明确的判断，如果是天然形成的开采选矿中的合理来源，只是有

价成分含量上相对偏低，则不应该简单判断为固体废物，很可能是中低品位矿物，可能是由选矿工艺粗糙、初步选矿、落后选矿工艺所导致，只有当利用价值很小或根本不具备提取价值、有害组分非常多时才可判断为固体废物。例如，曾经有一批来自非洲的中低品位的锰矿，只在非洲进行了简单的挖坑堆填式焖烧处理，根据当地的条件没法进行富选处理，不能进行现代化的选矿处理，因而对该批货物没有判断为固体废物；中低品位的金矿、铁矿、锰矿、铜矿、铬矿、铅矿、锌矿、铅锌矿、钼矿、镍矿、钴矿、砷矿、汞矿等都经常有这种情况存在，有富矿存在也一定会有贫矿存在，绝对不能将这部分有价物质含量没有达到同类精矿标准要求的矿物都朝固体废物方向判断，例如我国天然铜矿中铜含量达到 1% ～ 2% 品位就算不错了，必须经过选矿后提高到 13% 以上才算精矿，如果选矿工艺不好就难以达到铜精矿的要求，但并不能因为没有达到精矿的最低品级含量要求而笼统将这部分物质按照固体废物来对待。

② 要论证报关物品中有害物质来源及其合理性，如果含有不利于冶炼产品的 S、P、Cl、Si、K、Na 等杂质元素以及有害重金属等，其含量远远超出同类正常精矿产品的要求，则要对这类申报的中低品位矿物的真实来源进行验证，合理的则可不判断为固体废物，明显不合理的甚至论证出含有人为掺混掺杂的物质，则结合其他报废特征，应判断为固体废物。

③ 对于有价元素远低于正常矿物的天然物质，要认真分析是否为以尾矿（砂）、剥离的弃矿或土石、无价砂石为主的物质，如果明显是这类物质，则应判断为固体废物。例如，某海关委托对一票申报为铅矿的物品进行鉴别，通过分析化学成分，样品中铅的含量只有 2% 左右，不具有任何商业提取价值，进口毫无意义，最后判断为铅矿开采中剥离出来的表土弃矿，属于固体废物。

### 3. 混合矿物和伴生矿物的鉴别

自然界很少有特别纯净的或单一成分的独立金属矿物，很多金属矿物以多金属混合矿物存在于矿带中，开采后的选冶工艺通常也是采取多步骤、多方法、多工艺设备的综合分离提取工艺，充分照顾到各有价元素的提取，如果只提取其中的一种主元素而忽视其他有价元素的话，那么会造成矿产资源的巨大浪费，经济上很不合算，也不利于矿山的生态环境保护。

比较常见的有铜锌混合有色金属矿、硫化铜镍矿、砷黝铜矿、含钴红土镍矿、钴硫铜镍矿、黄铁矿（含硫高的铁矿）、铬铁矿、钛铁矿、钒钛磁铁矿、铅锌有色金属矿、钨锰铁矿、钨钼矿、锡钨矿、金银矿、铌钽矿、多金属砷矿、多金属锰矿、沉积钴锰矿、硅酸镍矿、锑金矿、锑汞矿、锑金钨矿、锑钨矿、铜钼矿、其他多金属钴矿、其他含有色金属铁矿等类型。尤其七大稀散金属 Ga、In、Tl、Ge、Se、Te、Re，稀贵金属如 Au、Ag、Pt、Pd、Rh、Ru 等，它们经常赋存在其他矿物中，依附于其他矿物的开采和冶选提取工艺。而且有些稀散金属的获取，如 Ga、Ge、In 等，是从其他金属冶炼渣、烟尘、污泥中再进行二次提取获得。

对于可能属于混合矿物或伴生矿物的鉴别，首先要确定是来自天然矿物原料还是来自工艺加工过程中产生的二次物料，都需要分析是不是正常工艺过程的产物，符合加工产物标准或规范要求的混合物质，通常应判断为非废物，如果确有证据证明其是来自生产中的下脚料、废料、严重污染物料等则应判断为固体废物。

例如，某海关曾经查扣一批含镍、钴、锰的所谓矿物，经中国环境科学研究院固体废物研究所鉴别，货物不是来自天然矿物及其加工产物，而是来自新能源动力电池正极材料——前驱体原料生产中回收的报废料，为生产中的副产物废物。又例如，有的进口铌钽矿物原料中明显含有放射性物质并且超标，这时不仅要考虑有价主元素的含量，而且还要考虑是否符合此类矿物的进口政策，看伴生放射性污染的矿物是否有支持进口政策，如果没有，则可判断为禁止进口的货物或禁止进口的放射性废物。

#### 4. 替代矿物的鉴别

替代矿物是个不太容易理解的概念，基本含义为物质本不是矿物或不是由天然矿物组成，但可以作为相应矿物的替代产物来使用。在鉴别工作中遇到这样几种情形。

① 最典型的是替代铁矿的物料，含铁或含铁氧化物的物料来源渠道不少，例如从电厂粉煤灰中磁选出的含铁物料，从有色金属物料中磁选出的含铁物料，从轧钢、钢材及其零部件加工二次物料中获得的替代铁矿的物料，从硫铁矿（黄铁矿）制取完硫酸（$H_2SO_4$）之后的所谓硫酸烧渣或硫铁矿烧渣，从废物处理中产生的含铁物料等。显著特点是这些含铁物料可作为替代铁矿进入烧结厂或球团厂进行加工利用，是含铁物料的主要去向甚至是必然去向，既节约了部分天然铁矿原料，又促进了含铁物料的循环利用，不能笼统地都将这些替代铁矿的物料判断为固体废物，反之，品质上接近或优于矿物时，如果有明显的二次加工生产的证据，那么这类物质不宜判断为固体废物。

② 铅酸蓄电池处理获得的二次含铅物料，其中铅含量通常较高，可能含有 $PbSO_4$、PbO、铅锑合金等物相，或者是经过简单还原处理后还难以达到正常铅精矿火法冶炼的铅合金物料，是典型的替代铅精矿的物料，如果铅的含量可达到《铅精矿》（YS/T 319—2013）中的三级水准（Pb 含量在 55% 以上），且外观形态和质地均无明显其他外来杂质的情况下，也建议不判断为固体废物。

③ 锌焙砂或者硫化锌精矿焙烧后的产物是典型的替代锌精矿的物料，其中物相以氧化态的锌为主，但如果焙烧工况不好，也可能会存在少量的硫化物相或者更复杂的物相，如 $ZnFe_2O_4$、$Zn_5(OH)_8Cl_2 \cdot H_2O$，还可能混有少量类似烟尘的细颗粒物质，此时不能因为含有很少量类似烟尘的物相便贸然认定物品是来自收集的烟尘废物，这里一定要遵守行业的通行做法。通过查阅铅锌冶炼的文献资料，可知锌焙砂中如果含有微量的锌冶炼超细颗粒（烟尘）不足为怪，当然含有明显较多的微米级烟尘则另当别论。

④ 其他金属二次加工产物大都也有这种替代同类矿物的情形发生。对这些替代矿物物质的鉴别，当朝着非废物方向判断时，可把握以下几个要点：一是鉴别物质是加工出来的产物，有明显的加工工艺和基本质量控制措施；二是鉴别物质应符合同类替代物料的质量标准或规范要求或公认的通行要求，起码具有较好的均匀性，不是原始状态的很不均质的混杂物料；三是作为替代矿物而获得应用，进入同类矿物原料的冶选过程是其基本去向，即可以进入正常矿物加工使用链中。

例如，曾经对含有块状和粉末物质的需要鉴别判断的含铁物料，从样品筛上物和筛下物化学成分和物相结构均具有很高的一致性可判断样品粉末和大颗粒或块状应是来自同样的生产工艺过程，不是不同工艺过程回收的混杂物料；从样品的物质化学成分特征和物相结构含有明显的 $ZnFe_2O_4$，可判断样品不是天然铁矿物料；从样品筛下物粒度分布曲线基本呈正态分布也可判断样品是来自同样生产过程，不是不同工艺过程回收的混合物料；从样品的粒度分布范围较宽、显微镜形貌分析结果没有明显的球珠状物质、有害重金属含量很低等方面判断样品主要是机械破碎后的粉末，不是来自钢铁冶炼的除尘灰、除尘泥。由于铁的含量较高，以氧化态的化学成分形式存在，最后综合判断样品是来自铁矿等物料的中高温烧结处理后的产物（是粉粒部分，不是块料部分），符合海关《进出口税则商品及品目注释》中有关矿物的注释，因而不属于固体废物，是典型的替代天然铁矿的原料。

5. 含有害组分的矿物鉴别

矿物中含有害成分非常常见，不同的矿物其组成成分不同，有害组分含量高低也不同。比如高氯原油中氯含量可达 3% ～ 10%；高砷铜矿中砷含量可能是大量或显著量；含镉、汞的铅锌矿；一些稀土矿中含铀（U）、钍（Th）、铯（Cs）等放射性元素；其他多金属成分混合矿物；等等。对于申报为矿物的物品，首先应关注是以天然矿物为主还是以冶金加工产物为主，然后关注其中的有害成分是天然赋存的还是后端加工中带入的，如果样品中的有害成分不是生产加工中外部带进或夹杂带入，则要看是否符合相关矿产物质中有害成分限量要求，看相关政策对含有害成分的矿物是否可以进口，以及具体规定。例如，有的企业进口申报锆石英矿，通过矿物相分析判断样品根本不是天然锆矿，从其浸染的杂质纹理（耐火材料在炉体中受到了熔炼物质的浸入式污染）呈现明显的高低扩散状并结合其他特征，综合判断是回收的含锆报废耐火衬材；对于含有害组分的重金属精矿，一定要重点考虑有害成分的含量是否符合《重金属精矿产品中有害元素的限量规范》（GB 20424—2006）的限量要求，如果不符合该标准要求，则应结合是否有相关进口管制政策，能进口的便不宜草率判断为固体废物，不能进口的可判断为禁止进口物品，符合《固体废物鉴别标准　通则》（GB 34330—2017）中固体废物准则的应判断为固体废物。

总之，含有害物质的矿物鉴别比较复杂，应进行综合分析，并和相关政策联系起来，切忌单凭含有有害成分就贸然判断为禁止进口的固体废物，也切忌单凭是天然产物就判断为非废物。

## （二）再生金属原料初级加工产物的鉴别

本书所指的再生金属原料主要是指金属态或合金态的物质，由于是再生金属原料，表明是来自回收的同类金属或合金态的物质经分类挑选、加工处理而成，或者是由其相应的回收氧化物还原冶炼金属获得的初级原材料。其种类比较多，主要有再生钢铁原料、再生铜原料、再生黄铜原料、再生粗铜原料、再生铸造铝合金原料、再生纯铝原料、再生钨原料、再生锌原料等各类金属材料。对于被查扣的这些原材料的非废物鉴别的基本出发点是：一看是不是有意加工后获得的产物，哪怕是有目的地分拣分类和裁剪裁断机加工处理，不再具有原始很不均匀混合废料的特征；二看是不是符合再生产品标准或规范的要求。符合这两点，鉴别物质基本上可不判断为废物。这里面包含了固体废物管理创新思路，即将以往可能被归为固体废物的原材料转变成了非废物原材料，经过预处理加工之后的材料不再属于固体废物，而是非废物的二次材料，既确保国家经济发展所需要的品质较好的原材料供给，解决我国经济发展中自然矿产资源严重不足的问题，同时又不违反《固体废物污染环境防治法》中零进口固体废物的要求。

1. 再生钢铁原料的鉴别

钢铁行业形成了这样的共识，再生钢铁料是钢铁冶炼必需的两大原料之一，是可以替代铁矿石的铁素炉料。根据铁矿石和再生钢铁原料使用比例的高低，钢铁冶炼生产大致划分为两大类生产工艺流程，即以铁矿石为主要原料的“高炉 - 转炉”长流程和以再生钢铁料为主要原料的电炉短流程。电炉短流程与“高炉 - 转炉”长流程相比，可显著减少 $SO_2$、$NO_x$、$CO_2$ 气体的排放，减少废水的排放，能源消耗也大为降低。与使用铁矿石相比，用再生钢铁料冶炼 1t 钢，可节约 1.7t 精矿粉，减少 4.3t 原矿开采，可节约 350kg 标准煤，减少 1.6t $CO_2$ 排放和 2.5t 固体废物产生。因此，再生钢铁料是可充分利用的炼钢铁素炉料，使用再生钢铁料是钢铁工业节能减排的重要抓手，是钢铁工业绿色发展的基本表现。

由于 2017 年以来国家大幅减少固体废物原料的进口，到 2020 年底基本实现了固体废物零进口，过去可以进口的废钢铁停止进口，对我国炼钢原料供给产生了一定的不利影响。在生态环境部和国家市场监督管理总局的大力支持下，冶金工业信息标准研究院、中国废钢铁应用协会等单位编制了《再生钢铁原料》（GB/T 39733—2020）国家标准，于 2021 年 1 月 1 日正式实施。中国环科院固体废物研究所是主要参编单位之一，全程参与该标准的编制，提出了基本主张和许多建议。

该原料标准跟过去的废钢铁分类标准相比，在品种分类、质量指标、环保要求等方面有明显区别。第一，再生钢铁原料是经过分类回收及加工处理，可以作为铁素资源直接入炉使用的炉料产品，而废钢铁是再生钢铁原料的原料；第二，加工过程强调将回收的钢铁制品按化学成分、物理规格、来源、用途等要求分类筛选处理，成为特定类别的再生钢铁原料产品，形成了不同的产品牌号，而废钢铁基本上属于混杂物；第三，对在产生、收集、包装和运输过程中混入的非金属夹杂物，根据品种类别、等级进行了较为严格的规定，并且详细规定了检验方法，为保证再生钢铁原料的质量、提高再生钢铁原料进口品质提供了重要的保障。

GB/T 39733—2020 标准主要技术内容如下。

一是将再生钢铁原料按照不同加工方式、外形和化学成分分为 7 大类，包括重型再生钢铁原料、中型再生钢铁原料、小型再生钢铁原料、包块型再生钢铁原料、破碎型再生钢铁原料、合金钢再生钢铁原料、铸铁再生钢铁原料，并分别规定了英文缩写、中文简称、代号、牌号，可以有效促使再生钢铁资源的分类收集和加工处理。

二是建立了再生钢铁原料的详细分类要求，包括物理规格、一般来源和典型来源比例、基本属性、不同类别再生钢铁原料的加工流程示意图等，出发点是以分类加工处理为基础。

三是提出了明确的可操作性的技术要求，可以实现部分品质较好的再生钢铁原料进口利用，解决了各方的关切，包括：

① 再生钢铁原料应分类贮存，尽量不要将不同规格、牌号、类别的原料混合收集存放。

② 放射性污染物控制应符合以下要求：a. 不应混有放射性物质；b. 原料（含包装物）的外照射贯穿辐射剂量率不超过所在地正常天然辐射本底值 +0.25μGy/h；c. 原料表面 α、β 放射性污染水平为原料表面任何部分的 $300cm^2$ 的最大检测水平的平均值 α 不超过 $0.04Bq/cm^2$，β 不超过 $0.4Bq/cm^2$。

③ 再生钢铁原料中不应混有爆炸性物品，这是确保入境后生产安全的预防性措施。

④ 再生钢铁原料中应严格限制下列危险废物的混入：a.《国家危险废物名录》中的废物；b. 依据 GB 5085.1 ～ GB 5085.6 鉴别标准进行鉴别，凡具有腐蚀性、毒性、易燃性、反应性中一种或一种以上危险特性的其他危险废物；c. 再生钢铁原料中危险废物的重量不应超过总重量的 0.01%。

⑤ 再生钢铁原料外观应保持清洁，无明显废纸、废塑料、废纤维等非金属夹杂物；再生钢铁原料类别、牌号及其夹杂物的要求见表 1 的规定。

**表 1　再生钢铁原料的夹杂物要求**

| 类别 | 英文名称 | 英文缩写 | 中文简称 | 牌号 | 夹杂物 /% |
|---|---|---|---|---|---|
| 重型再生钢铁原料 | heavy recycling iron-steel materials | HRS | 重型料 | HRS101 | ≤ 0.8 |
| | | | | HRS102 | ≤ 0.3 |
| 中型再生钢铁原料 | medium recycling iron-steel materials | MRS | 中型料 | MRS201 | ≤ 0.8 |
| | | | | MRS202 | ≤ 0.3 |
| 小型再生钢铁原料 | little recycling iron-steel materials | LRS | 小型料 | LRS301 | ≤ 0.8 |
| | | | | LRS302 | ≤ 0.3 |
| | | | | LRS303 | ≤ 0.3 |
| 破碎型再生钢铁原料 | shredded recycling iron-steel materials | SRS | 破碎料 | SRS401 | ≤ 1.0 |
| | | | | SRS402 | ≤ 1.0 |
| | | | | SRS403 | ≤ 1.0 |
| 包块型再生钢铁原料 | bundled recycling iron-steel materials | BRS | 打包料 | BRS501 | ≤ 0.3 |
| | | | | BRS502 | ≤ 0.8 |
| | | | | BRS503 | ≤ 0.3 |
| 合金钢再生钢铁原料 | alloy recycling iron-steel materials | ARS | 合金钢料 | ARS601 | ≤ 0.3 |
| | | | | ARS602 | ≤ 0.3 |
| | | | | ARS603 | ≤ 0.3 |
| 铸铁再生钢铁原料 | cast recycling iron-steel materials | CRS | 铸铁料 | CRS701 | ≤ 0.8 |
| | | | | CRS702 | ≤ 0.3 |

进口再生钢铁原料除应遵守上述标准要求外，以下几点应引起贸易者、其他相关从

业者的重视：一是破碎型再生钢铁原料没有明显的非金属杂物和粉尘；二是包块型再生钢铁原料没有明显的油污和涂料涂层；三是铸铁再生钢铁原料的规格尽量控制在一定范围内，表面干净无杂质，尤其没有明显的冶金渣相粘连在一起；四是重、中、小型再生钢铁原料尽量不要混杂在一起，规格上也尽可能控制在一定范围内、基本一致；五是合金钢再生料最好按合金元素分类，不同来源、不同品性的合金钢尽量分别管理。

总之，《再生钢铁原料》（GB/T 39733—2020）标准是今后判断疑似固体废物的钢铁原料的重要依据，符合标准要求的属于再生原料产品，不符合要求的仍为固体废物，需要引起贸易者和使用单位的高度注意。

例如，2018 年某海关查扣了一批从俄罗斯进口的废钢轨，由工字形切割毁形而成，在当时政策环境下，鉴别判断为丧失原有利用价值的允许进口的废钢铁。但从 2021 年起，切割加工处理的钢轨，以及类似的物料如废钢板、废钢管、废槽钢、废钢筋、废铁丝、铸铁废碎料、拆解废钢铁的零部件等，对于这些由比较单一的或同类的钢铁废料初步加工的产物，经过细分类别并分类装运后，符合上述《再生钢铁原料》标准要求的可不再按照废钢铁来管理，而是作为冶炼钢铁的炉料或直接作为加工的原材料进行管理。

### 2. 再生铜金属原料的鉴别

铜具有良好的品性和广泛的用途，是最重要的有色金属之一。从 20 世纪 90 年代中期到 2019 年这段时间里，我国每年进口数百万吨金属铜废料，海关商品编号 74040000 的铜废碎料进口量从 2007 年的 558.48 万吨下降到 2017 年的 355.76 万吨，进口量减少了 200 余万吨，见表 2。

**表 2　2007 ~ 2017 年废铜进口量**

| 年份 | 2007 | 2008 | 2009 | 2010 | 2011 | 2012 | 2013 | 2014 | 2015 | 2016 | 2017 |
|---|---|---|---|---|---|---|---|---|---|---|---|
| 进口量[①] / 万吨 | 558.48 | 557.64 | 399.82 | 436.43 | 468.73 | 485.95 | 437.27 | 387.49 | 365.85 | 334.79 | 355.76 |

① 进口铜废碎料中还包括属于海关编号 7404000010 项下以回收铜为主的废电机、废电机、电线。

尽管如此，过去进口废铜有效缓解了我国铜矿资源严重不足的局面，依然有利于减排减污和节能降耗。但随着新时代下我国坚定走绿色可持续发展道路和实施经济高质量发展战略，国家不再支持固体废物进口，到 2020 年底包括铜废碎料在内的所有固体废物被禁止进口，企业只能转向进口符合标准要求的再生铜原料产品。《再生黄铜原料》（GB/T 38470—2019）、《再生铜原料》（GB/T 38471—2019）两项国家标准已于 2020 年 7 月 1 日实施，是针对直接入炉熔铸 / 熔炼的高品质回收原料，是含铜废料经过拆解、破碎、分选、处理后，获得满足标准指标要求可直接生产利用的原料。原料标准是今后面对查扣同类物品的固体废物属性鉴别所必需的依据，下面结合全国有色金属标准化技术委员会编写的《再生铜、铝原料标准实施指引 2.0》，就如何理解标准中的一些关键问题进行阐释，有利于对进口被查扣同类物品的鉴别判断。

（1）标准中不包括的物质

未列入《再生铜原料》（GB/T 38471—2019）的金属铜物料有：

① 漆包线，因表面含有有机涂层，在熔炼过程中会挥发污染环境的气体，不符合高品质原料的要求，混入的量不应超过原料总量的 5%。

② 铜屑，因为在加工过程中含有大量切削油（切削液），在熔炼过程中会挥发污染环境的气体，不符合高品质原料的要求，不应混入原料中。

③ 铜水箱，因其中含有水分或明显的污泥，或含有铅、锡等重金属，可产生较为严重环境污染和人体健康影响，不符合高品质原料的要求，也不应混入原料中。

未列入《再生黄铜原料》（GB/T 38470—2019）的金属铜物料有：

① 黄铜水表壳，由于表面有大量的涂料，在熔炼过程中会挥发污染环境的气体，不符合高品质原料的要求，混入的量不应超过原料总量的 5%，如表面无涂料，可归入混合黄铜类。

② 黄铜水箱，含有水分或明显的污泥，或含有铅、锡等重金属，而且铅是有害重金属元素，有环境污染影响，不符合高品质原料的要求，不应混入任何一类原料中。

当然，如果上述未列入的物质经过了拆解、加工和去污除杂处理，则建议参照标准要求来执行。

（2）标准中重点和一般考虑的项目

铜金属再生原料标准中规定的技术要求及检验指标项较多，其中体现高品质原料的关键项目有表观特征、夹杂物、涂层、放射性污染、危险物质要求、金属铜（铜合金）量；一般项目有金属总量、水分、金属回收率、铜含量或化学成分、标志、包装、运输、贮存和质量证明书等。

标准规定表观特征、放射性污染物、其他要求任一项检验结果不符合要求时，则判定该批原料不符合本标准规定。其中“表观特征”是全检项目，不符合要求直接判断为不合格。

（3）适当灵活运用标准

当遇到不在标准适用范围内的高品质的再生铜材时，建议可适当灵活运用标准。《再生黄铜原料》（GB/T 38470—2019）是针对黄铜合金，《再生铜原料》（GB/T 38471—2019）是针对纯铜，除了黄铜、纯铜（紫铜）以外，还有含镍的青铜合金以及白铜合金等。如从某公司进口单一旧螺旋桨的成分看，成分是 Cu1（1 级锰青铜）、Cu2（2 级镍锰青铜）、Cu3（3 级镍铝青铜）、Cu4（4 级锰铝青铜），都是青铜合金，不是黄铜合金，不符合 GB/T 38470—2019 规定的“锌含量需要大于铜以外的其他单一金属元素含量”。因此，单一旧螺旋桨不适用于直接套用 GB/T 38470—2019 标准要求，鉴别过程中可从原材料的来源单一、干净程度等方面考虑，有利因素较多而不利因素少的情况下建议判断为金属铜再生原料，为非固体废物，并征得口岸海关的同意。同时，在下次修订标准中予以考虑，对这类青铜和白铜合金新增代码要求和检验要求。

（4）正确理解再生铜、再生黄铜原料的分类要求

再生铜（或黄铜）原料是将回收的铜（或黄铜）或其混合金属经过拆解、破碎、分选、处理后，获得满足标准要求可直接生产利用的原料。

① 拆解指从原始混合物料中分离出来，做到“应拆尽拆”，如从建筑物、装修物中拆分出的铜阀门、把手，从电子电气设备中拆分出的铜线、铜件、铜管等。

② 破碎指从拆解出来的含铜部件中进一步破碎分离，如从失效阀门中去除玻璃、陶瓷等，从电线上去除表面的绝缘层，从铜部件中去除塑料、木材、陶瓷等夹杂物。

③ 分选指从拆解、破碎的物料中拣出铜及黄铜部件，做到“应选尽选”。由于分选的原则是以铜成分为依据，因此分选后的物料物理形状和规格做不到绝对均匀、绝对一致。

④ 处理指把分选的物料进行清洁（去油污）、干燥处理，还包括高温处理、冶炼处理等。

GB/T 38470—2019、GB/T 38471—2019 标准中均明确提出“每批应由同一名称或代号的原料组成”，因此，再生铜或再生黄铜原料的初始来源一定要按照表观特征和来源要求进行分类，尽量减少物品外观上的差异，最低也要符合标准中“混合黄铜料”的要求。

（5）标准中对危险物质的控制非常严格

危险物质不能按照一般夹杂物来考虑，标准中规定的“国家法规规定的危险物质”通常是指危险废物，原料中禁止混有：a. 废弃炸弹、炮弹等爆炸性物品；b. 密闭容器、压力容器；c.《国家危险废物名录》中的危险废物。如果进口物品中混入了废线路板、含有害物质的电子元器件等，按标准中“原料中禁止混有密闭容器、压力容器、国家法规规定的危险物质”执行。废机油是废矿物油，属于国家规定的危险物质，如果混入了可明显滴漏的机油，则不符合标准的要求，应从严管控。

（6）对夹杂物的正确理解

标准中对夹杂物进行了定义，是指“在生产、收集、包装和运输过程中混入原料中的非金属物质（包括木废料、废纸、废塑料、废橡胶、废玻璃、石块及粒径不大于 2mm 的粉状物等物质，但不包括包装物及在运输过程中使用的其他物质）”。标准中的夹杂物特指非金属物质。

对于物品表面沾有的油污，不宜都按照含油废物来判断，应分析危害程度和合理性，不明显的话，可不按照含油夹杂物来处理。

对未经拆解的，镶嵌、间杂、混杂在样品中的塑料等非金属物质，其整体部件应按夹杂物考虑。未经拆解的带铁质等其他金属的整体部件按非铜金属考虑，应从金属铜量或金属黄铜量中予以扣除。

（7）降级和不可降级的判定

总体原则是同类别可降级判定，跨类别不可降级判定。

《再生铜原料》（GB/T 38471—2019）标准将再生铜原料按照原料来源及加工方式、表观特征及化学成分等分成了 5 大类 11 个名称或代号。如铜线分为光亮线（RCu-1A）、1 号铜线（RCu-1B）、2 号铜线（RCu-1C），其对夹杂物、金属总量、金属铜量、金属回收率要求逐级下降，是在分类基础上进行的分级。若物品申报品名为光亮线，但部分指标不符合光亮线技术要求，当符合 2 号铜线（RCu-1C）要求时，此时可按照同类别可降级判定、跨类别不可降级判定的原则进行处理。

铜米、铜线和铜加工材其来源不同。铜米是指电线电缆切碎加工分离，去除绝缘层后所得的颗粒物；铜线主要是指电线电缆经剥离去除绝缘层后所得；铜加工材主要是指各类铜板、铜带、铜棒等，它们来源不同，不应将铜米、铜线归入铜加工材，不能用铜加工材的指标判定。

总之，对被查扣的申报为再生铜或再生黄铜原料的固体废物属性鉴别物品，应以国家标准要求为基本准则，让高品质的再生金属铜原料能通关进口，鉴别为铜废料或含铜废料的物质在当前法律规定下无疑属于禁止进口的固体废物。在鉴别过程中还应密切关注铜金属再生原料标准修订后的要求。

### 3. 再生铝原料的鉴别

（1）再生铝原料标准及其包含的范围

为落实固体废物零进口的法律要求，相关部门支持全国有色金属标准化技术委员会制定了《再生铸造铝合金原料》（GB/T 38472—2019）、《再生变形铝合金原料》（GB/T 40382—2021）、《再生纯铝原料》（GB/T 40386—2021）等3项再生铝原料标准，是针对直接入炉熔铸/熔炼的高品质回收原料，是含铝废料经过拆解、破碎、分选、加工、处理后，获得满足标准要求可直接生产利用的原料，而且不再按照废铝来管理。按其中的铝材料成分与再生铝原料用途分为3类：a. 再生铸造铝合金原料，由铸造铝合金和/或变形铝及铝合金材料构成，用作重熔制造铸造铝合金的再生铝原料；b. 再生变形铝合金原料，由变形铝及铝合金材料构成，用作重熔制造变形铝合金的再生铝原料；c. 再生纯铝原料，铝材料均为纯铝（铝含量＞99%），可用作重熔制造纯铝或各类铝合金的再生铝原料。

进口不符合上述3类再生铝原料标准的物品，为不合格品，按照《固体废物污染环境防治法》的规定以及《固体废物鉴别标准　通则》（GB 34330—2017）的要求，鉴别机构通常会判定为固体废物，企业应引起高度重视，将质量把关关口前移到境外货物收集产生的源头，不可铤而走险进口不符合原料标准的物质。

（2）再生铝原料的来源和使用

再生铝原料来源于回收的各种废铝经分类、加工、处理而成。

再生铝原料主要用于生产铝铸锭（或铝液）。

铝铸锭（或铝液）按产业用途分为铸造铝合金工业用、变形铝及铝合金工业用和其他工业用（如铝粉、泡沫铝等产业）三大类。

铝铸锭（或铝液）按化学成分，分为纯铝（即高柔韧、低强度1系纯铝）、高铜合金（即2系高强铝合金）、高硅铜镁合金（即3系高强耐磨铸造铝合金）、高锰合金（即中等柔韧性、低强度3系变形铝及铝合金）及高硅合金（即4系耐磨铝合金）、高镁合金（即5系耐蚀中强铝合金）、高镁高硅合金（即中强、易成形、易淬火的6系变形铝合金）、高锌合金（即7系超高强铝合金）和以其他元素为主要合金元素的合金（即8系铝合金或9系铸造铝合金）。

根据《再生铸造铝合金原料》（GB/T 38472—2019）等标准，选择相宜的再生铝原料投入熔炉中熔化后，配入相应的成分调节或组织调节用材料，包括原生铝锭、镁、铜等金属或半金属硅、铝中间合金、成分添加剂等其他材料，熔化、精炼后即得到化学成分符合相应要求的铝铸锭（或铝液）。

铝液（或铝铸锭重熔）用于浇注铸造铝合金锭（或铸件），或浇注/喷射成形变形铝及铝合金铸锭/铝及铝合金粉，或连铸轧/挤制成铝板/带/棒/管等变形铝及铝合金产品。铸造铝合金锭通常经重熔、铸造和热处理制成铸件，铸造铝合金锭也可切制成一定形状直接使用。变形铝及铝合金锭通常经轧制、挤压、拉伸、锻造、旋压等压力加工和热处理，化身成铝板、带、箔、管、棒、线、锻件等产品形式。铸造铝合金锭（或铸件）和变形铝及铝合金锭显微组织形貌均呈铸态，晶粒粗大，韧性和抗疲劳等性能偏低。铸造铝合金锭（或铸件）后续不需要承受压力加工变形，终极产品性能要求与变形铝及铝合金亦不同，对杂质元素及其他合金元素含量的控制水平不及变形铝及铝合金锭严格。所以，铸造铝合金锭对其原料品质的要求不及变形铝及铝合金锭严格。可用作变形铝及铝合金锭的原料，也可用作铸造铝合金锭的原料。由于变形铝及铝合金锭后续需要承受压力加工变形，为防止形成不利塑性变形和影响终极产品性能（强度、耐腐蚀性能、导电性、柔韧性、抗疲劳性能等）的化合物或物相组织，变形铝及铝合金锭成分要求严格，杂质元素含量必须控制到最低水平，其他合金元素含量也必须严格控制在一定区间范围内。所以，变形铝及铝合金锭对其原料品质的要求极其严格。

通过调整添加在铝液中的元素种类和含量，调整产品生产工艺，可得到不同品性的、适用于不同应用需求的铝产品。

（3）《再生铸造铝合金原料》（GB/T 38472—2019）主要包括的再生铸造铝合金原料以下经过分选、加工、预处理后获得可直接入炉的再生铸造铝合金原料：

① 干净的废铝铸件，以 Si、Cu、Mg、Zn 为主合金元素的铸造铝合金产品或制品；

② 再生铝锭，采用回收铝熔铸成的铝锭；

③ 铝块，铝破碎料、车辆破碎料、混合金属破碎料等预处理后获得的可作为铸造铝合金原料使用的干净铝块，其中含有 Si、Cu、Mg、Zn 等其他金属元素，表面无有机涂层的铝门窗、飞机铝板、铝管等以 Mg、Si、Cu、Mn、Zn 为主要合金元素的变形铝合金产品，以及纯铝裸线、导电母线等，简单分选后符合铝块料的要求，可用于铸造铝合金生产，但该类属于质量优等的再生铝原料，更适宜作为再生纯铝或再生变形铝合金原料使用，用于铸造铝合金生产则属于降级使用。

（4）快速判断和实验室检验相结合

再生铝原料标准未明确表观特征不符的具体限量要求，很多时候可凭借长期积累的外观检验经验，通过感官检验快速判断原料基本品质的好坏。当进一步怀疑定量检验项目不符时以相关实测结果是否符合再生原料标准要求进行判断：

① 怀疑原料来源不符，可采用仪器检验材料属性；

② 怀疑油脂过多，应仔细检验挥发物是否合格；

③ 怀疑有机涂层过多，应仔细检验挥发物是否合格（通常表面覆盖有机聚合物涂层的料块质量与原料总质量的比值＜ 2% 时，挥发物含量不会超出标准规定）；

④ 怀疑夹杂严重，应仔细筛查夹杂物质量或断开内部检验夹杂是否合格；

⑤ 怀疑夹杂过多其他来源的铝材料（如铝箔、铝水箱、铝屑），应检验金属回收率及挥发物是否合格；

⑥ 表面氧化腐蚀严重时，可检验金属回收率是否合格。

（5）铸造铝和变形铝的混合物的判断

铸造铝和变形铝的混合物在实际当中经常会出现，难以避免，当物品中混入了不属于再生铸造铝合金原料的铝件时，以下分析可作为参考。

再生铝原料标准中的“原料来源”仅表示各类再生铸造铝合金原料可能的出处，并非严格的技术要求。变形铝合金的碎块属于《再生铸造铝合金原料》(GB/T 38472—2019) 中的铝块类别，可以作为再生铸造铝合金原料使用。但铸造铝和变形铝的混合物不可作为再生变形铝合金原料使用，也不宜作为判断原料是否经过分类和预处理的依据，可由供需双方协商确定。

全部是变形铝的原料可按《再生变形铝合金原料》(GB/T 40382—2021) 标准进行判断，也可按《再生铸造铝合金原料》(GB/T 38472—2019) 进行判断，但符合《再生变形铝合金原料》(GB/T 40382—2021) 指标要求的产品应符合《再生铸造铝合金原料》(GB/T 38472—2019) 标准。

对于物品中混入了部分不是再生铸造铝合金原料的铝件的情形，实际生产中常见的铝件都可用于铸造铝合金生产，属于再生铸造铝合金原料的范围，按《再生铸造铝合金原料》(GB/T 38472—2019) 标准进行检验，如果关键检验项目符合标准要求的话，则应判断为合格原料，不属于固体废物。

(6) 再生铸造铝合金原料的取样和夹杂物的筛取

再生铝原料标准中并未限定取样地点，在符合相关法律法规的前提下，可以在集装箱、船舱、货车斗或卸货场地等其他任何有条件的地方进行制取试样，实验室对符合标准规定的具有代表性的试样进行检验。

《再生铸造铝合金原料》(GB/T 38472—2019) 中规定通过物品的质量、捆数、件数等确定取样量，对于更具体的运输或包装方式，可参照《再生变形铝合金原料》(GB/T 40382—2021) 确立取样方案。

① 集装箱装运的原料开箱检验数量应不少于该批集装箱数量的 50%，掏箱检验不少于该批集装箱数量的 10%。按所检验的每一集装箱内货物净重的 5% 以上随机抽取样品。

② 散装海运的原料检验数量应不少于该批船舱数量的 50%，落地检验不少于该批船舱数量的 10%，按每一船舱内货物净重的 1% 以上随机抽取样品。

③ 陆运的原料实施 100% 落地检验，按该批货物净重的 5% 以上随机抽取样品。

④ 每批至少抽取 2 个样品。标准中规定每个样品（宜为 1 捆 / 袋 / 箱 / 包）的质量宜不少于 1t（这么大的取样量值得商榷）。样品的选取应具有代表性。

GB/T 38472—2019 标准中规定的夹杂物检测，仲裁检验采用振筛机进行筛分。任何满足要求的筛网或其他试验设备均可用于夹杂物的仲裁检验，但通常手工筛分难以达到振筛机的筛分效果。对于较大一些的非金属夹杂物也可以用人工办法进行分拣、筛分。

(7) 防止以进口再生铸造铝合金原料名义进口旧的铝合金轮毂

旧轮毂作为汽车零部件属于我国《禁止进口的旧机电产品目录》中的物品，是禁止进口物品。

GB/T 38472—2019 标准中列出了高品质的可以用于铸造铝合金生产的原料，包括铸件、再生铝锭、铝块等，标准中的典型图示中给出的铸造车轮，仅表明其可以用作铸造铝合金生产，在国内大部分再生铝企业中，均有此类情况。GB/T 38472—2019 中的铸造车轮并非针对“禁止进口的旧机电产品”，为了减少进口中的纷争，有必要明确将铸造车轮再次进行切分、压扁或破碎处理，同时去除表面涂层，变成失去原使用功能的再生铸造铝合金原料。

（8）标准中回收率的定义不同

《再生变形铝合金原料》（GB/T 40382—2021）和《再生铸造铝合金原料》（GB/T 38472—2019）中金属回收率的定义不同。变形铝及铝合金产品对其原料中的元素种类与含量控制要求苛刻，所以其产品生产企业一般不愿接受不明来历的非铝金属，而将非铝金属视为夹杂。为此 GB/T 40382—2021 标准中将金属回收率规定为：原料按照本文件规定的方法进行预处理和熔炼处理后产出的铝合金占比。铸造铝合金产品对其原料中的元素种类与含量控制要求不及变形铝合金严格，可接受不明来历的非铝金属作为其成分添加物质，所以其金属回收率中包括了非铝金属产出率。

（9）再生铝原料中其他重要关注点

再生铝原料在进行粒径＜ 2mm 粉尘夹杂物筛选时，当筛下物是铝屑和泥土粉尘混合物时，应将该混合物统一视为粉尘夹杂物。

从铸造铝合金生产角度来看，电脑散热板（其化学成分属于再生变形铝合金原料范畴）为生产用的优质原料，可归属于《再生铸造铝合金原料》（GB/T 38472—2019）标准中的铝块类别。

回收的铝箔碎料没有包含在首次发布的再生铝原料标准中，根据行业协会和专家的意见，这类材料并不是很好用，还存在金属回收率不高的问题，所以标准中没有包括。但是，相关行业协会在修订这类标准时，会将铝箔生产当中产生的干净的铝箔边角料纳入再生原料标准中。当遇到海关查扣的铝箔物料时，应谨慎判断，鉴别判断理由一定要充分可靠。

总之，再生铝原料的鉴别应紧扣物质的来源类别和相应标准的要求，同时鉴别机构应关注再生铝原料标准修订后的要求。

#### 4. 其他再生金属原料的鉴别

前面总结了再生钢铁原料、再生铜原料、再生铝原料鉴别过程中所涉及的一些重要内容，由于这三大类的再生金属原料对国家经济发展的作用较为突出，需求量较大，影响面较广，在生态环境部和国家市场监管总局的支持下，行业管理部门积极制定了相应的再生原料产品标准，基本目的是将同类废物原料经过分拣分类、初步加工处理并满足相应要求后不再视为固体废物，而是重要初级原材料产品。再生原料产品标准在进口环节的固体废物属性鉴别中具有重要作用，是鉴别过程中判断为产品的必然依据。除此之外，还有其他一些比较重要的再生金属原料，如再生钨原料、再生锌原料、再生铅原料、再生镍原料、再生钕铁硼原料、再生铬原料、再生钽铌原料、再生贵金属原料、再生稀散金属原料等。由于还没有专门的原料产品标准，遇到这些物质被怀疑为固体废物时，依然可通过物质属性鉴别方式进行判断，但应坚持高标准要求和从严鉴别判断的原则，不能将金属废物毫无条件地判断为非废物的原材料。

（1）再生钨原料

钨（W）是银灰色金属，钨在所有金属中熔点最高，有良好的抗腐蚀性、热和电的传导性，其抗拉强度也是最高的，在冶金、机械、石油、化工、国防、核能和航天航空等行业中都有着极其重要用途，是全球性战略资源。预测到2025年全球钨需求约11万吨，再生钨消费将占全钨消费的30%左右，2025年全球原钨需求约8万吨，低于当前中国钨精矿采矿能力13万吨金属量。硬质合金制造是最主要的钨消费领域，据国际钨工业协会（ITIA）统计，全球59%的钨用于生产硬质合金，19%的钨用于生产特钢和合金，16%的钨用于生产钨材，6%的钨用于化工和其他领域；我国硬质合金和钨材消费占比上升，特钢消费占比下降，2019年硬质合金消费占54%，特钢及合金占20%，钨材占21%，化工等占5%[1]。原料来源于以下生产和应用过程：

① 用于切削、耐磨、焊接和喷涂等方面的碳化钨（WC）。采矿业和石油工业大量使用WC，主要用于钻头、推土机铲刀和粉碎机械上。WC还广泛用于运输和电气设备的耐磨部件。

② 用于电气和电子工业。电子工业中大量电灯的灯丝和电子管的阴极、汽车的电接点、高温电阻炉的加热元件、航天航空工业上使用的平衡锤和摆等，均来自钨的加工制作。

③ 用于高速钢、工具钢、模具钢、高温高强度合金和各种有色金属合金。添加其他金属形成的钨合金广泛用于高温领域，如军事上制作穿甲弹等。

④ 用于各种化工制品。钨在纺织染料、油漆颜料、陶瓷釉料、调色剂和玻璃着色剂等轻工业领域有广阔应用天地。电视显像管、X射线荧光屏和荧光灯的荧光材料等，都选用钨化合物。钨酸钠可用作纺织工业的缓蚀剂和防火剂。

钨及钨合金的主要用途见表3。

**表3　钨及钨合金的主要用途**

| 名称 | 牌号 | 主要用途 |
|---|---|---|
| 钨丝 | W1 | 电子管栅极、边杆、引出线及其他零件 |
| | W2 | 电极、气体灯电极 |
| 钨铝丝 | WA11 | 电子管灯丝、栅极、各种灯泡丝和其他零件 |
| | WA12 | 电子管灯丝、发射管阴极、高温彩色灯泡丝、双螺旋灯丝 |
| 钨钍丝 | WTh7 | 发射管挂钩、弹簧及高温电板 |
| | WTh10、WTh15 | 充放电管阴极、高温电极 |
| 钨钴丝 | WCo75 | 航空仪表零件 |
| 钨铼丝 | WRe5、WRe20、WRe25 | 高温热电偶、显像管灯丝、热敏元件 |
| 耐高温钨丝 | | 双螺旋灯丝、卤钨聚光灯丝、溴钨灯丝、耐震灯丝 |
| 加钛钨丝 | | 特种灯丝 |
| 高密度合金 | GW180、GW142、GW235、GW238、D15 | 穿甲弹弹芯、电镦模具、陀螺马达转子、自动手表重锤、大型运输机配重 |
| 钨基复合材料 | W-Cu、W-Ag | 高温部件 |
| 钨铈 | W-1.5Ce | 惰性气体保护焊电极 |

以钨（W）为基质掺入Cu、Ag、Ni生产出复合金属，可用在合金电接触点和焊条上，以及半导体层状基底的散热片等。这种钨基合金对钨的需求占钨消耗总量的10%。日本已经研制出一种性能极好的钨铜（WCu）新型合金材料，可接收等离子体及电离子体光束射线，需要有高导热性和高耐热性。日本国内各个不同工业领域所消耗的金属钨，诸如在线材、棒材、板材以及机械部件中的消耗约占全国总消耗量的8%。用金属钨作为光源、热源以及电子管元件的材料，诸如磁控电子管和射线管等，已成为半导体工业极为重要的材料。$WSi_2$、TiW可作为电容分压器和超大规模集成电路的材料。钨粉可用于陶瓷制品的添加剂，WCu合金除用于散热片外，还可用于各类检测仪器、传感器的接插件以及用于单晶硅的拉制。

我国硬质合金中钨的消耗占钨消耗总量的50%以上。例如，2016年国内含钨特钢合计消费钨金属量1万吨，其中用废钨直接投料相当于5750t钨铁，即4310t钨金属量，钨铁中有2500t是用废钨生产的，考虑废钨生产的钨铁基本在国内消费，相当于钨金属量1880t。

根据钨的应用情况，其50%～70%用于硬质合金领域，因此，工业上钨二次资源的回收主要针对废残硬质合金[2]。废残硬质合金一是生产过程出现的不合格品，二是使用过的各种废硬质合金工具（刀片、钎头、模具等）。把废残硬质钨合金的回收再生和利用作为补充自然资源不足的一种途径，实践证明是一项成熟可行的方案。我国钨的回收量每年大约为3500t，占全国硬质合金总产量的20%以上。回收废残硬质合金的工艺技术比较齐全，掌握了锌熔法、电熔法、机械粉碎法等回收利用方法。回收的再生碳化钨粉、钴粉，质量优良，可以用于制造硬质合金、人造金刚石、金属工业材料等产品。回收再生工作比较活跃的地区有株洲、长沙、自贡、清河、济南、牡丹江等。这些地区的硬质合金生产企业，在回收再生和利用废残硬质合金中都取得了成效。

根据钨合金材料来源类别、钨的含量、杂质限制、用途去向的不同要求，制定金属钨硬质合金材料的再生原料标准或规范，是确保钨再生原料达到高品质的基本要求，这样有利于促使这类二次材料的进口利用，也有利于对这类被查扣物质的固体废物属性鉴别。

（2）再生锌原料

金属锌是一种蓝白色金属，在适当的温度下可以进行滚轧、拉拔、模锻、挤压等加工，还可用于浇铸。锌能够抗空气腐蚀，因而用作建筑材料（屋顶材料），用于充当其他金属（尤其是钢铁）的保护层，例如热浸镀锌、电解镀锌、粉末渗锌、涂层或喷层等。锌的生产来源方式有：

① 热还原法，是将氧化物或硅酸盐置于密闭的蒸馏罐中用焦炭加热到一定温度，使锌气化，再经过冷凝器冷结，收集到粗金属锌，可直接用于镀锌或加以精炼；

② 电解法，是将ZnO粉溶解于稀硫酸中，所得的$ZnSO_4$溶液经过进一步提纯，除去镉、铁、铜等杂质，再进行电解以生产出高纯金属锌；

③ 通过再熔锌废碎料制得。

从海关监管角度，锌及其制品包括：

① 粗锌及未锻轧锌，以及锌废碎料；

② 锌末、锌粉及片状粉末；

③ 经过滚轧、拉拔、挤压的未锻轧锌制得的产品，如锌条、锌杆、型材及异型材或锌丝、锌板、锌片、锌带、锌箔；

④ 管子及其附件（例如接头、肘管、管套）；

⑤ 其他锌制品。

本节所指的再生锌原料是指以金属或合金态锌为主的物质，如由废旧锌和废旧锌合金零件等加工处理而成的物料，由生产锌制品过程产生的废品、废件、冲轧边角料加工处理而成的物料，锌合金加工中的初级金属锭、块料等，含锌废料冶金还原处理获得的初级金属锌物料等。显然不包括含锌的污泥、湿法冶金渣、火法冶炼渣、回收的各种除尘灰、回收的含锌混合固体废物，也不包括归属于其他再生金属原料的含锌合金物料等。中国环科院固体废物研究所对再生锌金属物料进行过固体废物属性鉴别，主要来自报废汽车拆解产生的锌合金块料，其中金属锌的含量大都在 98% 以上，是很好的再生锌原料。

20 世纪 80 ～ 90 年代，世界锌的消费结构特点如下[3]。

① 消费结构相当稳定。锌消费量的 50% 用作防腐蚀镀层，20% 用于生产黄铜（包括直接应用的再生锌原料锌），15% 用于生产铸造合金，其余的则用于轧制锌板、锌的化工及颜料生产。

② 不同经济发展模式和不同经济发展水平的国家有不同的消费结构。在经济发达国家，锌主要用于建筑部件和框架的镀层（所占比例：美国 55%、日本 62%、德国 31%），其次是用于生产锌基合金（所占比例：美国 17.7%、日本 12%、德国 7%）和生产青铜和黄铜（所占比例：美国 13%、日本 12%、德国 29%）。中国有色金属大型锌冶炼企业延伸及深加工产品产量与锌锭产量的比例为 20% 左右，而世界发达国家锌延伸及深加工产品与锌锭产量的比例达到 30% 以上。例如，比利时某公司加工成各种锌产品出售，加工成各种压铸合金、锌板、锌材的锌量占全公司生产锌量的 40%；日本某锌厂生产的锌合金及压铸合金占总生产锌量的 59.2%；日本某锌冶炼厂研究生产的锌合金有 40 多种，其产量占生产锌量的 49.2%。

由上述分析可看出，可归为再生锌金属原料的来源总体上不多，产量也有限，主要集中在锌金属材料领域。如果鉴别过程中遇到这类含锌为主的金属或合金初级加工材料，应谨慎鉴别判断，找到合理的产生来源分析依据以及判断为非废物的理由，切不可盲目和猜测判断，不应将来源复杂、成分复杂的含锌废料判断为产品。

（3）再生铅原料

铅（Pb）为带蓝色的银白色重金属，有毒性，是一种有延伸性的主族金属，其消费结构大致为：蓄电池 72%、化学品 11%、铅板 / 锻件 6%、炮弹（子弹）2%、电缆护套 2%、其他 7%。并非所有废铅资源都能回收，如处理核废料用的铅容器使用期限上万年，电缆护套约 40 年，铅管约 50 年，这些铅难以回收。再生铅的来源主要是废铅酸蓄电池，车用蓄电池是废铅回收最大来源，占循环铅原料的 80% 以上[4]。

下面是海关商品注释中对于铅及其合金制品的解释，对鉴别工作中遇到的铅金属物料的鉴别判断具有很好的参考作用。结合鉴别样品的理化特征和特性，可以快速判断是不是铅金属及其来源途径，结合有没有基本加工工艺和质量控制要求的分析，进一步判断是铅金属再生产品还是含铅废物。

由于铅的熔点低，只有 327.502℃，所以铅容易与其他金属元素形成合金，主要铅合金如下：铅锡合金，用于制铅基软焊料、镀铅锡钢板以及包装茶叶用箔等；铅锑锡合金，用于制印刷铅字及减摩轴承；铅砷合金，用于制作铅弹；铅锑合金（硬铅），用于制子弹、蓄电池极板等；铅钙合金、铅锑镉合金及铅碲合金。用再熔铅废碎料浇铸而成的铅锭及类似形状的未锻轧铅明确不包括在铅废碎料品目中。

金属铅的品目来源如下。

① 铅条、铅杆、型材及异型材或铅丝。铅杆主要用于制子弹，型材及异型材通常用作花格窗中的有槽铅条。

② 铅板、铅片、铅带、铅箔。铅板、铅片及铅带主要用作屋顶材料或包层材料，用于制槽、桶、其他化工设备及 X 射线屏蔽装置等；铅箔主要用于包装（尤其用作茶叶箱及丝绸箱的衬里），有时铅箔用锡或其他金属包层或镀面。

③ 铅管及其附件（例如，接头、肘管、管套）。铅管通常是挤压而成的；铅管及其附件（包括用于滤水槽的 S 形弯管）主要用作水、煤气或酸类（如 $H_2SO_4$、HCl）的管道，也用作电缆的外皮等。

④ 其他铅制品。包括所有的铅制品，不论其是否用浇铸、压制、模压等方法制成；包括用于包装颜料或其他产品的软管；无机械或热力装置的囤、槽、罐、桶及类似容器（用于盛装酸类、放射性产品或其他化学品）；渔网的铅坠、衣着和帷幕等的边坠；钟的摆锤以及通用砝码；用于包装或管子接口堵缝的铅丝或铅线绞、束或绳；建筑结构体的零件；游艇的龙骨、潜水员的胸板；电镀阳极板。

在遇到金属铅物料的鉴别时，还应注意物质的外观特征、化学成分、物质结构等方面是否均匀，明显是均匀的金属或合金态且金属铅的含量较高的话（如 85% 以上或接近火法冶炼粗铅的水平），可判断为再生铅合金原料。

（4）再生镍原料

《进出口税则商品及品目注释》对镍及其合金的解释是：镍是一种相当坚硬的银白色金属，其熔点为 1453℃，具有磁性、延展性和韧性，强度高且耐腐蚀和抗氧化。镍主要用于生产多种合金，特别是合金钢，通过电沉积法作为其他金属的镀层，以及在许多化学反应中作为一种催化剂。经锻轧的非合金镍则广泛用于制造化工设备。此外，镍及镍合金还常用于铸币业。主要镍合金有以下几种。

① 镍铁合金。由于其磁导率高、磁滞性低，主要用于制造水底电缆、感应线圈芯、磁屏蔽设备等。

② 镍铬及镍铬铁合金。是一类以高强度、在高温中抗氧化性能强、抗起皮及耐多

种不同的腐蚀为特征的工业用材料。在电阻加热器中用作加热元件；在钢铁和其他金属热处理中作为马弗罩及蒸馏罐等部件的材料；在高温化工或石油化工加工业中用作管道材料。

③ 镍铜合金。除耐腐蚀以外，还具有较高的强度，用于制造推进器的轴和紧固件，也用于制造泵、阀、管等易受无机酸及有机酸、碱和盐腐蚀的设备。

镍（Ni）主要用于不锈钢等特种合金的制造。1995 年美国 44% 的镍用于不锈钢及合金钢，35% 用于有色及特种合金，14% 用于电镀，其他用途占 7%，而世界 1995 年相应比例为 71%、11%、8% 和 10% [5]。

电子管的阴极、栅丝及其边杆、阳极、屏蔽罩、吸气剂碟和支杆等部件，都是用镍或镍合金制成的，利用废电子管中的这些含镍废丝也可生产 $NiSO_4$；废镍铬刨花含 60% 左右的镍，其余为铁铬等杂质，利用废镍铬刨花也可生产 $NiSO_4$；利用金属镍或镍合金的边角料、电镀厂的阴极镍挂柱等，也可生产 $NiSO_4$ [6]。在电子、机械（高温）材料等工业生产中，产生大量的含镍废料，可将原料熔铸成阳极进行隔膜电解，电解产品金属镍的化学成分中镍和钴的总量＞ 99.99%，表 4 是某厂两种含镍废料的组成 [7]。

**表 4　某厂两种含镍废料的组成**

| 元素 | Ni | Cr | Fe | Zn | Cu | Co |
|---|---|---|---|---|---|---|
| 边角料 /% | 76.63 | 15.4 | 7 ~ 7.5 | 少量 | < 0.0005 | < 0.0005 |
| 渣料 /% | 37 ~ 41 | 27 ~ 29 | 15 ~ 17 | 3.9 ~ 5.0 | 1 ~ 3.0 | 0.02 ~ 0.03 |

对被查扣的金属镍物料进行物质属性鉴别时，上述镍金属的产物为鉴别的来源分析提供了参考材料，当然，也需要确认是否是来自以硫化镍矿、低品位氧化镍矿（未经精选处理）、含镍废料为原料加工获得的初级金属镍产物，如镍锍、粗镍及其合金，对明显符合相关标准或规范的应鉴别判断非废物。

（5）钕铁硼（NdFeB）再生原料

在众多磁性材料中 NdFeB 永磁材料被称为永磁之王，广泛应用于电子、电力、机械、医疗器械等领域，最常见的有永磁电机、扬声器、磁选机、计算机磁盘驱动器、磁共振成像设备、仪表、磁悬浮列车及其他光、电等传统机电领域，在纳米磁性电子材料领域也具有重要应用前景，如微型机电系统、机器人、微特电机、精密仪器、薄型电路及微波通信、医疗卫生等方面。

NdFeB 永磁材料以金属间化合物 $RE_2Fe_{14}B$ 为基础，主要成分为稀土元素（RE）、Fe、B。其中稀土元素主要为钕（Nd），为了获得不同性能的材料可用部分镝（Dy）和镨（Pr）等其他稀土金属替代；其中的铁也可被钴和铝等其他金属部分替代。其中的硼含量较低，但却对形成四方晶体结构金属间化合物起着重要作用，使得化合物具有高饱和磁化强度、高的单轴各向异性和高的居里温度。NdFeB 材料的成分为 Nd 25%、Dy

6% ～ 8%、Co 2% ～ 4%、Fe 65% 以及 B 1%，成品和碎料均无毒、无味、无辐射，充磁后的成品有磁性，化学性质稳定，耐冲击性好。

NdFeB 在成形过程中，产生一些金属钕的废料，主要有：

① 生产过程中形成了低性能的 NdFeB 合金；

② 切割产生边角碎料、屑料；

③ 在原料的预处理工序中产生的各种单一原料的损耗物，如边角碎料、残余碎屑等；

④ 在生产工序中被氧化的 NdFeB 废料，如熔炼铸锭工序产生的氧化皮、在制粉工序产生的超细粉（粒度＜ 2μm）、在磁场成形时散落的合金粉、机加工工序中的磨削粉；

⑤ 在烧结过程中会产生一些轻微氧化的 NdFeB 块料；

⑥ 电镀表面处理（镀 Cu、Zn、Ni 等）的不合格品。

NdFeB 废料已经丧失了原有材料的功能和用途，固体废物的基本产生来源包括：一是来自 NdFeB 材料产品加工过程中产生的边角碎屑料、残次品和切磨下来的废料，这部分废料可以占到材料的 20% ～ 30%，是主要产生来源；二是来自 NdFeB 材料生产过程中，由于工艺方面的原因产生的不合格中间产物；三是来自使用 NdFeB 磁性产品的设备报废后，拆解产生的回收料。

《钕铁硼生产加工回收料》（GB/T 23588—2020）适用于钕铁硼生产加工过程中产生的各类废料的回收、加工与贸易。在符合该标准的前提下，如果回收的钕铁硼废料再经过必要的预处理加工，使物质的形态相对均匀、基本不含外来杂质、成分具有均一性并且稀土成分（折算成干基稀土氧化物，REO）总含量不低于 25%、可以具有磁性或不具有磁性、物质结构以金属或合金态为主、物质有规范包装的话，那么鉴别过程中对这类材料建议按照非废物的 NdFeB 再生原料进行判断。

（6）再生铬金属原料

铬作为黑色金属矿产，具有质硬、耐磨、耐高温、抗腐蚀等特性，90% 的冶金级铬矿石主要用于生产不锈钢。我国铬矿石资源匮乏，储量仅占世界的 0.16%，加之消费量巨大，我国铬矿石严重依赖进口，是对外依存度最高的矿种。我国铬矿石年均进口量维持在 1000 万吨的高位，对外依存度长期高达 90%；2017 年，我国铬矿石的进口量为 1385 万吨，对外依存度高达 90%，未来我国年均仍需进口 1000 万吨左右的铬矿石。因此，如何获取稳定的铬矿石资源已成为我国急需解决的问题，充分利用国外资源进行铬矿全球配置，是保障我国铬矿安全的必然选择[8]。

铬铁合金是钢铁工业的重要原料，1870 ～ 1880 年国外就生产出含 Cr 30% ～ 40%、C 10% ～ 20% 的高炉铬铁，由于铬与碳的亲和力强，很难制得无碳金属铬；金属铬是脆性金属，不能单独作为金属材料，但可与 Fe、Co、Ni、W、Ti、Al、Cu 等金属冶炼成合金，成为具有耐热性、热强性、耐磨性及特殊性能的工程材料；金属铬作为合金剂，已广泛用于航空、航天、核反应堆、汽车、造船、化工、军工等工业的特种合金，粉状铬用于特殊钢的焊条涂料以及用于电热材料（如镍铬丝）等；世界高碳铬铁产量占铬系铁合金产量的 90% 以上，80% 的铬铁用于生产不锈钢；我国铬铁矿资源面临枯竭，要解决国内铬矿资源的需求，需依靠国外资源[9]。

高碳铬铁的冶炼方法有高炉法、矿热炉法、电炉法、等离子炉法等，使用高炉法只能生产铬含量在 30% 左右的高碳铬铁，大都采用矿热炉法生产含铬 50% 以上的高碳铬铁[10]。

铬铁冶炼过程是高温多相物理化学过程，如气 - 固相反应、液 - 固相反应、液 - 液相反应、气 - 液相反应。其中含铬体系的相态有：CrFe 系相态会形成铬铁合金（FeCr）；CrC 系相态组成 $Cr_{23}C_6$、$Cr_7C_3$、$Cr_3C_2$；CrFeC 系相态组成有（Cr, Fe）$_{23}C_6$、（Cr, Fe）$_7C_3$、（Cr, Fe）$_3C_2$，Cr 与 Fe 在碳化物晶格上可以互相置换；CrSi、CrFeSi 系相态组成有 $Cr_3Si$、$Cr_5Si_3$、CrSi、$CrSi_2$、（Fe, Cr）$Si_2$、（Fe，Cr）Si、（Fe, Cr）$_3Si_2$；CrSiC 系相态组成有 $Cr_5Si_3C_x$；还有 CrAl 系、CrP 系等相态组成[9]。如 CrC 系，铬和碳形成 $Cr_{23}C_6$、$Cr_7C_3$、$Cr_3C_2$ 碳化物，碳素铬铁中含有的碳主要是以（Cr, Fe）$_7C_3$ 状态存在，而精炼铬铁中的碳主要是以（Cr, Fe）$_{23}C_6$ 状态存在，当碳素铬铁由碳化物（Cr, Fe）$_{23}C_6$（约 75%）和该碳化物与 α 固溶体的共晶体所组成，随着碳含量的增高，便析出（Cr, Fe）$_7C_3$，并在硅含量高的情况下生成（Cr, Fe）$_7Si_3$[9]。

由上看出，铬铁合金物相比较复杂，含量有高有低。《铬铁》（GB/T 5683—2008）中规定“铬铁以 50% 含铬量作为基准量考核单位”，标准中有牌号的铬铁合金产品中最低含铬量为 55%，对于铬铁冶炼而言，优质产品当然要符合这一标准要求，有价元素越多越好，但从冶炼工艺的控制以及充分利用资源的角度，还会有一部分含铬量在 45% ～ 55% 之间的物料，这一部分物料并不是冶金弃渣（炉渣中铬含量通常＜ 0.6%）。口岸管理和对查扣物料鉴别过程中，对这部分含铬量在 45% ～ 55% 以合金为主和少量氧化物为辅的物料，建议不轻易判断为固体废物，可以归到铬铁再生原料中，即行业惯称的“炉料级铬铁合金原料”。长期以来，我国有不少企业进口这类物料，即便不全是合金，也可作为替代铬矿的物料，应该引起海关和生态环境管理部门的重视，尤其应引起鉴别机构的重视。

（7）再生钽铌金属原料

钽（Ta）和铌（Nb）属于元素周期表 VB 族元素，因其相似的电子层结构，具有相似的物理、化学性质。金属钽和铌在许多无机酸及盐类的水溶液以及某些熔融金属中具有良好的稳定性，室温时碱溶液几乎不与金属钽发生化学反应，但较明显地与金属铌作用，熔融碱与两种金属反应生成铌酸盐和钽酸盐。钽与铌具有熔点高、耐腐蚀、冷加工及导热性能好以及其他优良特性，被广泛用于电子、硬质合金、化学、冶金、航空航天、计算机技术、超导乃至医学等诸多领域，钽及其化合物的应用领域见表 5。铌主要用于钢铁工业，加入万分之几比例的铌，增加钢的成本不多，却可大大提高钢的强度和耐腐蚀性，从而减轻设备自重，降低生产成本，因而其应用范围日趋广泛[11]。

苏联钽铌矿的品位（TaNb）$_2O_5$ 一般为 0.003% ～ 0.2%，我国钽铌矿品位（TaNb）$_2O_5$ 为 0.016%，加拿大的钽矿边界品位 $Ta_2O_5$ 为 0.08%；我国钽铌铁精矿标准中最低四级品二类级别中（TaNb）$_2O_5$ ≥ 30%、$Ta_2O_5$ 为 15%。由于钽铌矿原矿品位非常低，组成复杂，分选难度大，通常需要采用多种选矿方法多次选别，如重选、浮选、磁选、电选等，直至需采用选冶联合流程进行富集。因此，回收高品位的钽铌二次物料（合金、金属氧化物）是最有效的资源获取方式，有必要建立与这类再生资源相适应的标准规范，使其从固体废物中剥离出来，打通进口高品质再生铌钽资源的渠道。

**表 5　钽及其化合物的应用**

| 应用范围 | 应用形式 | 用途 |
| --- | --- | --- |
| 电子工业 | 钽粉、钽片、钽丝、钽薄膜 | 电解电容器电子管，闪光管，钽二极管、三极管，集成电路 |
| 化学工业 | 钽板、钽棒、钽管、钽金属膜 | 化学装置（热交换器、浓缩器、冷却器、回收装置、高压釜、泵、酸洗槽）、工业仪表、零件 |
|  | 氧化钽（$Ta_2O_5$） | 酯化反应催化剂 |
| 光学工业 | $LiTaO_3$ 晶体玻璃，Ta-7.5W 丝 | 激光调制器、声表面波滤波器、特种光学玻璃、相机透镜、电影放映灯泡 |
| 高温技术 | 钽棒、钽板 | 高温真空炉加热器、隔热屏、料盘、料架、真空镀膜用舟皿 |
|  | TaC- 石墨复合材料 | 高速钻头、弹头、宇宙飞船的前缘 |
| 机械工业 | 烧结碳化物（TaC 1% ~ 28%） | 切削工具、煤炭与石油钻探工具以及装饰品 |
|  | 二硫化钽（钽粉 74%） | 固体润滑剂 |
|  | 焊料 | 焊接硅半导体接点 |
| 核能工业 | 钽合金（Ta 88% ~ 90%） | 封装核燃料的结构材料 |
|  | 钽酸盐（Cd、In） | 反应堆高温控制材料 |
|  | 钽棒 | 反应堆控制材料 |
| 宇航工业 | 钽基合金（Ta 87.5% ~ 90%） | 宇宙飞船的燃烧室、固体火箭喷管 |
|  | 超级合金（Ta 1% ~ 5%） | 喷气发动机叶片、燃烧室外壳 |
| 医学 | 钽板、钽棒、钽管、钽箔、钽丝、钽粉、氧化钽 | 修补头颅骨、缝合神经、补强肌肉、代替头骨、血管及用作外科、牙科的手术器械吹入肺部，供 X 射线研究呼吸系统用于止血 |
| 其他 | 金属钽 | 代替铱作钢笔尖 |

通过制定再生钽铌资源产品标准或规范，如规定钽铌［以（TaNb）$_2O_5+Ta_2O_5$ 计］含量水平，并且不含放射性污染物和危险废物，会对口岸查扣钽铌疑似固体废物产物的鉴别有很好的帮助，也对保证类似资源的长期进口有益。对查扣的样品通过解析其中的放射性污染水平、杂质含量水平、主要有价成分的含量和物相结构，对符合产品标准要求的不再按照固体废物进行管理。

（8）其他再生金属原料

从进口货物鉴别角度而言，很少遇到贵金属再生材料的进口案例，如 Au、Ag、Pt、

Rh、Pd等贵金属再生材料，含贵金属的固体废物也只有个别案例，如钯银催化剂、铂漏板。对于这部分资源稀缺而且价值很高的再生材料，有必要建立通用的二次加工材料的管理规则和规范，既有利于这类材料进境利用，又有利于禁止危害性较大的、成分很复杂的相关固体废物进口。

## （三）金属氧化物初级加工产物的鉴别

以金属氧化物成分为主的物料来源比较多，包括来自矿物加工、矿物火法冶炼、湿法冶金、金属原材料加工、固体废物回收处理等生产中的产物，通常是经物理化学处理或中高温氧化反应处理后的初级加工产物，这类产物是口岸查扣较多的主要物质之一。由于很多氧化物的初级产物没有相适应的标准或没有达到产品标准，导致对这些物质的固体废物和非废物的鉴别判断存在较大的难度。

### 1. 氧化皮原料

不锈钢钢管、不锈钢冷轧板、钢线材轧制、热轧带钢等表面处理时均产生氧化皮，其主要成分是铁的氧化物（FeO、$Fe_2O_3$、$Fe_3O_4$）和其他金属和非金属成分，不同工艺产生的氧化皮成分有所不同。

（1）不锈钢钢管表面处理产生的氧化皮

不锈钢钢管通常都要经过冷轧、旋压、冷拔等冷加工处理方法获得，这些冷加工工艺决定了其后必须进行热处理以恢复所要求的金属组织状态。钢管经过热处理，表面即生成一层微薄而致密的氧化皮（也称为氧化铁皮），钢管继续加工或成品都必须予以清除。不锈钢中含有多种化学成分，如C、Cr、Ni、Mo、Cu、Mn、Ti、Nd等，在高温下所生成的氧化皮，除金属铁的氧化物外，还含有高合金元素Cr、Ni等的氧化物。不锈钢表面上氧化皮的组成，主要取决于铁及合金元素对氧的化合能力。钢中的惰性和非活泼性合金元素，在钢表面生成的氧化皮其结构通常致密而稳定并且具有保护作用。例如，高铬镍不锈钢钢管，在高温（1000℃）作用下，其表面生成稳定的氧化皮，含有铬的氧化物，如$FeO \cdot Cr_2O_3$、$NiO \cdot Cr_2O_3$、$Cr_2O_3$等[12]。

（2）不锈钢冷轧板表面处理的氧化皮

为确保不锈钢冷轧后的加工性和耐腐蚀性，需进行退火处理。不锈钢退火处理方法有还原性气氛退火处理和氧化性气氛退火处理两种。前者称为光亮退火处理，退火后基本不生成氧化皮而仍保留着轧制时的光泽。而后者在氧化气氛中生成了氧化皮，需进行除鳞（氧化皮）。冷轧退火后生成的氧化铁皮由四层氧化物组成，其厚度在1075℃退火温度下约0.15μm，1100℃下约0.2μm，1125℃下约0.25μm；构成第一层（最外层）氧化皮的氧化物为$Fe_2SiO_4$和$Fe_3O_4$，第二层为（Fe, Mn）$Cr_2O_4$，第三层为（Fe, Cr）$_2O_3$和$Cr_2O_3$，第四层为$SiO_2$[13]。

（3）钢线材轧制产生的氧化皮

普通碳钢的高温氧化皮由$Fe_2O_3$、$Fe_3O_4$、FeO组成[14]。钢铁氧化皮牢固地覆盖在钢材表面上，其结构是内层疏松、多孔的FeO结晶组织，晶体之间联系薄弱、易于破坏；中间层是致密、无孔、裂纹呈玻璃状断口的磁性$Fe_3O_4$；外层是结晶构造的

$Fe_2O_3$。FeO、$Fe_3O_4$、$Fe_2O_3$都是不溶于水的碱性氧化物，氧化皮呈疏松、多孔和裂纹状[15]。

（4）热轧带钢表面形成氧化皮

高温下带钢表面上形成的氧化皮结构是由各种相的混合体构成的，分别为最上面的一层$Fe_2O_3$，中间的富氏体（FeO和$Fe_3O_4$），最下层的$Fe_3O_4$，它们直接附着在钢铁表面。热轧带钢表面的氧化铁皮主要包括FeO、$Fe_2O_3$、$Fe_3O_4$三种物质成分：a. FeO比较疏松，一般在邻铁层，呈蓝色；b. $Fe_3O_4$比较致密，在中间，呈黑色；c. $Fe_2O_3$也比较致密，但一般位于最外层，呈黑色。氧化皮的颜色会随各种氧化成分比例的不同而随之发生变化：当$Fe_3O_4$占比较高时，氧化皮呈黑色；当$Fe_2O_3$占比较高时，氧化皮呈红色；当FeO占比较高时，氧化皮呈现出蓝灰色。热轧钢带表面的氧化皮形成因素与加热过程、冷却速度、卷取温度等有关。去除氧化皮的方法有机械破鳞工艺、化学酸洗工艺、光滑清洁表面等[16]。

氧化皮属于钢铁生产中产生的副产物，通常作为固体废物来管理，其应用主要在以下几方面：

① 氧化皮提供给化工厂可用来生产氧化铁红（$Fe_2O_3$）、氧化铁黄［水合氧化铁（$Fe_2O_3 \cdot H_2O$）］、氯化铁（$FeCl_3$）、硫酸亚铁（$FeSO_4$）等，采用氧化皮为主要原料的液相沉淀法，可以生产从黄相红到紫相红各个色相的铁红；

② 冶炼硅铁合金的主要原料是钢屑，全国每年冶炼硅铁合金消耗的钢屑约200万吨，用氧化皮替代钢屑冶炼硅铁合金的工艺已经成熟并获得应用；

③ 氧化皮作为烧结原料在国内各大钢铁厂已大量应用，氧化皮相对粒度较为粗大，可改善烧结料层的透气性，氧化皮中的氧化亚铁成分在燃烧氧化成$Fe_2O_3$的过程中会大量放热，可以降低固体燃料消耗；

④ 氧化皮还可以用来制造海绵铁（直接还原铁），较矿石生产的海绵铁，不含脉石杂质。

碳钢和低合金钢的轧钢铁鳞可用于制造永磁铁氧体材料，为保证最终磁铁材料的质量，铁鳞原料成分必须满足表6要求[17]。氧化皮（铁鳞）原料的品质要求中，当铁含量至少达到71%时，可推算出其他成分含量只能在1%左右，主要是硅、锰等元素，有害成分的含量会很低。

**表6 铁鳞原料成分要求**

| 成分 | TFe | MnO | $SiO_2$ |
|---|---|---|---|
| 含量/% | ≥71（其中FeO≥60%） | ≤0.5 | <0.6 |

注：TFe—总铁。

2020年我国粗钢产量达到了10.53亿吨，占世界粗钢产量的56.49%，国内自身产生氧化皮每年大约1000万吨，从自身产生废物总量上看，我国似乎没必要进口氧化皮废料，应充分利用自身的氧化皮废料。

鉴别过程中当遇到有可能为高品质进口氧化皮物质的鉴别需求时，建议对总铁含量达到优质铁精矿要求（如 TFe ＞ 60%）的氧化皮这类物质，并且有证据表明经过了一定的分类收集贮存、除杂、加工处理且基本不含有毒有害物质时，对这类物质可不判断为固体废物，而是不错的替代铁矿、铁红原料或含铁氧化物其他用途的再生原料。

## 2. 回收含 Ni、Co、Mn 的氧化物原料

镍钴资源是全球战略性金属资源，各国采取各种手段争夺镍钴资源。钴广泛应用于航空航天、硬质合金、电池等众多领域；镍则广泛应用于各种有色合金、不锈钢以及二次电池的生产。我国是镍钴消费大国，但国内镍钴矿产资源稀缺，长期依赖从非洲、澳大利亚进口原矿。

锂离子电池在电器的小型化过程中起到了关键作用，广泛应用于手机、笔记本电脑、摄录机、CD 机等便携式电器中，在电动汽车、军用设备、医用设备等领域也有广泛应用。在锂离子电池的各个组成部分中，正极材料约占锂离子电池总成本的 40%。

含镍钴电池主要是指正极材料含镍、钴元素的锂离子电池，根据正极材料成分构成可分为一元材料、二元材料和三元材料，一元材料包括钴酸锂（$LiCoO_2$）、镍酸锂（$LiNiO_2$），二元材料包括镍锰酸锂（$LiNi_xMn_{2-x}O_4$）、镍钴酸锂（$LiNi_xCo_{1-x}O_2$）等，三元材料包括镍钴锰酸锂（$LiNi_xCo_yMn_{1-x-y}O_2$）、镍钴铝酸锂等，其中应用最多的是 $LiCoO_2$ 和 $LiNi_xCo_yMn_{1-x-y}O_2$。

锂电池一般由正极、隔膜、负极、有机电解液和外壳组成[18]：a. 正极，活性物质为 $LiMnO_2$、$LiCoO_2$ 或者 $LiNi_xCo_yMn_{1-x-y}O_2$，电动自行车则普遍采用 $LiNi_xCo_yMn_{1-x-y}O_2$ 或者三元材料加少量 $LiMnO_2$；b. 隔膜，一种经特殊成形的高分子有微孔结构的薄膜，可以让锂离子自由通过；c. 负极，活性物质为石墨，或近似石墨结构的碳，导电集流体使用厚度为 7 ～ 15μm 的电解铜箔；d. 有机电解液，溶解有六氟磷酸锂（$LiPF_6$）的碳酸酯类的溶剂，聚合物电池则使用凝胶状电解液；e. 外壳，分为铝壳、镀镍铁壳、铝塑膜、盖帽等。

锂离子电池废料中镍和钴的总含量可达到 5% ～ 40%[19]，而最好的含钴原矿平均含量为 0.8% ～ 1%，选矿后精矿的钴含量为 6%。含镍钴的锂离子电池废料的主要组分是 $LiCoO_2$、$LiNi_xCo_yMn_{1-x-y}O_2$ 材料及其前驱体，显然对其进行回收处理是获取镍钴资源的重要途径。

锂离子电池生产经过了由原料到成品的物料转化过程，流程为：原材料→正极材料前驱体→正极材料→正极浆料→正极片→电芯→电池成品。含镍钴的电池材料性废料指的是这个过程中产生的正极材料前驱体、正极材料、正极浆料和正极片的次品或不合格品，这些中间品废料的镍、钴含量高，杂质少，因此仍然具有较高的资源价值，是宝贵的原材料。

含镍钴元素的锂离子电池材料性废料元素组成见表 7。

**表 7　含镍钴元素的锂离子电池废料元素组成**

| 序号 | 类型 | 品名 | 主元素含量 /% | | | 其他元素含量 /% | | | | |
|---|---|---|---|---|---|---|---|---|---|---|
| | | | Ni | Co | Mn | Al | 有机物 | 导电C | Cu | 石墨 C |
| 1 | 前驱体 | $Co_3O_4$ | — | 50 ~ 75 | — | — | — | — | — | — |
| | | $Ni_xCo_yMn_{1-x-y}(OH)_2$ | 10 ~ 63 | 5 ~ 40 | 0 ~ 30 | < 1.5 | — | — | — | — |
| 2 | 正极活性物质 | $LiCoO_2$ | — | 20 ~ 60 | — | < 1.5 | — | — | — | — |
| | | $LiNi_xCo_yMn_{1-x-y}O_2$ | 8 ~ 60 | 5 ~ 35 | 0 ~ 25 | < 1.5 | — | — | — | — |
| 3 | 浆料 | $LiCoO_2$ 浆料 | — | 20 ~ 58 | — | < 1.5 | 少量 | 少量 | — | — |
| | | 镍钴锰酸锂浆料 | 8 ~ 63 | 5 ~ 40 | 0 ~ 20 | < 1.5 | 少量 | 少量 | — | — |
| 4 | 极片 | $LiCoO_2$ | — | 20 ~ 60 | — | 10 ~ 30 | 少量 | 少量 | — | — |
| | | 镍钴锰酸锂 | 8 ~ 40 | 5 ~ 2 | 0 ~ 20 | 10 ~ 30 | 少量 | 少量 | — | — |
| 5 | 电芯 | 极卷 / 未封装电芯 | 5 ~ 35 | 5 ~ 40 | 5 ~ 25 | 5 ~ 8 | 少量 | 少量 | 5 ~ 15 | 1 ~ 10 |
| 6 | 电池① | 电池成品 | 5 ~ 35 | 5 ~ 40 | 5 ~ 25 | 5 ~ 8 | 少量 | 少量 | 5 ~ 15 | 1 ~ 10 |

①电池中还含有 1% ～ 10% 的铁。

由上述材料看出，电池废料以及生产电池过程中产生的废料含有较高的镍钴有价元素，对这部分资源进行回收利用和二次加工处理是解决环境污染问题和获取宝贵资源的必然途径，如果加工产物符合全国有色金属标准化技术委员会组织制定的镍钴再生资源产品标准或类似物料可借鉴的产品标准，则可不按照固体废物进行鉴别判断和管理。因此，口岸监管中对查扣的疑似固体废物的镍钴氧化物的鉴别，一是看物料是否经过了有意识的大幅度富集加工处理，二是看是否符合相关产品标准要求或相关替代产品标准要求，符合可判断为再生资源产品，不符合或者明显混杂大量非金属物质或有毒有害成分则应判断为固体废物。

### 3. 回收钴钼镍废催化剂加工获得的初级氧化物原料

石油炼制是通过一系列炼制工艺过程，例如常减压蒸馏、催化裂化、催化重整、炼厂气加工及产品精制等，把原油加工成各种石油产品，在这些炼制过程中必须使用催化剂，过程不同使用的催化剂也不同。

（1）催化裂化及其催化剂

催化裂化催化剂主要是无定形硅酸铝微球催化剂和泡沸石分子筛微球催化剂两大类[20]。催化剂的化学组成通常包括 $Al_2O_3$、$SiO_2$、$Na_2O$、$Fe_2O_3$、$SO_4^{2-}$ 等，有时还包括稀土氧化物（$RE_2O_3$）。平衡催化剂的金属（如 Ni、V、Na、Cu、Ca 等）含量，可以反映催化剂的污染程度，对催化裂化反应的影响很大。

（2）重油加氢精制用 Co（Ni）-Mo（W）/$\gamma$-$Al_2O_3$ 催化剂[21]

原油大多含有 1% ～ 6% 的硫，0.1% ～ 0.6% 的氮，（5 ～ 90）mg/kg 的镍，以及（10 ～ 1000）mg/kg 的钒。这些杂质都会传给下游冶炼生产过程，特别是给催化过程造成麻烦。例如，镍和钒等会改变催化剂的催化性能，破坏其结构。因此，这些杂质都需要在石油炼制过程中除去。

① 加氢脱硫（HDS）是将有机硫化物中的 C—S 键断裂，同时生成 $H_2S$ 和相应的氢类。工业上使用的 Co-Mo/$\gamma$-$Al_2O_3$ 催化剂组成为：2% ～ 3% Co，8% ～ 12% Mo。在 $H_2$

和 $H_2S$ 气氛的操作条件下，钼是以 $MoS_2$ 形态存在，钴是以 $Co_9O_8$ 形态存在，钼是主剂，钴是助剂。

② 加氢脱氮（HDN）与加氢脱硫（HDS）的反应历程不完全一样，HDN 要求催化剂的加氢活性更高。工业上使用的催化剂有 Ni-Mo（或 Ni-W）/$\gamma$-$Al_2O_3$，它们比 Co-Mo/$\gamma$-$Al_2O_3$ 加氢能力强。

③ 加氢脱金属（HDM）过程是卟啉加氢形成二氢卟啉中间物，再加氢使金属 - 氢键断裂成金属沉淀物，强烈地吸附于催化剂表面上。重质油中含有较多的金属成分，其中主要是钒、镍的卟啉化合物，还有些胶质和沥青质化合物。

（3）废催化剂样品

废催化剂是提取 V、Mo、Ni 的宝贵资源，表 8 是鉴别过程中的废石油催化剂样品的主要成分及含量。石油炼制过程中，以 $Al_2O_3$ 为载体的催化剂十分常见，以它为载体掺入的催化活性组分常含有一些过渡族元素［如 Ni、Co、Mo 等（用于加氢裂化催化）］及 Ni、Mo、P（用于缓和加氢催化裂化）和贵金属元素（用于石脑油催化重整、异构化催化）等[22]；也有脱氢选择氧化的 $V_2O_5$-$P_2O_5$、$V_2O_5$-$MoO_3$ 组合[23]。此外，由于催化剂多具有吸附性，导致催化剂容易吸附原油中的重金属如 Ni、V 等，从而中毒失活。

**表 8　废石油催化剂样品的主要成分及含量 (%)**

| 样品成分 | 1 | 2 | 3 | 4 | 5 | 6 | 7 | 8 | 9 | 10 |
|---|---|---|---|---|---|---|---|---|---|---|
| $Al_2O_3$ | 65.98 | 68.31 | 77.25 | 77.73 | 78.95 | 76.47 | 62.23 | 65.36 | 68.52 | 78.60 |
| $MoO_3$ | 20.40 | 22.34 | 13.56 | 13.24 | 12.65 | 15.72 | 10.00 | 21.10 | 18.04 | 10.79 |
| $Co_3O_4$ | 6.57 | 5.16 | 0.05 | 0.02 | 0.04 | 4.98 | — | 6.50 | — | 3.51 |
| $P_2O_5$ | 5.73 | 1.99 | 1.65 | 1.06 | 0.17 | 1.94 | 4.58 | 5.49 | 7.79 | — |
| $SiO_2$ | 0.17 | 0.22 | 3.41 | 4.05 | 4.68 | 0.72 | 20.09 | 0.30 | 0.87 | 6.32 |
| Cl | 0.11 | 0.10 | 0.18 | 0.17 | 0.13 | 0.11 | 0.08 | 0.11 | 0.13 | 0.06 |
| CaO | 0.10 | 0.03 | 0.10 | 0.10 | 0.08 | 0.04 | 0.06 | 0.10 | 0.07 | 0.03 |
| $Fe_2O_3$ | 0.06 | 0.31 | 0.12 | 0.08 | 0.11 | 0.03 | 0.10 | 0.10 | 0.56 | 0.68 |
| NiO | 0.89 | 0.24 | 3.69 | 3.47 | 3.18 | — | 2.85 | — | 3.79 | 0.02 |

当上述炼油催化裂化和加氢精制过程中以 $Al_2O_3$ 和 $SiO_2$ 为载体的失效催化剂回收后，或者其他石油化工的类似催化剂回收后，经过烧结或燃烧处理去掉黏附的有机污染物或部分非金属物质，再经过磨碎提选处理可获得初级加工处理产物，并显著提高了原催化剂中 Co、Mo、Ni 等有价金属的含量，当符合明显的产品标准或相应替代物料的标准或规范时，对查扣的这部分进口物料可判断为再生 Co、Mo、Ni 金属氧化物产品。

### 4. 氧化锌初级加工物料

（1）我国和全球精锌主要生产与消费概况

2015 年全球精锌产量达到历史高值 1365.6 万吨，之后由于原料供应紧张等问题产量下滑，2017 年为 1328 万吨，较 2015 年下降了 27.6 万吨。全球精锌主要生产国为中国、韩国、印度、加拿大、日本等。2017 年世界前 10 个国家精锌产量占全球产量的

79.09%，其中我国是全球最大的精锌生产国，占全球的43.72%；韩国占6.33%、印度6.11%、加拿大4.54%、日本3.92%、西班牙3.81%、澳大利亚3.45%、墨西哥2.44%、哈萨克斯坦2.44%、秘鲁2.33%。

2017年全球锌消费量达到1386.5万吨，其中我国（大陆）消费663万吨，居世界第一，占全球锌消费量的47.8%，其次为美国82.9万吨、印度67.9万吨、韩国49.7万吨、日本48.6万吨、德国45.1万吨、比利时36.7万吨、土耳其26.7万吨。

美国地质调查局（USGS）数据显示，锌储量较多的国家有中国、澳大利亚、美国、秘鲁和墨西哥等。就全球锌矿供给情况而言，2021年全球锌精矿产量约为1323.6万吨，同比增长约5%，当时预计2022年全球锌矿产量将达到1353万吨，需求量将达1327.9万吨，全球供需平衡为25.1万吨，将继续维持供应小幅过剩。

我国是全球最大的锌精矿消费国，国内铅锌矿山产量的快速增长仍跟不上需求的增长，需要大量进口锌精矿。2017年中国锌精矿产量为430万吨，只能满足国内锌精矿需求量的76.3%，当年进口了锌精矿121万吨金属量，还进口了76.6万吨的锌及锌合金。根据《2021～2027年中国锌精矿市场分析与投资前景研究报告》（注：博思发布的数据），2020年我国锌产量累计达642.5万吨。2021年我国锌矿进口均高位运行，累计进口303.92万吨。

（2）我国含锌废物资源概况

含锌废物资源主要分为三类。

第一类是锌矿、锌伴生矿铅矿、铜矿在提炼Zn、Pb、Cu的过程中产生的含锌物料。炼铅炉渣含锌3%～20%，铜精矿熔炼产生的铜烟灰含锌2%～10%。此类含锌物料主要被Cu、Pb、Zn联合冶炼企业搭配在原生矿冶炼过程回收，单一的炼铅或炼铜企业此类渣（灰）料外卖，被再生锌冶炼厂收购利用。高炉炼铁烟尘（瓦斯灰或瓦斯泥），俗称“铁灰”，是在高炉冶炼过程中，铁矿中所含的锌、铅等杂质元素被还原并形成蒸气，高炉瓦斯灰（泥）中除含主要成分铁20%～30%、碳10%～30%外，还含有色金属成分，如铅0.5%～5%、锌5%～20%。

第二类是锌的下游产品或终端产品在使用过程中产生的含锌废料，包括利用热镀锌合金进行钢材热镀时产生的镀锌渣，利用锌电镀时产生的电镀污泥，利用铸造用锌合金锭压制成品时产生的锌渣等。

第三类是报废的锌终端消费品，例如超过使用生命周期的黄铜合金（CuZn）、铸造合金制品、干电池壳等。在废钢铁（如报废的汽车、家电等）利用电炉再生冶炼过程中，钢铁镀锌层的锌以气态挥发，随烟气进入收尘系统被收集下来，这种烟尘称为电炉灰，俗称“钢灰”，根据原料来源不同，含锌量高低不等，通常采用100%废钢作原料的电炉炼钢，其电炉灰中锌含量范围可达到15%～25%。

我国锌二次资源的回收利用尚有很大的发展空间，提高二次资源的利用率，不仅依赖于再生锌冶炼技术的不断创新提升，也依赖于全球锌二次资源的整合利用。根据锌的消费结构比例，可回收利用的锌二次资源达80%以上，如果将这些种类的锌二次资源全部实施回收，将实现锌资源最大限度的循环利用。

（3）再生资源综合利用状况

利用ZnO粉富集物生产精锌相较于利用锌精矿具有明显的优势。

① 可以在较大程度上避免锌矿在开采、选矿过程中对环境造成的不良影响，替代锌矿产资源开发。

② 最大限度地实现锌浸出渣、炼铅炉渣、电炉炼钢烟尘、高炉瓦斯灰（泥）、热镀锌灰（渣）等有害废物的资源化、减量化、无害化利用和处理，变废为宝。由于其经过火法高温等工艺处理，不仅可有效富集锌和铅等有价资源，实现减量化，而且可以通过高效收尘等清洁生产工序实现其他有害物的再富集和可管控，有效减少上述有害废物长期堆放对环境造成的不良影响。

③ 弥补我国锌精矿的短缺与不足，可有效减少我国对海外锌精矿的进口依赖。

④ 含锌二次资源含有的 Tl、Hg、Cd、As 等有毒元素显著低于矿产锌精矿，因此在同等污染防治措施下的锌冶炼过程中，排放到外环境的单位产品污染物总量远低于采用矿产锌精矿冶炼时的单位产品污染物排放总量。

21 世纪以来，我国再生锌冶炼技术在原生锌冶炼的基础上不断创新、进步，处理复杂物料的能力显著提升，涌现了一批成功将技术创新成果转化为大规模生产项目的企业，为实现锌资源的循环利用提供强有力的技术支撑。

（4）制定锌冶炼用氧化锌富集物产品标准

在没有专门出台锌冶炼用氧化锌粉（ZnO）富集物产品标准之前，我国对由含锌固体废物加工获得的 ZnO 富集物的产品属性缺乏统一认识，海关人员和生产行业人员对此争议非常大，长时间悬而未决，没有得到有效解决。2019 年前，关于再生锌原料的相关标准和要求有以下几个方面。

①《副产品氧化锌》（YS/T 73—2011）标准。该标准适用于含锌的冶炼渣料和合金经综合回收所得的 ZnO，主要指锌浸出渣、炼铅炉渣经回转窑或烟化炉烟化挥发产生的 ZnO。标准中最低品级 ZnO 含量≥ 50%，氟含量≤ 0.2%，氯含量≤ 0.3%，主要供原生锌冶炼行业作为炼锌原料少量搭配使用。但该标准对于杂质成分及其含量要求过于严厉，难以涵盖以电炉灰、高炉瓦斯灰（泥）、复杂含锌物料为原料生产的 ZnO 初级加工产物，不利于充分利用国内外 ZnO 二次资源。

②《再生锌原料》（YS/T 1093—2015）标准。该标准适用于锌冶炼和镀锌过程中产生的锌渣以及废锌电池、废涂层与钢铁烟尘等再生锌原料。从标准的适用范围和分类看，这些含锌物料基本都是含锌废物，锌含量范围大，从各方面的反馈意见看，这些物料都是严禁进口的固体废物，允许进口的只能是将这些含锌废物进行二次加工处理（如烟化炉烟化处理、回转窑二次挥发处理）后的 ZnO 富集产物。

③《转底炉法粗锌粉》（YB/T 4271—2012）标准。该标准适用于转底炉工艺回收的粗锌粉，转底炉直接还原技术是铁矿粉（或红土镍矿、钒钛磁铁矿、硫酸渣或冶金粉尘、除尘灰、炼铁污泥等）经配料、混料、制球和干燥后的含碳球团加入具有环形炉膛和可转动的炉底的转底炉中，在 1350℃左右炉膛温度下，在随着炉底旋转一周的过程中，铁矿中的铁被碳所还原。采用转底炉 - 熔分炉的熔融还原铁工艺，产品为铁水供炼钢使用。粗锌粉是转底炉环保设施收集的烟尘。该标准也存在一些问题：a. 没有杂质成分及其含量控制要求，无法作为口岸进口含锌挥发产物的质量把关依据；b. 对来源工艺及其设备进行了限制，排斥了其他来源，这样做显然不合适；c. 粗锌粉没有定义，不清

楚物质的物相和成分状态，也无法作为口岸进口含锌挥发产物的质量把关要求。

④ 海关对“粗氧化锌”的归类决定。归类决定是海关监管对商品的编码归类，便于进出口物品的收发货人及其代理人确定进出口货物的商品归类，减少商品归类争议，保障海关商品归类的统一。根据《中华人民共和国海关进出口货物商品归类管理规定》（海关总署令第158号）有关规定，粗ZnO的归类决定见表9。

表9 粗ZnO的归类决定（Ⅱ）

| 序号 | 归类决定编号 | 商品税则号 | 商品名称 | 商品描述 | 归类决定 |
| --- | --- | --- | --- | --- | --- |
| 13 | Z2009-100 | 3824.9099 | 粗氧化锌 | 商品“粗氧化锌”，主要成分为氧化锌、氯化钠，并含有少量铁、铅。具体含量氧化锌72%，氯化钠18%，氧化铁4%，铅5%，水1%。工艺流程：以电弧炉炼钢灰为原料，以焦炭粉为还原剂，在1200℃反应温度下，使钢灰中大量的锌、铅等金属被还原成金属单质挥发出来，经重力沉淀分离后，金属蒸气被氧化成氧化物，即粗氧化锌成品 | 商品“粗氧化锌”是电弧炉炼钢灰经加工而得的产品，供进一步加工提纯使用。根据归类总规则一及六，该商品应归入税则号3824.9099 |

以上3个标准和海关归类决定对氧化锌物料的适用范围及要求都存在一定的问题，有的要求太宽松，有的要求太严，有的内容不太清晰，有的脱离行业发展的实际情况，均不完全适合作为对含锌废物二次加工产生ZnO富集物料的进口管理，不能快速解决口岸频繁查扣ZnO物品的固体废物属性问题，因而有必要制定更合适的再生原料标准。

在全国有色金属标准化技术委员会的组织下、相关部门的大力支持下和多个单位协作参与下，经过多年的筹划、调研、实验分析和编制讨论过程，并结合固体废物鉴别机构遇到的海关查扣氧化锌烟灰（ZnO）鉴别案例，全国有色金属标准化技术委员会完成了《锌冶炼用氧化锌富集物》（YS/T 1343—2019）行业标准制定，于2020年1月1日实施，ZnO富集物的化学成分含量要求见表10。该标准使高品质的ZnO富集加工物料有了进口管理的依据，遇有类似被查扣物品的鉴别时，对符合标准要求的物料，可依据该标准判断为产品。同时，相关企业可按此标准要求组织ZnO粉末货源，从而有利于促进我国再生锌行业的健康发展，也有利于保护我国生态环境安全，取得经济发展和生态环境保护的双赢效果。

但对由铅锌矿原料采取烟化处理得到的氧化锌烟灰是否满足前述标准并不明确。

表10 锌冶炼用ZnO富集物的化学成分

| 品级 | ZnO，≥/% | 杂质含量，≤/% | | | | | |
| --- | --- | --- | --- | --- | --- | --- | --- |
| | | Fe | F | Cl | Cd | Hg | As |
| ZnO 50 | 50.0 | 10.0 | 1.0 | 8.0 | 0.25 | 0.06 | 0.6 |
| ZnO 60 | 60.0 | 6.0 | 1.0 | 8.0 | 0.25 | 0.06 | 0.6 |
| ZnO 70 | 70.0 | 3.0 | 1.0 | 8.0 | 0.25 | 0.06 | 0.6 |

### 5. 含铜氧化物的初级加工物料

高品位的含铜氧化物的废料来源不是很多，主要来自含铜电解废液回收处理产物，废液采用中和法处理原理是利用各种金属离子水解沉淀酸度的差异，进行金属的分离及提取。首先是脱酸除铁，加入石灰乳作中和剂，同时按废液含亚铁离子量加入锰粉，过滤沉淀滤渣 $CaSO_4$ 和 $Fe(OH)_3$，即得到含铜的弱酸性溶液；其次回收铜，将脱酸除铁后的溶液进一步用石灰乳中和，铜以 $Cu_2(OH)_2SO_4$（碱式硫酸铜）或 $Cu_2(OH)_2CO_4$（碱式碳酸铜）形成沉淀，过滤后回收铜，焙烧后形成 CuO 初级加工产物。

含铜氧化物的再生原料可能来自回收铜烟灰经过回转窑焙烧后生成易溶于酸的氧化铜或氧化亚铜，焙烧料经过筛分处理，获得含铜约 90% 的细料，再去生产粗 $CuSO_4$，其开始的铜灰原料大多是拉丝、压延加工过程中表层脱落下来的成分，含金属铜 60% ～ 70%，CuO 20% ～ 30%，表面含有油污等杂质[24]。

在制定《氧化铜粉》（GB/T 26046—2010）标准过程中，总结出国内外 CuO 生产工艺有铜粉氧化法、硫酸铜煅烧法、碳酸铵亚铜浸取法及可溶铜加碱合成法。工业生产多采用铜粉氧化法，该法是以铜灰、铜渣为原料在焙烧炉中用煤气加热进行初步氧化，以除去原料中的水分和有机杂质。生成的初级氧化物经自然冷却、粉碎后，在氧化炉中进行二次氧化，得到粗品 CuO。然后将粗品 CuO 净化，经离心分离、干燥，在 450℃下氧化焙烧 8h，冷却后粉碎至 100 目或 200 目，再在氧化炉中氧化，制得 CuO 粉产品。

早在 2011 年，口岸海关就查扣过申报为“粗制氧化铜”的物品，经实验鉴别分析，样品成分主要含铜及其他少量的 Cl、Na、Ca、P、S、Zn、Fe、Si 等，见表 11。铜的物相组成主要为 CuO，样品干基中 CuO 含量近 96%，但没有达到《氧化铜粉》（GB/T 26046—2010）中合格品 CuO 含量≥ 98% 的要求，在该标准编制说明材料中提出得到合格品 CuO 产品之前要经过“粗制氧化铜”步骤。因此，判断样品为“粗制氧化铜”，不属于固体废物。

**表 11　样品主要成分及含量**

| 成分 | CuO | Cl | $Na_2O$ | CaO | $P_2O_5$ | $SO_3$ | ZnO | $Fe_2O_3$ | $SiO_2$ |
|---|---|---|---|---|---|---|---|---|---|
| 含量 /% | 95.98 | 2.05 | 1.38 | 0.14 | 0.11 | 0.11 | 0.10 | 0.06 | 0.05 |

注：除氯外，其他元素均以氧化物计。

在含铜氧化物物料的鉴别方面，还可能涉及两类相关物料的鉴别，即海绵铜和铜锍的鉴别应引起重视。

（1）海绵铜

海绵铜是含铜物料综合回收过程中常见的中间产品，是溶液中铜离子被置换沉淀的产物。由于原料及置换工艺的差异，海绵铜中含铜量在 30% ～ 90% 之间，所含杂质主要为过量的置换金属，通常为铁，以及 CaO、$SiO_2$、$Al_2O_3$ 等。生产海绵铜的原料主要包括：

① 氧化态铜矿，主要有孔雀石［$CuCO_3 \cdot Cu(OH)_2$］、硅孔雀石（$CuSiO_3 \cdot 2H_2O$）、

蓝铜矿［$2CuCO_3·Cu(OH)_2$］、黑铜矿（CuO）、赤铜矿（$Cu_2O$）、胆矾（$CuSO_4·5H_2O$）。这些矿物经破碎磨细后，用稀 $H_2SO_4$ 溶液进行浸出，铜以离子状态进入溶液，再用铁屑置换 $CuSO_4$ 而生成海绵状铜，其中赤铜矿只有在氧化剂存在时才能完全分解。

② 硫化态铜矿石，主要有黄铜矿（$CuFeS_2$）、辉铜矿（$Cu_2S$）、斑铜矿（$Cu_4FeS_4$）、铜蓝（CuS）、硫砷铜矿（$Cu_3AsS_4$），将硫化态铜矿中的 $CuSO_4$ 经焙烧制成 CuS 或 CuO，再与 $H_2SO_4$ 反应生成 $CuSO_4$，然后用铁置换铜而生成海绵状金属铜，其中斑铜矿和铜蓝只有在氧化剂存在时才能完全分解。

③ 含铜废料，如冶金中的废铜渣、铜材加工厂的酸洗废液、采矿 / 选矿 / 冶炼过程中出现的低品位含铜废石和尾砂及贫矿、粗铜冶炼电收尘烟灰、铜的冶炼和加工以及电镀等工业生产过程中产生的含铜废水、印刷电路板生产工艺流程中产生的废液、阳极泥等。

制备海绵铜工艺原理是在酸性条件下，用铁粉将铜离子置换生成海绵金属铜粉，但物料组成可能比较复杂，还可能含有氧化铜等化合物。

（2）铜锍

由于铜锍来源复杂，氧化还原处理过程中还难以得到理想状态的硫化亚铜（$Cu_2S$）和硫化亚铁（FeS）的共熔体，尤其低品位的会明显含有冶金氧化物相，有利于鉴别时遇到含 Cu、S、Fe、O 等元素的物质对其来源进行分析。

《进出口税则商品及品目注释》中对铜锍的解释为：该产品是通过熔融焙烧过的硫化铜矿，使硫化铜从脉石和其他金属中分离制得。这些其他金属在铜锍表面可能形成一层浮渣。铜锍主要由铜和铁的硫化物构成，通常呈黑色或棕色小颗粒状（通过将熔融铜锍倒入水中制得）或者为一种颜色暗淡、具有金属外观的粗团块。

硫化亚铁在高温下与许多金属硫化物形成共熔体，简称锍，锍通常以 $Cu_2S$、$Ni_3S_2$、FeS 等为主体，还含有少量的 PbS 和 ZnS 等，锍中 Cu、Fe、S、Pb、Zn、Ni 总量通常达到 95% ～ 98%。铜锍是铜精矿冶炼过程中的初级产品，其主要成分是 $Cu_2S$ 和 FeS 的共熔体，其中还含有一定数量铁氧化物和其他硫化物，如 $Ni_3S_2$、CoS、PbS、ZnS 等，通常 Cu、Fe、S 占铜锍总量的 80% ～ 90%。炉料中的金和银及铂族元素在熔炼过程中几乎全部进入铜锍。

常见铜锍成分和组成实例见表 12。遇有查扣铜锍的鉴别货物一定要谨慎分析，看是否符合铜锍的基本理化特征，然后综合判断。

**表 12　常见铜锍成分和组成实例**[25]

| 炉型 | | 成分及含量 /% | | | | |
|---|---|---|---|---|---|---|
| | | Cu | Fe | S | Pb | Zn |
| 常见铜锍成分 | 密闭鼓风炉熔炼 | 25.0 ~ 27.5 | 38.5 | 22.0 ~ 23.5 | 0.9 ~ 2.0 | 1.5 ~ 2.0 |
| | 反射炉熔炼 | 20.0 ~ 35.5 | 43.0 ~ 47.0 | 25.0 ~ 25.5 | — | — |
| | 电炉熔炼 | 48 ~ 50 | 30 | 22 | — | — |
| | 闪炉熔炼 | 48.6 | 23.9 | 23.1 | 0.1 | 0.7 |

续表

| 炉型 | | 成分及含量/% | | | | |
|---|---|---|---|---|---|---|
| | | Cu | Fe | S | Pb | Zn |
| 铜锍组成实例 | 鼓风炉铜锍 | 42.4 | 24.5 | 24.5 | 1.6 | 1.6 |
| | 反射炉铜锍 | 43.6 | 26.7 | 24.8 | — | — |
| | 云冶电炉铜锍 | 42.38 | 25.91 | 23.31 | — | — |
| | 霍恩厂闪速炉铜锍 | 59.3 | 16.0 | 22.8 | 0.59 | 0.57 |
| | 诺兰达炉铜锍 | 72.4 | 3.5 | 21.8 | 1.8 | 0.7 |
| | 瓦纽科夫炉铜锍 | 40 ~ 52 | 20 ~ 27 | 23 ~ 24 | — | — |
| | 三菱法铜锍 | 64.6 | 10.6 | 22.0 | — | — |
| | 白铜锍 | 75.9 | 2.2 | 20.3 | 0.3 | 0.2 |

### 6. 铁氧体磁性材料

磁性材料已被广泛应用于磁性器件中，如雷达、广播、电视、电子计算机、自动控制、仪表仪器等，用以实现转换、传递、存储等功能。磁性材料按其组成和结构可分为金属磁性材料和非金属磁性材料两大类，金属在高频和微波频率下将产生巨大的涡流效应，导致金属磁性材料无法使用，而非金属磁性材料的电阻率非常高，有效克服了涡流效应，从而得到广泛应用。非金属磁性材料一般是含铁及其他元素的复合氧化物，故又称铁氧体磁性材料[26]。

铁氧体磁性材料按其晶体结构可分为尖晶石型（$MFe_2O_4$）、石榴石型（$R_3Fe_5O_{12}$）、磁铅石型（$MFe_{12}O_{19}$）、钙钛矿型（$MFeO_3$），其中 M 指离子半径与 $Fe^{2+}$ 相近的二价金属离子，R 为稀土元素。按铁氧体的用途不同，又可分为软磁、硬磁、矩磁和压磁等几类。

软磁材料是指在较弱的磁场下，易磁化也易退磁的一种铁氧体材料，有实用价值的软磁铁氧体主要是锰锌铁氧体（$Mn\text{-}ZnFe_2O_4$）和镍锌铁氧体（$Ni\text{-}ZnFe_2O_4$）。硬磁材料是指磁化后不易退磁而能长期保留磁性的一种铁氧体材料，也称为永磁材料或恒磁材料，典型代表是钡铁氧体（$BaFe_{12}O_{19}$）。镁锰铁氧体（$Mg\text{-}MnFe_3O_4$）、镍钢铁氧体（$Ni\text{-}CuFe_2O_4$）及稀土石榴型铁氧体（$3Me_2O_3 \cdot 5Fe_2O_3$，其中 Me 为三价稀土金属离子，如 $Y^{3+}$、$Sm^{3+}$、$Gd^{3+}$ 等）是主要的旋磁铁氧体材料，主要用于雷达、通信、导航、遥测、遥控等电子设备中。重要的矩磁材料有锰锌铁氧体（$Mn\text{-}ZnFe_2O_4$）和温度特性稳定的 Li-Ni-Zn 铁氧体、Li-Mn-Zn 铁氧体，矩磁材料具有辨别物理状态的特性，如电子计算机的“1”和“0”两种状态、各种开关和控制系统的“开”和“关”两种状态及逻辑系统的“是”和“否”两种状态等，几乎所有的电子计算机都使用矩磁铁氧体组成高速存储器。压磁材料是指磁化时能在磁场方向做机械伸长或缩短的铁氧体材料，应用最多的是镍锌铁氧体、镍铜铁氧体和镍镁铁氧体等。压磁材料主要用于电磁能和机械能相互转换的超声器件、磁声器件及电信器件、电子计算机、自动控制器件等。

前面提到的 NdFeB 磁性材料鉴别案例中，包含回收 NdFeB 废料经过再次高温氧化反应、粉碎处理后的产物，成为基本均匀的再生金属氧化物粉末。如果回收的价值较高的磁性材料废物（如含 Nd、Pr、Dy、Sm、Co）在境外加工成化学成分和形态均质的氧化物（如粉末），并且有价成分较高、杂质含量较低，进口后对我国稀土行业获取宝贵的资源以及企业的生存发展很有益。当遇到这类氧化物的固体废物属性鉴别时，如果证明有明显的加工富集过程和产品质量控制措施，对这类再生氧化物粉末宜判断为非废物原料。

## （四）制定再生纸浆标准及货物的鉴别

再生纸浆的原料是废纸，再生纸浆是用于加工造纸的纤维浆。基于这个理念，有必要制定再生纸浆的产品标准，以区分废纸、再生纸浆产品，支持行业发展，为海关查扣再生纸浆货物的鉴别提供判断技术依据。经过几年努力，《再生纸浆》（GB/T 43393—2023）于 2023 年 11 月 27 日发布并实施。

### 1. 制定再生纸浆原料标准的意义

我国利用进口再生纤维造纸由来已久。从 20 世纪 90 年代中期开始，每年都进口大量废纸原料，其进口量占进口废物总量的 50% 以上，进口废纸在造纸原料结构中占据重要地位。然而，自 2017 年国家限制废纸进口政策发布以来，再生纸纤维原料数量与质量均面临不小挑战，再生纸浆原料开始进入纸厂与海外废纸供应商的视野，在国外利用废纸初步加工成再生纸浆产品进口，成了对进口再生纤维需求的一种方式，也是部分纸厂加强原料质量、优化产品结构的重要手段，在成品纸市场的竞争中扩大优势地位[27]。

2017 年以来，一些造纸企业改为在境外投资或合作建设再生纸浆生产线 / 厂，通过回收国外废纸经拣选、碎解（包括干法或湿法）和筛选等处理得到再生纸浆（包括干浆和湿浆）再进口到国内。

在全国造纸工业标准化技术委员会和中国造纸协会的组织下，在国家发展改革委等部门的支持和指导下，中国制浆造纸研究院有限公司、中轻纸品检验认证有限公司等单位共同承担了《再生纸浆》国家标准的编制工作。根据生态环境部固体废物与化学品司的要求，中国环科院固体废物研究所多次对标准草案提出修改意见，例如收集的试验样品应具有不同质量品级的代表性，纸片和其他夹杂物的含量应严格控制，应控制粉末含量以减少操作过程中的粉尘危害，技术指标体系不宜过于复杂，应有利于口岸海关的监管操作，再生纸浆检验要求不宜完全按照废纸处理的流程进行操作等。

制定《再生纸浆》标准以解决造纸行业纤维原料短缺为出发点，结合再生纸浆制备工艺确定技术内容，纤维质量满足造纸行业生产需要，同时严格限制非纤维杂质混入再生纸浆，也应限制含有大量的未碎解纸片，严防假冒伪劣再生纸浆原料进口。该标准在再生纸浆进口当中将作为质量检验依据，促使企业在境外生产和组织好的货源，也是作为口岸通关放行和不合格原料退运的技术依据，甚至是物质属性鉴别判断的重要依据，因此该标准具有重要作用。

### 2. 再生纸浆标准制定背景

近年来，国内市场每年需求各类纸张约 1 亿吨，需要各类纸浆 9000 多万吨。2019 年，我国纸浆消耗量 9609 万吨，其中废纸造的浆消耗量 5443 万吨、木浆消耗量 3581 万吨（含进口木浆 2317 万吨）、非木浆 585 万吨。废纸造的浆是目前造纸工业重要的生产原料，在造纸原料结构中占比达 56.6%。

随着国内纸和纸板需求增长放缓和纸品消费结构的变化，国内废纸回收量已达到极限。依据 2019 年联合国粮食及农业组织（FAO）数据，全球废纸产量和废纸利用率逐年增加，废纸产量由 1961 年的 1538 万吨增加到 2019 年的 22858 万吨，增加了近 14 倍；废纸利用率由 19.93% 增加到 56.9%。我国废纸回收利用情况也呈现相同趋势，2019 年我国废纸产量达到 5606 万吨，废纸回收利用率为 50.1%。由于我国纸和纸板生产增速放缓，加上新闻纸、印刷书写纸等可回收性高的纸品消费量快速降低，而生活用纸、铜版纸和多数特种纸等回收性差的纸品产量持续增加，这几个方面原因叠加导致短期内国内废纸供应量难以增加。

2017 年 7 月，国务院办公厅印发了《禁止洋垃圾入境推进固体废物进口管理制度改革实施方案》，提出全面禁止洋垃圾入境，推进固体废物进口管理制度改革，促进国内固体废物无害化、资源化利用，保护生态环境安全和人民身体健康。2020 年 11 月 25 日生态环境部、商务部、发展改革委、海关总署联合发布《关于全面禁止进口固体废物有关事项的公告》，自 2021 年 1 月 1 日起我国全面禁止各类固体废物进口。

2016 年废纸进口量 2588 万吨，2019 年下降到 1124 万吨，2020 年减至 500 万吨左右。我国禁止进口固体废物后，一些企业开始以进口再生纸浆替代部分废纸，有必要制定再生纸浆国家标准。

### 3. 再生纸浆标准的内容

《再生纸浆》标准（GB/T 43393—2023）和编制说明中的主要内容如下。

（1）适用范围

标准中界定了再生纸浆的术语和定义，规定了产品分类、要求、检验规则、标志、包装、运输、贮存及质量证明书，描述了相应的试验方法。

标准适用于作为造纸纤维原料使用的再生纸浆，但不包括仅经过简单分类、剪切、打包等处理得到的废纸碎片等。

（2）产品分类

再生纸浆按水分含量分为半干浆和干浆。

再生纸浆按纤维种类分为本色再生纸浆、白色再生纸浆和含机械浆再生纸浆。其中，本色再生纸浆是以回收的本色废纸为主要原料制成的再生纸浆，主要原料为回收的瓦楞纸箱、牛卡纸板等，多用于生产箱纸板和瓦楞原纸等纸种；白色再生纸浆是以回收的书刊和办公废纸等为主要原料制成的 D65 亮度在 45.0% 以上的再生纸浆，可用于生产文化办公、印刷用纸等纸种；含机械浆再生纸浆是以回收的废旧报纸和杂志等为主要原料制成的再生纸浆，其机械浆含量在 30% 以上，主要用于生产新闻纸等品种。

（3）产品制备

再生纸浆有两种制备方法：

① 干法制浆，通过对回收的纸、纸板和纸制品进行拣选除杂、干法碎解，并通过筛选的方法去除杂质和较大的碎片，该方法生产过程无需干燥处理，生产成本较低。

② 湿法处理，回收的纸、纸板和纸制品在水力碎浆机中于水中进行碎解、筛选，然后通过浓缩、压榨后，压缩成块状，或者通过浆板机抄造成再生纸浆，也可能会有部分浆厂因距离我国边境较近，直接通过包装袋装运散状再生纸浆。

再生纸浆是通过清洁、筛分及精化等一系列机械或化学工序制得的，通常为压打成包的干燥片状，由不同成分的纤维素纤维混合组成，可漂白也可不漂白。再生纸浆除了从回收（废碎）纸或纸板提取以外，还可以经机械法、化学法或机械和化学联合法制得，成张打包捆扎，成块状、卷状等。

干法再生纸浆是经过处理、净化的商品纸浆。典型的干法再生纸浆生产工艺流程为：回收纸→分级筛选（除去轻、重夹杂物）→撕碎机将回收纸撕碎→去除金属杂质→输送系统（加入水对撕碎的回收纸进行加湿润胀纤维）→揉搓、破碎→半成品纤维浆→浆包压包机→成品浆包。

（4）相关定义

① 再生纸浆。利用分类回收的纸、纸板及纸制品为原料，经拣选、碎解（湿法或干法）和筛选等处理得到的纸浆。

该定义突出了再生纸浆的 3 个特点：a. 再生纸浆是利用经过分类回收的纸、纸板及纸制品为原料，属于资源回收利用；b. 制浆处理过程中需经分拣挑选处理，将不利于造纸的组分尽可能分离出来，有利于生态环境保护；c. 生产工艺可以是干法或湿法生产，生产过程中需要碎解和筛选等工序以除去不可利用成分，有利于提高纤维产品的质量和纸浆利用效率。

② 机械浆。将木材或植物纤维原料用机械方法制成的纸浆。属于此范畴的纸浆有：盘磨机械浆、褐色机械浆、磨木浆、压力磨木浆、热磨机械浆、化学热磨机械浆和漂白化学热磨机械浆。

③ 夹杂物。在生产、收集、包装和运输过程中混入再生纸浆中的非植物纤维物质，不包括再生纸浆的包装物及在运输过程中需使用的其他物质，如金属、木材、纺织品、橡胶制品、玻璃、石块、塑料制品等。

④ 未碎解的纤维组分。在生产再生纸浆过程中未得到碎解的、具有一定尺寸的纤维原料。

⑤ 粗渣。再生纸浆在实验室规定条件下，经解离、筛选处理后未通过 10mm 孔筛的筛渣。

（5）生态环境保护要求

由于废纸经过了使用、废弃、回收、运输等过程，来源及成分复杂，制浆方法也各有不同。为了避免有害废物入境，标准中明确规定再生纸浆中不应混有放射性物质、危险废物等。

此外，再生纸浆来源于回收废纸，存在吸附或夹带有毒有害物质的可能。根据欧盟《包装和包装废弃物指令》（94/62/EC、2013/2/EU），要求 Pb、Cd、Hg 和 Cr 的总量 ≤ 100mg/kg。规定再生纸浆中重金属 Pb、Cr、Hg、Cd 的含量应符合表 13 要求。

**表 13　重金属含量要求**　　单位：mg/kg

| 重金属 | 要求 |
| --- | --- |
| Pb | ≤ 50 |
| Cr | ≤ 50 |
| Hg | ≤ 0.5 |
| Cd | ≤ 0.5 |
| Pb、Cr、Hg、Cd 总量 | ≤ 100 |

（6）卫生及交货水分要求

标准规定再生纸浆中的干浆水分含量≤ 20.0%，但由于纸浆干燥需要消耗大量的能源，也大大提高了生产成本，同时为了防止在运输、贮存等过程挤压出游离水及出现腐浆等情况导致环境污染，对再生纸浆半干浆的水分设置了限值，要求本色再生纸浆水分含量≤ 55.0%，白色再生纸浆和含机械浆再生纸浆的保水值较高，要求白色再生纸浆交货时水分含量≤ 60.0%，含机械浆再生纸浆交货时水分含量≤ 65.0%。同时规定再生纸浆不应有腐浆及异臭等感官性劣变，再生纸浆应形状、颜色和材质基本一致。

（7）技术指标要求

再生纸浆的主要原料是废纸，废纸种类较多，在美国和欧盟有不同的分类。美国废纸协会制定的废纸分类和等级标准有 52 种废纸，另有 36 种特种废纸，欧盟将废纸分为 5 个等级 51 种，日本将废纸分为 9 大类 26 种，我国的废纸分类标准将废纸分为 8 大类 42 种。废纸种类不同，废纸制浆需要采取不同的制浆工艺，其有效组分可回收性也有差别。

经过对不同样品的试验验证，标准中的技术指标及确定理由如下。

① 浆板耐破指数。再生浆板具有形态洁净、质量水平稳定（不易变质）、运输方便、环境影响较小等优点，相关监管部门认为再生浆板在归类思路上与卷状产品一致，为了避免对相关企业产生误导，标准起草过程开展了再生浆板和纸板技术指标差异的研究。

纸板的平均耐破指数在 1.76 ～ 4.64kPa·m²/g，较低的是白卡纸，而《白卡纸》（GB/T 22806—2008）标准中对合格品的耐破指数要求≥ 1.2kPa · m²/g。通过对典型再生浆板的耐破指数的验证，测得再生浆板耐破指数在 0.65 ～ 0.72kPa · m²/g。标准中规定浆板耐破指数≤ 1.0kPa · m²/g。

② 可勃值（Cobb60）。标准起草过程对浆板的吸水性进行了验证，再生浆板的两面吸水量 Cobb60 都在 300g/m² 以上，经检索，纸板的 Cobb60 都在 0 ～ 50g/m² 之间。因此，标准中规定再生纸浆（板）的 Cobb60 ≥ 300.0g/m²。

③ 未碎解的纤维组分含量。未碎解的纤维组分定义是在生产再生纸浆过程中未得到碎解的、具有一定尺寸的纤维原料，为了避免废纸变相进口，保障进口再生纸浆的质

量，本标准对（干）块状再生纸浆的未碎解纤维组分含量进行了要求，规定采用人工拣选的方式，尺寸为 10（不含）～ 20mm 的含量≤ 18.0%；尺寸为 20（不含）～ 30mm 的含量≤ 1.0%；不应有任一方向尺寸＞ 30mm 未碎解纤维组分。

④ 粗渣率。粗渣的定义是再生纸浆在实验室规定条件下，经解离、筛选处理后未通过 10mm 孔筛的筛渣，筛渣成分通常有塑料片、胶黏物以及不易解离的纸片、电线、绳子、纤维等，标准中规定粗渣率≤ 0.5%。

⑤ 夹杂物含量。再生纸浆是由废纸原料经专门加工获得的产物，通常不应有外来夹杂物。但行业认为再生纸浆中典型的夹杂物可能包括金属、木材、纺织品、橡胶制品、玻璃、石块（砂砾）、塑料制品等，标准中规定再生纸浆中夹杂物含量≤ 0.5%，对（半干）散状再生纸浆、（半干）板状再生纸浆和（干）块状再生纸浆进行考核。对于（干）平板状再生纸浆，其已经抄浆机制成浆板，夹杂物含量极低，考核夹杂物的意义不大。

⑥ 强度和灰分指标要求。粗筛后浆料经 0.15mm 缝筛筛选处理后，筛渣的主要成分是铁钉、砂粒、未碎解的纤维组分、小塑料片、发泡塑料、木屑和纤维束等。这部分筛渣对抄纸设备正常运行及手抄纸成纸的质量有影响，在进行手抄片试验前需要分离出来。

筛出的良浆是纸浆的有效回收利用组分，主要包括纤维和灰分。灰分主要来源于纸张的填料或涂料，是在造纸过程中可以利用的成分，但由于填料或涂料价格低廉，我国国内资源充足，再生纸浆中灰分含量过高的话，会降低纤维的含量，降低其价值，再生纸浆中有必要适当限制灰分的含量。标准中规定本色再生纸浆灰分含量≤ 15.0%、白色再生纸浆灰分含量≤ 21%、含机械浆再生纸浆灰分含量≤ 18%。

再生纸浆的机械强度是反映其纤维质量优劣的重要特性指标，标准中规定了抗张指数、耐破指数和撕裂指数三项指标。造纸在使用再生纸浆抄造纸张时，一般还需经过磨浆、配浆、施胶等工艺来调整纸张所需的强度。因此，机械强度不宜规定过高的要求，满足基本使用要求即可，防止使用腐烂、老化等原料生产，也防止再生纸浆在贮存、运输等过程由于腐浆导致质量的劣变。

⑦ 白色再生纸浆 D65 亮度要求。标准规定白色再生纸浆 D65 亮度不低于 45.0%。

⑧ 含机械浆再生纸浆的机械浆含量。标准规定含机械浆再生纸浆是以回收的废旧报纸和杂志等为主原料制成的，机械浆含量在 30% 以上。

再生纸浆原料的技术指标要求见表 14。

**表 14　再生纸浆原料的技术指标**

<table>
<tr><th colspan="2">指标名称</th><th>本色再生纸浆</th><th>白色再生纸浆</th><th>含机械浆再生纸浆</th></tr>
<tr><td colspan="2">浆板耐破指数①/（kPa · m²/g）</td><td colspan="3">≤ 1.0</td></tr>
<tr><td colspan="2">可勃值（Cobb60）②/（g/m²）</td><td colspan="3">≥ 300.0</td></tr>
<tr><td rowspan="3">未碎解的纤维组分含量②/%</td><td>10（不含）～ 20mm</td><td colspan="3">≤ 18.0</td></tr>
<tr><td>20（不含）～ 30mm</td><td colspan="3">≤ 1.0</td></tr>
<tr><td>＞ 30mm</td><td colspan="3">不应有</td></tr>
</table>

续表

| 指标名称 | | 本色再生纸浆 | 白色再生纸浆 | 含机械浆再生纸浆 |
|---|---|---|---|---|
| 水分 /% | 干浆 | ≤ 20.0 | | |
| | 半干浆 | 20.0（不含）~ 55.0 | 20.0（不含）~ 60.0 | 20.0（不含）~ 65.0 |
| 灰分 /% | | ≤ 15.0 | ≤ 21.0 | ≤ 18.0 |
| D65 亮度 /% | | — | ≥ 45.0 | — |
| 机械浆含量 /% | | — | — | ≥ 30.0 |
| 夹杂物含量 /% | | ≤ 0.5 | | |
| 粗渣率 /% | | ≤ 0.5 | | |
| 手抄片机械强度 | 抗张指数 /（N · m/g） | ≥ 22.0 | ≥ 22.0 | ≥ 20.0 |
| | 耐破指数 /（kPa · m²/g） | ≥ 1.00 | ≥ 1.00 | ≥ 0.90 |
| | 撕裂指数 /（mN · m²/g） | ≥ 5.50 | ≥ 5.50 | ≥ 4.00 |

① 仅适用于（干）平板状再生纸浆。

② 仅适用于（干）块状再生纸浆。

上述再生纸浆标准技术要求成为进口再生纸浆合规判断的依据，主要指标符合要求的将判断为再生纸浆产品；如果主要指标明显不符合该标准要求的，根据《固体废物鉴别标准　通则》（GB 34330—2017）的要求将会判断为固体废物。因此，确保进口再生纸浆的质量水平应引起从事进口和利用再生纸浆企业的足够重视。

### （五）纤维或再生纤维的鉴别

纤维类物质的来源和类别很多，包括生物质纤维、人造纤维、化学纤维、矿物质纤维等大类，多年以来一直是口岸海关查扣打击的重点物品之一，从棉麻纤维、化学合成纤维、矿物棉、玻璃纤维，到其他复合纤维等。对外观干净、基本规整、理化性能较好的或者经过初步加工处理的纤维，当属于正常循环利用的物料（具有原有用途之一）且为较好品质性能的纤维时，应判断为非废物。但对大多数品质不好的纤维样品，通常外观明显不好，呈现出脏污、夹杂污物、乱麻一团、粗细长短严重不均、散发异味等现象，尤其当实验性能指标明显不满足特定用途时，对这类纤维物质应立足于产生工艺来源分析，判断为固体废物。下面对重点纤维物质的一些基本信息进行归纳总结，有利于鉴别时参考利用。

#### 1. 生物质纤维

随着全球人口的增长，纤维的需求逐年增加，从 2004 年到 2013 年全球纺织纤维产量由 6169 万吨增加到 8449 万吨，相当于平均年增长 3.7%，其间化学纤维比重由 55% 提升到 68%（数据来源：日本化学纤维协会统计数据）。以生物质技术为核心的再生纤维的快速发展，成为引领化纤工业发展的新潮流[28]。

（1）生物质纤维分类

生物质纤维是指利用生物体或生物提取物制成的纤维，广义的生物质纤维包括生物质原生纤维、生物质再生纤维和生物质合成纤维三大类。棉、麻、毛、丝等是最早利用并已经有了成熟的加工技术的生物质原生纤维，生物质纤维分类见表 15。

**表 15　生物质纤维分类**

| 类别 | | 主要纤维名称 |
|---|---|---|
| 生物质原生纤维 | 植物质纤维 | 棉、麻 |
| | 动物质纤维 | 毛、蚕丝（绢丝）、蜘蛛丝 |
| 生物质再生纤维 | 植物质纤维 | 再生纤维素纤维：黏胶纤维、铜氨纤维、莱赛尔（Lyocell）纤维<br>纤维素酯纤维：二醋酯纤维、三醋酯纤维<br>再生植物蛋白质纤维：大豆、花生、玉米蛋白纤维，海藻纤维 |
| | 动物质纤维 | 再生动物蛋白质纤维：牛奶、蚕蛹、胶原蛋白纤维<br>甲壳素纤维：壳聚糖纤维 |
| 生物质合成纤维 | | 聚乳酸（PLA）纤维、聚丁二酸丁二醇酯（PBS）纤维、聚羟基脂肪酸酯（PHA）纤维、新型生物高分子 3- 羟基丁酸酯和 3- 羟基戊酸酯的共聚物（PHBV）纤维 |

例如，绢丝是我国历史悠久的传统产品，《中国出入境检验检疫指南》中对绢丝的商品注释为“桑绢丝，是用不能缫丝的下脚茧或次茧和长吐、滞头、丝屑作混合原料，经选别、精炼、制绵、练条、粗纺、精纺、捻丝、合股、烧毛等主要工序纺制成的丝，亦称绢纺丝。其特点是光泽优良、细度均匀、保暖和吸湿性能好等”。绢纺原料虽然是缫丝厂的次等原料或副产物料，但由于还是丝纤维，因此原料价格贵，用这些原料通过纺纱制成绢丝，作为纺织高档面料。绢纺原料上的成分主要是丝胶、油脂及灰分等。不管哪个国家的绢纺原料购买来后都要经过水、纯碱、肥皂等的洗涤才能纺纱。我国制定了纺织行业标准《桑蚕绢纺原料》（FZ/T 41001—2014），符合桑蚕绢纺原料标准要求的就不属于固体废物，例如对有瑕疵的蚕茧（黄斑茧）就不能简单地都认定为固体废物。

（2）再生纤维素纤维

我国的再生纤维素纤维主要是黏胶纤维（还有部分醋酸纤维和少量的溶剂纺纤维），2007 年后黏胶纤维进入产能快速扩增期，产能处于过剩期，2013 年全行业总产能已经突破 350 万吨，年产量达到 314 万吨，占世界总产量的 60% 以上。中国黏胶纤维行业集中度较高，近 80% 产能集中在国内前十名的生产厂家。再生纤维素纤维类别包括：

① 功能性黏胶纤维。功能性黏胶纤维根据其功能可分为很多品种，如阻燃、抗菌、负离子、远红外、芳香、相变储能、医用黏胶纤维及植物提取物系列黏胶纤维等。

② 竹浆黏胶纤维。分为以木材为原料制成浆粕生产的木浆黏胶纤维，以棉短绒为原料制成浆粕生产的棉浆黏胶纤维，以毛竹为原料制成浆粕生产的竹浆黏胶纤维，以稻草、麦草为原料制成浆粕生产的草浆黏胶纤维，以黄麻或以汉（大）麻为原料制成浆粕生产的麻浆黏胶纤维，以甘蔗渣为原料制成浆粕生产的蔗浆黏胶纤维。竹浆黏胶纤维将成为再生纤维素纤维生产的主要原料之一。

③ 高湿模量黏胶纤维。一类为波里诺西克（Polynosic）纤维，该品种现已退出市场；另一类为变化型高湿模量黏胶纤维，其主要代表是奥地利某公司的莫代尔（Modal）纤维。

④ 溶剂法纤维。现在应用于纤维素溶解再生工业化生产的只有*N*-甲基吗啉-*N*-氧化物（NMMO），生产的代表产品为莱赛尔（Lyocell）纤维。

（3）海洋生物质纤维

我国加快了推动生物基材料产业化及应用步伐，海洋生物质纤维的应用市场相对成熟。我国海洋生物质纤维的代表品种壳聚糖纤维、海藻纤维已达到世界先进水平，已应用于化纤纺织、医用材料、卫生防护、航天军工等领域。

（4）再生蛋白质纤维

再生蛋白质纤维是从天然牛乳、动物毛发或植物中提炼出的蛋白质溶解液，多依托于一定的基体（如聚丙烯腈、聚乙烯醇等）经纺丝而成，可细分为再生植物蛋白纤维与再生动物蛋白纤维。

（5）复合纤维

在同一根纤维截面上存在两种或两种以上不相混合的聚合物，这种纤维称复合纤维，属于物理改性纤维，纤维兼有两种或多种聚合物特性。复合纤维是重要发展方向之一。生物质纤维前期也开发了一些以纤维素为基体的复合型纤维，如甲壳素/纤维素、海藻酸/纤维素、蛋白质/甲壳素/纤维素等系列产品，但并未实现规模化生产，也未能使各组分的优良性能得到充分体现。利用合成纤维已成功实现复合丝的产业化生产有利条件，加强合成纤维与生物质再生纤维复合技术研究，充分将合成纤维优良的物理力学性能与纤维素、蛋白质等生物质纤维良好的服用性能相结合，克服单一纤维的性能缺陷，实现优势互补，在单根纤维上体现两种或多种纤维的特性。复合纤维是未来发展方向之一。

对于上述有关生物质纤维，从以往鉴别案例看主要集中在传统的棉、麻、竹、蚕等纤维材料，鉴别过程应坚持分析纤维物质的基本产生来源，纤维物质外观的好坏、纤维长短规整与粗细均匀情况以及是否有明显的非纤维杂物，对判断为固体废物或非固体废物具有明显的影响。例如，一些棉纤维、亚麻纤维、竹纤维样品中明显含有较多杂质、含有纺线甚至散发腐臭异味等，很可能属于加工中产生的用处不大的下脚料废物；如果纤维基本干净、规整、成束成捆则可能属于加工物料。鉴别的出发点是验证或分析样品的来源特性和基本品性，符合加工产物特征且技术指标符合标准要求的纤维，应判断为纤维原料产品。

### 2. 人造纤维

人造纤维是化学纤维的两大类之一。用某些天然高分子化合物或其衍生物作原料，经溶解后制成纺织溶液，然后纺制成纤维，竹子、木材、甘蔗渣、棉籽绒等都是制造人造纤维的原料。根据人造纤维的形状和用途，分为人造丝、人造棉和人造毛三种。重要品种有黏胶纤维、醋酸纤维、铜氨纤维等。合成纤维是将人工合成的、具有适宜分子量并具有可溶（或可熔）性的线型聚合物，经纺丝成形和后处理而制得的化学纤维。通常将这类具有成纤性能的聚合物称为成纤聚合物[29]。

纺织品多元化与复合化趋势有这样几个特点：a. 纤维原料的多元化和复合化；b. 加工工艺和方法的复合化；c. 织物风格和功能的复合化。人造纤维是纤维素再生纤维的统称，主要包括黏胶纤维、铜氨纤维、醋酸纤维及市场上畅销的莱赛尔（Lyocell）纤维。

黏胶纤维结构组成与棉相似，拥有棉纤维的优良特性，同时拥有棉纤维不具备的蚕丝的部分优点：吸湿、透气及染色性能与棉相同，安全性与棉相当，而吸湿量则优于棉，穿着更加舒适；染色靓丽性更优于棉纤维；手感柔软、丰满、滑爽，具有优良的悬垂性和蚕丝般的光泽；热稳定性和光稳定性高，不起静电；强度和伸度能满足大多数纺织品需要，是棉纱最佳的替代品。铜氨纤维是一种再生纤维素纤维，是将棉短绒等天然纤维素原料溶解在氢氧化铜或碱性铜盐的浓氨溶液内，配成纺丝液，在凝固浴中铜氨纤维素分子化学分解再生出纤维素，生成的水合纤维素经后加工即得到铜氨纤维，它对颜色吸收能力极强，其织物比普通丝绸色泽更饱满、更持久，且光泽柔和，有真丝感。醋酸纤维虽然在强度、吸湿性、染色性方面不如黏胶纤维，但在弹性、手感、光泽和保暖性等方面远超过黏胶纤维，并在一定程度上具有蚕丝的效果。Lyocell 纤维被认为是 21 世纪最有发展潜力的环保型纤维素纺织原料，具有高聚合度、高结晶度和取向度，纤维横截面为均匀圆形，并且具有很明显的原纤化性能，广泛用于纯纺、混纺和交织（与棉、麻、丝、毛、化纤交织），可机织、针织。这些人造纤维可与多种其他纤维结合，经过多元复合，达到其他单一纤维无法达到的效果，从而决定了其在纺织界的地位[30]。

再生纤维素纤维是天然纤维素（棉、木、竹、麻等）经过溶解后加工形成的纺织原材料。再生纤维素纤维是性能最接近棉纤维的化纤产品，其吸湿性、透气性和染色性甚至优于棉纤维，且有着良好的亲肤性和吸水性。我国是世界上最大的再生纤维素纤维生产国，主要生产黏胶纤维、醋酸纤维（用于烟用丝束）、Lyocell 纤维等，其中黏胶纤维占总产量的 93% 以上。表 16 是我国纤维素纤维产量情况[31]。根据国家统计局和中国化学纤维工业协会数据，2020 年我国再生纤维素纤维产量为 400 万吨；其中短纤维产量为 383.5 万吨。根据中国棉纺织行业协会数据，2020 年我国棉纺用再生纤维素纤维的量为 317 万吨，是 2010 年 2.1 倍，占非棉纤维用量的 28.1%。

**表 16　我国纤维素纤维产量**

| 品种 | | 2010 年 / 万吨 | 2015 年 / 万吨 |
|---|---|---|---|
| 黏胶纤维 | 总量 | 183.50 | 344.19 |
| | 其中：黏胶长丝 | 18.90 | 18.33 |
| | 其中：黏胶短纤维 | 164.60 | 325.86 |
| Lyocell 纤维 | | 0 | 0.9 |

海关查扣的人造纤维样品通常是初级加工产物或者是有一定瑕疵的物品，鉴别的关键是要搞清其产生过程、基本性能和基本用途，如果证明是某类人造纤维，性能符合相关规范要求，也是应用于其固有领域，那么可判断为初级原料产品。

### 3. 合成纤维初级加工产物的鉴别

化学纤维包括合成纤维和人造纤维，合成纤维是将有机单体物质加以聚合而制得，人造纤维是将天然有机聚合物经化学变化而制得。

（1）海关商品注释

根据海关商品注释，制造合成纤维的基本原料一般是从煤或石油的蒸馏产品或天然气体中制得。首先将聚合所得的物质熔化或用适当的溶剂溶解，然后通过喷丝头（喷嘴）喷入空气或适当的凝结浴中，冷却后或溶剂挥发后即凝固成丝，也可沉淀于溶液中成为长丝。在此阶段，这类纤维的性质一般不适于直接用于纺织加工，它们必须经过牵伸工序，使分子沿着纤丝的方向取向，从而大大增强了纤维的某些技术特性（例如，强度）。主要合成纤维如下。

① 聚丙烯腈（PAN）纤维：在高分子组成中，按重量计丙烯腈单元至少为85%的线型高分子纤维。

② 变性聚丙烯腈纤维：在高分子组成中，按重量计丙烯腈单元至少为35%，但不超过85%的线型高分子纤维。

③ 聚丙烯（PP）纤维：由丙烯酸饱和烃线型高分子组成的纤维，在这些高分子组成中，每隔一个碳原子就在全同立构位置上带有一个侧甲基而无其他取代物的单元按重量计至少为85%。

④ 尼龙和其他聚酰胺（PA）纤维：由合成线型高分子组成的纤维，在高分子组成中，与环基或无环基连接的重复酰胺键至少为85%或通过酰胺键直接将两个芳族环连接的芳族基至少为85%，而且可以有多达50%的酰胺基替代了亚氨基。

⑤ 聚酯（PET）纤维：在高分子组成中，按重量计二醇与对苯二甲酸构成的酯至少为85%的线型高分子纤维。

⑥ 聚乙烯（PE）纤维：在高分子组成中，按重量计乙烯单元至少为85%的线型高分子纤维。

⑦ 聚氨基甲酸酯（PU）纤维：由多官能异氰酸酯与多羟基化合物（例如，蓖麻油、1,4- 丁二醇、聚醚多元醇、聚酯多元醇）聚合而成的纤维。

⑧ 其他合成纤维包括含氯纤维、含氟纤维、聚碳酰胺纤维、三乙烯纤维以及乙烯醇纤维。

如果纤维的成分是由某种共聚物（例如乙烯和丙烯的共聚物）或某种均聚物的混合物组成，在纤维归类时必须考虑其所含每种成分所占的比例。

（2）聚酯及涤纶

聚酯纤维俗称涤纶，是由多种二元醇和芳香族二元羧酸或其酯经缩聚生成的聚酯（PET）为原料所制得纤维的统称，简称PET纤维，属于高分子化合物，是当前合成纤维的第一大品种。聚酯纤维最大的优点是抗皱性和保形性很好，具有较高的强度与弹性恢复能力，坚牢耐用、抗皱免烫、不粘毛。

聚酯涤纶工业既是我国经济的传统支柱产业，也是国家新兴战略产业新材料领域的重要组成部分，是化纤工业竞争力整体提升的重要支撑，到“十二五”规划末期，聚酯涤纶产量占化纤总产量的比例达到80%以上，2010～2015年我国涤纶纤维产量见表17[31]。据国家统计局统计，2018年我国化纤产量为5011.09万吨，同比增长7.68%，其中涤纶产量为4014.87万吨，同比增长8.47%。

**表17　2010 ~ 2015年我国涤纶纤维产量**　　单位：万吨

| 品种 | 2010年 | 2012年 | 2013年 | 2014年 | 2015年 |
|---|---|---|---|---|---|
| 涤纶总产量 | 2513.3 | 3057.0 | 3340.7 | 3553.5 | 3917.9 |
| 其中：涤纶长丝 | 1670.1 | 2155.2 | 2392.0 | 2619.0 | 2958.0 |
| 其中：涤纶短纤维 | 843.2 | 901.8 | 948.7 | 934.5 | 959.9 |

注：未搜集到2011年的权威数据。

当对海关查扣的聚酯纤维样品进行鉴别时，应谨慎分析判断，首先应考虑我国自身产量占有优势的基本国情，然后考虑鉴别样品的基本产生过程和品质，对符合原料基本应用领域以及品质要求的纤维才判断为产品。

（3）再生化学纤维

再生化学纤维是以废塑料制品、废旧纺织品或其他高分子聚合物的废物为原料，处理后经熔融纺丝或经聚合物解聚后再聚合纺丝形成的纤维，“十二五”期间国家把“废旧纺织品和废旧塑料制品资源化利用”列入节能环保战略性新兴产业。2010 ～ 2015年我国再生化学纤维产量见表18[31]。根据《中国再生聚酯行业现状分析与发展前景展望报告》，2020年我国再生聚酯行业销售量为1900.32万吨，再生聚酯纤维产能已达到2700万吨，但实际产量一直在1900万吨/年徘徊。

**表18　2010 ~ 2015年我国再生化学纤维产量**　　单位：万吨

| 品种 | 2010年 | 2011年 | 2012年 | 2013年 | 2014年 | 2015年 |
|---|---|---|---|---|---|---|
| 再生涤纶 | 390 | 450 | 530 | 580 | 560 | 530 |
| 再生丙纶 | 10 | 18 | 22 | 28 | 30 | 33 |
| 再生聚苯硫醚纤维 | 0.03 | 0.05 | 0.08 | 0.10 | 0.12 | 0.15 |

鉴别过程中，对于查扣的可能来自回收化学纤维加工生产得到的再生纤维，应尽量用同类纤维产品标准来衡量，在没有明显的报废产物证据的情形下，可判断为非废物。

（4）锦纶

聚酰胺（PA，俗称尼龙）是美国杜邦（DuPont）公司最先开发用于合成纤维的树脂。聚酰胺主链上含有许多重复的酰胺基，用作塑料时称为尼龙，用作合成纤维时称锦纶，聚酰胺可由二元胺和二元酸制取，根据二元胺和二元酸或氨基酸中含有碳原子数的不同，可制得多种不同的聚酰胺，聚酰胺品种多达几十种，其中以PA-6、PA-66和PA-610的应用最广泛。

我国锦纶主要应用在纤维、工程塑料及薄膜方面，其中纤维部分占72%，工程塑料占23%，薄膜占5%。我国锦纶纤维品种可细分为服用长丝，占纤维总量的69%，产业用丝占19%，渔网棕丝占5%，短纤占5%，锦纶膨体长丝（BCF）占2%。2015年我国锦纶产量达到287.28万吨，比2010年锦纶产量增长了77.55%，锦纶产量的大幅度增长得益于锦纶主要原料己内酰胺供应瓶颈的解决以及装备水平的提高[31]。

（5）腈纶

腈纶即聚丙烯腈（PAN）纤维，是纺织原材料的重要组成部分，纤维性能极似羊毛，弹性较好，伸长 20% 时回弹率仍可保持 65%，蓬松卷曲而柔软，保暖性比羊毛高 15%，有合成羊毛之称。广泛应用于纺织服装、家纺以及滤材、碳纤维原丝、增强材料、建材等领域，“十二五”期间我国腈纶有效总产能基本维持在 70 万～ 72 万吨，占合成纤维比例只有 1.6% [31]。

腈纶及其纺织品主要应用于服装玩具类、装饰类和产业类 3 大领域。腈纶具有外观蓬松、回弹性好、手感柔软和保暖性好的优点，可用于制作人造毛皮、毛线毛衫、儿童衣袜和毛绒玩具等，服装和玩具领域消耗的腈纶约占总产量的 70%。腈纶还具有耐晒性能优良、耐虫蛀和耐霉菌的优点，露天暴晒一年强度仅下降 20%，适用于生产室内外装饰用织物（如窗帘、幕布、篷布、炮衣等），装饰类纺织品消耗的腈纶约占腈纶总产量的 25%。此外，腈纶还可用于滤膜滤材、树脂增强材料和碳纤维等产业领域，目前产业类应用消耗的腈纶约占腈纶总产量的 5%。其中，碳纤维近年来发展迅速，广泛应用于航空、航天、建筑、交通、能源及运动器材等领域，优越的性能使碳纤维材料成为“新材料之王”[32]；用量最大的是 PAN 基碳纤维，可加工成织物、毡、席、带、纸及其他材料；碳纤维除用作绝热保温材料外，一般不单独使用，多作为增强材料加入树脂、金属、陶瓷、混凝土等材料中，构成复合材料；碳纤维增强的复合材料可用作飞机结构材料、电磁屏蔽除电材料、人工韧带等身体代用材料以及用于制造火箭外壳、机动船、工业机器人、汽车板簧和驱动轴等。

碳纤维自 20 世纪 60 年代开始研制以来，以其高强、轻质、耐高温的优异性能越来越多地应用于民用和军用领域。目前碳纤维生产原料有黏胶纤维、沥青纤维和聚丙烯腈（PAN）纤维 3 种。以 PAN 纤维作为原料制得的碳纤维因其产品力学性能良好、生产工艺简单以及碳化收率高得到大力发展，成为当前碳纤维工业的主流；从 PAN 纤维到碳纤维的转化必须经过 2 个重要工艺过程，即预氧化和碳化，它们都对最终碳纤维的结构和性能起决定性作用 [33]。PAN 基碳纤维制备主要包括原丝制备、原丝的氧化稳定、碳化过程、石墨化过程，其中原丝的氧化稳定是决定 PAN 基碳纤维性能的重要步骤之一。原丝在 200 ～ 300℃的预氧化气氛中，在张力的作用下其化学结构发生变化，进而通过脱氢、环化与氧化反应，放出 $NH_3$、$CO_2$、HCN、$H_2O$ 等气体；通过预氧化阶段，原丝大分子链结构沿纤维轴向稳定排列，进而对力学性能产生决定性影响 [34]。

总之，聚丙烯腈纤维是纺织品的重要原材料，也是制备碳纤维的主流原料，还具有建材等方面的用途。

2017 年以来，口岸海关时有查扣次级聚丙烯腈纤维的情况，大部分属于非常长的丝束状态，基本干净整洁、无杂质、柔软滑顺、手感好，丝束虽长但并不是一堆相互缠绕的乱麻状态，也有的明显潮湿，蓬松干燥的丝束和湿润的丝束应该是生产的工艺不一样所致。由于 PAN 纤维可做附加值高的碳纤维，也可做建筑增强材料的原料，用途较广，材料的原用途并不局限于传统腈纶纺织纤维用途，对这种情形的聚丙烯腈纤维没有判断为固体废物。但是，当这类被查扣货物的废弃特征非常明显时，如具有明显脏污、夹杂、长短粗细显著不一、杂乱无序等特征时可判断为固体废物。

（6）氨纶

氨纶是聚氨基甲酸酯纤维的简称，是一种弹性纤维，能够拉长 6 ～ 7 倍，但随着张力的消失能迅速恢复到初始状态，其分子结构为一个像链状的、柔软及可伸长的聚氨基甲酸酯（PU），通过与硬链段连接在一起而增强其特性。

氨纶具有伸长率大（400% ～ 800%）、弹性回复率高（95% ～ 98%）、耐疲劳性好、弹性模量低（0.11cN/dtex）等特点，可以和其他纤维混纺，以提高纺织品的弹性和柔软度，赋予轻薄织物良好的弹性，也可以给予厚实织物平挺性，使织物的服用效果更加舒适，提升纺织品的档次。2015 年我国氨纶总产能达到 62.4 万吨，占全球产量的 80%，产量达到 51.2 万吨，成为氨纶生产与消费大国，产品标准有《耐高温氨纶长丝》（T/ZZB 2685—2022）、《耐氯氨纶长丝》（T/ZZB 0139—2016）等[31]。

（7）碳纤维

碳纤维及碳纤维制品包含在海关商品编号 6815 项下，碳纤维通常是碳化有机聚合物长丝制成的，这些产品多用作加强材料。

自从 1965 年大谷杉郎研制出聚丙烯腈基碳纤维以来，碳纤维作为优秀的纤维增强材料，在结构材料领域获得了长足的发展。碳纤维拥有高强度、高比模量、低密度、耐高温和耐腐蚀的优点。碳纤维增强复合材料被广泛应用于体育、航空、航天、国防等诸多领域。基体 - 增强体界面对复合材料的性能起到至关重要的影响，其发挥着传递载荷的作用。然而，受自身结构以及生产工艺影响，碳纤维的表面光滑且无活性基团，使得碳纤维表面呈现出物理与化学惰性，进而导致碳纤维增强复合材料界面结合力弱。在实际使用中，碳纤维增强复合材料经常发生界面脱黏和纤维拔出现象，无法发挥碳纤维的高强度优势，导致复合材料实际应用强度远低于理论强度。因此，对于碳纤维的表面改性旨在增强碳纤维的表面活性，提高与树脂基体材料的浸润性，以此提高复合材料界面结合强度。碳纤维主要的表面改性方法可分为涂层改性、氧化改性和聚合改性三大类[35]。

聚丙烯腈基碳纤维按照丝束规格可以分为小丝束和大丝束，小丝束一般是指丝束规格为 1 ～ 24k（1k 表示一束碳纤维丝中含有 1000 根原丝）的碳纤维，大丝束是指丝束规格≥ 48k 的碳纤维。小丝束碳纤维力学性能优异，拉伸强度为 3500 ～ 7000MPa、拉伸模量 230 ～ 680GPa，主要应用于航空航天领域；而大丝束碳纤维拉伸强度 3500 ～ 5000MPa、拉伸模量 230 ～ 290GPa，主要应用在汽车、风电叶片、能源建筑和体育用品等领域，又称为工业级碳纤维。大丝束碳纤维的优势是低成本和高生产效率，可拓展碳纤维复合材料的应用途径，是目前碳纤维发展的重点方向之一。相比小丝束碳纤维，大丝束碳纤维的制备技术更难，例如凝固成形、牵伸、预氧化（国内也有进口这类预氧丝的情况）、碳化、上浆等的均匀性难度极大。因此，大丝束碳纤维的离散系数一般较大。同时，毛丝问题也是国产碳纤维的主要问题之一，由于控制难度加大，大丝束碳纤维毛丝调控更难[36]。

上述信息对于被查扣的碳纤维类物品的固体废物和非废物的鉴别具有借鉴参考作用。

（8）丙纶等合成纤维

丙纶是聚丙烯（PP）纤维的商品名。丙纶的密度小，不吸湿，对酸、碱有良好抵抗力，强度中等，耐磨和耐弯曲，而且最重要的是在合成纤维中其价格最便宜。丙纶广泛用于做渔网、线绳、包装袋布等，用于衣着原料时可以纯纺或与黏胶混纺。

丙纶的密度为 0.9 ～ 0.92g/$cm^3$，在所有化学纤维中最轻，同体积下比尼龙轻 20%，比涤纶轻 30%。丙纶轻度高、耐酸碱性好，具有良好的电绝缘性和保暖性，弱点是抗老化性差，染色性能差。我国丙纶产品大致可分为长丝、短纤、膨体连续长丝（BCF）三大类，广泛应用于服装、装饰、地毯等产业领域。2015 年我国丙纶产能为 103.55 万吨，其中长丝产能 52.15 万吨、短纤产能 24 万吨、BCF 产能 11.95 万吨、高强工业丝产能 15.45 万吨[31]。

化学纤维中还有维纶（聚乙烯醇，PVA）、芳纶（PPTA、PMIA）、聚苯硫醚（PPS）纤维、聚四氟乙烯（Teflon 或 PTFE）纤维、酚醛［$(C_7H_8O_2)_x$］纤维、密胺（三聚氰胺，$C_3H_6N_6$）纤维、聚丙烯腈预氧化（PPO）纤维以及各种复合材料纤维，其性能和应用领域都不一样，也不排除存在次级品、再生料进口现象。

对海关查扣的化学纤维的鉴别，必须坚持以产生来源分析和品性分析为基础，外观规整情况非常重要，同时要分析进口目的是不是属于固有或原有用途。

#### 4. 重要无机纤维物质

（1）石棉

国际劳工组织（ILO）在《安全使用石棉公约》中对石棉定义为：“石棉”指属于蛇纹岩类岩状矿物的纤维状矿物硅酸盐，即温石棉（白石棉），以及属于闪石类的此种纤维状矿物硅酸盐，即阳起石、铁石棉（棕石棉、镁铁闪石 - 铁闪石）、直闪石、青石棉（蓝石棉）和透闪石，或任何含上述一种或多种物质的混合物。

1）石棉的分类

石棉按其矿物学组成与化学组分可分为两大类。第一类是纤维蛇纹石（即温石棉），主要成分为水合硅酸镁，化学式为 $3MgO \cdot 2SiO_2 \cdot 2H_2O$，理论上的百分含量为 MgO 43.46%，$SiO_2$ 43.50%，$H_2O$ 13.04%。第二类是角闪石石棉，又分为 5 种：青石棉（或蓝石棉），化学式为 $Na_2O \cdot Fe_2O_3 \cdot 3FeO \cdot 8SiO_2 \cdot H_2O$；铁石棉，化学式为 $(MgFe)_7(Si_4O_{11})_2(OH)_2$；直闪石石棉，化学式为 $Mg_7(Si_4O_{11})_2(OH)_2$；透闪石石棉，化学式为 $Ca_2Mg_5(Si_4O_{11})_2(OH)_2$；阳起石石棉，化学式为 $Ca_2(MgFe)_5(Si_4O_{11})_2(OH)_2$。

2）石棉的物理化学性质

石棉是一种有光泽的白色（或有色）针状纤维，纤维直径约为 $2 \times 10^{-5}$mm，长度一般在 2 ～ 5mm 之间，我国特级棉长度可超过 18mm。石棉的比表面积大，吸附性能好，热稳定性高，长时间耐热温度可达 550℃，短时间耐热温度可达 700℃，800℃才开始软化，其熔点在 1500℃以上。此外，石棉还具有很高的拉伸强度和电绝缘性能，耐碱蚀，水溶性低，其在 100mL 水 100℃煮沸 3h 后才溶解 2.5mg。

3）石棉的用途

石棉中应用最多的是温石棉。据统计数据，国际上温石棉的产量约占石棉总产量的 95% 以上，我国 99% 的石棉制品都选用温石棉。

石棉应用于许多领域。石棉具有细微管状构造，纤维柔韧有弹性，抗拉强度达

560～750N/mm$^2$，其比表面积可达22m$^2$/g，有很强的吸附作用，是一种增强材料，对于提高水泥制品的抗拆抗压强度有很大的作用。世界石棉产量的70%以上是用于生产石棉水泥复合材料，如石棉水泥瓦、石棉水泥管、石棉水泥板等各种建筑材料。它们不仅质量轻、强度高、防震隔声、防火隔热、耐腐蚀、耐潮湿、不易变形、经久耐用、运输方便、施工简易，而且生产石棉水泥制品所需劳力、电力、燃料、设备和投资都比较少，被广泛用于建筑、钢铁、石油、化学等行业。

以石棉为基材的石棉摩阻制动制品，是交通工业至关重要的减速和制动部件。石棉摩阻制动制品种类有上千种，如不同规格的制动摩擦片、离合器片、刹车带、闸瓦等。以石棉为基材的摩阻制动制品强度高、耐热、耐磨，广泛被用作汽车、拖拉机、轮船、飞机、坦克、火车等机械的制动传动部件。

石棉衬垫密封材料，按用途可分为耐压、耐热、耐寒、耐油、耐腐蚀、电绝缘等多种产品，广泛用于蒸汽机、发动机、石油化工设备、各种锅炉、水力机泵、管道接头等部位的密封，可有效地防止气体、液体、油类的“跑、冒、滴、漏”，是环境保护和工业生产不可缺少的重要材料。

石棉纤维的外径仅为$1.8\times10^{-5}$～$2.9\times10^{-5}$mm，适于纺织，与其他纤维混合可捻成纱、纺成线、织成布。石棉纺织制品种类很多，常见的有石棉线、石棉绳、石棉被、石棉手套、防火幕、食盐电解布等，广泛用于玻璃制造、冶炼、化工、消防、热力传输等领域，可以有效地防火、隔热、防腐蚀，是节能降耗的好材料。此外，石棉的一些特殊制品是航空航天、现代化国防工业不可缺少的重要材料。如石棉与陶瓷纤维、碳纤维、尼龙纤维的复合材料是火箭、导弹的重要绝热密封材料。

4）我国石棉制品厂石棉废物产生来源

石棉制品企业的石棉废物的主要来源包括：对原料棉进行处理时产生的大量的石棉纤维粉尘和一些不能利用的杂质，如开棉过程产生的废物和杂质的含量可以达到10%以上；生产制品过程产生的工艺废物，如生产石棉绳和石棉布时纺纱工艺车间会产生大量粉尘，必须进行收集处理；制品成形时产生的下脚料废物，如石棉摩擦材料打磨加工时产生的粉尘，石棉橡胶板和密封圈垫切割产生的边角碎料等。

石棉是典型的矿物棉，遇有海关委托鉴别的类似纤维物品时，首先应通过物相分析确定是哪一种石棉，然后确定杂质含量，再和相应的产品标准相比较，严重不符合产品标准要求时判断为固体废物，而且根据《国家危险废物名录》（2021年版）可进一步判断为危险废物（HW36类）；对基本符合产品标准要求的石棉材料，应判断为石棉纤维原料产品。

（2）玻璃纤维

玻璃纤维是一种性能优异的无机非金属材料，以叶蜡石、石英砂、石灰石等天然无机非金属矿石为原料，按一定的配方经高温熔制、拉丝、络纱等工序加工而成，具有质轻、强度高、耐高温、耐腐蚀、隔热、吸声、电绝缘性能好等优异性能，通常作为增强材料，并以复合材料的形式应用于各个行业。

1）玻璃纤维的生产工艺

玻璃纤维的生产工艺分为两种，一种为坩埚法（也称为球法或者两步法），另一种为池窑法（也称为一步法）。坩埚法是将玻璃等原料熔化后制成玻璃球，再将玻璃球加入坩埚内二次熔融，之后拉制成玻璃纤维丝。这种方法工序繁杂，需要经过二次熔融，浪费能源，其生产产能逐渐降低，但是其产品方案调节灵活、投资小、技术要求不高，适用于中小企业。池窑法是指将玻璃配合料熔融后直接拉制成玻璃纤维丝，随着池窑法的发展，我国使用坩埚法生产玻璃纤维的比例正逐渐降低。

2）玻璃纤维的分类

根据碱含量不同可以分为：无碱纤维（也称 E 玻璃），其氧化物含量＜ 0.8%，是一种铝硼硅酸盐成分；中碱纤维，其氧化物含量为 11.9% ～ 16.4%，是一种钠钙硅酸盐，因其含碱量高，不能作电绝缘材料，但其化学稳定性和强度尚好；高碱纤维，其氧化物含量≥ 15%；特种玻璃纤维，如镁铝硅系高强高弹玻璃纤维、硅铝钙镁系耐化学腐蚀玻璃纤维、含铝纤维、高硅氧纤维、石英纤维等。

玻璃纤维单丝截面呈圆形，其直径就代表粗细，根据直径的范围可以分为：粗纤维，单丝直径一般为 30μm；初级纤维，单丝直径＞ 20μm；中级纤维，单丝直径 10 ～ 20μm；高级纤维，亦称纺织纤维，单丝直径 3 ～ 10μm；超细纤维，单丝直径＜ 4μm。

根据纤维外观分为：连续纤维，又称为纺织纤维，是无限延续的纤维，主要由漏板法拉制而成，可用于制作线、绳、布、带等制品；定长纤维，长度在 300 ～ 500mm 之间，一般做成毛纱或毡片使用，纤维在毡片中杂乱排列；玻璃棉，又称短棉，纤维长度较短，一般在 150mm 以下，主要用作吸声、保温材料。

根据纤维特性玻璃纤维可分为高强玻璃纤维、高模量玻璃纤维、耐高温玻璃纤维、耐碱玻璃纤维、耐酸玻璃纤维、普通玻璃纤维（无碱及中碱玻璃纤维）、光学纤维等。

3）玻璃纤维的性能

① 密度。玻璃纤维密度高于有机纤维，但低于金属纤维，其无碱玻璃纤维大于有碱玻璃纤维的密度；由于其优异的物理化学性质，和铝的密度相近，在航空航天领域逐渐用玻璃钢来代替铝钛合金制品。

② 断裂强度。玻璃纤维的断裂强度为 1370 ～ 1470N，比相同质量钢丝的断裂强度高 2 ～ 4 倍。

③ 尺寸稳定性。玻璃纤维在拉伸过程中，其应力应变呈现线性关系，中间没有屈服点，直至断裂，其最大伸长率为 3%，去掉负荷之后可恢复到原长，因此其尺寸稳定性非常好。

④ 耐磨性和耐折性。耐磨性是指抗摩擦的能力，耐折性是指抗折断的能力，玻璃纤维的这两种性能一般都较差。

⑤ 电性能。玻璃纤维的介电常数较低，耐热性良好，吸湿性小，并且不燃烧，无碱玻璃纤维制品在电气、电机工业中有广泛而有效的应用。

⑥ 热性能。玻璃纤维的热导率为 0.035W/（m・K），热导率越小，隔热性能越好。玻璃纤维制品中玻璃棉制品由于其密度小、寿命长和耐高温，被广泛应用于建筑和工业的保温、隔热和隔冷，是一种优良的热绝缘材料。

⑦ 化学性能。玻璃纤维属于无机纤维，其耐酸耐碱性良好，此外其抗老化、防霉、抗紫外线性能良好。

4）玻璃纤维的应用

在国外，玻璃纤维产品通常用途可以分为纺织制品和增强制品两类：纺织制品包括电子纱与电子布、工业用纱（传统工业用纱和新型工业用纱）、工业用布等；增强制品包括增强热固性塑料（增强用纱、增强用毡和增强用布）、增强热塑性塑料、增强水泥及石膏、增强橡胶等。

在国内，玻璃纤维的应用领域可以分为：a. 电子电器领域印制电路板，无碱玻璃纤维由于其优异的电绝缘性，带动了其电子级玻璃纤维布产品的发展；b. 汽车工业领域应用的玻璃纤维增强复合材料包括玻璃纤维增强热塑性材料、片状模塑材料（SMC）、树脂传递模塑材料（RTM）、玻璃纤维毡增强热塑性材料（GMT）以及手糊玻璃纤维增强塑料（FRP）制品；c. 航空航天领域都有玻璃纤维复合材料的使用，如在飞机的内外侧副翼、方向舵和扰流板等地方。

在航天领域，火箭和航天器上的主承力构件大部分都是玻璃纤维复合材料制作的，“海神”等导弹的发动机壳体采用玻璃纤维增强热塑性材料制作。

在风力发电行业，由于风电叶片逐渐朝着大型化、轻量化方向发展，玻璃纤维复合材料由于优于其他高性能材料而在风电叶片上得到了大量使用。

玻璃纤维复合材料在生物医学方向也受到了一定的关注。

5）国内外生产概况

2007 年我国的玻璃纤维产量达到 160 万吨，位列世界第一。2010 年我国玻璃纤维纱总产量为 255.6 万吨，2011 年 279.5 万吨，2012 年 288 万吨，2013 年 285 万吨，2014 年 308 万吨，2015 年 323 万吨，2020 年 541 万吨。

2006 年全球玻璃纤维总产量达到了 329 万吨，其中增强热固性塑料产量为 128 万吨，增强热塑性塑料产量为 89.6 万吨。2010 年世界玻璃纤维总产量为 472 万吨，2011 年 488 万吨，2012 年 530 万吨，2013 年 520 万吨，2014 年 550 万吨，2015 年 570 万吨，2019 年 800 万吨左右。

6）玻璃纤维的发展趋势

我国玻璃纤维的发展趋势为：产品综合性能要求变强，注重玻璃纤维的功能差异化发展，注重功能性玻璃纤维的开发[37]。

根据中国物资再生协会等单位编写的《纤维复合材料固体废物分类管理指南》等相关材料，目前我国复合材料产量已稳居全球第一，年产量已经超过 500 万吨，市场保有量已经超过 7000 万吨，回收报废增强复合材料中的玻璃纤维是处理废物的必由之路，国内已有回收处理技术，今后再生玻璃纤维的应用将越来越多，需要建立玻璃纤维再生产品的相关标准。

遇到玻璃纤维样品鉴别时，一是应把握其基本产生过程，搞清楚是哪个环节产生的纤维，如是原生玻璃纤维还是回收再生的玻璃纤维；二是应掌握样品的基本理化品性，是规整还是一团乱纤乱絮，是非常干净、基本干净还是明显脏污，是生产过程中原纤维还是浸润处理后的纤维，是复合成分的纤维还是单一成分的纤维；三是应充分考虑其应用去向，重点应分析是不是玻璃纤维的固有用途或应用领域。前面三者都符合玻璃纤维原料产品特点的可判断为非废物原料。例如，玻璃纤维的纺织应用、建材应用和其他专门用途都可能是其合理去向，鉴别人员应分析鉴别样品是否满足相关产品标准要求，属于初级加工产物的，即便不满足纺织行业玻璃纤维标准要求但满足建材行业玻纤标准要求的，尤其对于经过二次加工处理的并具有非常强烈的均匀均质特点或满足相关技术规范和标准的玻璃纤维产物，可判断为非废物，其纤维粗细均匀性、没有杂质以及其他技术指标的符合性较为关键。

对于化学纤维类的物品鉴别还可参见周炳炎等于 2023 年 2 月出版的《塑料物品固体废物特征分析与属性鉴别》中的有关内容。

## （六）橡胶初级加工产物的鉴别

### 1. 橡胶基础知识概述[38]

（1）橡胶分类

橡胶工业包括轮胎、力车胎、橡胶板管带、工业、日用及医用和其他橡胶制品、胶鞋七大制造业以及翻胎和再生胶、胶粉两大循环利用业，其中轮胎是橡胶消费的主要产品，约占总消费量的 60% 以上。从橡胶来源大类上可分为天然橡胶、合成橡胶和再生胶。

1）天然橡胶

天然橡胶是橡胶树上流出的胶乳，经过凝固、干燥等工序加工而成的弹性固状物，橡胶烃含量达 90% 以上，还有少量的蛋白质、脂肪酸、糖分及灰分等，是一种以异戊二烯为主要成分的不饱和状态的天然高分子化合物。现代橡胶工业使用的大多是三叶橡胶树上采集的天然橡胶，其结构为顺式 1,4- 结构，在室温下具有弹性及柔软性；而古塔波橡胶、巴拉塔橡胶、马来树胶、杜仲橡胶均为反式 1,4- 结构，用途有限，产量甚微。

天然橡胶大致分类如图 1 所示。

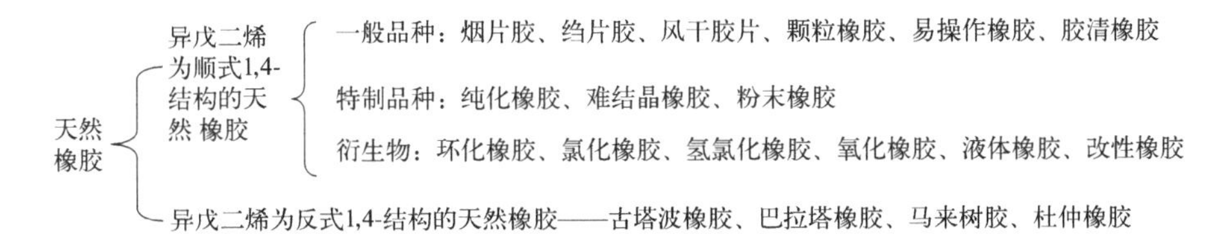


图 1　天然橡胶分类

我国天然橡胶主要有烟片胶、绉片胶、风干胶片三种。烟片胶分为一级、二级、三级、四级、五级及等外级。绉片胶分为白绉片胶和褐绉片胶；白绉片胶分为特一级、一级、二级、三级，褐绉片胶分为一级、二级、三级；风干胶片分为一级、二级及等外级。

天然橡胶无一定熔点，加热后慢慢软化，到 130 ～ 140℃时则完全软化到熔融状态，至 200℃左右开始分解，270℃时则急剧分解。在常温下稍带塑性，温度降低则逐渐变硬，低至 0℃时，弹性大大减弱；继续冷却到 −70℃，则变成脆性物质。被冷冻的生胶加热到常温，可恢复原状。

硫化是把粉状硫黄（S）均匀混合于橡胶中，在130～150℃下天然胶乳与硫黄进行反应，经过一定时间，由线型结构转化为网状结构，成为硫化橡胶。老化是指不饱和的橡胶，特别是硫化橡胶，在空气中容易吸收氧而变成过氧化物，形成一种自催化的连锁自动氧化反应，使分子链断裂和过度交联，橡胶发生黏化和龟裂，使物理力学性能下降，不耐老化是天然橡胶的致命弱点。

2）合成橡胶

合成橡胶是相对于天然橡胶而言，泛指用化学方法合成制得的橡胶或弹性体。合成橡胶特点包括耐热性、耐高温性、耐低温性或抗低温屈挠性、耐磨耗性、耐油和耐燃性、耐气体透过性、化学稳定性、耐氧和臭氧老化性等。合成橡胶主要类别如下。

① 丁苯橡胶，是以丁二烯（$C_4H_6$）与苯乙烯（$C_8H_8$）为单体，在乳液或溶液中用催化剂催化共聚的高分子弹性体。一般乳聚丁苯橡胶中含有23.5%的苯乙烯，其分子量在10万～150万之间。丁苯橡胶的性质与天然橡胶相似，在光、热、氧结合作用下，发生物理化学变化。丁苯橡胶纯硫化胶的拉伸强度、伸长率都比较低，只有加入炭黑、陶土等补强剂后，才具有可加工应用的物理力学性能。硫黄是丁苯橡胶的主要硫化剂。

② 聚丁二烯橡胶，是以丁二烯（$C_4H_6$）为单体，采用不同催化剂和聚合方法制造的一种通用型合成橡胶。按照聚合方式分为溶液聚合、乳液聚合、本体聚合三大类。按催化体系不同可分为钴型、镍型、钛型和锂型四种。炭黑填充高顺丁橡胶胶料的硫化速度介于天然橡胶与丁苯橡胶之间。在硫化体系上一般均采用硫黄/促进剂体系，也可使用含硫化合物和过氧化物等硫化体系。顺丁橡胶除主要用于制造轮胎外，亦可制造运输带、传动带、胶布、鞋底、胶靴、海绵胶以及模压制品等。

③ 聚异戊二烯橡胶，是以异戊二烯单体为原料，应用有规立构催化系统，在溶液介质中聚合而成。顺式聚异戊二烯橡胶的结构与天然橡胶（三叶橡胶）相似，其性质也与天然橡胶相似，它可以部分或全部代替天然橡胶使用，有“合成天然橡胶”之称。其生胶和硫化胶的优点是：a.未加填充剂的生胶具有低滞后损失，在高温下能保持良好的物理力学性能，在高伸长下有自补强作用，黏性优于天然橡胶；b.硫化胶有优良的弹性、耐磨性、耐热性、化学稳定性和较好的伸长率，低温屈挠性优于天然橡胶，耐老化性能与天然橡胶相似，而生热则较低；c.具有优良的电性能和耐水性能；d.高顺式聚异戊二烯橡胶有较多的顺式1,4-结构的链接，吸氧速度比天然橡胶慢，耐臭氧和耐高温性能好，其生胶杂质少，品质均匀，可作浅色制品。聚异戊二烯橡胶由于具有优良的物理力学性能，一般用作轮胎的胎面胶、胎体胶和胎侧胶；胶鞋、胶带、胶管、胶黏剂、工业制品、浸渍制品以及医疗、食品用制品等。

④ 乙丙橡胶，是以乙烯、丙烯为主要单体原料，采用一氯二乙基铝（$C_4H_{10}AlCl$）与三氯氧钒（$VOCl_3$）组成的一类有机金属催化剂，在溶液状态下共聚获得的无定形橡胶。根据是否加入非共轭二烯类作为不饱和的第三单体，乙丙橡胶可以分为二元共聚物和三元共聚物两大类型。乙丙橡胶由于引入的丙烯以无定形排列，破坏了原来聚乙烯（PE）的结晶性，因而成为不规整共聚非结晶橡胶，同时又保留了聚乙烯（PE）的某些特性。三元乙丙橡胶因引入了不饱和双键，可用硫黄、树脂、过氧化物等多种体系进行

硫化，因为它的不饱和度很小，一般需要长时间高温硫化。

⑤ 氯丁橡胶，是由2-氯-1,3-丁二烯在乳液状态下聚合而成的。氯丁二烯（$C_4H_5Cl$）由乙炔（$C_2H_2$）或丁二烯（$C_4H_6$）为原料制得，是无色、易挥发、具有辛辣气味的有毒液体。由于分子链中含氯原子，因而具有极性，在通用橡胶中，其极性仅次于丁腈胶，其耐老化、耐热、耐油、耐化学腐蚀性比天然橡胶好。硫化体系与天然橡胶不同，通用型氯丁橡胶用金属氧化物作硫化剂。最常用的是 MgO、ZnO 体系，通用型氯丁橡胶中很少使用硫黄。

⑥ 丁腈橡胶，通用型的丁腈橡胶由丁二烯（1,3-丁二烯，$C_4H_6$）和丙烯腈（$C_3H_3N$）共聚而成。其以优异的耐油性著称，在现有的橡胶中耐油性仅次于聚硫橡胶、聚丙烯酸酯橡胶、氟橡胶，在橡胶工业中广泛应用。丁腈橡胶主要用硫黄硫化体系，在特殊场合也用无硫体系、过氧化物或树脂等，丙烯腈含量越高，硫化速度越快。硫化剂有：硫黄、秋兰姆类（TMTD）、酚醛树脂、过氧化物。

⑦ 丁基橡胶，是以异丁烯与少量异戊二烯为单体，采用三氯化铝（$AlCl_3$）或三氟化硼（$BF_3$）作催化剂，在低温下（−95℃）聚合的共聚物。丁基橡胶的优点是气透性小、耐热性好、耐候性好、耐酸碱性强、电性能好、减震性好。丁基橡胶的缺点是硫化速度慢，自黏性与互黏性差，相容性差，补强填充母炼胶通常需热处理才能提高硫化胶的定伸强度、弹性、耐磨性、介电性能等。硫化体系有硫黄、醌肟、树脂。丁基橡胶是制造各种密封垫片的良好材料，特别是低密度的密封材料，可制造耐酸碱和耐化学腐蚀的化工容器衬里，也可制造房顶胶板、遮雨板、防水衬层、密封条、填缝胶料，还可用作无内胎轮胎。

⑧ 其他合成橡胶，还有硅橡胶、氟橡胶、聚氨基甲酸酯橡胶、氯醇橡胶、聚硫橡胶、氯磺化聚乙烯橡胶、丙烯酸酯橡胶等，特性和用途各不相同。

3）再生胶

再生胶是以废旧橡胶制品和橡胶工业生产的边角废料为原料，经过加工而获得的具有一定生胶性能的弹性材料。

再生胶是橡胶工业的原料来源之一。能部分代替生胶用于橡胶制品降低成本，还能减少混炼动力消耗，改善压延、压出半成品的收缩性能和橡胶制品的耐自然老化、耐油、耐酸碱等性能。再生胶大量用于轮胎垫带、胶鞋海绵和某些橡胶配件。此外，还掺用于力车胎面胶、翻胎胶、皮鞋大底以及轮胎的油皮胶、帘布胶和胎面胶。

再生胶性能好坏取决于再生剂的选择、配方设计和再生条件的控制。

（2）橡胶制品生产主要原材料

橡胶制品生产中使用的各种原材料主要包括生胶，还有硫化剂、促进剂、防老剂、填充剂、增塑剂、增黏剂、活性剂、防焦剂、发泡剂、着色剂，也包括骨架材料。

硫化剂也称交联剂，是使橡胶硫化的三种必要配合剂（即硫化剂、促进剂、活性剂）之一。生胶一般是链状高分子，通过硫化剂的架桥作用，使大分子形成网状结构。硫化剂未必就是硫黄，但在通用胶中硫黄是被广泛使用的硫化剂。由于硫化剂不同，架桥形式也相应不同。硫化剂的大类包括硫黄、醌类、有机载体硫、有机过氧硫、多胺类、金属氧化物类、多异氰酸酯类、树脂类、硫脲类、硅烷类等。

凡是加入胶料后能缩短硫化时间和降低硫化温度的物质称为硫化促进剂。促进剂主要有 3 种作用：a. 加快硫化速度，缩短硫化时间；b. 提高硫化胶的物理力学性能，包括提高硫化胶的抗张力、抗变形、抗滞后、抗老化等一系列物理力学性能；c. 减少硫化剂用量及由此引起的硫黄喷霜问题。

骨架材料主要用来增加橡胶制品的强度并限制其变形，绝大多数橡胶制品均使用这种材料。骨架材料主要有布、线绳及针织品等，其中以布类用量最大。雨衣中的骨架材料占 80% ～ 90%，运输带中占 65%，橡胶坝中占 50%，轮胎中占 10% ～ 15%。

（3）橡胶制品生产加工步骤

1）塑炼

塑炼是橡胶加工的一个工序，指采用机械或化学的方法降低生胶分子量和黏度以提高其可塑性，并获适当的流动性，以满足混炼和成形进一步加工的需要。塑炼过程是使橡胶大分子链断裂，分子链由长变短而使分子量分布均匀化的过程。在塑炼过程中导致大分子链断裂的因素主要有两个：一是机械破坏作用；二是热氧化降解作用。有些生胶很硬，黏度很高，缺乏必需的基本工艺性能——良好的可塑性。胶料可塑度的测定通常采用的方法有三种：威廉氏法、门尼黏度法和德弗硬度法。

橡胶可塑度与其分子量有着密切联系。分子量越小，黏度越低，则可塑度越大。合成胶具有与天然胶不同的塑炼特性，虽然合成胶在低温塑炼和高温塑炼时黏度降低的倾向与天然胶相似，但是效果比天然橡胶差些，而且在 150 ～ 160℃高温下塑炼时，容易产生凝胶。总体来说，合成胶的塑炼比天然胶困难。塑炼设备有开炼机、密炼机、螺杆机等。

2）混炼

在炼胶机上将各种配合剂加入生胶中制成混炼胶的过程为混炼，是橡胶加工过程中的重要任务之一。混炼胶料质量对胶料进一步加工和成品质量具有决定性的影响。混炼不好，胶料会出现配合剂分散不均、胶料可塑度过低或过高、焦烧、喷霜等现象，使压延、压出、涂胶和硫化不能正常进行，导致成品性能下降。混炼的基本任务是制造性能符合要求的混炼胶。

混炼胶是由粒状配合剂，如炭黑、硫黄、促进剂和其他填充剂等分散于生胶中而组成的分散体系。其中粒状配合剂是分散相，生胶是主要分散介质。混炼操作有开放式炼胶机混炼（简称开炼）与密闭式炼胶机混炼。随着传递式炼胶机的应用，又出现了连续混炼工艺。开炼的缺点是生产效率低、劳动强度高、环境卫生不易保持、容易发生人身安全事故。但是，开炼的灵活机动性大，适用于规模小、产品批量小的生产。对于品种变换频繁、胶料需量不大的橡胶杂品生产来说，开炼仍有其特殊用途，特别适用于海绵胶、硬质胶、某些生成热量较大的合成胶（丁腈橡胶）。

3）压出

压出也是橡胶加工中的基础工艺，在压出机中对胶料进行加热与塑化。通过螺杆的旋转，使胶料在螺杆和机筒筒壁之间受到强大的挤压力，不断地向前移送，并借助口型压出各种半成品，达到初步造型的目的。

4）压延

通过压延机辊筒对胶料的作用，制备一种厚薄均匀的胶片或织物涂胶层。运用压延，可以完成压片、压型、贴胶、擦胶、贴合、薄通和滤胶等作业。其中薄通是指橡胶厚度很薄地通过开炼机的两个辊筒，目的是降低天然橡胶（NR）的门尼黏度提高工艺操作与加工性能，并提高塑炼效果；提高混炼胶的混炼效果，使混炼胶中的各组分如炭黑、硫化剂、防老剂等分散均匀；利用薄通时的机械剪切力，将较大颗粒的硫化胶粉碎为较细颗粒的硫化胶粉，便于再生利用。

5）纺织物涂胶和浸胶

从纺织物制取胶布的工艺途径有压延、浸胶和涂胶。

6）硫化

硫化是橡胶加工的主要工艺之一。硫化时橡胶通过化学结构的改变而获得性能上的显著改变。硫化是橡胶的交联过程，橡胶分子在硫化时产生交联，使分子长链间具有主价结合；同时又产生极性基，使长链间分子具有次价力作用，从而提高橡胶的耐高温性和强度等。

狭义地说，硫化是指含硫化剂的混炼胶于一定温度下加热而产生的反应过程。但是高温和硫化剂并不是非有不可的条件，有些特殊胶料能在较低温度（40 ～ 80℃）甚至室温下硫化，也可以在不加硫化剂的情况下以射线进行交联。所以，硫化是混炼胶在一定条件下，橡胶分子由线型结构转变为网状结构的交联过程。通过硫化后，胶料物理力学性能及化学性能获得改善，发生了质的变化。

混炼胶料在混炼停放、热炼、压延、压出、打浆、成形及硫化前的操作过程中，都受到热的作用，使热历史（热历史是一个过程的全称，是指混炼胶到达某一时间为止的受热累积量）不断增加。如果这种热历史增加过快，以致在硫化前就出现了交联，那么就会给加工带来困难（包括胶料的塑性下降、流动性丧失等），这便是所谓的焦烧现象。

混炼胶经硫化后，其中的高分子发生三维网状交联，塑性显著降低，表面变得相对平整、光滑，使用性能提高，成为具有各种用途的硫化橡胶成品。硫化橡胶成品生产过程中的边角废料和使用后的硫化橡胶成品统称为硫化橡胶废品。

### 2. 我国再生橡胶的发展趋势

我国是世界第一大橡胶消费国，也是橡胶资源匮乏国，天然橡胶种植面积有限，80% 以上依赖进口。2017 年世界再生橡胶产量约 700 万吨，我国产量达到 480 万吨，占比约 70%，成为世界最大的再生橡胶生产国。由于再生橡胶保留高达 45% 以上的橡胶烃和 20% 以上的炭黑含量，被广泛添加应用在橡胶制品中。从高质量发展再生橡胶产业角度，有必要从源头对废轮胎进行质量管控，对废轮胎进行精细分类，将多环芳烃限量达标和不达标的废轮胎通过分类区分后再加工。

我国再生橡胶胶粉主要以无内胎废钢丝子午胎为原料，但由于其含有丁基橡胶气密层，在分解过程中如果对废轮胎的子口圈、胎侧、胎冠、胎面等结构不加以分别处理，很难达到再生橡胶的物性高质量指标。丁基橡胶与天然橡胶、丁苯橡胶或顺丁橡胶等废橡胶混合在一起粉碎，所得全胎胶粉掺杂丁基橡胶成分，虽然数量不多，但在下一道脱硫工序中对胶粉脱硫效果和脱硫后再生橡胶的质量有着直接影响。因为丁基橡胶和通用的天然橡胶、丁苯橡胶或顺丁橡胶结构和硫化体系不同，在同等温度、时间上达不到一致的脱硫效果，因此，子午胎的精细分解对再生橡胶物性指标的质量保证尤为重要。

粉碎后的胶粉按《硫化橡胶粉》（GB/T 19208—2020）标准要求，脱硫是再生橡胶的重要生产工艺。脱硫方式的选择，国家已在《重点行业挥发性有机物削减行动计划》的通知中明确，“再生胶行业全面推广常压连续脱硫生产工艺，彻底淘汰动态脱硫罐，采用绿色助剂替代煤焦油等有毒有害助剂”[39]。

橡胶制品包括轮胎、力车胎、胶管胶带、橡胶杂件、胶鞋、乳胶等，产品广泛分布在汽车、矿山等行业及生活用品中。我国废橡胶综合利用行业形成的硫化橡胶粉、再生橡胶、轮胎翻新、热裂解等主要处置方式如下。

① 轮胎翻新是废旧橡胶综合利用处置方式之一，也是国际上公认的减量化的重要方式，翻新轮胎主要集中在载重轮胎，通过和大型矿业及运输公司签订合作协议的方式开展翻新业务。在生产工艺方面有预硫化法和模压法两种工艺，预硫化法生产效率高、单胎能耗低、耐磨性好，国内越来越多的企业采用预硫化法翻新。

② 胶粉、再生橡胶应作为资源化利用的主要途径，我国天然橡胶生产基本集中在海南、广东和广西，2020 年我国天然橡胶总产量为 69.3 万吨，自给比例低，远不能满足我国橡胶工业的需要；合成橡胶累计产量为 739.8 万吨，进口天然橡胶及合成橡胶（含胶乳）共计 746.8 万吨。世界上 70% 以上的再生橡胶在我国生产，企业遍布各省、自治区、直辖市。胶粉除了用于生产再生橡胶之外，胶粉在防水卷材、公路沥青改性以及一些橡胶制品的生产上都得到了一定应用。据不完全统计，2020 年我国再生橡胶产量达到 460 万吨，需 420 万吨胶粉，连同直接应用的 85 万吨胶粉，我国胶粉总产量达到 505 万吨。因此，我国既是世界最大的再生橡胶生产国，也是最大的胶粉生产国。2014 ～ 2020 年我国硫化橡胶粉、再生胶及废旧轮胎产生量见表 19 [40]。

**表 19　2014 ～ 2020 年我国再生胶、硫化橡胶粉及废旧轮胎产生量①**　　单位：万吨

| 项目 | 2014 年 | 2015 年 | 2016 年 | 2017 年 | 2018 年 | 2019 年 | 2020 年 |
|---|---|---|---|---|---|---|---|
| 再生胶 | 410 | 438 | 460 | 480 | 440 | 460 | 460 |
| 硫化橡胶粉 | 55 | 60 | 65 | 70 | 80 | 80 | 85 |
| 废旧轮胎 | 145 | 1200 | 1270 | 1350 | 1385 | 1450 | 1390 |

① 数据来源为中国橡胶工业协会废橡胶综合利用分会测算数据。

### 3. 我国废旧轮胎综合利用管理要求

《废旧轮胎综合利用行业规范条件》（工业和信息化部公告 2020 年第 21 号）中笼统

地称为废旧轮胎，并没有将废轮胎和旧轮胎区分开，该条件的基本要点如下。

（1）鼓励政策

明确提出废旧轮胎综合利用是指对废旧轮胎进行加工处理，实现资源化利用，其中包括旧轮胎翻新，废轮胎生产再生橡胶、橡胶粉及废轮胎热裂解；鼓励将再生橡胶、橡胶粉作为部分或全部原材料进行制品生产。

（2）采用先进生产工艺

企业应采用节能、环保、清洁、高效、智能的新技术、新工艺，选择自动化效率高、能源消耗指标合理、密封性好、污染物产排量少、安全和资源综合利用率高的生产装备及辅助设施，采用先进的产品质量检测设备。废轮胎破碎不采用手工方式，废轮胎破碎、粉碎及分级应采用自动化技术与装备。再生橡胶应采用环保自动化或智能化连续生产装备，鼓励应用新型塑化方式生产，精炼成形应采用联动装备。

（3）能源消耗指标

轮胎翻新能源消耗：预硫化法综合能源消耗（以标准折算条计）低于 15kW・h；模压法综合能源消耗（以标准折算条计）低于 18kW・h。

废轮胎加工处理能源消耗：从整胎破碎起计，再生橡胶生产综合能源消耗低于 850kW・h/t（新型塑化装备除外）；橡胶粉生产综合能源消耗低于 350kW・h/t（40 目以上除外）；热裂解处理综合能源消耗低于 200kW・h/t，其中破碎工序能源消耗低于 120kW・h/t，热裂解工序能源消耗低于 80kW・h/t。

（4）环境保护要求

① 依法向生态环境行政主管部门报批环境影响评价文件，严格执行环境保护“三同时”制度，落实各项生态环境保护措施。

② 翻新轮胎的修补、打磨、胶浆喷涂等作业区，应配备除尘及满足《挥发性有机物无组织排放控制标准》相关管控要求的废气净化装置，对所产生的废气和粉尘进行回收处理。

③ 企业应当取得排污许可证，并落实排污许可证规定的环境管理和信息公开要求：废轮胎破碎、粉碎作业区，应设置粉尘收集和高效除尘设施，有效降低粉尘排放；再生橡胶生产应加强挥发性有机物无组织排放管控，配备废水处理装置，热裂解装备的尾气达标排放。

（5）产品质量

① 翻新轮胎产品质量应符合《载重汽车翻新轮胎》《轿车翻新轮胎》《航空翻新轮胎》《工程机械翻新轮胎》等国家和行业相应的标准要求。

② 再生橡胶产品质量应符合《再生橡胶》《再生丁基橡胶》等国家和行业相应的标准要求。

③ 橡胶粉产品质量应符合《硫化橡胶粉》《路用废胎硫化橡胶粉》等国家和行业相应的标准要求。

④ 热裂解产品质量应符合《废旧轮胎裂解炭黑》等国家和行业相应的标准要求。

### 4. 未硫化橡胶的鉴别

（1）相关概念

① 生胶。生胶是橡胶生产的原材料，分为天然橡胶和合成橡胶，未加入任何配合剂的原胶俗称生胶。

② 骨架材料。用来增加橡胶制品的强度并限制其变形的材料。绝大多数橡胶制品均使用骨架材料，如钢丝、纤维等。

③ 混炼胶。混炼胶是由粒状配合剂，如炭黑、硫黄、促进剂和其他填充剂等分散于生胶中而组成的分散体系。在炼胶机上将各种配合剂加入生胶中制成混炼胶的过程为混炼，混炼的基本任务是制造性能符合要求的混炼胶。

④ 硫化橡胶。混炼胶经过硫化工序，促使橡胶在 130 ～ 150℃下与硫化剂进行反应，经过一定的硫化时间，橡胶分子已由线型结构转变为网状结构，只有经过硫化工序过程的橡胶才成为硫化橡胶。硫化橡胶具有高弹性、高强度、高硬度、不易变形、耐老化及可溶胀等特性。

⑤ 未硫化橡胶。未硫化橡胶是指未经过硫化处理过程，橡胶线型高分子未产生交联不具有所需力学性质的橡胶或混炼胶。

⑥ 未硫化橡胶废料。橡胶制品加工工艺流程较长，包括配料、塑炼、混炼、压出、压延、浸涂胶、硫化等工艺过程，在硫化之前的工序都有可能产生一些废料、边角碎料，通常这部分废料为未硫化橡胶。未硫化橡胶废料并非指不含硫化剂的橡胶废料，也并非指不含骨架材料的废橡胶。

⑦ 焦烧。胶料在硫化前的操作中或停放中发生不应有的提前硫化的现象，亦称“早期硫化”。

⑧ 再生胶。以废旧橡胶制品和橡胶工业生产的边角废料为原料，经过加工而获得的具有一定生胶性能的弹性材料。脱硫是再生胶生产的中心环节。

（2）未硫化橡胶废料的来源

未硫化橡胶废料来自橡胶制品硫化工序之前的所有过程。

① 生胶废料，包括天然胶和合成胶。这类废料主要是生产中的不合格品，但废物和非废物判断难度较大，必须通过橡胶的某些配合性能进行综合判断。

② 不带骨架材料的未硫化混炼胶废料，已混有炭黑或没有混合炭黑，包括片、块、带、条、管、球等形状。可应用于胶带、胶管、胶片、橡胶鞋底、橡胶保温材料、橡胶跑道等。

③ 带钢丝骨架材料的未硫化橡胶废料。子午轮胎中往往用到钢丝骨架材料，国外回收的这类未硫化橡胶废料是生产中裁切下来的头尾边角碎料，钢丝含量高，胶含量少，由于长时间放置，大量裸露的钢丝往往生锈。

④ 带纤维帘线（尼龙、聚酯短纤维、天然纤维）的未硫化混炼胶废料，已混有炭黑，含纤维帘线的比例不宜太高，包括片、块、带、条、管、球等形状。这类废料主要是用作实心轮胎的填充材料。

⑤ 其他未硫化橡胶废料，如再生胶废料、废混炼胶等。

（3）未硫化橡胶的鉴别步骤

① 外观特征的描述和判断。包括颜色、形态、气味、杂物、潮湿性、弹性、骨架材料等特征，可根据外观特征大致判断鉴别样品是否硫化，再通过实验分析进一步佐证。例如，对于明显具有高弹性和高强度的已经过成形加工处理的样品，应属于硫化橡胶；对于明显具有可塑性（如用手指可捏搓成各种形状）的样品，可初步判断为未硫化橡胶物料；对于明显含有橡胶包裹金属薄片的委托鉴别样品，可初步判断来自橡胶密封制品等。

② 胶种定性分析。确定样品的胶种类别非常重要，是橡胶样品鉴别必做的工作，需要按照规定的方法标准进行测定分析。

③ 橡胶理化特性分析。有些是建立在橡胶原材料指标基础之上，有些是建立在配合胶性能指标基础之上，还有些是建立在制成品特性指标基础之上。

④ 硫化特性分析。硫化特性分析是确定样品是否经过硫化处理的必要手段，包括经验判断、有机溶剂实验分析、硫化曲线实验分析等。

⑤ 综合判断。根据理化特征和特性分析结果进行物质属性判断，即产生来源的判断和是否属于固体废物的判断。

（4）未硫化橡胶的识别方法

1）有机溶剂溶解实验方法

硫化橡胶和未硫化橡胶在有机溶剂中具有不同的溶解特性。交联高聚物在有机溶剂中只能溶胀不能溶解，对于已知胶种的橡胶，参照《硫化橡胶溶胀指数测定方法》（HG/T 3870—2008）对样品进行溶解实验，完全或基本溶解的可认定为未硫化橡胶。对于未知胶种的橡胶，则需要按照橡胶聚合物的鉴定方法对样品先进行橡胶胶种的定性分析。不同胶种所选用的实验溶剂见表 20。

**表 20　不同胶种所选用的实验溶剂**

| 溶剂名称 | 适用胶种 |
| --- | --- |
| 甲苯（$C_7H_8$） | 天然橡胶、顺丁橡胶、丁苯橡胶、异戊二烯橡胶 |
| 环己烷（$C_6H_{12}$） | 乙丙橡胶、丁基橡胶 |
| 环己酮（$C_6H_{10}O$） | 氯丁橡胶、丁腈橡胶 |

2）硫化特性测定方法

采用《橡胶　用无转子硫化仪测定硫化特性》（GB/T 16584—1996）对废橡胶样品进行硫化特性测定。由于硫化橡胶成品已经过了硫化处理，若在硫化仪上对其测定硫化曲线，其线形应近似为与 $X$ 轴平行的直线。由于再生胶经过了脱硫，因此，若直接在硫化仪上测定硫化曲线，其线形为先下降再趋于水平。混炼胶中已加入了硫黄、炭黑等各种配合剂，但因其未经过硫化工艺，其中的高分子仍为线形结构，因此混炼胶中的聚合物仍能溶于一般的有机溶剂，混炼胶正常的硫化曲线线形表现为先下降再上升最后趋于水平，见图 2。

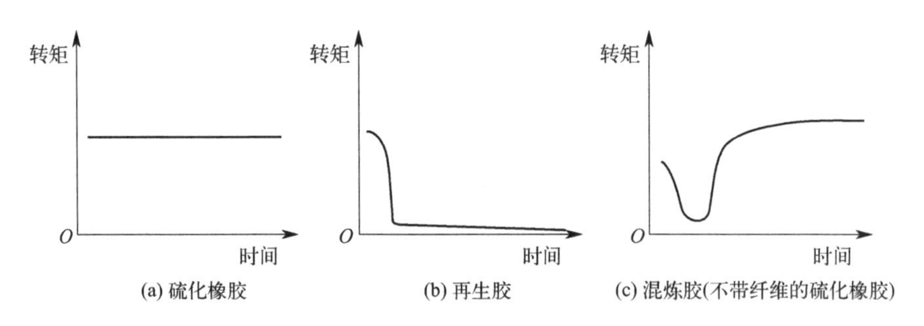

(a) 硫化橡胶　(b) 再生胶　(c) 混炼胶(不带纤维的硫化橡胶)

图 2　硫化曲线参考示意

3）力学性能测定方法

硫化橡胶和未硫化橡胶在宏观上表现为是否具有一定的力学性能，因此可以通过力学性能的测试来界定，按照《硫化橡胶或热塑性橡胶　拉伸应力应变性能的测定》（GB/T 528—2009）的方法测试橡胶的拉伸应力、拉伸强度、断裂拉伸强度，未硫化橡胶几乎无法测定拉伸应力、拉伸强度、断裂拉伸强度，而硫化橡胶具有较高的拉伸应力、拉伸强度、断裂拉伸强度。

4）现场经验识别

对于轮胎制品、运输带制品、三角带制品等大宗橡胶制品生产中产生的未硫化橡胶可以通过以下快速方法进行经验识别：

① 使用坚硬锐器（如小刀、改锥、钥匙、铁钉）扎入橡胶表面，扎入后拔出，观察橡胶变化情况，若扎入伤口能够快速自行恢复的为硫化橡胶，若不能恢复则为未硫化橡胶；

② 将带纤维帘线的小块未硫化橡胶用手指搓捏，若用手能分离出帘线和橡胶，且橡胶可揉捏成各种形状的，则应为未硫化橡胶。

## 5. 硫化橡胶粉的鉴别要求

（1）硫化橡胶粉

粉碎后的胶粉质量应符合《硫化橡胶粉》（GB/T 19208—2020）标准要求，该标准要点如下。

① 标准适用于用失去使用功能的橡胶制品为原料经不同物理方法粉碎制取的硫化橡胶粉，预定用于再生橡胶制造和沥青改性、轮胎制造及橡胶制品改性的填充剂。

② 硫化橡胶粉依据所用主要原料的类别进行分类，包括：轮胎类硫化橡胶粉，代码为 $A_1$、$A_2$、$A_3$；合成橡胶类硫化橡胶粉，代码为 $B_1$、$B_2$、$B_3$；其他类硫化橡胶粉，代码为 C。

③ 硫化橡胶粉应质地均匀，不应含有目测可见的木屑、金属、砂砾、玻璃等非橡胶组分的杂质。

④ 不同粒径硫化橡胶粉对应的筛余物应符合相应的要求（参见 GB/T 19208—2020 标准中表 2），粉末粒径 10 ～ 20 目的，筛孔上余留物不超过 5%；30 ～ 100 目的，筛孔上余留物不超过 10%；100 目或以上的，筛孔上余留物不超过 15%。

⑤ 硫化橡胶粉所含多环芳烃和有毒有害物质不应超过一定的限值（参见 GB/T 19208—2020 标准中表 3），如多环芳烃总量≤ 300mg/kg（Ⅲ级品中 18 种），苯并［a］芘≤ 20mg/kg，多溴联苯（PBBs）、多溴联苯醚（PBDEs）、Pb、Hg、$Cr^{6+}$ 的含量均应≤ 1000mg/kg，Cd 的含量≤ 100mg/kg。

⑥ 硫化橡胶粉应符合一定技术要求，见表 21 和表 22，如轮胎类的胶粉灰分≤ 10%，合成橡胶类的灰分 $B_1$ ≤ 12%、$B_2$ ≤ 28%、$B_3$ ≤ 20%，其他类的≤ 30%。

**表 21　再生橡胶制造及其他用途硫化橡胶粉技术要求**

| 检测项目 | | 轮胎类 | | | 合成橡胶类 | | | 其他类 | 试验方法标准 |
|---|---|---|---|---|---|---|---|---|---|
| | | $A_1$ | $A_2$ | $A_3$ | $B_1$ | $B_2$ | $B_3$ | C | |
| 加热减量 /% | ≤ | 1.0 | 1.0 | 1.0 | 1.2 | 1.2 | 1.2 | 1.2 | 6.5 |
| 灰分 /% | ≤ | 10 | 10 | 10 | 12 | 28 | 20 | 30 | GB/T 4498.1—2013（方法 B） |
| 丙酮抽出物 /% | ≤ | 8 | 10 | 10 | 10 | 12 | 12 | — | GB/T 3516—2006（方法 A） |
| 橡胶烃含量 /% | ≥ | 45 | 42 | 42 | 45 | 36 | 38 | — | GB/T 14837.1—2014 |
| 炭黑含量 /% | ≥ | 26 | 26 | 26 | 20 | 20 | 20 | — | GB/T 14837.1—2014 |
| 铁含量 /% | ≤ | 0.05 | 0.05 | 0.05 | 0.05 | 0.08 | 0.08 | — | 6.9 |
| 体积密度①/（$kg/m^3$） | | 260 ~ 380 | | | 200 ~ 300 | | | — | 6.10 |
| 密度 /($10^3kg/m^3$) | ≤ | 1.20 | 1.20 | 1.20 | 1.16 | 1.22 | 1.30 | — | GB/T 533—2008（方法 B） |
| 活化能（100℃）/（kJ/mol）＞ | $E_1$② | 1500 | — | — | — | — | — | — | ISO 11358-2: 2021 |
| | $E_2$③ | 2200 | | | | | | | |
| | $E_3$④ | 3300 | | | | | | | |
| 聚异戊二烯含量 /% | ≥ | 26 | — | — | — | — | — | — | GB/T 15904—2018 |
| 拉伸强度⑤/MPa | ≥ | 15 | 12 | 12 | — | — | — | — | GB/T 528—2009 |
| 拉断伸长率⑤/% | ≥ | 450 | 380 | — | — | — | — | — | GB/T 528—2009 |

① 适用于粒径要求在 180μm（80 目）～ 300μm（50 目）的硫化橡胶粉。

② 指常温粉碎胶粉的活化能。

③ 指溶液粉碎胶粉的活化能。

④ 指水射流粉碎胶粉的活化能。

⑤ 只适用于粒径＜ 250μm（60 目）的硫化橡胶粉。

**表 22　路用及防水材料用硫化橡胶粉技术要求**

| 检测项目 | | 技术要求 | | | 试验方法标准 |
|---|---|---|---|---|---|
| | | 路用 | 防水Ⅰ① | 防水Ⅱ② | |
| 粒径 /μm | ≤ | 600 | 300 | 180 | 6.2 |
| 加热减量 /% | ≤ | 1.0 | 1.0 | 1.2 | 6.5 |
| 灰分 /% | ≤ | 10 | 16 | 45 | GB/T 4498.1—2013（方法 B） |
| 丙酮抽出物 /% | ≤ | 10 | 20 | — | GB/T 3516—2006（方法 A） |

续表

| 检测项目 | | 技术要求 | | | 试验方法标准 |
|---|---|---|---|---|---|
| | | 路用 | 防水 Ⅰ[①] | 防水 Ⅱ[②] | |
| 橡胶烃含量 /% | ≥ | 48 | 42 | — | GB/T 14837.1—2014 |
| 炭黑含量 /% | ≥ | 26 | 22 | — | GB/T 14837.1—2014 |
| 铁含量 /% | ≤ | 0.05 | 0.05 | 0.05 | 6.9 |
| 体积密度 / ( $kg/m^3$ ) | | — | 260 ~ 380 | 260 ~ 380 | 6.10 |
| 密度 / ( $10^3kg/m^3$ ) | ≤ | 1.2 | — | — | GB/T 533—2008 ( 方法 B ) |
| 聚异戊二烯含量 /% | ≥ | 26 | 22 | — | GB/T 15904—2018 |

① 为轮胎类硫化橡胶粉。

② 可为其他类硫化橡胶粉。

（2）路用废胎硫化橡胶粉的鉴别要求

《路用废胎橡胶粉》（JT/T 797—2019）标准要求如下。

① 废胎胶粉应质地均匀，不应含有目测可见的杂质。胶粉中的纤维不应结团，不应有呈编织状的纤维颗粒。

② 废胎胶粉的物理性能指标符合表 23 的要求。

**表 23　废胎胶粉的物理性能指标**

| 性能 | 筛余物 /% | 相对密度 | 含水率 /% | 金属含量 /% | 纤维含量 /% |
|---|---|---|---|---|---|
| 指标要求 | < 10 | 1.10 ~ 1.30 | < 1 | < 0.03 | < 1 |

③ 废胎胶粉的化学性能指标应符合表 24 的要求。

**表 24　废胎胶粉的化学性能指标**

| 性能 | 灰分 /% | 丙酮抽出物 /% | 炭黑含量 /% | 橡胶烃含量 /% | 溶解度 /% |
|---|---|---|---|---|---|
| 指标要求 | ≤ 8 | ≤ 16 | ≥ 28 | ≥ 48 | ≥ 16 |

### 6. 其他橡胶初级加工产物的鉴别

其他橡胶初级加工产物主要有再生橡胶和旧轮胎。

（1）再生橡胶

再生橡胶是由废橡胶制品转化为塑性橡胶的再生材料，可以单独作为生胶使用，也可与其他橡胶并用。橡胶再生方法可以分为物理再生技术、化学再生技术和生物再生技术。油法再生胶生产工艺是将废橡胶粉送入拌油机，经过拌油后，装在小车上，送进卧式蒸汽再生罐中再生。水油法再生工艺是在带有搅拌器和高压蒸汽夹套的再生罐中，装入温水、再生剂和胶粉，在搅拌下以水作传热介质进行再生。再生后的胶粉还需经清洗、压水、干燥等工序处理[41]。再生胶的生产工艺大致可以分为粉碎、再生（脱硫）、精炼三个环节，工艺流程示意见图 3。

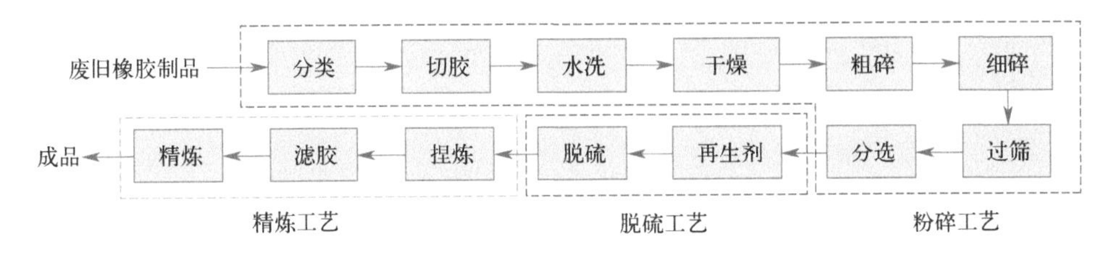


图3 再生胶的生产工艺流程示意

《环境标志产品技术要求 再生橡胶及其制品》中定义再生橡胶是指经热、机械和（或）化学作用塑化的硫化橡胶，主要用作橡胶稀释剂、增量剂或加工助剂。定义再生橡胶制品是指由一定比例再生橡胶（含硫化橡胶粉）制成的橡胶产品，主要分为轮胎、橡胶板（管、带）、橡胶零件、日用橡胶制品、运动场地用塑胶、橡胶改性沥青、防水卷材、其他橡胶制品等。

再生橡胶产品质量应符合《再生橡胶》《再生丁基橡胶》等国家和行业相应的标准要求。

遇到再生橡胶样品鉴别时，还应区分是生胶、未硫化橡胶混炼胶，切忌将品质不好的再生胶、严重不均匀的混炼胶或本属于废橡胶（生胶废料、被污染的橡胶原料）的物品判断为非废物。

（2）旧轮胎

翻新轮胎产品质量应符合《载重汽车翻新轮胎》《轿车翻新轮胎》《航空翻新轮胎》《工程机械翻新轮胎》等国家和行业相应的标准要求。

中国橡胶工业协会轮胎分会长期以来不支持和鼓励进口废旧轮胎，主要是因为我国自身产生的废橡胶类别和数量较多，没必要通过进口废旧轮胎来获得相关资源。海关对进口旧轮胎把关非常严格，经常有查扣旧轮胎的现象，有的轮胎明显存在钢丝外露、严重扭曲变形、严重破损、严重磨损等报废情形，则完全不适合于翻新用途，鉴别机构应判断为固体废物；对于可以用于翻新的旧轮胎，总体上也应坚持严格判断的原则，不宜鼓励其进口。笔者认为，只有海关等政府部门批准可以进口用于翻新的旧轮胎、实行定点利用并且旧轮胎质量较好的情形才可判断为非固体废物，鉴别过程中应核实进口和利用企业的相关资质。

## （七）粉末物质初级加工产物的鉴别

在海关查扣物品鉴别案例中，粉末物质占有较高的比例，来自各行各业许多生产中，包括矿物的粉末物质、金属或合金粉末物质、高纯硅材料性粉末物质、无机化合物粉末物质、有机化合物粉末、湿法冶金沉淀粉末产物、二次物料高温还原挥发回收粉末物质、废催化剂综合利用处理的粉末产物、烟气处理除尘灰、水和废水处理沉淀产物等粉末物质，这些粉末物质的原料、产品、固体废物的鉴别判断有很大难度，主要原因是鉴别人员对其原始产生过程并不清楚，难以凭外观进行先入为主的快速准确判断，尤其对于外观无杂质、颜色较单一、规格较一致的粉末物质必须通过各种实验分析措施，找到物质的基本产生过程和理化特性，符合标准规范要求的或者属于正常循环使用链中有意识生产的目标产物时，可判断为非废物。下面是一些鉴别经验，可作为鉴别过程中分析判断的借鉴。

### 1. 无机盐化合物粉末物质

当遇到申报为无机盐化合物的粉末物质时，首先可闻其气味，有刺鼻气味时大多数情况下可能含有有机物，如被有机物污染或生产中残留有机物，此时可怀疑为固体废物，再进行甄别；然后应严格对照正常生产工艺和产品标准要求进行物质来源分析，如果确定是被污染的或者掺杂的物质，严重影响产品质量或安全使用的话，可判断为固体废物。对于有证据证明符合产品标准的无机盐（包括复盐），不能随意判断为固体废物，应判断为产品或正常的原材料；当粉末样品外观和成分相对均一，少量杂质也不影响其利用，属于正常生产工艺过程中的初级原材料的盐类物质，也可不判断为固体废物。例如，中国环科院固体废物研究所曾经完成的 $CaCO_3$ 白色细粉末、NaBr 细晶体颗粒等鉴别案例，没有贸然判断为固体废物。

对于其他以无机盐为主的混合物粉末物质主要应分析其产生来源，如果属于生产中的正常物料，如中间产物或过程产物，作为下一道工序提纯产品的原料或可作为正常的替代矿物的原料，那么，即便该粉末物料不太纯净，也不宜简单化判断为固体废物。例如，很多工业生产中会产生含高浓度的多金属离子的母液，经过多级净化除杂处理、沉淀结晶后形成某一类粗盐，如果该粗盐符合相关产品规范要求并且有稳定的市场需求时，则不宜判断为固体废物，通常的盐类物质有 $Na_2CO_3$、$NaHCO_3$、NaCl、KCl、$FeCl_2$、$MgCl_2$、$CaCl_2$、$AlCl_3$、$Na_2S$、NaHS 等；又例如，电化学处理工艺或电镀表面处理工艺中也会产生一些含金属的盐类物质，如果属于废水处理污泥，则盐类物质是伴随生产目标产物产生的副产物，属于不好利用的物质，甚至含有对人体健康和对环境保护严重危害的物质，则应判断为固体废物。

### 2. 金属氧化物为主的粉末混合物质

最为典型的黄铜灰和氧化锌烟灰，两者均属于金属氧化物混合物。

（1）黄铜灰

普通黄铜是铜锌二元合金，其含锌量变化范围较大，有含锌量在 35% 以下的黄铜，含锌量在 36% ～ 46% 的黄铜，含锌量 46% ～ 50% 的黄铜。在回收金属黄铜废碎料的二次加工、冶炼过程中会产生大量的黄铜灰，通常会含有合金细粉粒、冶金氧化物成分、冶金渣相等，属于典型的固体废物。如果对这类物质进行进一步分离提取、富集后获得更高纯度的铜锌合金原料、含铜的氧化物原料、含锌的氧化物原料，则可归于初级加工产物，当满足直接原料标准或没有直接原料标准而满足相关替代原料标准的则可判断为非废物。

（2）氧化锌烟灰

2006 年以来，各口岸海关查扣了大批量的由含锌废料烟化处理的 ZnO 烟灰或粉末货物，这些火法冶炼加工处理得到的产物本身不可能是很纯的产物，多以混合金属氧化物的形式存在，正因为组成成分相对复杂，口岸海关多怀疑为固体废物。在历年海关打击固体废物进口行动中，很多进口 ZnO 烟灰物料被查扣并被鉴别为固体废物而受到海关的严厉惩处，也有部分二次烟化处理、回转窑还原处理的 ZnO 粉末被判断为非废物。在有色金属工业协会的大力推动下，2019 年 8 月工业和信息化部发布了《锌冶炼用氧化锌富集物》（YS/T 1343—2019）标准，该标准的出台对解决 ZnO 物料是固体废物还是非废物起到了重要作用。由低品位的含锌废料或物料经过二次烟化处理或高温焙烧和还原挥发处理获得的符合标准的 ZnO 细粉末含量不低于 50% 的富集产物，其中可能含有少量 $ZnCl_2$、$Zn_5(OH)_8Cl_2 \cdot H_2O$、其他少量盐类物质，尽管不纯，但不再属于固体废物。

但对低品位的铅锌矿物原料采取烟化处理得到的氧化锌烟灰是否应满足前述标准并不明确。

### 3. 含硅（Si）为主的粉末物质

（1）微硅粉

微硅粉即硅灰，是电弧炉冶炼工业硅或硅铁合金（SiFe）时，炉内高温区域的硅石与碳质还原剂反应，在还原气氛下，产生的 SiO、CO 及少量金属气体经逸出后迅速氧化冷凝为粒径 0.3μm 左右的球状亚微米级非晶 $SiO_2$ 颗粒，后被除尘装置收集。微硅粉作为工业冶炼的副产物，其产量随着工业硅或硅铁合金的产量增加而增加。2018 年我国工业硅、硅铁合金产量分别为 240 万吨和 450 万吨，同时每吨产品可分别附产微硅粉 0.35t 和 0.25t，则微硅粉产量可达 200 万吨。由于微硅粉具有颗粒细小、火山灰活性好、比表面积大、耐火度高等特点，早在 1970 年，北欧国家率先将其用于制造致密波特兰水泥。自 20 世纪 90 年代起，微硅粉又被应用于橡胶、混凝土、耐火材料生产等领域，成为一种重要的工业“添加剂”。工业应用对微硅粉中 $SiO_2$ 含量有一定的要求，如在水泥、混凝土中需高于 85%；防火材料、涂料和橡胶中则应在 90% 以上；但由于国内一些企业生产的微硅粉质量较差，导致微硅粉使用量不超过理论回收量的 60%，全国出口量低于 20 万吨，大量堆积造成了土地资源的浪费和环境污染[42]。微硅粉作为冶炼工业硅或硅铁合金的烟尘副产物，其主要成分为非晶型 $SiO_2$，同时存在少量游离碳及金属氧化物，从产生来源以及依据《固体废物鉴别标准　通则》（GB 34330—2017）来判断，属于固体废物。

如果将上述工业微硅粉进行提纯处理，通过煅烧、酸浸、碱溶、絮凝等工艺步骤进行提纯，获得 95% 以上或能用于医疗、航天等更高领域的高纯球形 $SiO_2$，则不应再属于固体废物，而是具有特别性能和特殊用途的工业原材料产品。

（2）多晶硅或单晶硅粉

长期以来，海关也查扣过多批次的多晶硅或单晶硅的块状物料、粉末物料，对这类物质不容易判断，主要是因为可能属于高纯硅材料性物质。如果是属于含硅 99.999% 以上的多晶硅或单晶硅的粉末物质，则比较难判断，因为鉴别人员不太容易找到杂质含量的证据，不敢判断粉末的产生来源，从而不敢下结论；如果明显含有碳化硅（SiC）成分的话，则表明可能属于切割过程中产生的回收废粉末，不属于产品；如果样品有一定的烧失率，表明可能含有少量的有机物，也可判断为固体废物；如果能证明样品中含有单质碳元素，则很可能属于多晶硅炭头料粉碎后的物料，也可判断为固体废物；如果能证明粉末物质非常细，达到 5 ～ 40μm 的范围，则很可能是生产加工中收集的除尘灰，具有了判断为固体废物的一个重要理由。总体而言，多晶硅或单晶硅粉末较少属于专门加工产生的目标产物，大多数属于回收的副产物料，当国家相关部门对来自回收的副产粉末还没有明确的不作为固体废物管理或固体废物豁免管理的依据时，属于固体废物的可能性很大。

（3）碳化硅（SiC）粉

SiC 是硬度很大的化合物，仅次于金刚石（硬度 15）和碳化硼（硬度 14）。作为耐火原料使用，其用量仅次于 $Al_2O_3$ 和 MgO，在耐热性方面是一种很重要的物质。碳化硅粉末的生产由块料生产和块料粉碎这两个工序组成。日本碳化硅 90% 以上从中国进口，只有少量从欧美进口，其原因是中国产能占世界 50% 以上，另一个原因是日本距离中国近，运输成本低。

SiC 硬而脆，可用作研磨材料。作为磨料使用的碳化硅颗粒在研磨时碎裂形成新的破碎面，由此再进行研磨成粉。其缺点是，经过烧结制成陶瓷则很难加工，因为脆所以作为产品使用时容易损坏。

在耐火材料应用方面，面向粗钢生产的占绝大多数，据推测耐火材料中使用的 SiC 粉末大约 80% 是面向粗钢生产。其中多数是在不定形耐火材料中使用，主要用于高炉出铁沟用 $Al_2O_3$-SiC-C 材质的配料。出铁沟材料分为金属料和渣料，使用碳化硅比例高的是渣料（金属料：SiC 配入量 10% ～ 20%；渣料：SiC 配入量 40% ～ 60%）。作为耐火砖，粗钢生产中混铁车使用 $Al_2O_3$-SiC-C 质砖，高炉炉墙使用 SiC 砖。除了粗钢生产外，焚烧炉也使用 SiC 砖。

炼铁和铸造行业一般是为了加碳、加硅、升温、脱氧的目的而使用。作为硅源使用时是与硅铁竞争，但是使用 SiC 时具有的优点是：物理性好（提高抗拉强度和切削性等）；杂质（如 Al、S、N）少；SiC 90% 的场合硅含量是 63%，碳含量是 27% 左右，具有加碳好的效果。坩埚感应炉（高频、低频）使用的产品形状是颗粒状，冲天炉使用的是压球状，在熔炼之前和铁屑等一起投放到炉子中进行熔化。

SiC 分为黑碳化硅和绿碳化硅，作为颗粒磨料和固体磨石的原料使用。

除了具有很高的耐热性和耐蚀性外，SiC 还具有很高的比刚性，作为金属（不锈钢等）的替代材料也可用于半导体生产装置的零部件加工。利用其热膨胀低、比刚性高的特性作为超精密定位装置的材料使用。

SiC 滑动性好，在受热和腐蚀环境中可作为密封材料（机械密封）使用。

可作为清除柴油车尾气颗粒物的过滤器原料使用。由于捕集到的颗粒物需要定期燃烧清理，温度高，所以要求具有耐热性，故使用 SiC。

SiC 是艾奇逊在 1891 年在合成金刚石时偶然发现的，反应式为：$SiO_2+3C \longrightarrow SiC+2CO$。

SiC 的等级表示方法有多种，含量 98% 以上、97% 以上、95% 以上、90% 以上、85% 以上等。屋久岛电工（YDK）是日本唯一的生产 SiC 的厂家，含量 95% 以上是 1 级，85% 以上是 2 级[43]。

上述碳化硅的资料对判断海关查扣类似物品具有参考作用，如果能证明是专门加工出来的有质量控制的 SiC 粉，则应判断为产品；如果是 SiC 粉使用过程中回收的含杂率较高的粉末，例如单质 Si，则应判断为固体废物。

（4）粉煤灰

粉煤灰是燃煤锅炉随烟气排出并通过除尘设施收集的细灰，主要来源于以煤粉为燃料的火电厂和城市集中供热锅炉，其中 90% 以上为湿排灰。粉煤灰是一种白色或灰色的粉状物料，粉煤灰的粒径为 17 ～ 40μm，容重为 700 ～ 1000kg/m$^3$，热值为 6000 ～ 7500kJ/kg（1433 ～ 1792kcal/kg，也有资料显示粉煤灰发热量在 400 ～ 100kcal/kg），粉煤灰的化学成分及含量和含碳量情况分别见表 25 和表 26，粉煤灰中碳含量较高，成为制约粉煤灰利用的重要因素[44-46]。扫描电镜下观察粉煤灰为规则的球形颗粒，表面有些突起，粒径分布在 0.3 ～ 5.0μm 之间，其中 0.1 ～ 0.5μm 占 65%、0.6 ～ 1.0μm 占 23%、1.5 ～ 2.0μm 占 9%、其余颗粒＞ 2.5μm。粉煤灰的物相组成见表 27，铁以赤铁矿 - 磁铁矿（$Fe_2O_3$-$Fe_3O_4$）形式存在，还有少量炭微片或微珠[47]。因此，玻璃态微珠、磁性微珠、颗粒是粉煤灰的典型特征。

**表 25　粉煤灰的化学成分及含量**

| 成分 | $SiO_2$ | $Al_2O_3$ | $Fe_2O_3$ | CaO | MgO | $Na_2O$+$K_2O$ | $SO_3$ | $TiO_2$ | Ga | Ge | 烧失率 /% |
|---|---|---|---|---|---|---|---|---|---|---|---|
| 含量 /% | 43 ~ 56 | 20 ~ 32 | 4 ~ 10 | 1.5 ~ 5.5 | 0.6 ~ 2.0 | 1.0 ~ 2.5 | 0.3 ~ 20.0 | 0.5 ~ 4.0 | 0.01 ~ 0.23 | 0.001 ~ 0.100 | 3 ~ 30 |

**表 26　粉煤灰的含碳量**

| 碳含量 /% | < 5 | 5 ~ 8 | 8 ~ 15 | 15 ~ 20 | > 20 |
|---|---|---|---|---|---|
| 数量 / 万吨 | 1282 | 511 | 703 | 102 | 36 |
| 占总量的比例 /% | 43 ~ 56 | 20 ~ 32 | 4 ~ 10 | 1.5 ~ 5.5 | 0.6 ~ 2.0 |

**表 27　粉煤灰的物相组成及比例**

| 组成 | 石英 | 莫来石 | 赤铁矿 – 磁铁矿 | 碳含量 | 玻璃体 | 玻璃体中 $SiO_2$ | 玻璃体中 $Al_2O_3$ |
|---|---|---|---|---|---|---|---|
| 质量分数 /% | 3.00 | 26.10 | 2.30 | 3.52 | 65.08 | 36.03 | 14.05 |

由于粉煤灰中含有较多的二氧化硅（$SiO_2$）且国内对粉煤灰的利用技术成熟，因此，以往海关经常发现有进口粉煤灰的情况。今后当遇到进口没有经过明显再加工和有效成分显著得到富集的粉煤灰样品时，应判断为固体废物；但当进口由粉煤灰加工获得的初级原材料产物时，如从粉煤灰中收集得到的不太纯的炭珠或者稀有金属物质得到显著富集时，应将来源分析和加工富集的证据固定好，当没有明显的有害重金属及有毒有机污染物时，则不宜判断为固体废物。

（5）催化剂（分子筛）粉末物质

石油化工行业生产中大多会用到各种催化剂或分子筛，其中有不少是含 $SiO_2$ 较高的催化剂粉末或分子筛粉末。例如，某炼油厂的渣油催化裂化装置产生的废分子筛为土黄色细粉末，分别来自 40 万吨、100 万吨、200 万吨渣油催化装置的分子筛的主要成分及含量见表 28，均含有较多的 $SiO_2$ 和 $Al_2O_3$，3 个样品含水率分别为 0.43%、0.35% 和

0.40%，样品干基550℃下灼烧后的烧失率分别为6.26%、6.27%和4.97%。由于分子筛中吸附了有机和无机杂质成分，导致其失去吸附功能而成为固体废物。

**表28 分子筛主要成分及含量（%）（除氯以外，其他元素均以氧化物计）**

| 样品① | $Al_2O_3$ | $SiO_2$ | $CeO_2$ | $La_2O_3$ | $P_2O_5$ | $Fe_2O_3$ | BaO | NiO | Cl | $SO_3$ | CaO |
|---|---|---|---|---|---|---|---|---|---|---|---|
| 1号 | 49.28 | 40.28 | 3.62 | 1.77 | 1.51 | 1.21 | 0.31 | 0.30 | 0.29 | 0.26 | 0.21 |
| 2号 | 49.20 | 40.31 | 3.53 | 1.92 | 1.46 | 1.16 | 0.26 | 0.29 | 0.36 | 0.32 | 0.23 |
| 3号 | 48.85 | 41.34 | 3.12 | 1.77 | 1.35 | 1.16 | 0.35 | 0.31 | 0.25 | 0.26 | 0.22 |
| 样品① | $TiO_2$ | $K_2O$ | $Sb_2O_3$ | $V_2O_5$ | $Na_2O$ | ZnO | $Co_3O_4$ | MgO | PbO | $Ga_2O_3$ | $Cr_2O_3$ |
| 1号 | 0.20 | 0.18 | 0.18 | 0.15 | 0.14 | 0.05 | 0.03 | 0.03 | 0.01 | 0.01 | — |
| 2号 | 0.24 | 0.19 | 0.14 | 0.12 | 0.12 | 0.05 | 0.02 | 0.03 | 0.01 | 0.01 | 0.02 |
| 3号 | 0.20 | 0.19 | 0.21 | 0.15 | 0.13 | 0.06 | 0.02 | 0.04 | 0.01 | 0.01 | — |

①1～3号样品分别来自40万吨、100万吨、200万吨的渣油催化装置。

工业生产当中，失活的催化剂或分子筛通常会经过加工处理恢复一定活性再和新鲜催化剂原料一起返回装置继续使用，当遇到这类物质的鉴别时，如果能证明还有活性并去除了部分杂质，便不宜判断为固体废物，在确定产生工艺和原料基本品质基础上，判断为催化剂或分子筛的再生产品。

#### 4. 有机物粉末物质

有机物粉末物质鉴别有相当的难度，对基本没有废物证据的粉末应优先朝产品方向找证据，关键指标符合相关产品标准要求的应判断为产品或非废物原料。由于有机物中间物料的使用可能是多方面的，例如有的原材料粉末利用可能是跨不同行业的，不宜简单根据不符合一种产品要求尤其是高端产品加工要求就随意判断为固体废物，导致固体废物判断的扩大化。

（1）塑料树脂粉末

塑料树脂可分为热塑型和热固型两种。热塑型的材料在加热后会软化，冷却后会变硬成为所需要的形状，可以反复软化成形；热固型的材料加热后会凝结成一定的形状，重新加热到一定程度会破坏分子结构，其中一种或多种元素会脱离出来，成为其他的合成体。有些塑料在合成工艺中可以通过结晶方法直接得到粉末，大多数为300μm左右的胶粉；一些塑料通过喷雾制粒也可以得到300μm左右的胶粉。大多数塑胶利用粉碎工艺可以得到塑料粉末，有些塑料常温下通过粉碎机的摩擦、撞击、撕裂等得到200μm的细粉，如玻璃化温度比较高的塑料；但很多塑料在粉碎过程中产生的热量足以将其熔融，又重新黏结在一起，如需要得到更细的塑料粉末便会很困难。低温方法粉碎塑料可以达到更细的粉末要求，通过冷媒将塑料降到其脆化温度以下，同时保证在粉碎过程中有足够的冷媒带走其分裂过程中产生的热量，达到粉碎目的。在低温深冷粉碎环境中采用撞击法粉碎的塑料是高品质要求的趋向。在塑料粉末颗粒中，粗粉泛指5～60目的粉末，中粉指60～160目的粉末，细粉为160～300目，300目以上属于超细粉。粒度分布越窄的塑料粉末在后续生产中得到的效果越好；反之，分布越宽效果越差。

由于塑料的品种及其牌号非常多，因而不排除塑料树脂颗粒的种类很多的情形，大类有聚乙烯（PE）粉末、聚丙烯（PP）粉末、聚氯乙烯（PVC）粉末、聚苯乙烯（PS）粉末、聚对苯二甲酸乙二醇酯（PET）粉末、丙烯腈-丁二烯-苯乙烯（ABS）粉末、聚酰胺（PA）粉末等。固体废物属性鉴别中遇有塑料树脂粉末的情况下，当粉末颗粒外观规格均匀、颜色均匀、无明显杂质、成分均匀、理化性能符合相关原料产品标准时，应判断为产品；当属于多种成分加工的产物或初级加工产物时，可先验证产品的符合性，有质量保证的情况下应判断为产品；对于由回收废塑料制品加工产生的再生塑料粉末，也应从原料的基本品质上进行考虑，符合相关标准或规范的可判断为产品，明显不好的仍可判断为固体废物。

（2）对苯二甲酸粉末

精对苯二甲酸（PTA）的应用比较集中，90%以上的PTA用于生产聚对苯二甲酸乙二醇酯（PET塑料树脂），其他部分是作为聚对苯二甲酸丙二醇酯（PTT）和聚对苯二甲酸丁二醇酯（PBT）等产品的原料。

我国早期生产PTA的方法主要有低温氧化法和高温氧化法两种。

1）对二甲苯（PX）低温氧化法

PX在醋酸（$CH_3COOH$）溶液中，以醋酸钴（$C_4H_6CoO_4 \cdot 4H_2O$）或醋酸锰（$C_4H_6MnO_4 \cdot 4H_2O$）及溴化物为催化剂，以三聚乙醛为氧化促进剂，在130～140℃和1.5～4.0MPa下，用空气一步低温氧化生成对苯二甲酸（TA）。产品TA先在160℃和0.55MPa条件下用$CH_3COOH$洗涤，再在100℃和常压条件下用$CH_3COOH$洗涤，然后干燥得到产品精对苯二甲酸（PTA）。

2）PX高温氧化法

PX以$CH_3COOH$为溶剂，以$C_4H_6CoO_4 \cdot 4H_2O$、$C_4H_6MnO_4 \cdot 4H_2O$为催化剂，在四溴乙烷（$C_2H_2Br_4$）存在下，于221～225℃和0.26MPa下氧化生成TA。反应产物在温度280～290℃和压强6.5～7.0MPa条件下溶解于水中，成TA水溶液。然后用钯/活性炭催化剂加氢处理，除去微量对羰基苯甲醛，经结晶、洗涤、干燥，得成品PTA。

国外以PX为原料生产聚酯（PET）单体工艺路线可分为两类：一类是以威顿法技术为代表的合并氧化酯化法生产对DMT工艺；另一类是以英国BP-Amoco、美国Dupont-ICI、日本三井油化、日本三菱化学、美国Eastman及意大利INCA等公司技术为代表的中温氧化、加氢精制（或深度氧化）生产精PTA工艺[48]。文献报道我国采用美国的专利技术，以PX为原料、$CH_3COOH$为溶剂，在催化剂$C_4H_6CoO_4 \cdot 4H_2O$、$C_4H_6MnO_4 \cdot 4H_2O$和助催化剂氢溴酸的作用下，PX和空气中的氧发生反应生成PTA[49]。

多年前，各地海关查扣过多批次的PTA粉末物料，有些物料的废弃特征比较明显，如散发浓烈的刺激性气味、明显有杂质、颜色不均、指标严重超标等，被判断为PTA生产过程中的副产物废物，如落地料、水池料、不合格品、污染料等。但也有鉴别样品是非常纯净的白色粉末，无明显杂质和气味，主要指标基本上满足《工业用精对苯二甲酸》（SH/T 1612.1）技术要求，这种情形下判断为产品。

2016年6月我国发布了《工业用精对苯二甲酸（PTA）》（GB/T 32685—2016）国家标准，是鉴别过程中应采用的产品判断标准。由于PTA的应用比较集中，90%是用作生产 PET 的原料，显然 PTA 产品标准是衡量物料是否为固体废物的重要标尺，关键技术指标符合的即便次要指标有所不符，也不宜都判断为固体废物，品质还不错的可判断为初级原材料。

（3）乙丙橡胶粉末

前面“橡胶初级加工产物的鉴别”小节中简单提到了乙丙橡胶的信息，作为有机粉末物质此处再进行必要阐述。

乙丙橡胶（EPR）是以乙烯（$C_2H_4$）、丙烯（$C_3H_6$）为主要单体原料，采用一氯二乙基铝（$C_4H_{10}AlCl$）与三氯氧钒（$VOCl_3$）组成的一类有机金属催化剂，在溶液状态下共聚的无定形橡胶[50]。EPR 的生胶为一种半透明的白色 - 琥珀色固体，可以分为二元乙丙橡胶（EPM）和三元乙丙橡胶（EPDM）两大类型。

工业上生产三元乙丙橡胶的方法有溶液聚合法、悬浮聚合法和气相聚合法三种[51]。

① 溶液聚合工艺是在既可以溶解产品又可以溶解单体和催化剂体系的溶剂中进行均相反应，通常以直链烷烃如正己烷（$C_6H_4$）为溶剂，采用 V-Al 催化剂体系，聚合温度为 30 ～ 50℃，聚合压力为 0.4 ～ 0.8MPa，反应产物中聚合物的质量分数一般为 8% ～ 10%。工艺过程基本上由原材料准备、化学品配制、聚合、催化剂脱除、单体和溶剂回收精制以及凝聚、干燥和包装等工序组成。

② 悬浮聚合工艺以乙酰丙酮钒（$C_{15}H_{21}O_6V$）和 $AlEt_2Cl$ 为催化剂，二氯丙二酸二乙酯（$C_7H_{10}Cl_2O_4$）为活化剂，双环戊二烯（DCPD）为第三单体，二乙基锌［$Zn(C_2H_5)_2$］和 $H_2$ 为分子量调节剂。反应热借反应相的单体蒸发移除。反应相中悬浮聚合物的质量分数控制在 30% ～ 35%，整个聚合反应在高度自动控制下进行，生成的聚合物丙烯淤浆间歇地送入洗涤器，用聚丙二醇使催化剂失活，再用 NaOH 水溶液洗涤。胶粒 - 水浆液经振动筛脱水、挤压干燥、压块和包装即得成品橡胶。

③ 气相聚合工艺包括聚合、分离净化和包装等工序。来自反应器的未反应单体经循环气冷却器除去反应热，与新鲜原料气一起循环回反应器。从反应器排出的 EPR 粉末经脱气降压后进入净化塔，用氮气脱除残留烃类。来自净化塔顶部的气体经冷凝回收 1,1- 亚乙基降冰片烯（ENB，一种二烯烃单体）后用泵送回流化床反应器。生成的微粒状产品进入包装工序。

对于乙丙橡胶粉末的鉴别首先要确定是否为未硫化橡胶生胶或原胶颗粒，然后要测定样品中的挥发分、灰分以及配合胶的性能，包括拉伸强度、扯断伸长率、硬度等，如果证明样品品质符合正常产品要求，则判断为正常生产的橡胶粉末产品，因而鉴别过程实质上是对橡胶样品品质的综合评价过程。

（4）粉末涂料

粉末涂料是一种不含溶剂的 100% 固体粉末状涂料。以粉末形态进行涂装，与一般有机溶剂型涂料和水性涂料不同，不使用有机溶剂或水作为分散介质，而是借助于空气作为分散介质。作为一种新型环保涂料，具有环境污染小、资源和能源消耗低、生产成本低、生产效率高等优点，其应用领域逐渐扩大，是具有发展前途的涂料[52]。

粉末涂料生产原理是将合成树脂、填料、颜料、固化剂和助剂等固体物料，在不使用溶剂或水等介质条件下按配方量比例加入混合机进行预混合，经充分混合分散后定量加到挤出机高温熔融混合，然后在压片冷却机上冷却并压成 1 ～ 2mm 的带状薄片，薄片经粉碎机粉碎成片状料，然后利用微细粉碎设备将冷却的片状料粉碎成粉末，最后进入旋风分离机，分离出来的粗粉末经振动筛过筛后得到成品，而细粉末通过袋滤器进行回收。粉末涂料的生产工艺流程见图 4 [53-55]。

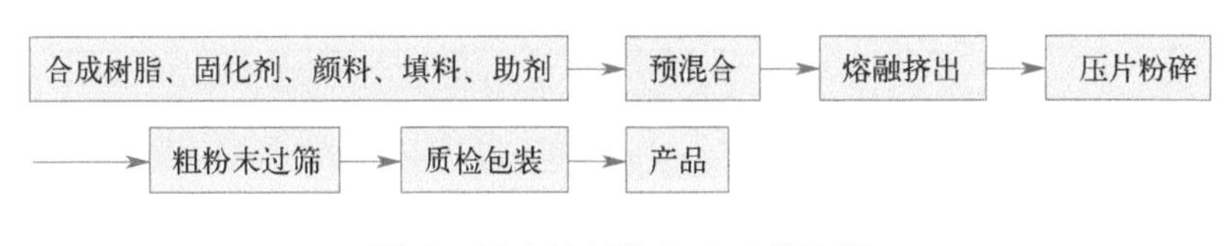


图 4　粉末涂料的生产工艺流程

以固化成膜方式可分为热固性粉末涂料和热塑性粉末涂料两大类。

① 热固性粉末涂料是以热固性合成树脂为成膜物质，特点是用某些较低聚合度含活性官能团的预聚体树脂，在固化剂存在的条件下，经一定温度的烘烤树脂与固化剂发生交联固化反应，成为不能溶解或熔融的质地坚硬的最终产物，当温度再升高时，产品只能分解而不能再软化，成膜过程属于化学交联变化。由于树脂分子量低，成膜时有较好的流平性、润湿性，能牢固地黏附于金属工件表面，固化后呈现出较好的装饰性和防腐蚀性。这类树脂主要有环氧树脂［$(C_{11}H_{12}O_3)_n$］、丙烯酸树脂［$(C_3H_4O_2)_n$］、聚酯树脂（PET）和聚氨酯树脂（PU）等。

② 热塑性粉末涂料是以热塑性树脂作为主要成膜物质，特点是合成树脂随温度升高而变软，以至熔融，经冷却后变得坚硬。这种过程可以反复进行多次，粉体成膜过程无交联反应发生。通常这种树脂的分子量较高，有较好的耐化学性、柔韧性和弯曲性能。用作热塑性粉末涂料的合成树脂主要有聚氯乙烯（PVC）、聚苯乙烯（PS）、聚乙烯（PE）、聚酰胺（PA）、聚碳酸酯（PC）、聚苯硫醚（PPS）、聚氟乙烯（PVF）、乙烯-醋酸乙烯共聚物（EVA）等。

粉末涂料质量的影响因素主要包括配方的稳定性、生产工艺控制、粒径分布。

① 配方的稳定性：配方的选择与拟定首先要考虑的问题是选择合适的合成树脂；其次，选择其他组分和各组分用量及配比，并且配方还应具有稳定性、延续性，以便于控制好同批次或不同批次同种粉末涂料产品质量。

② 生产工艺控制：预混合，预混合的目的是把合成树脂、颜填料、固化剂和助剂等物料，在干态下混合均匀，为熔融挤出创造条件，并获得较好的分散效果；熔融挤出，预混合的物料需再用挤出机进行熔融挤出混合，使配方中的物料更好地分散均匀，从而保证粉末涂料静电喷涂时的带电性能和涂膜性能的稳定；压片破碎，把熔融挤出的物料冷却和细粉碎，一般使用冷却辊和冷却带冷却至室温，同时用破碎机破碎成可以进行细粉碎的漆片；细粉碎和分级过筛，经破碎的物料，为了达到静电粉末涂装要求的粉末涂料粒径分布，需要用空气分级磨进行细粉碎，然后用旋风分离器分离除去超细粉末涂料，再用过筛设备除去过粗粉末涂料，得到适用于粉末涂料静电涂装的产品。

③ 粒径分布：粉末粒径及其分布是衡量粉末涂料产品质量的一项重要指标，静电喷涂要求粉末涂料不仅具有极均匀的组成，而且要求有适当的粒径分布，粉末粒径在

20～80μm 较适宜[56]。

我国《热固性粉末涂料》（HG/T 2006—2006）标准规定了热固性粉末涂料的质量要求，见表 29。

**表 29 热固性粉末涂料的质量要求**

| 项目 | | 指标（室内用） | | 指标（室外用） | |
|---|---|---|---|---|---|
| | | 合格品 | 优等品 | 合格品 | 优等品 |
| 在容器中状态 | | 色泽均匀、无异物、呈松散粉末状 | | | |
| 筛余物（125μm） | | 全部通过 | | 全部通过 | |
| 粒径分布 | | 商定 | | 商定 | |
| 胶化时间 | | 商定 | | 商定 | |
| 流动性 | | 商定 | | 商定 | |
| 涂膜外观 | | 涂膜外观正常 | | 涂膜外观正常 | |
| 硬度（擦伤） | | ≥F | ≥H | ≥F | ≥H |
| 附着力 / 级 | | ≤1 | | ≤1 | |
| 耐冲击性 /cm | 光泽（60°）≤60 | ≥40 | 50 | ≥40 | 50 |
| | 光泽（60°）>60 | 50 | 正冲 50，反冲 50 | 50 | 正冲 50，反冲 50 |
| 弯曲试验 /mm | 光泽（60°）≤60 | ≤4 | 2 | ≤4 | 2 |
| | 光泽（60°）>60 | 2 | 2 | 2 | 2 |
| 杯突试验 /mm | 光泽（60°）≤60 | ≥4 | ≥6 | ≥4 | ≥6 |
| | 光泽（60°）>60 | ≥6 | ≥8 | ≥6 | ≥8 |
| 光泽（60°） | | 商定 | | 商定 | |
| 耐碱性（5%NaOH） | | 168h 无异常 | | 商定 | |
| 耐酸性（3%HCl） | | 240h 无异常 | | 240h 无异常 | 500h 无异常 |
| 耐沸水性（时间商定） | | 无异常 | | 无异常 | |
| 耐湿热性 | | 500h 无异常 | | 500h 无异常 | 1000h 无异常 |
| 耐盐雾性 | | 500h 划线处：单向锈蚀≤2.0mm 未划线区：无异常 | | 500h 划线处：单向锈蚀≤2.0mm 未划线区：无异常 | |
| 耐人工气候老化性 | | — | | 500h 变色：≤2 级 失光①：≤2 级 无粉化、起泡、开裂、剥落等异常现象 | 800h 变色：≤2 级 失光①：≤2 级 无粉化、起泡、开裂、剥落等异常现象 |
| 重金属 /（mg/kg） | 可溶性铅（Pb） | — | ≤90 | — | ≤90 |
| | 可溶性镉（Cd） | | ≤75 | | ≤75 |
| | 可溶性铬（Cr） | | ≤60 | | ≤60 |
| | 可溶性汞（Hg） | | ≤60 | | ≤60 |

① 光泽（60°）≤30 单位值时不考察涂膜失光情况。

注：《热固性粉末涂料》（HG/T 2006—2006）已经被修订，今后应执行《热固性和热塑性粉末涂料》（HG/T 2006—2022）新标准要求。

热固性粉末涂料产品至少具有以下特征：均为松散、质轻、色泽均匀、无异物的细粉末；粉末的粒径主要位于 20 ～ 80μm，占 60% ～ 70%，超细粉的比例＜ 10%，并且所有粉末的粒径都＜ 125μm。

从固体废物属性鉴别角度，如果符合固体废物的证据没有或不足，符合产品要求的证据反而较多，则可判断为粉末涂料产品。鉴别中不能将明显过期结块的粉末或者质量不合格粉、超细粉、不同颜色片状和粉末混合料、落地污染粉、水池回收料、机头机尾料等判断为产品，这些应属于固体废物。

（5）己内酰胺粉末

曾经遇到过一批申报为“松香”的物品需要进行固体废物属性鉴别，通过分析不是“松香”，而是己内酰胺废物，该鉴别样品非常难判断，简要总结如下。

1）物质定性分析

样品为浅黄色固体片状粉末，无固定规则，无明显杂质，似蜡质，易捻碎，可溶解于水中，成分分析证明样品中不含松香酸，而是含有大量的己内酰胺（$C_6H_{11}NO$）和少量的二聚物。

2）己内酰胺定量分析

采用色谱 - 质谱联用分析仪对样品进行了定性和定量分析，并将剩余样品按《工业用己内酰胺》（GB/T 13254—2017）分析色度和挥发性碱，结果见表 30。

**表 30　样品定性定量分析**

| 色谱质谱分析结果 | | |
| --- | --- | --- |
| 序号 | 组分 | 含量（面积百分比）/% |
| 1 | 未知 | 0.03 |
| 2 | 1- 甲基己内酰胺 | 0.04 |
| 3 | 7- 甲基己内酰胺 | 0.04 |
| 4 | 己内酰胺 | 99.67 |
| 5 | 3- 甲基己内酰胺 | 0.12 |
| 6 | 环己烷甲酰胺 | 0.11 |
| 己内酰胺色度和挥发性碱 | | |
| 序号 | 样品 | GB/T 13254 |
| 1 | 色度，＞ 10 | 合格品＜ 10（GB/T 13254，＜ 8），优级品＜ 3 |
| 2 | 挥发性碱含量，2.1mmol/kg | 合格品＜ 1.5，优级品＜ 0.4 |

3）物质产生来源分析

样品主要成分是己内酰胺（$C_6H_{11}NO$），其生产方法主要有以下几种。

① 苯酚法。苯酚（$C_6H_6O$）在镍铝合金催化剂存在下加氢转化为环己醇（$C_6H_{12}O$）；精馏分离出环己醇，以锌铁合金或铜为催化剂脱氢转化为环己酮（$C_6H_{10}O$）；精馏得到环己酮，与硫酸羟胺（$H_8N_2O_6S$）和氨发生肟化反应生成环己酮肟（$C_6H_{11}NO$），同时还生成副产物硫酸铵 [$(NH_4)_2SO_4$]；分离出的环己酮肟在过量发烟硫酸存在下经贝克曼

转位反应生成己内酰胺（$C_6H_{11}NO$）；分离出来的粗 $C_6H_{11}NO$，经提纯精制得到 $C_6H_{11}NO$ 的成品。

② 环己烷（$C_6H_{12}$）氧化法。苯在 $Al_2O_3$ 为载体的镍催化剂存在下，经气相加氢反应得到环己烷；环己烷以钴为催化剂经液相氧化生成环己醇（$C_6H_{12}O$）和环己酮（$C_6H_{10}O$）；环己醇按上法脱氢转化成环己酮，以下的生产过程同苯酚（$C_6H_6O$）法。

③ 环己烷光亚硝化法。$NH_3$ 与空气在钯催化剂存在下燃烧生成 $N_2O_3$；$N_2O_3$ 与硫酸反应生成亚硝基硫酸（$HNO_5S$），$HNO_5S$ 与盐酸气反应生成氯化亚硝酰（NOCl）；环己烷（$C_6H_{12}$）与 NOCl 在加有碘化铊（TlI）的高压汞灯照射下生成环己酮肟盐酸盐，以下生成过程同苯酚法。

由于样品过于偏门少见以及鉴别条件所限，鉴别过程难以确定样品产生于哪一种生产工艺或工艺环节，但通过咨询己内酰胺（$C_6H_{11}NO$）生产厂家的技术专家，鉴别机构综合判断样品是 $C_6H_{11}NO$ 生产中的不合格品，由于样品理化指标均达不到产品国家标准要求，只能降级作为低端工程塑料的原料来使用，但鉴别当时并未查找到以该物质降档作为工程塑料生产原料的相关标准，因而综合判断为固体废物。

这个案例说明了产品标准在非废物判断中的重要性，但也应注意，对一些必须依靠严格产品质量标准的物质，不应随意放宽判断要求。

## （八）生物质初级加工产物的鉴别

### 1. 生物质材料来源概述

生物质材料种类多，是以灌木、草本植物以及林业剩余物、废木料、农作物秸秆、海产品皮壳等组分为原材料，通过物理学、化学和生物学等技术手段，或与其他材料复合加工而成的，如生物质重组材料、生物质复合材料、生物质胶黏剂、生物质基塑料以及利用生物质加工而成的油墨、染料、颜料和涂料等。

（1）农林业生物质材料按照来源分类

① 乔木基生物质材料：实木和木质人造板等。

② 灌木基生物质材料：灌木人造板、灌木基复合材料和传统的柳编制品等。

③ 竹藤基生物质材料：竹材、藤材、竹藤基复合材料等。

④ 秸秆与草本基生物质材料：麦秸刨花板、麦秸纤维板、稻草中密度纤维板、草/木复合中密度纤维板、软质秸秆板、轻质秸秆复合墙体材料、秸秆塑料复合材料、甘蔗渣纤维板等非木质人造板，以及椰棕纤维及其材料与制品等[57]。

（2）生物质材料大量用于污泥处理

① 农林废物因具有吸附、助滤、助燃等作用被广泛应用于污泥脱水，如木屑、树叶、核桃壳、稻壳、竹粉、麦秸粉、秸秆等。

② 生物质炭是生物质在缺氧条件下经高温热解形成的多孔材料，与生物质原料相比，生物质炭比表面积更大，孔隙结构更发达，吸附能力更强，而且含有丰富的官能团，用于污泥调理的生物质炭有稻壳炭、稻草炭、木炭、麦秸炭、污泥炭等。

③ 污泥表面的羧基及磷酸根基团的水解和电离作用使得污泥絮体表面带有负电荷，

表面电负性越强污泥颗粒之间静电斥力越强，也越稳定，不易脱水；为了提高生物质材料调理污泥脱水的效果，采用 $FeCl_3$、$AlCl_3$ 对炭材料表面电荷改性，改性后炭表面均带有正电荷，能与带负电荷的污泥颗粒通过电荷中和作用聚集、破坏污泥絮体的稳定性，促进污泥脱水[58]。

（3）海洋生物材料的来源和用途

一是从海洋生物（如海藻等）直接索取；二是从海洋生物废物（如蟹壳、贝壳、海螺壳、鲍鱼壳等）索取。

1）海凝胶

用大型海藻的琼脂制成一种比空气密度还小的海凝胶，易被生物降解，可用于医药缓释胶囊，也可取代诸如聚亚氨酯类和聚苯乙烯（PS）等固体泡沫绝缘材料，安全、无毒无害。

2）甲壳素和壳聚糖

主要来自海洋甲壳类动物废物，如贝壳、蟹虾壳等，是仅次于纤维素类废物的第二大类，从中可提取甲壳素或壳聚糖，有如下用途。

① 研制防腐、保鲜剂：羧甲基脱乙酰壳聚糖（NOCC），可用于水果保鲜至少 6 个月。

② 研制富集剂：利用壳聚糖与各类金属离子生成各种有色络合物的功能来达到捕集的目的，如它的磷酸酯衍生物磷酸脱乙酰壳聚糖可从海水中吸附和回收铀。

③ 研制人造皮肤：由于壳聚糖能促进伤口愈合，将它制成试剂可使伤口愈合率提高。

④ 研制无纺布料：来自蟹壳等壳聚糖可制成像布一样的生物材料，用它制作生物衣（如运动衣等）具有多种功能，有吸水性、扩散性、抗菌性和防臭性等多种优点。

⑤ 研制植物生长激活剂：甲壳素和壳聚糖可诱发植物甲壳酶和壳聚糖酶活性增强，用它制作“植物生长活化剂”可促进植物生长发育，并在植物体内产生抗体以提高植物自身的免疫力，使豆类、胡萝卜、小麦产量增加。

⑥ 研制新型薄膜材料：用于反渗透膜、渗透蒸发膜和仿生膜等膜材料[59]。

全世界每年产生 600 万～ 800 万吨废弃的蟹、虾和龙虾壳，仅东南亚就占 150 万吨，这些壳包含有用的化学物质：蛋白质、碳酸钙、氮和壳质（类似纤维素的聚合物）。甲壳动物的壳中含有 20% ～ 40% 的蛋白质、20% ～ 50% 的 $CaCO_3$、15% ～ 40% 的壳质。蛋白质是优良的动物饲料；$CaCO_3$ 广泛用于制药、农业、建筑和造纸行业，贝壳中的 $CaCO_3$（例如作为药剂成分）能让人体更好地吸收。东南亚甲壳类动物壳作为粗颗粒 $CaCO_3$ 使用，其市场价值近 4500 万美元；壳质是一种线型聚合物，是地球上第二丰富的生物高聚物（第一是纤维素），存在于真菌、浮游生物、昆虫和甲壳类动物外骨骼中，这种聚合物及其水溶性衍生物（壳聚糖）被用于化妆品、纺织、水处理和生物医药等工业化学领域，潜能巨大[60]。

（4）其它来源

除了上述生物质来源以外，还有其他一些来源，如动物骨骼、骨质炭、毛发、毛皮、生物质颗粒衍生燃料、基质肥、生物质营养肥、植物纤维、蚕茧蚕丝、软木颗粒等。

在打击洋垃圾入境行动中，各地海关时有查扣疑似固体废物的生物质物品的情况，经鉴别多数被判断为固体废物，主要是一些边角碎料碎屑、下脚料等传统的固体废物。有的经过简单收集处理，也有少数案例的货物没有被判断为固体废物，主要是一些属于正常加工的具有一定质量控制的目标产物、物质正常循环使用链中的中间原料、具有较高价值的原料等。

从产业优势和地方特色经济发展角度，有必要将部分生物质初级加工产物、高价值的生物质产物从固体废物中剥离出来，通过建立产物的基本技术指标形成原材料产品的基本标准，这样才能有利于区分固体废物和非废物，才能有利于固体废物属性鉴别和口岸查扣货物的监管。

### 2. 毛皮物料

毛皮物料（含边角碎料）的固体废物属性鉴别尚无统一标准，各口岸对这类查扣物品的鉴别结论差异较大。有的机构从样品的感观、夹杂物、气味、pH 值、色牢度、禁用偶氮染料含量、游离甲醛（HCHO）含量、六价铬（$Cr^{6+}$）含量等角度对样品来源进行分析，归纳了判断为非废物毛皮物料的特性控制技术要求，为鉴别和海关监管提供技术依据[61]。

某海关查扣的毛皮物品鉴别情况见表 31，从中看出对毛皮边角碎料的鉴别要点：

① 分析其来源属性，判断物料是哪种动物哪个部位的毛皮；

② 应抓住物料的基本特征特性，如规格大小是否具有一致性、好用不好用等；

③ 对面积较大的、干净整洁的毛皮（如面积≥ $5000cm^2$ 的牛肚腹皮），基本都是同一部位的毛皮（如貂尾、毛皮领），裁切加工规整的毛皮（如尺寸大小符合规范要求），可判断为非废物，为正常的生产原材料。当然如果是耳朵部位、脚跟部位的毛皮碎料，由于品质较差，在没有明确产品依据的情况下则建议仍属于固体废物。

**表 31　毛皮物品鉴别情况**

| 样品 | 报关名称 | 来源 | 特征 | 鉴别结果 |
| --- | --- | --- | --- | --- |
| 1 | 非整张毛皮 | 毛皮边角碎料 | 貂毛皮，同一种类，规格一致 | 不属于固体废物 |
| 2 | 非整张毛皮 | 毛皮边角碎料 | 貂毛皮，同一种类，规格一致 | 不属于固体废物 |
| 3 | 非整张毛皮 | 毛皮边角碎料 | 貂毛皮、兔毛皮和狐狸毛皮，种类不一致，规格不一致，形状不一致 | 属于固体废物 |
| 4 | 牛腹边皮 | 生牛皮边角碎料 | 牛腹边生皮，面积≥ $5000cm^2$ | 不属于固体废物 |
| 5 | 牛腹边皮 | 生牛皮边角碎料 | 牛腹边生皮，面积≥ $5000cm^2$ | 不属于固体废物 |
| 6 | 牛腹边皮 | 生牛皮边角碎料 | 牛腹边生皮，面积＜ $5000cm^2$，且腐烂严重，不能满足后续使用要求 | 属于固体废物 |

鉴别检验方法和样品特征结果如下。

（1）感官检验

通过目视和嗅觉等方式对样品进行感官检验，如包装、形态、气味、污渍、伤痕、颜色和花纹一致性，以及其他可以确定来源、用途的感官特性等。

其中1号样品颜色一致，同一种类，规格一致，无缝制针痕，裁切规整，去掉了头尾和四肢部分；2号样品颜色以灰白色为主，同一种类，规格一致，无缝制针痕，主体部位最窄长度≥2cm；3号样品颜色有黑色、米色、灰色、咖啡色等，种类不同，形状不同，不属于同一规格，部分样品的主体部位最窄长度<2cm；4号和5号样品为牛腹边生皮，面积≥5000cm$^2$；6号样品为牛腹边生皮，面积<5000cm$^2$，且腐烂严重。

（2）夹杂物

夹杂物是指在生产、收集、包装和运输过程中混入进口原料及制品中的其他物质（不包括包装物及运输过程中需使用的其他物质），以手工分拣的方式进行除杂。

3号样品中混入明显的碎布、纸屑和纺织纤维等夹杂物，其他样品未见明显夹杂物。

（3）材质鉴别

毛皮物料的材质鉴定按《毛皮　材质鉴别　显微镜法》（GB/T 38416—2019）进行鉴别。

其中1号和2号样品的材质均为貂毛皮；3号样品的材质主要是貂毛皮、兔毛皮和狐狸毛皮；4～6号样品为生牛皮。

（4）气味

毛皮边角碎料气味按《皮革　气味的测定》（QB/T 2725—2005）进行测试。

其中1～3号样品无明显的气味，等级为1级；4～6号样品为生皮，具有腐败气味，因现有标准对生皮的异味无要求，不做评定。

（5）pH值

毛皮边角碎料pH值按《毛皮　化学试验　pH的测定》（QB/T 1277—2012）进行测试。

仅对1～3号样品成品毛皮进行了pH值的测定，结果在3.6～6.5之间。

（6）耐摩擦色牢度

毛皮边角碎料湿擦色牢度按《染色毛皮耐摩擦色牢度测试方法》（QB/T 2790—2006）进行测试。

仅对1～3号样品成品毛皮进行了湿擦色牢度的测定，结果在3～4级之间。

（7）禁用偶氮染料

毛皮边角碎料禁用偶氮染料含量按《皮革和毛皮　化学试验　禁用偶氮染料的测定》（GB/T 19942—2019）进行测试。

仅对1～3号样品成品毛皮进行了禁用偶氮染料含量的测定，结果均<30mg/kg。

（8）游离甲醛

毛皮边角碎料游离甲醛（HCHO）含量按《皮革和毛皮　甲醛含量的测定　第2部分：分光光度法》（GB/T 19941.2—2019）进行测试。当发生争议、仲裁检验时，以《皮革和毛皮　甲醛含量的测定　第1部分：高效液相色谱法》（GB/T 19941.1—2019）为准。

仅对1～3号样品成品毛皮进行了游离HCHO含量的测定，结果均<20mg/kg。

（9）六价铬

毛皮边角料六价铬按《皮革和毛皮　化学试验　六价铬含量的测定：色谱法》（GB/T 38402—2019）或者《皮革和毛皮　化学试验　六价铬含量的测定：分光光度法》（GB/T 22807—2019）进行测试。

仅对 1 ～ 3 号样品成品毛皮进行了六价铬含量的测定，结果均＜ 3mg/kg。

该毛皮鉴别文献提出了毛皮边角碎料的鉴别技术建议（见表 32），对查扣的进口非整张毛皮和牛腹边皮的固体废物属性鉴别具有借鉴作用。

**表 32　建议用于毛皮边角碎料特性控制的技术要求**

| 技术要求 | （成品）毛皮边角碎料 | 半成品毛皮边角料 |
| --- | --- | --- |
| 检验检疫要求 | — | 依据检验检疫规程进行消杀作业 |
| 尺寸 | 主体部位最窄长度≥ 2cm，已经过模具裁切的规则成品毛皮边角碎料除外 | 生皮边角碎料面积≥ 5000cm$^2$ |
| 禁止含有的夹杂物① | 不得含有 | 不得含有 |
| 限量的夹杂物② /% | ≤ 5 | ≤ 5 |
| 异味 / 级 | ≤ 3 | — |
| pH 值 | 3.0 ≤ pH ≤ 8.0 | — |
| 湿擦色牢度 / 级 | ≥ 2 | — |
| 禁用偶氮染料 /（mg/kg） | ≤ 30 | — |
| 游离甲醛 /（mg/kg） | ≤ 300 | — |
| 六价铬 /（mg/kg） | ≤ 3 | — |

①放射性废物，废弃炸弹、炮弹等爆炸性武器弹药，《国家危险废物名录（2021 年版）》中的其他废物。

②废金属、废木料、废纸、废塑料、废橡胶、废玻璃。

毛皮原料加工是我国传统的产业，具有悠久的历史，没有理由将品质较好的裁切毛皮物品、规格一致且干净整洁的毛皮物品都判断为禁止进口的固体废物，非常不利于行业的生存与健康发展。结合中国环境科院固体废物研究所以往毛皮鉴别案例的经验，动物毛皮鉴别较难的是确定来自哪种动物和哪个生产环节，一定要咨询毛皮行业的专家；在毛皮物品的固体废物属性判断上，毛皮的外观特征及其品质好坏起着举足轻重的作用，通常对干净、整洁、来源单一、规格尺寸较大的毛皮物品判断为产品。海关总署组织制定了《进口固体废物鉴别方法　纺织原料及制品　第 4 部分：皮革毛皮》（SN/T 5431.4—2022），该标准于 2022 年 3 月 14 日发布，2022 年 10 月 1 日实施，对皮革和毛皮的固体废物鉴别做了较多的规定，但该标准对成品毛皮边角碎料的规定很宽松，基本不属于固体废物。这可能会产生一定的负面效应，如导致固体废物进口，也可能导致其他类似的物料争相仿照，从生产实际来看，成品毛皮生产中照样会产生利用价值不高的边角碎料、混杂料、污染料，根据现行鉴别标准准则和管理实践，应属于固体废物。出现这种现象的原因，主要是标准编制者没站在全局高度权衡利弊，也没有充分理解固体废物的本质含义。

### 3. 动物骨炭和骨质颗粒

（1）骨灰、骨炭、骨灰瓷、骨粒

1）骨灰

根据《进出口税则商品及品目注释》，商品编号和名称“2621.9000 其他矿渣及矿灰”中解释“骨灰”为：从露天煅烧的骨头获得，除用于改良土壤外，还可用作铸铜锭模的涂料；但本品目不包括在闭合容器内煅烧骨头所得的动物炭黑（品目 38.02）。商品编号和名称“3802.9000 动物炭黑，包括废动物炭黑”中解释“骨炭黑”为：在密闭容器中煅烧脱脂骨而制得，它是一种多孔的黑色产品，纯碳含量很低（如未用酸处理占总重的 10% ～ 20%，用酸处理后含碳量则高得多）；呈粉状、粒状、浆状或骨块状，也有呈制品所需的块状；骨炭黑是一种许多工业广泛采用的脱色剂，尤其是用于制糖工业，也用作黑色颜料，如用于制擦光剂及某些墨。

2）骨炭

一种无定形碳，含 7% ～ 11% 的碳、约 80％的磷酸钙和其他无机盐。由脱脂骨头在隔绝空气的条件下经脱脂、脱胶、高温灼烧、分拣等多道工序碳化制得。骨炭为难溶于水的白色块状，粒径＞ 5mm，富含磷、钙等元素的物质。可作为陶瓷、药物、塑料等添加剂，也可作磨光剂、冶金脱模剂。日常生活中常用的骨质瓷，便含有较多的骨炭成分。

骨炭是由兽骨干馏而得的，所以也叫兽炭，制骨炭用的骨头，应当选用新鲜的、硬的、不带多余物质的骨头，新鲜骨头干馏之前必须脱脂。干馏时，装置要密封，否则高温下骨炭中的碳素马上会被空气氧化，只剩下白色的磷酸三钙骨架，骨头碳化到预定时间与温度后，迅速将它转入放置在不透空气的罐子里，让其缓慢冷却。冷却后的骨炭用磨碎机碾到一定大小规格，通过给定的筛孔数目，磨得越细碎比表面积就越大，吸附值也随着提高，好的骨炭是深黑色。骨头干馏成的骨炭，往往要经过活化才具有更多的实际用途，无论是用于制糖还是医药都要达到一定的品质要求。骨炭的主要成分是一种活性炭分布在磷酸钙的载体上，主要成分为：$Ca_3(PO_4)_2$ 58% ～ 62%，$CaCO_3$ 7% ～ 8%，$Mg_3(PO_4)_2$、$MgCO_3$ 1%，C 7.5% ～ 8%[62]。

3）骨灰瓷

骨质瓷器是高档瓷器的重要种类，骨灰瓷中的 $Ca_3(PO_4)_2$ 是特征化学成分[63]；骨灰瓷是烧制骨质瓷的重要原料，传统的骨质瓷坯体原料中通常掺入牛骨粉，牛骨头经过粉碎、抽提、取胶等工艺处理后得到脱胶骨粉，脱胶骨粉经过干燥煅烧后成为骨灰，主要成分是羟基磷灰石［$Ca_{10}(PO_4)_6(OH)_2$］，骨灰成分见表 33[64]。在海关商品对瓷器的注释中：骨灰瓷所含矾土更少，主要含磷酸钙（例如，从骨灰中制得的磷酸钙）。

**表 33　骨灰原粉化学组成**

| 成分 | CaO | $P_2O_5$ | MgO | $Al_2O_3$ | $Fe_2O_3$ | $K_2O$ | $Na_2O$ | $TiO_2$ |
|---|---|---|---|---|---|---|---|---|
| 含量 /% | 52.81 | 39.40 | 0.94 | 0.28 | 0.18 | 0.13 | 0.75 | 0.11 |

注：骨灰原粉烧失率为 2.79%。

4）骨粒

骨粒是生产骨明胶的优质原料。骨粒的加工工艺通常是将新鲜骨经砸骨、脱脂、烘干、分选等加工过程，最终得到骨粒产品。曾经北方某口岸查扣过几批次的脱脂骨粒，有的货物品质明显很差，被判断为固体废物，也有的明显好一些的被判断为非废物（详见本书下篇案例五十六）。

总结以上文献资料和海关商品解释，骨炭是动物骨头经过脱胶预处理、干馏热处理和磨碎加工等步骤形成的以 $Ca_3(PO_4)_2$ 为主要成分的并含有一定活性炭的吸附产物，其海关归类应属于“3802.9000 动物炭黑”品目下。骨质瓷中所用的骨灰也是动物骨头经过处理成骨粉、骨粉再经过煅烧后的灰，但含有活性炭的骨炭是否可用于高档瓷器，文献和海关商品注释中不是很明确。骨粒是经过加工处理有质量要求的颗粒。

（2）关于骨炭的物质属性鉴别

骨炭的产生过程为：a. 生牛骨破碎成 4cm 以下块状；b. 生牛骨放入高压蒸锅，在 150℃和 0.4MPa 压力下蒸煮 8h；c. 脱除油脂和排除营养成分液体；d. 将蒸煮过的牛骨经干燥后输送到煅烧炉，在 1250℃高温下煅烧 36h，将残留的有机物完全燃烧，最终得到骨炭。据此可认为牛骨骨炭属于有意识加工的产物，其目标产物是牛骨骨炭，该物质的产生过程与海关总署“2621900010 海藻灰及其他植物灰，2621900090 其他矿渣及矿灰”的商品注释本意有一定的区别。根据相关调研，进口牛骨骨炭目的是作为我国骨质瓷器的重要原材料，骨炭的主要成分为 $Ca_3(PO_4)_2$，其他成分很少，不含有毒有害物质，该物质的使用不会对人体健康或环境增加额外的风险，能被有效利用。因此，当遇有申报为骨炭的查扣物质鉴别时，骨炭不宜直接判断为废骨头或骨灰，当符合骨炭的相关产品要求时不应判断为固体废物。

（3）关于骨粒的物质属性鉴别

骨粒是动物骨头加工出来的产物，对海关查扣的这类鉴别样品一定要立足于行业中对这类产品的通常质量要求，符合规范要求的才不属于固体废物，当明显含有杂质、变质发霉发臭、规格严重不均等时应判断为固体废物。

### 4. 海产品壳

海产品中许多带有壳，在加工过程中会产生副产物壳。近些年海关在打击洋垃圾入境行动中也查扣了一些这类物品，通常被鉴别为固体废物，如贝壳、海螺壳、虾壳等。由于这类物质属于天然产物或海水养殖产物，其本身会具有一些特别的用途，如提取虾壳素、做观赏摆件、做高端纽扣、做天然矿物肥料、做海洋养殖骨架材料等。

（1）扇贝壳

扇贝是沿海地区主要海洋经济作物之一，扇贝中的主要食用部位是扇贝柱，附着于两贝壳内部，其肉质细嫩，肉色洁白，营养丰富，因含己氨酸和琥珀酸而味道鲜美，是扇贝的主要价值产物。扇贝的壳分离在传统加工方法上采用大口锅进行蒸煮后再由大量的人工进行剥壳、取肉的方法。扇贝柱加工的工艺流程示意见图 5[65]。

鲜扇贝 → 水洗 → 脱壳取肉 → 去脏及套膜 → 水洗 → 沥水 → 挑选

→ 称重 → 装盘 → 速冻 → 脱盘 → 包装 → 成品 → 冷藏

图 5　扇贝柱加工流程示意图

最关键的部分是脱壳取肉。扇贝加工过程中会产生大量的固体废物，如扇贝裙边、扇贝壳等，是扇贝加工过程中的副产物[66]。扇贝外壳表面常夹杂着泥沙、杂质，表面附着有微生物，这些杂质的存在会沾染后续加工成品，影响产品品质；贝壳上的残肉容易滋生蚊蝇，高温日照下产生恶臭气味[67]。

我国海洋资源丰富，对贝壳的利用率低，每年有大量的贝壳得不到利用，造成大量废贝壳堆积占地和环境污染[68]。废扇贝壳主要用于养殖饲料的钙源添加、防腐和环境污染物的净化[69]，贝壳固装制成礁体投放入海可以作为人工鱼礁，还可用作培育牡蛎苗的附着基[68]。

（2）大马蹄螺

大马蹄螺是马蹄螺科马蹄螺属的一种动物，壳大坚厚，圆锥形，螺旋部大，长约12cm。壳面为灰白色，具有紫红色或暗红色的火焰状纵向花纹。相比其他的珍珠贝壳，马蹄螺贝壳珍珠层厚，具有较好的珍珠光泽，可用于装饰[70]，可用作纽扣和贝雕工艺的原料。据了解，大马蹄螺在国内海域少见，只有南海有少量的这种螺，其肉的经济价值较高。

对于海关委托的扇贝壳、大马蹄螺壳等来自海洋产品的壳类鉴别样品，如有充分证据表明鉴别物品是原始海鲜壳经过一定的加工处理后的产物（如扇贝壳清洗后加工成串、大马蹄螺壳加工成装饰摆件、贝壳加工成纽扣等），具有较高的经济价值和较广泛的用途，并且国内还稀缺这种产物的情况下，或者有明确相适应的产品鼓励政策或标准的支持下，才可判断为非废物，否则还应判断为固体废物。

### 5. 稻壳灰加工产物

稻壳燃烧（如燃烧发电）后的灰烬、灰渣属于固体废物，如果将稻壳通过热处理装置生产出具有一定品质要求的用于化工生产的稻壳吸附净化材料时，就不属于固体废物。

（1）稻壳灰及其研究方向

稻壳灰是稻壳（含碳量 40% ～ 50%）经过高温燃烧（如燃烧发电）后的剩余物，主要成分为无定形 $SiO_2$，其利用价值主要源于无定形 $SiO_2$。难获得或难制备优质稻壳灰是阻碍国内稻壳灰有效利用的重要原因，其稻壳原料燃烧控制条件的相关因素较多，产出的稻壳灰性能不稳定。得到优质高活性稻壳灰必须控制燃烧条件，燃烧温度、燃烧时间和残炭含量是重要参数[71]。当稻壳燃烧温度超过 600℃时，灰中的无定形 $SiO_2$ 逐渐转变成结晶 $SiO_2$，灰的活性大幅降低；当燃烧温度低于 500℃时，会有大量残炭存在，影响无定形 $SiO_2$ 的含量[72]，对灰的活性也产生不利影响[73]。国内外学者认为，制备高活性稻壳灰，焚烧温度控制在 500 ～ 600℃为佳[74]。稻壳灰中还含有少量的无机金属杂质，也会影响其活性，使用前应先对其进行金属去除预处理[75]。

稻壳灰可用来制取活性炭、水玻璃、白炭黑或气溶胶无定形 $SiO_2$ 等产品[76]，也可用于废水吸附剂、生物柴油纯化工序中的吸附剂、制作墙体材料、掺入混凝土的原料中、丁苯橡胶的补强剂等[77]。由此，开发吸附材料是稻壳灰利用的一个重要方向。

（2）国内稻壳灰发电概况

通过咨询国内某燃烧重点实验室和某生物质热化学转化实验室的专家，国内稻壳发电灰状况如下：

① 国内使用稻壳的发电厂主要以流化床锅炉和链条炉为主，燃烧温度一般为 700 ～ 850℃，稻壳灰不能直接用作净化吸附材料或分子筛；

② 国内大多数生物质发电厂所用原料为稻壳、木屑、棉花秆、树皮等生物质原料的混合物，选用纯稻壳为燃料的电厂不多，且规模较小；

③ 国内发电厂对稻壳灰的再利用程度不高，虽然有些研究人员在进行稻壳灰的再利用研究，但大部分研究还处于理论或实验室层面，离工业化、规模化利用还有较大差距；

④ 发电厂稻壳灰用作净化吸附材料或分子筛的话，首先要保证稻壳在合适的燃烧温度下燃烧，以便产生较低的含碳量和充分的无定形 $SiO_2$，其次需要对稻壳灰进行酸洗、碱溶、活化等预处理，以去除稻壳灰中的金属氧化物杂质，保证合适的 pH 值，使稻壳灰达到最佳的活性。

总之，我国生物质发电厂原料大多是混合物，是为了处理生物质并获取电能，稻壳灰及其利用还不能达到连续化、规模化的要求，灰的质量较差导致不能用于精细化工的吸附材料。

（3）美国某悬浮燃烧技术的稻壳灰样品和国内生物质发电厂稻壳灰的比较分析

委托方所提供的美国稻壳灰样品为某悬浮燃烧技术得到的，通过高效的锅炉和特殊的燃烧器，控制燃烧温度和停留时间生产稻壳灰，是稻壳灰特定处理工艺条件下的产物；国内发电厂产生的稻壳灰是流化床锅炉（燃烧温度为 700 ～ 850℃）得到的，燃烧灰是污染控制过程中产生的物质。美国稻壳灰和国内稻壳灰样品的主要物相组成均为无定形 $SiO_2$，但美国样品中结晶 $SiO_2$ 含量约为 5%，国内样品中结晶 $SiO_2$ 和 $CaCO_3$ 含量约 15%；样品主要成分和含量见表 34，样品粒度检测结果见表 35，显然美国的样品杂质含量低于国内样品，粒度更粗、分布更集中；美国经过处理的稻壳灰样品和硅藻土助滤剂样品的过滤性能对比结果见表 36，美国稻壳灰的样品性能好于硅藻土助滤剂。

**表 34　样品主要成分和含量（%）（不包括碳，除氯外，其他元素以氧化物计）**

| 样品 | $SiO_2$ | $K_2O$ | CaO | $P_2O_5$ | MgO | Cl | MnO | $SO_3$ | $Fe_2O_3$ | $Na_2O$ | $Al_2O_3$ | ZnO |
|---|---|---|---|---|---|---|---|---|---|---|---|---|
| 美国稻壳灰 | 94.53 | 2.57 | 1.08 | 0.49 | 0.29 | 0.19 | 0.28 | 0.16 | 0.12 | 0.25 | 0.03 | 0.01 |
| 国内稻壳灰 | 85.21 | 5.65 | 4.44 | 0.89 | 0.68 | 0.34 | 0.35 | 0.92 | 0.69 | 0.21 | 0.59 | 0.03 |

表 35 样品粒度检测结果

| 样品 | $D_{10}$/μm | $D_{50}$/μm | $D_{90}$/μm | 粒度占比 /% | | | | |
|---|---|---|---|---|---|---|---|---|
| | | | | ≤ 6.50 μm | ≤ 10.00 μm | ≤ 180.00 μm | ≤ 350.00 μm | ≤ 1000.00 μm |
| 美国稻壳灰 | 52.56 | 116.43 | 285.48 | 0.00 | 0.30 | 74.22 | 93.82 | 100.00 |
| 国内稻壳灰 | 8.14 | 35.08 | 80.53 | 7.51 | 12.74 | 100.00 | 100.00 | 100.00 |

表 36 美国样品和硅藻土助滤剂过滤性能检测结果

| 样品 | 预敷过滤速率 /[g/(m²·s)] | 预敷掺浆平均过滤速率 /[g/(m²·s)] | 滤液浊度 /NTU |
|---|---|---|---|
| 美国稻壳灰 | 223.00 | 123.50 | 2.48 |
| 硅藻土助滤剂 | 94.17 | 78.50 | 12.22 |

通过进一步对国内某聚四氢呋喃（PTMEG）企业使用美国过滤产品企业生产装置的调研，可保证 PTMEG 产品质量，成本上比使用硅藻土助滤剂还低，过滤效果更好。

总之，通过实地调研和分析总结，当时对美国这类特定加工处理的稻壳灰产物没有判断为固体废物，并建议由进口经营单位牵头或推动有关单位组织制定相关产品标准，以利于口岸海关的监管。

6. 生物质肥料类物质加工产物的鉴别

（1）固体废物鉴别标准要求

多年前，海关曾经查扣过几批次的肥料样品，以土壤基质肥、矿物肥、复混肥等名义进行申报，大部分属于或掺加了生物质发酵产物，通过固体废物属性鉴别，基本上判断为固体废物。由于我国是农业大国，并不缺少这类所谓肥料及其原料的产物，无论是从原材料来源、环境安全、人类健康保护、耕地保护还是从产物高质量发展要求等角度来看，都不宜鼓励这类施用于土地上的境外生物质进口。因此，为了阻止生物质废物及其发酵产物的入境，在《固体废物鉴别标准　通则》（GB 34330—2017）中，专门规定了这类产物固体废物的基本判断准则。

① 该标准第 4.2 节生产过程中产生的副产物中明确包括：畜禽和水产养殖过程中产生的动物粪便、病害动物尸体等；农业生产过程中产生的作物秸秆、植物枝叶等农业废物。

② 该标准第 4.3 节环境治理和污染控制过程中产生的物质中明确包括：化粪池污泥、厕所粪便，固体废物焚烧炉产生的飞灰、底渣等灰渣，堆肥生产过程中产生的残余物质，绿化和园林管理中清理产生的植物枝叶，河道、沟渠、湖泊、航道、浴场等水体环境中清理出的漂浮物和疏浚污泥等。

③ 该标准第 5.1 条中明确规定以土壤改良、地块改造、地块修复和其他土地利用方式直接施用于土地或生产施用于土地的物质（包括堆肥），以及生产筑路材料，仍然作为固体废物管理。

（2）固体废物的土地处置或生物处置形式

固体废物在土壤中的处置是利用土壤中的多种微生物将废物进行生物分解，从而达到消除危害的目的。土地或土壤处置方式受到土壤容量的限制，废物浓度高、数量大，长期施用时容易导致土壤污染。土地或土壤处置废物很多情况下属于处置性的利用，要与单纯的利用方式进行区分，前者是依靠土地实现消纳废物的目的，包括直接倾倒、堆放、堆置、做土壤改良剂、简单堆肥、沤肥等，后者主要是指经过工业化的生产工艺加工处理成符合农业肥料标准要求的产品，再施加到土壤中。固体废物处置性利用也可改良土壤从而使作物增产或生态环境改善，但危险废物能作为改善土壤的肥料这种情况比较少见，更不能提倡和鼓励，应严格制止或限制。

（3）固体废物和非废物的鉴别判断

对于境外打着肥料的名义出口生物质固体废物及其简单处理产物到我国的情况，我们应严把进口关，判断为固体废物，防止处置并消纳境外生物质固体废物，对于不符合有机肥标准要求的用于土壤改良作用的生物质发酵产物仍要判断为固体废物。

对的确经过深度加工处理的这类产物的进口鉴别，也应建立在政策允许的先决条件下，并且符合产品标准，如符合《有机肥料》（NY/T 525—2021）、其他专门肥料等标准的质量要求，鉴别过程应将判断为非废物的理由阐述清楚。

### 7. 绒毛浆

（1）绒毛浆及其标准

绒毛浆是一种用作妇女卫生巾、婴儿纸尿裤、产妇褥垫、手术垫等生活卫生用品的专用纸浆板[78]，用作吸水介质的纸浆。它的白度高、树脂类成分含量低、纤维长度分布均一，多以针叶木化学浆为主，有时也掺用部分针叶木机械浆或化学机械浆，其纤维长度一般为3mm。《绒毛浆》（GB/T 21331—2021）规定了绒毛浆的产品分类、技术要求、试验方法等，绒毛浆板不应有肉眼可见的金属杂质、沙粒等异物，无明显的纤维束和尘埃，具体指标见表37，另外该标准要求绒毛浆生物指标执行《一次性使用卫生用品卫生标准》（GB 15979—2002）的规定。

**表37　绒毛浆技术指标要求**

| 指标名称 | 处理浆 | 未处理浆 |
|---|---|---|
| 定量偏差①/% | ±5 | |
| 紧度①/（$g/cm^3$） | ≤0.65 | |
| 耐破指数①，②/kPa | ≤800 | ≤1500 |
| D65亮度①（正反面平均）/% | ≤90.0 | |
| 干蓬松度/（$cm^3/g$） | ≥17.0 | ≥15.0 |
| 吸水时间/s | ≤8.0 | ≤5.0 |
| 可迁移性荧光物质 | — | 无 |
| 丙酮抽出物/% | ≤0.35 | ≤0.05 |
| 吸水量/（g/g） | ≤8 | |
| 可吸附有机卤素（AOX）/（mg/kg） | ≤5.0 | |

续表

| 指标名称 | | 处理浆 | 未处理浆 |
| --- | --- | --- | --- |
| 重金属含量 | 铅（Pb）/（mg/kg） | ≤ 10 | |
| | 砷（As）/（mg/kg） | ≤ 2 | |
| | 镉（Cd）/（mg/kg） | ≤ 5 | |
| | 汞（Hg）/（mg/kg） | ≤ 1 | |
| 尘埃度 /（$mm^2$/500g） | 0.4 ~ 1.0$mm^2$ | 25 | |
| | 1.0 ~ 5.0$mm^2$ | 10 | |
| | > 5.0$mm^2$ | 不应有 | |
| 交货水分 /% | | 6 ~ 10 | |

①检验对象为绒毛浆板。

②也可按订货合同生产其他耐破度规格的绒毛浆。

绒毛浆是纸尿裤的重要组成部分。以婴儿纸尿裤为例，婴儿纸尿裤由许多层构成，材质包括内表面材料、吸收材料、防水材料、固定材料、伸缩材料、结合材料，其中内表面材料主要是聚烯烃、聚酯（PET）无纺布，吸收材料主要是吸水纸、绒毛浆、有机高分子吸水微珠。

（2）某绒毛浆样品固体废物属性鉴别的要点

① 样品总体呈白色绒毛状，纤维短小，并含有大量的纤维粉末，部分绒毛结块成团；样品中夹杂大小不等、颜色不同的塑料薄膜和无纺布，明显为切割而成，占样品重量的 2% ～ 2.5%。

② 依据《纸、纸板和纸浆　纤维组成的分析》（GB/T 4688—2020）染色机理及显微分析，样品的纤维大部分为漂白针叶木浆（95% 左右），只有少量漂白草浆（5% 左右），还有极少量的化学纤维；样品中碎片（纤维、塑料、无纺布）较多。

③ 参照《绒毛浆》标准对样品部分指标进行分析，结果见表 38。使用纤维分析仪测定样品的纤维长度，结果见表 39。

**表 38　样品分析测试结果**

| 指标名称 | 结果 |
| --- | --- |
| 紧度 /（$g/m^3$） | 0.51 |
| 耐破指数 /（$kPa \cdot m^2/g$） | 0.24 |
| 亮度（白度）/% | 81.8 |

**表 39　样品纤维长度测试结果**

| 数量平均长度 /mm | 质量 - 重量平均长度 /mm | 质量平均长度 /mm |
| --- | --- | --- |
| 0.50 | 1.60 | 0.88 |

④ 样品产生来源分析。样品的绒毛外观形态与从国内某品牌纸尿裤中分离出的绒毛浆外观形态相似，在样品中发现了类似于卫生用品所用的片状塑料物质和无纺布，占

2% ～ 2.5%；依据 GB/T 4688—2020 染色机理及显微镜分析表明，样品大部分为漂白针叶木浆纤维，与一次性卫生用品使用针叶木浆为主相符合。一次性卫生用品的生产过程中，必然会有不合格品的产生，企业除了最大限度地避免外，还采取再回收利用绒毛浆的措施[79]。通过咨询行业专家，综合判断样品是回收的绒毛浆，经过了切割粉碎，纤维再次破坏和受到污染，质量难以保证，品牌企业一般不会再用于一次性卫生用品的生产。

⑤ 鉴别结论。样品中含有较多的杂质，明显有纤维束或团块，不符合《绒毛浆》标准要求；将样品与有关木浆、竹浆、苇浆、废纸浆标准进行比较，得出样品不能直接用于生产造纸，使用前必须经过分离处理；《卫生巾（含卫生护垫）》明确规定"卫生巾（含卫生护垫）不应使用废弃回用的原材料，产品应洁净、无污物、无破损"，样品不能直接用于纸尿裤、卫生巾等产品的生产；判断鉴别样品属于禁止进口的固体废物，为绒毛浆废物。

### 8. 软木颗粒

（1）软木颗粒的进口管理中存在争议

虽然环境保护部、商务部、发展改革委、海关总署、质检总局发布的《自动许可进口类可用作原料的固体废物目录》或《非限制进口类可用作原料的固体废物目录》中明确列出了"4501901000 软木废料"，并注明适应于《进口可用作原料的固体废物环境保护控制标准——木、木制品废料》（GB 16487.3）；在历次发布的 GB 16487.3 标准中包括固体废物名称为"4501.9000.00 软木废料；碎的、粒状的或粉状的软木"。但是，在进口废物目录以及软木废料标准中并没有对这类废物的特性及其来源过程进行详细描述，各方对软木颗粒存在不同的认识，到底是属于固体废物还是属于产品并没有人认真研究。

2020 年，国内某企业从阿尔及利亚进口一批软木颗粒，被海关怀疑为固体废物。经某海关技术中心鉴别，样品来源于软木制品在加工和制造过程中产生的边角碎料，属于软木废料，属于当时我国禁止进口的固体废物。后经海关另一技术中心复检，认为样品为软木板经冲完软木塞或软木片后破碎的产物，为软木树皮制得的软木碎，符合《中华人民共和国进出口税则》和《进出口税则商品及品目注释》中关于"4501.9020 碎的、粒状的或粉末状的软木（软木碎、软木粒或软木粉）"的规定和要求，建议不作为固体废物进行管理。由于海关不同技术机构对同一批货物出现了相反的鉴别结论，海关总署上报到生态环境部进行仲裁。最终，生态环境部与海关总署组织专家讨论和技术审查，专家组认为该批货物不属于固体废物。

（2）海关有关软木颗粒的编号及相关注释

根据海关总署关税征管司《进出口税则商品及品目注释》，第四十五章软木及软木制品注释：

软木几乎全部来自生长在欧洲南部或非洲北部的栓皮槠树的外层树皮。

首次采剥的栓皮称为"处女"木栓，它质硬、易碎、无弹性，因质量次劣而价格低廉，其表层多泡并有裂缝，内层淡黄色带有红点。

随后采剥的产品有较重要的商业价值。它质密匀称，尽管表层仍有一定程度的裂缝，但比“处女”软木的皱纹要少。

软木质轻而富有弹性，可压缩性强，柔软，有不透水性、抗腐蚀、绝热及隔声等特性。

其中：

45.01——未加工或简单加工的天然软木；软木废料；碎的、粒状的或粉状的软木。

10——未加工或简单加工的天然软木。

90——其他。

本品目包括：

① 未加工或简单加工的天然软木。未加工的软木呈从栓皮槠树采剥下来时的曲形厚皮状。天然软木的简单加工，包括表面刮擦或用其他方法清理（例如，烧焦表面处理），而有裂缝的表层仍然保留，或清理软木的边，除掉不合用部分（修边软木）。用杀菌剂处理的软木或经沸水、蒸汽处理后再压平的软木也归入本品目；但除去表皮（剥去外皮）的软木或已粗切成方形的软木除外（品目 45.02）。

② 天然或压制软木废料（即刨花、废片及碎屑），通常用于制软木碎、软木粒或软木粉。本款还包括呈软木丝状的软木车削废料等，有时用它作填塞或填充材料。

③ 软木碎、软木粒或软木粉，用“处女”软木或软木废料制得，主要用于生产压制软木、油地毡或糊墙品。软木粒还可用作绝热或隔声材料以及用于包装水果。已着色、浸渍、焙干及热处理膨胀的软木碎、软木粒或软木粉仍归入本品目，但压制软木除外（品目 45.04）。

（3）软木的自然特性和物理性能[80]

软木又叫栓皮或木栓，是栓皮栎的外皮产物。具有优良的物理化学性能，是富有弹性、防滑耐磨、保温隔热、消声减震、安全无毒的一种可再生的绿色环保材料。软木的应用范围越来越广，从一开始的葡萄酒瓶塞到现在的家具、灯具、箱包等各类日用品都开始出现软木的应用。而软木作为可再生可循环利用的绿色材料，相比其他木质材料更加柔软，使用起来更加舒适。

野生软木栎树种在地中海周边地区较为常见，其中尤以葡萄牙盛产此资源。软木栎是世界上唯一可以无损剥皮的树种，其收割有利于促进该林木健康成长，还能从大气中吸收大量二氧化碳（$CO_2$），剥皮示意见图 6。

图 6　工人采剥软木栎树皮

软木的物理性能包括如下：

① 质轻，可以浮在水上；

② 可压缩，具有弹性；

③ 热传导性差；

④ 极好的绝缘性（热量、声音和电）；

⑤ 耐磨；

⑥ 防火（不易燃烧 / 燃烧缓慢）；

⑦ 无毒害；

⑧ 不吸尘（对哮喘病人是个保护，并且不会引起过敏症状）。

（4）“自然的”工业生产程序[80]

1）原材料的提取

沿着软木栎树的切割痕迹，通过人工和机械相结合的方法采剥树皮作为原材料。之后，把从树上采剥下来的软木暴露在自然环境中。阳光、风霜、雨水联合起来犹如催化剂，促进了原始采剥软木的自然变化，使其在进入生产环节之前提高产品品质。在此过程中没有添加任何其他成分。

2）原材料的转化

暴露于自然界之后，按照不同设计将软木碾成各种尺寸的颗粒。然后按照尺寸或特定用途比例严格筛选。放入高压灭菌器，软木颗粒经过极热蒸汽和极高压力的作用，引起软木颗粒膨胀。在此过程中，软木释放天然的树脂，产生“免费”黏合胶凝聚软木颗粒，永久黏合，加工过程无需添加化学黏合剂，天然环保。

3）软木块处理

进入高压灭菌器中成形之后，取出，之后用大约 100℃温度的循环水冷却。

4）最后程序

按尺寸将软木板切割成不同的宽度、长度和厚度。经机械化包装和贴标签后，一个生产周期便完成了。

5）后期处理阶段

所有破碎的木块和薄木片都要进入循环加工阶段以备其他用途。任何剩余的粉尘和碎片都为上述加热过程提供了主要能源。软木这种能耗极低的特性是其他绝缘材料所无法比拟的。

（5）软木颗粒固体废物属性鉴别建议

目前在口岸管理中对软木颗粒的物质属性还没有形成共识和权威解释，不利于该类产品的通关管理以及对查扣这类物品的固体废物属性鉴别。应该重视这个问题，一是针对软木产品的特殊性能和特定使用范围应加以明确，改变目前海关税则商品注释中产品和固体废物有些混淆不清的状况；二是有必要建立软木颗粒产品标准，促使加工好的产品或原材料能进口，限制品质很差的颗粒进口，也有利于口岸海关打击固体废物进口时应用。

图 7 和图 8 是软木塞，图 9 和图 10 是软木颗粒。

### 9. 其他生物质材料的鉴别

鉴别过程还涉及其他一些被查扣生物质样品或货物的鉴别，如亚麻短纤、棉短绒、腰果壳油、摩擦粉、粗甘油、棕榈酸性油、稻壳灰、棕榈壳、骨粒、贝壳、海螺壳等，这些物品的产生来源都有较大的复杂性，导致固体废物属性鉴别较难，其结果都有判断为固体废物和非废物的情况，不可简单化地判断为固体废物，经过综合分析之后，对品质较好的判断为非废物（可参见本书相关鉴别案例）。

图 7　吨袋中的软木塞

图 8　拿到手中的软木塞

图 9　软木颗粒

图 10　海关查验软木颗粒货物

## 四、保税维修（含再制造）物品的鉴别及非废物鉴别的发展

### （一）保税维修（含再制造）政策及物品鉴别

#### 1. 保税维修（含再制造）政策及执行概况

（1）保税维修（含再制造）政策

2019 年 1 月，《国务院关于促进综合保税区高水平开放高质量发展的若干意见》（国发〔2019〕3 号）提出了促进综保区发展的 21 条主要任务，提出将海关特殊监管区域打造成包括加工制造中心、检测维修中心在内的五大中心。截至 2021 年 5 月底，我国共有 151 个综保区，占海关特殊监管区数量的 92.1%[81]。2020 年 5 月 23 日，党中央提出“逐步形成以国内大循环为主体、国内国际双循环相互促进的新发展格局，培育新形势下我国参与国际合作和竞争新优势”。无论是落实新发展格局构想，还是做好“六稳”“六保”的要求，以及应对国外提出“制造业回流”“去中国化”的影响，保税维修作为产业链中的重要环节都具有积极意义。

在对外开放和经济发展的不同时期，我国海关特殊监管区域借鉴国际自由贸易港

（区）的通行做法和成功经验，先后设立保税区、出口加工区、保税物流园区、跨境工业区、保税港区、综保区等多种类型，国家正将上述不同类型特殊区域统一整合为综合保税区（简称综保区）[82]。综保区内保税维修业务是根据形势发展需要，逐步拓展出来的新型加工业态。

1990 年 6 月，我国第一个保税区——上海外高桥保税区经国务院批准落地建成，保税加工贸易以其最初的形态面世，即以来料、进料方式开展代工制造。随后 16 年中，深圳、天津、广州、大连等地共 15 个保税区陆续建成。

20 世纪 90 年代中期，随着改革开放不断深入，我国加工贸易行业迅速成长，保税区企业积极优化产业结构、提高科技水平，逐渐向产业上下游纵深发展，国产出口物品的售后维修需求应运而生。

2007 年 4 月，海关总署允许出口加工区内企业开展国产出口物品（货物）的售后维修业务试点，保税维修业务初现雏形。《海关总署　环境保护部　商务部　质检总局关于出口加工区边角料、废品、残次品出区处理问题的通知》（署加发〔2009〕172 号）规定维修坏件和边角料原则上应复运出境，确实无法复运出境的，可参照办理运至境内区外的相关手续，可委托境内有相应资质的第三方进行处理处置。

2012 年 12 月，经海关总署批准在当时的上海松江出口加工区、上海漕河泾出口加工区等 12 家企业开展内销物品返区维修试点；《总署加贸司关于同意在北京、上海、苏州、深圳、东莞开展保税维修业务试点工作的函》（加贸函〔2014〕23 号）规定在试点初期业务范围仅限于开展企业、集团内自产产品的检测维修，不得涉及国家禁止进出口商品，不得以此为名进行拆解、翻新、再制造等业务，原则上不得改变货物原有用途或原使用领域的用途。

2015 年 12 月，海关总署发布了《关于海关特殊监管区域内保税维修业务有关监管问题的公告》（总署公告〔2015〕59 号），区内维修的规章制度初步成形。

2020 年 5 月，商务部、生态环境部、海关总署发布《关于支持综合保税区内企业开展维修业务的公告》（公告 2020 年第 16 号），对综保区内开展高技术、高附加值、符合低排放环保要求（简称“两高一低”）的维修业务进行明确规定，要求各地监管部门联合制定监管方案，公告列出了《维修产品目录（第一批）》，共包含航空航天、船舶、轨道交通、工程机械、数控机床、通讯设备❶、精密电子等 55 类产品，形成多部门联合推进的格局[83]。

（2）保税维修（含再制造）政策执行基本情况

我国特殊区域的维修发展分为五个阶段[82]。第一个阶段是外销物品售后维修，从 2007 年开始，出口加工区内企业可开展国产出口物品的售后维修业务。第二个阶段是内销产品返区维修，2012 年底北京天竺综保区、上海松江出口加工区等区内极少数企业，开展对内销产品运回区内进行维修后复运回境内区外试点。第三个阶段是境内外维修，2014 年底全国推广中国（上海）自由贸易试验区“境内外维修”海关监管创新制度，维修项目经海关总署核准后，区内企业可以对高附加值、高技术、符合低排放环保要

❶ 现称通信设备。

求、来自境内外的待修理物品进行维修。第四个阶段是保税维修，2015 年海关总署发布第 59 号公告，在全国特殊区域内全面开展保税维修业务，并将内销产品返区维修适用商品范围由区内企业自产，扩大为包含本集团内其他境内企业生产、在境内销售的产品。2018 年底，海关总署第 203 号公告对特殊监管区域之外的加工贸易企业开展保税维修进行规定。第五个阶段是全球维修，以 2020 年 5 月商务部、生态环境部、海关总署联合发布的《关于支持综合保税区内企业开展维修业务的公告》（公告 2020 年第 16 号）第二条的相关规定为标志。

我国特殊区域内的维修业务主要集中在航空、船舶、电子产品、机电产品等领域，其中上海的航空、船舶发动机、机电产品维修，天津港保税区开展的维修再制造业务包括航空器、船舶、医疗器械，厦门的航空领域维修，珠海的航空维修，苏州的机电产品维修，在综保区等特殊区域发展较好，已形成配套发展、产业相对完整的维修产业；北海保税区墨盒、复印机以及喷墨打印机产品等的再制造过程中均涉及维修。

2020 年，“保税 +”业态较为集中的综保区进出口额达 3.43 万亿元，较 2016 年增长了 1.3 倍。商务部公布数据显示，全国已建成加工贸易保税维修项目约 130 个，上海、天津、厦门、珠海以及苏州等地已经形成了保税维修产业体系，其中天津保税维修业务货值 2020 年达 4.28 亿元，同比增长 14.5%[81]。

（3）保税维修（含再制造）产品种类

保税维修产品包含的商品类别多，2020 年 5 月商务部等部门联合发布的第一批保税维修产品目录有 55 个品种。

2021 年商务部第二批保税维修目录征求意见稿清单中列出了近 180 种物品，包括航空、船舶、车辆、机械设备、电子电器、通讯等维修产品及其部件，属于小型化的电器电子物品及其零部件居多。基于中国环科院固体废物研究所长期积累的固体废物鉴别经验，在给生态环境部固体废物与化学品司的参考意见中，提出在没有明确的产品规范以及在没有对第一批保税维修产品目录物品进行执行效果评估的情况下，第二批征求意见稿目录中的物质范围太宽泛，存在难以与相应报废产物严格区分开的问题，可能会造成口岸打击洋垃圾入境行动的不力，很难与长期以来海关系统采取的严厉打击固体废物进境行动相统一，甚至背离固体废物零进口的法律要求，与国家花大力气建立起来的严格禁止进口固体废物的政策背道而驰，对维护政府的公信力不利。因而，建议谨慎颁布该目录，有必要大幅度地减少征求意见目录中存在固体废物嫌疑的种类。在提出该参考意见后得到了生态环境部的重视，因而在商务部、生态环境部、海关总署 2021 年 12 月联合发布的 45 号公告中，增列出台的第二批综保区维修产品目录中仅包括 15 个品种，如航空器内燃引擎、飞机用起落架及其零件、无人机等产品，公告明确提出支持综合保税区内企业开展高技术、高附加值、符合低排放环保要求的维修业务，种类比征求意见目录中减少了约 90%，避免列入过多的疑似固体废物的物品与零进口固体废物法律要求相冲突。

通过调研了解到，保税维修物品实际进口中不少品种属于民用和工业用电器电子产品及其部件，例如，表 1 是有关机构提供的 2020 年海关保税商品名称。

表1　2020 年保税维修的有关商品名称[①]

| 序号 | 商品编号 | 品名 |
| --- | --- | --- |
| 1 | 85171210 | 手持（包括车载）式无线电话机 |
| 2 | 84733090 | 电脑及其配件 |
| 3 | 84715040 | 微型机用主机等 |
| 4 | 84713010 | 平板电脑 / 含电池 |
| 5 | 84715090 | 电脑主板（含 CPU）、中央处理器、CPU 板等 |
| 6 | 85177090 | 路由器用模块、光调制器件、交换机模块等 |
| 7 | 84713090 | 笔记本电脑 |
| 8 | 84718000 | 加密狗、显卡拓展坞（不含显卡）、IO 控制盒 |
| 9 | 85176299 | USRP 软件无线电设备、智能手表、通讯定位模块 |
| 10 | 90138030 | 液晶显示屏 |
| 11 | 84145990 | 其他 |
| 12 | 85177030 | 手机前框组件、手机玻璃保护面板、有机发光显示屏（黑白屏或彩屏）、手机用信号传输模块、手机防尘网等 |
| 13 | 84733010 | 84714110、8471.4120、84714910、84714920、84715010、84715020、84716090、84717010、84717020、84717030 及 84717090 所列机器及装置的零件、配件 |
| 14 | 84717010 | 无 |
| 15 | 85423190 | 其他用作处理器及控制器的集成电路（CPU） |
| 16 | 85049020 | 稳压电源及不间断供电电源 |

① 商品数量、进口批次均省略。

2. 入境保税维修物品（包括部分入境再制造物品）加工中固体废物产生和管理情况

（1）固体废物产生情况

对海关综保区入境维修产品中固体废物产生和污染特性的公开研究材料很少，主要是清华大学做了一些初步调研，保税维修（含再制造）产品生产加工中固体废物产生情况见表 2。2022 年 7 月生态环境部组织了对天津港保税区和苏州工业园区保税维修业务情况的调研，基层均反映维修产生固体废物复运出境难度大、部门间信息沟通不畅、新批准建设项目难度大等问题，表 3 是昆山综合保税区保税维修企业基本情况，固体废物产生量或产生比例都较低。

在中国环科院固体废物研究所的其他调研中还了解到，保税维修或再制造过程中的固体废物产生量总体上较少。例如：珠海某墨盒维修再制造企业认为，规模大一点的维修企业，处理的墨盒基本上在 10 万个以上，废物产生量小于货物重量的 5%；广西北海某复印机再制造企业认为一台多功能复合机维修翻新产生的固体废物量约为原机器总重量的 1%，再制造硒鼓和定影器组件所产生的固体废物数量为组件总重量的 3% ～ 5%；某进口医疗高精设备公司认为后续维修过程中产生的固体废物量不到货物的 5%；江西某企业认为用旧硒鼓翻新成的硒鼓产品，整体利用率为 90% ～ 95%，其中塑件利用率为 97%，感光鼓（OPC）为 85%，显影辊为 90%，充电辊为 97%，出粉刀为 95%，刮刀为 95%，粉仓内粉为 80%；某企业提供的空客 A320 起落架保税维修（大修）固体废物产生比例为 2% ～ 4%，CFM56-5B 发动机保税维修（大修）固体废物产生量为 5% ～ 8%，小修只有 2% ～ 4%。

**表 2　保税维修物品（包括部分再制造）中固体废物产生情况**

<table>
<tr><th colspan="2">保税区</th><th>产生固体废物种类</th><th>固体废物产生量</th></tr>
<tr><td rowspan="4">青岛保税区</td><td rowspan="2">某电子加工贸易企业</td><td>（1）废塑料及下脚料、废纸、废玻璃等；<br>（2）金属废料（镀银铜屑及不锈钢屑、不锈钢带、铜带等）；<br>（3）其他保税 / 非保税材料成品及下脚料（树脂、推杆料带、盖膜料带、胶带、聚苯乙烯片载带、聚对苯二甲酸丁二酯、PET 膜、聚酰胺 66 切片、尼龙 6、片面黏着材、保护膜、不锈钢带、镀银不锈钢带、触摸屏用光学胶带、ITO 膜、导电胶膜、塑料标签、透明导电膜、黏着材、玻璃基板、集成块、FPC 配线板、数码相机面板触点、汽车音响用强化面板、汽车音响用油性印刷电路板、集成块、贴片电阻、陶瓷电容、电解电容、陶瓷振荡器、二极管等边角碎料）</td><td>该公司一般工业固体废物产生量为 400 ~ 500t/a，处理成本约 4500 元 /t</td></tr>
<tr><td>产生的危险废物主要包括废矿物油、废切削液、油水混合物、废有机溶剂、含铜污泥、废酸、表面处理废物（碱性废液）、电子废物（废电脑组件、显示器、电路板）、其他废物（沾染物）等</td><td>年产生 600 ~ 700t</td></tr>
<tr><td rowspan="2">某船舶重工企业</td><td>危险废物包括废涂料和废抹布</td><td>产生量很小</td></tr>
<tr><td>整船维修过程产生废钢材</td><td>年产生量几千吨</td></tr>
<tr><td colspan="2">重庆西永保税区</td><td>产生量多的是包装废物，主要包括废纸箱、废纸板、废塑料托盘、废塑料袋等；对线路板、笔记本电脑、手表等加工贸易产业来说，由于加工工艺成熟，产品优良率可达 99%，因此废料很少</td><td>年产生约 50000t 的包装废物</td></tr>
<tr><td colspan="2">北海保税区——墨盒、复印机等的再制造</td><td>（1）复印机等原产品在初始设计及生产过程中保留了产品升级空间，因此大部分材料可再次回收利用，固体废物产生量较少，主要为损坏的皮带以及塑料外壳；<br>（2）危险废物主要为吸墨的海绵、磁性调色剂（碳粉）、擦拭清洁布以及有机光电导体（OPC）感光涂层、铝废料</td><td>企业开厂 5 年多时间，累计产生量 < 4t，存放在厂区内</td></tr>
<tr><td colspan="2" rowspan="2">天津保税维修</td><td>某航空服务有限公司</td><td>300kg 的废木制托盘，少量废轮胎，危险废物 25.8t</td></tr>
<tr><td>新港某船舶维修公司</td><td>2000 ~ 3000t 废钢材，危险废物转移 484.44t</td></tr>
</table>

续表

| 保税区 | 产生固体废物种类 | 固体废物产生量 |
| --- | --- | --- |
| 天津保税维修 | 某医疗公司6.5t的旧机器再制造 | 产生约500kg废物 |
| | 某制药有限公司和瑞奇外科器械公司 | 年产生约80kg废物 |
| 厦门 | 某飞机工程有限公司 | 有机溶剂400～500t，电镀污泥约10t，树脂约150t |

**表3　昆山综合保税区保税维修企业基本情况**

| 企业名称 | 产品名称 | 维修后产生固体废物去向及数量 | 维修后良品率 |
| --- | --- | --- | --- |
| 昆山某电子技术服务有限公司 | 平板计算机、电子书阅读器、主板（含CPU）、服务器机壳组件、触摸显示屏（含摄像头模组）、智能手表、笔记本计算机 | 全部复运出境，36.7t | 95% |
| 某电子技术有限公司 | 笔记本电脑主板、电脑主板、触控显示屏 | 全部复运出境，0.182t | 95%～98% |
| 某技术服务有限公司 | 智能家居面板、网络存储器、光线信号转换器、交换机、调制解调器等、微波雷达、GPS追踪器、信标、智能遥控器、治具板、蓝牙接收天线、卫星信号接收天线、数位讯号分接器等、智能插座、CATV讯号放大器、电视讯号侦测器、卫星频率转换器等 | 全部复运出境，12.24t | 97% |
| 某电子（昆山）有限公司 | 手机触摸屏模组、移动电话、手机后盖模组、移动电话主机板 | 2021～2022年6月从境外进口共253.24万件，产生44万件固体废物全部复运出境至美国等欧美国家 | 80%～85% |
| 某电子科技有限公司 | 笔记本电脑、主板（含CPU）、显卡、PCB板组件、电脑控制板、电脑主板、电脑主机、盖子组件、接口扩展电路板、主板、接口板、光伏逆变器、路由器、手机主板、液晶显示板组件、液晶显示屏 | 全部复运出境 | 手机主板80%；其他90%～95% |
| 某资通（昆山）有限公司 | 座充基座、移动式电脑、智能音箱、无线信息终端、无线网络多媒体连接器、掌上电脑主机板 | 全部复运出境，1.199t | 100% |
| 某光电（昆山）有限公司 | 液晶板、手机屏半成品、液晶玻璃 | 专人专区贮存，暂未复运出境 | 81% |

续表

| 企业名称 | 产品名称 | 维修后产生固体废物去向及数量 | 维修后良品率 |
|---|---|---|---|
| 某技术服务（昆山）有限公司 | 收银机用主机板、主机板、液晶显示屏组件、便携式计算机、主机板（含CPU）、扩展坞 | 专人专区贮存，暂未复运出境 | 92% |
| 某技术服务有限公司 | 印刷电路板、集成电路、液晶显示面板、背光模组、显示器触摸面板、电脑一体机、风扇、扁平马达、无线网卡、遥控器、灯驱动模组、收集板、镜头组合、投影仪 | 专人专区贮存，暂未复运出境 | 96% |
| 某电脑（昆山）有限公司 | 主板（含CPU）、液晶显示屏、拓展坞 | — | 90% ~ 95% |
| 某制造电子服务（昆山）有限公司 | 业务尚未开展 | | |
| 某科技（昆山）有限公司 | 业务尚未开展 | | |

总之，初步调研分析表明，传统工业生产中以及高技术材料生产中产生20%以上的固体废物是普遍存在的现象，而保税维修过程中产生固体废物量远比其他工业生产过程中产生的废物量小，其产生比例大多数不超过商品本身的5%，即使损耗废弃比较多的通常也不会超过待维修产品本身的10%。

（2）保税维修包括部分固体废物管理问题分析

通过对以往固体废物鉴别工作的调研和对相关材料的分析，当前保税维修（包括部分再制造物品）管理中存在以下问题。

① 入境保税维修物品需要甄别固体废物属性。根据生态环境部、商务部、发展改革委、海关总署发布的《关于全面禁止进口固体废物有关事项的公告》，自2021年1月1日起，我国禁止以任何方式进口固体废物。从固体废物法律定义角度看，报关入境进行保税维修的旧品、坏件等维修对象需要甄别其废物属性，主要集中在待维修的电子产品零部件和机械产品。开放保税维修业务和可入境维修产品目录的同时，可能使固体废物以保税维修的名义违报、瞒报入境有了可乘之机。据了解，海关查扣的以保税维修名义报关的疑似物品经鉴别后确认为废物的情况近年来时有发生。

② 入境保税维修加工产品管理中缺乏针对固体废物的管理指南或细则。调研了解到，保税维修物品固体废物管理还很薄弱，企业、园区和基层管理者对一些概念缺乏基本认识，缺乏保税维修产品和废物如何区分、副产品和副产物废物如何区分、固体废物无害化处理处置的管理、固体废物消纳、固体废物鉴别等的实施细则，没有专人对保税维修和再制造的固体废物进行管理，进口者、加工利用企业、各园区或特殊监管区、管理人员等大多按照自己的理解去套用政策法规，难免出现进口固体废物的现象。

相关文献资料中都强调保税维修加工的重要意义和积极性，但对不利的方面则很少分析。例如，如何决定保税维修物品是按照固体废物管理还是按照产品管理就少有研究，整批产品中含有多少不具有维修价值的物品就应退运处理缺乏研究，维修加工中允许产生多少比例的固体废物也缺乏研究，等等。

③ 对保税维修产品入境和加工过程中缺乏信息统计。例如：一批产品含有多少比例的不能维修的物品，整批货是否算固体废物也缺乏相关要求；不合格物品及其退运处理也没有信息统计数据；还缺乏入境物品加工中固体废物产生量及其比例的数据信息；其他如达标排放、环评手续、台账管理等环境信息也缺乏，基本没有公开的信息。

④ 部门间未打通信息共享渠道。调研了解到海关与生态环境等监管部门信息不能及时共享，存在重复监管或监管漏洞隐患。例如，企业退运出境的固体废物仅会通过海关系统进行申报，若企业不存在国内处理处置的固体废物，生态环境部门没有渠道获取企业固体废物产生、贮存、退运等相关信息。信息壁垒可能引起监管风险和审计风险。

⑤ 保税维修中产生的固体废物退运出境难度大。根据管理要求，保税维修过程产生的边角碎料、残余物等固体废物应全部复运出境，但调研过程中发现，天津港保税港区内只有少部分含有精密技术的部件受境外企业合同约定复运出境，保税维修企业考虑经济成本等因素影响，多将飞机维修产生的一般固体废物和危险废物留在国内处理处置。企业还希望产生的有较高利用价值的一般固体废物能够进入国内再生资源回收体系，如飞机座椅可用于教学培训等。

⑥ 当前保税维修产品目录中大量列入家用小电器电子产品及其部件，对有没有维修利用价值、维修利用企业、维修或加工条件、管理条件等情况都不太清楚，在缺乏调查研究基础的前提下贸然列入进口目录清单中不合适、不严谨，有可能导致进口固体废物。例如，2020 年 5 月商务部出台的保税维修产品第一批目录执行中有关固体废物管理的情况并不清楚，这种情况下第二批目录就没必要大量列入货物类别，否则，会为变相进口固体废物尤其电子废物埋下隐患，存在较高的政策风险。

### 3. 保税维修物品入境管理中应重视固体废物管理及固体废物鉴别

我国保税维修政策中提出的“高技术、高附加值、符合低排放环保要求”总体原则仍要坚持，针对存在的问题提出加强固体废物管理的建议。

（1）保税维修产品目录中的商品应尽量避免含有固体废物的嫌疑

对有争议或有固体废物嫌疑的微小型家用电器电子物品，目前不宜广泛列入保税维修产品目录，列入目录的物品应经过必要的调查研究和风险评估，可偏重国内稀缺的、国内制造出口再进境的、高价值的、大型制造设备的、经久耐用的、国内具有绝对优势的维修产品，明确将保税维修产品与禁止进口物品、禁止进口固体废物分开，避免鱼龙混杂、混沌不清产生纠纷。总之，现阶段不宜显著扩大入境保税维修产品目录，从源头预防和减少固体废物入境风险。

（2）建立保税维修（包括部分再制造）物品入境管理的基本条件

结合不同行业加工特点，对航空设备、船舶设备、医疗设备、电力工程设备、交通设备、大型机械设备、通信设备、电器电子设备等高价值保税维修物品制定通用或专门准入条件，设立基本门槛会更有利于保税维修产品全程的规范化管理，减少一些疑似固体废物进口被查扣的风险。但目前很难找到公开的质量管控要求，可能有的维修企业会有自己的收货标准，但并没有被各方所接受，其效力和使用面均明显不够。

建立保税维修物品入境管理的基本条件有利于保税维修产品行业的良性发展，应该引起主管部门的重视。例如，将保税维修中产生固体废物的比例和无害化管理作为管控条件之一，直接有利于从源头上预防和减小环境污染风险，保税维修物品的规范化管理便有了基本遵循准则和抓手。

（3）建立保税维修产品的固体废物管理规范和鉴别规范

海关把守国门，查扣打击固体废物进口范围逐渐深入各领域，不合格的保税维修物品被怀疑为固体废物的概率会增大。如果物品进口之后在国内以拆解处置、消纳处置、再生利用、改变原用途的利用、有害环境的利用、多次转手再利用、假冒伪劣利用等为目的，尤其进口后处置和利用过程中产生了大量固体废物（如 10% 以上）或明显危害环境和人体健康的，通常会被鉴别判断为固体废物。通过建立管理规范和维修产品（包括二手旧产品）的目录清单、准入条件、固体废物鉴别规则，引导企业规避进口废物的风险。

当前我国并没有建立保税维修物品的固体废物鉴别规范，当面对被查扣维修物品时，主要是依赖鉴别人员对物品的基本认识，所以同类物品在不同的口岸可能会被判断为固体废物或非废物。从长远看，有必要厘清保税维修物品与其相应固体废物的区分界限，建立针对保税维修物品的固体废物鉴别规范，服务于固体废物和非废物的鉴别判断，减少口岸管理和属性鉴别当中的随意性。

（4）开展保税维修中固体废物管理的调研

保税维修事业有蓬勃发展之势，当各类有瑕疵的物品入境维修时，被怀疑为固体废物的要进行物质的属性判断。在当前保税维修固体废物管理还比较薄弱的情况下，有必要对现行保税维修的状况进行系统性摸底。比如设立研究课题，对保税维修的典型行业、典型园区、典型企业进行调研，摸清保税维修发展的现状、优势劣势、存在的主要问题、发展趋势、固体废物退运和国内处理状况、保税维修园区或企业固体废物管理状况等，制定保税维修产品固体废物判断依据，为未来固体废物规范管理服务。

（5）开展政策实施效果评估，动态调整《维修产品目录》

从 2020 年发布《维修产品目录》近三年时间，保税维修业务暂未形成全国蓬勃发展的局面，除受政策和疫情的影响外，《维修产品目录》与国内现实情况的匹配性有待进一步评估。

① 评估《维修产品目录》中所涵盖产品在国内保税维修业务的开展情况，删除目录发布以来至今尚未开展的产品品类。

② 评估拟纳入新一批维修产品目录的产品，请拟开展企业提供翔实支撑材料，对企业确有需求的、当地监管落实到位的、环境风险可控的维修业务予以支持。

③ 统一维修产品目录商品编码，目前第一批 55 个品类的商品目录是 4 位编码，第二批 15 个品类的商品目录是 10 位编码，编码不统一不利于规范化管理，存在执行差异。

（6）建立全国范围内的多部门协同联合监管机制

立足全国，制定多部门协同监管的《保税维修监管方案》，形成园区管理部门、海关、环保、税务、商务等部门的联合监管办法。

① 夯实监管单位主体责任，统一各地区“两高一低”准入条件，明确各监管部门职责范围，确保维修业务产生的固体废物可控、可查、可追踪。

② 打通多部门信息共享渠道，建立固体废物监管信息定期推送机制，实现对固体废物产生、贮存、退运、国内利用处置等信息的实时查看和监管。

③ 促使相关企业建立内部管理机制，落实企业自查主体责任，促进保税维修新业态良性发展。

④ 物品再制造与保税维修有异曲同工之妙，只是管理部门不同。当前再制造行业也有必要进行整体评估和单项评估，摸清发展基础，合理规划未来。

## （二）进口物品非废物鉴别的发展建议

### 1. 建立废物初步加工产品的标准或规范

从 2018 年以来，一些行业协会逐渐认识到有必要将一部分高品质的再生资源从固体废物中区分开来，不作为固体废物管理。从有效利用境内外再生资源以及高质量发展角度考虑，建立由固体废物初步加工产品的标准或规范是破解固体废物禁止进口导致的一些再生资源不能通关入境的瓶颈之道。因而，在国家相关主管部门的大力支持下，已经相继出台了再生铜原料产品标准、再生黄铜原料产品标准、再生铝原料产品标准、再生钢铁原料标准、再生塑料颗粒系列标准、再生氧化锌原料标准等。海关系统不断扩大固体废物和再生资源产品的检验规范，有色金属行业、钢铁行业、石油化工行业、其他行业等协会也一直在扩展建立本行业的再生资源产品标准，形成再生原料产品标准发展的趋势。

从口岸管理角度而言，只有制定相配套的标准规范才可实施正常进口操作，否则可能企业都想将本属于固体废物的原料以初步加工产物的名义进境，应纳入政府主管部门正常管理的轨道，循序渐进、统筹规划，应由政府主管部门主导制定这类初步加工产物的标准或规范，当然还必须严格控制物品的种类以及数量，避免一窝蜂地上标准并造成新的鱼龙混杂现象，将好事办砸。制定这类初级原材料的产品标准或规范应注意以下几点：

① 标准范围和核心指标必须明确，应有利于口岸监管和检验人员操作、执行，技术指标应简明简练、不可过于复杂，技术指标宜抓住看得见、摸得着、不影响后续利用产品质量为关键点；

② 对于外部混入的夹杂物应严格加以限定，可规定为零夹杂或接近零夹杂，这是有别于过去我国进口废物环控标准的主要区分点，也是体现固体废物经过初步加工的衡量点；

③ 相关标准规范中可借鉴某些产品标准或废物分类标准中的牌号加以细分类别并建立质量指标要求，可吸收现行废物分类标准中的有益部分，并转化为产品标准的

内容；

④ 要解决口岸进口的商品编号，对初级加工产品不再使用以往进口废物管理目录中的商品编号，避免固体废物和再生资源产品混淆不清；

⑤ 建立产品标准应有利于促进和引导行业的高质量发展，必须要有保有弃，保品质相对高也好分类操作的货物能进口，弃掉混合废物、污染严重或品质低劣的货物，这样才是对国家、行业或企业真正负责的做法。

2. 加强对二手旧产品（旧品旧货）的严格入境管理

除了保税维修商品以外，其他进口方式、加工方式的二手产品（旧品旧货）均应严格管理，不可泛滥进口，造成变相进口固体废物的尴尬局面。第一，物品种类上要限定在一定的领域或范围内，必须具有较高的再利用价值和不可或缺性，或者是我国在国际上具有明显优势的生产领域的项目，或者是我国政府主管部门明确支持的项目等。第二，二手旧产品（旧品旧货）仍应具有原有使用功能和价值，还没有丧失产品的原有利用价值（包括入境物品经过简单修复、更换部件、更换软件等的处理），当进口是以拆解获得和销售原材料为目的或者改变零部件原有领域原有用途为目的，就不能归属为二手旧产品（旧品旧货），而是固体废物，这是物品鉴别当中以及纠纷处理当中应该坚持的一条重要原则。第三，对某些可能存在属于固体废物嫌疑的进口二手旧产品（旧品旧货）应得到相关管理机构的允许，符合规定的进口物品和管理部门允许的加工销售范围，而不是企业自卖自夸、自作主张随意进口，例如，商务部门批准的企业及其进口货物，符合海关政策要求的二手旧产品（旧品旧货）利用企业及其进口货物等。以往鉴别工作中，中国环科院固体废物研究所坚持实事求是和从严判断的原则，按照这些要点进行二手旧产品的非废物鉴别判断。

3. 增强固体废物鉴别标准中有关非废物判断准则的范围

《固体废物鉴别标准　通则》（GB 34330—2017）对非废物的鉴别准则相对较少，要么非常具体，但管控面很窄，如实验用固体废物样品、现场返回生产工艺的物质、按土壤使用的污染土壤、排放的废水等。要么不具体，基本属于笼统原则性条款，如标准中第 5.2 条的固体废物加工处理后的三条原则比较严苛，不但造成对鉴别判断的不利，而且也不利于促进再生资源产品的流通和循环利用；第 5.2 条中还存在一个模糊并且很难操作的地方，即由固体废物加工的已经符合产品标准的产物，是否还要同时满足 a)、b)、c）三条要求并不明确，笔者认为对已经符合产品标准要求的产物或者有明确的产品标准的物质，可不再适应 5.2 条的要求。在确保高质量发展和高品质入境产物的前提下，有必要适当拓宽非固体废物鉴别判断的范围和准则，例如对非终端消费品的原材料或者初级原材料而言，可更多地从原材料使用角度来定管控规范，给口岸管理机构和企业进口组织货源提供更有效的技术指导。

4. 加强对非废物鉴别的政策引导和业务培训

政府主管部门应加强对鉴别人员的业务培训和政策指导，将国家固体废物零进口法律要求和具体防范措施宣传落实到各鉴别机构和鉴别人员；加强对各行业协会的正确引导，避免各企业钻政策的空子或漏洞，随意扩大非废物的范围；非废物产品标准规范应坚持从严控制基本原则，确有必要出台的才可组织编制，为了规避固体废物管理目的，笔者建议不可一窝蜂地出台低层级的产品标准（如没有进行严格论证的团体标准或企业标准），形成低质量产品标准泛滥的局面。还有个问题也需要引起注意，海关系统一些技术机构逐步建立了各类固体废物的检验和鉴别规程，但在编制过程中，很多并没有进行广泛和深入的讨论，尤其缺乏生态环境领域的机构和人员的参与讨论，难以避免技术规程质量参差不齐的情况，难以达到对查扣货物有效监管和快速鉴别的目的，还可能造成再生资源产品和废物原料混淆不清的情况发生。

# 参考文献


[1] 唐萍芝，王寿成，王京．全球钨消费历史分析及需求预测［J］．中国国土资源经济，2021，34（01）：55-59．

[2] 李洪桂，羊建高，李昆．钨冶金学［M］．长沙：中南大学出版社，2010：118．

[3] 国家有色金属工业局规划发展司．世界有色金属工业现状［M］．1999：162-163，169．

[4] 邱定蕃，徐传华．有色金属资源循环利用［M］．北京：冶金工业出版社，2006：135．

[5] 任鸿九，王立川．有色金属提取手册——铜镍［M］．北京：冶金工业出版社，2007：504．

[6] 蒋毅民，陈小兰．用含镍废料制取硫酸镍［J］．广西化工，1992，21（02）：50-51．

[7] 陈广绪，吴惠珍．从含镍废料中提取金属镍［J］．中国资源综合利用，1984（03）：21-25．

[8] 张泽南，张照志，潘昭帅，等．全球铬矿石资源国对中国供应安全度分析［J］．中国矿业，2019，28（10）：71．

[9] 闫江峰，陈加希，胡亮．铬冶金［M］．北京：冶金工业出版社，2008．

[10] 朱明伟，朱付雷，郭清林，等．提高高碳铬铁检验准确性的研究［J］．铁合金，2018，49（02）：37．

[11] 钟海云，赵秦生．有色金属提取冶金——稀有高熔点金属（下）［M］．北京：冶金工业出版社，1997：165-169．

[12] 钟广赤．不锈钢钢管表面氧化皮的酸洗［J］．鞍钢技术，1978（05）：46-48．

[13] 福田国夫，宇城工，佐藤进．退火条件对冷轧板氧化皮结构和除鳞性的影响［J］．浙江冶金，1999（04）：35．

[14] 李福伟．二合一型碳钢氧化皮的酸洗和除油最佳工艺［J］．化学清洗，1993，9（04）：11．

[15] 胡林林，姜婷娟．化学酸洗去除钢铁氧化皮清洁生产的途径［J］．电镀与涂饰，2004，23（02）：27-28．

[16] 程飞．浅议热轧钢带的氧化皮去除方法［J］．科技创新与应用，2012（15）：35．

[17] 郭寿鹏，李晓桐，李梅广，等．轧钢铁鳞的综合利用技术［J］．山东冶金，2013，35（05）：71-75．

[18] 邱定蕃，徐传华．有色金属资源循环利用［M］．北京：冶金工业出版社，2006：261-262．

[19] 罗海霞，苏春风．电感耦合等离子体发射光谱（ICP-OES）法测定二次电池废料中锂、镍、钴、锰的含量［J］．中国无机分析化学，2020，10（01）：51-52．

[20] 刘英聚，张韩．催化裂化装置操作指南［M］．北京：中国石化出版社，2005：24-27．

[21] 李玉敏．工业催化原理［M］．天津：天津大学出版社，1992：118-121．

[22] 朱洪法. 催化剂载体制备及应用技术 [M]. 北京: 石油工业出版社, 2002: 267-306.
[23] 黄仲涛. 工业催化剂手册 [M]. 北京: 化学工业出版社, 2004: 21.
[24] 许并社, 李明照. 铜冶炼工艺 [M]. 北京: 化学工业出版社, 2008: 251-263.
[25] 任鸿九, 王立川. 有色金属提取手册——铜镍 [M]. 北京: 冶金工业出版社, 2007: 25-28.
[26] 王强. 铁氧体磁性材料烧结技术 [J]. 中国陶瓷, 2010, 46 (04): 21-23.
[27] 徐婉成. 再生纸浆进口现状及前景探讨 [J]. 造纸信息, 2021 (11): 31-35.
[28] 马君志, 安可珍. 生物质再生纤维发展现状及趋势 [J]. 人造纤维, 2014, 44 (05): 28-31.
[29] http://baike.so.com/doc/5568407-5783572.html.
[30] 邢金香. 人造纤维在纺织品多元化与复合化过程中的应用 [J]. 人造纤维, 2004, 34 (01): 22, 38-39.
[31] 端小平, 贺燕丽. 中国化纤行业发展规划研究 [M]. 北京: 中国纺织出版社, 2017: 127-201.
[32] 张岩冲, 孙红玉, 刘玉娥, 等. 腈纶行业的发展和研究现状 [J]. 染整技术, 2021, 43 (12): 9-13.
[33] 王成国, 井敏, 王延相, 等. 碳纤维用聚丙烯腈基预氧丝碳化裂解过程 [J]. 现代化工, 2008, 28 (07): 22.
[34] 陈晓, 张辉, 刘勇, 等. 预氧化时间对聚丙烯腈基碳纤维预氧丝结构与性能的影响 [J]. 化工新型材料, 2022, 50 (04): 149.
[35] 黄春旭, 陈刚, 王启芬, 等. 碳纤维表面改性技术研究进展 [J]. 工程塑料应用, 2022, 50 (01): 170-173.
[36] 彭公秋, 李国丽, 石峰晖, 等. 国产聚丙烯腈基大丝束碳纤维发展现状与分析 [J]. 高科技纤维与应用, 2021, 46 (06): 11-13.
[37] 韦鑫, 沈兰萍. 玻璃纤维的研究现状及发展趋势 [J]. 成都纺织高等专科学校学报, 2016, 33 (04): 178-181.
[38] 周炳炎, 王琪, 于泓锦. 固体废物鉴别原理与方法 [M]. 北京: 中国环境出版社, 2016: 257-265.
[39] 曹庆鑫. 高质量发展我国再生橡胶的思考 [J]. 中国橡胶, 2018, 34 (12): 14-16.
[40] 祁学智, 周洪, 刘家宏. 废橡胶综合利用应分类处置、梯次利用 [J]. 中国橡胶, 2021, 37 (11): 35-37.
[41] 张玉龙, 孙敏. 橡胶品种与性能手册 [M]. 北京: 化学工业出版社, 2008: 373-381.
[42] 王杰, 魏奎先, 马文会, 等. 工业微硅粉应用及提纯研究进展 [J]. 材料导报, 2020, 34 (23): 23081-23087.
[43] 王守权. 碳化硅粉的生产及其用途 [J]. 耐火与石灰, 2022, 47 (01): 48-52.
[44] 聂永丰. 三废处理工程技术手册 - 固体废物卷 [M]. 北京: 化学工业出版社, 2000: 485.
[45] 庆承松, 任升莲, 宋传中. 电厂粉煤灰的特征及其综合利用 [J]. 合肥工业大学学报 (自然科学版), 2003, 26 (04): 530.
[46] 石云良, 陈淳. 粉煤灰浮选新工艺 [J]. 粉煤灰综合利用, 2001 (03): 24.
[47] 彭敏. 粉煤灰的形貌、组成分析及其应用 [D]. 湘潭: 湘潭大学, 2004: 2-20.
[48] 姜迎娟, 况宗华. 精对苯二甲酸生产工艺综述 [J]. 应用化工, 2006 (04): 300.
[49] 卢晓飞. 优化氧化工艺降低 PTA 醋酸单耗 [J]. 河南化工, 2002 (09): 27.
[50] 张玉龙, 齐贵亮. 橡胶改性技术 [M]. 北京: 机械工业出版社, 2006: 207.
[51] 王强. 三元乙丙橡胶的化工工艺 [J]. 今日科苑, 2007 (16): 171.
[52] 陈振发, 周师岳. 粉末涂料涂装工艺学 [M]. 上海: 上海科学技术文献出版社, 2008: 385-386.
[53] 南仁植. 粉末涂料与涂装技术 [M]. 北京: 化学工业出版社, 2008.

[54] 周焱. 粉末涂料的生产原理与质量影响因素及检测技术 [J]. 科技与企业, 2012 (10): 70.
[55] 刘宏, 向寓华, 刘正尧. 粉末涂料的主要生产过程和质量检测 [J]. 电镀与精饰, 2005, 27 (06): 31-33.
[56] 刘宏, 向寓华, 刘长德. 影响粉末涂料涂膜质量因素的探讨 [J]. 电镀与涂饰, 2005, 24 (08): 27-28, 32.
[57] 段新芳, 叶克林, 张宜生. 我国林业生物质材料产业现状与发展趋势 [J]. 木材工业, 2011, 25 (04): 22-23.
[58] 张彦平, 裴佳华, 高珊珊, 等. 生物质材料用于污泥深度脱水的研究进展 [J]. 工业水处理, 2022, 42 (07): 24-32.
[59] 罗明典. 海洋生物技术研究开发新进展 [J]. 海洋与海岸带开发, 1993 (04): 72-75.
[60] 科学家认为虾壳、蟹壳作为一种可再生资源价值巨大 [J]. 中国食品学报, 2015, 15 (11): 218.
[61] 俞凌云, 苟圆, 周诚, 等. 进口毛皮边角料固体废物属性鉴别探究 [J]. 中国口岸科学技术, 2021, 3 (7): 57-61.
[62] 林兆升. 兽骨的综合利用 [J]. 化学通报, 1960, 30 (01): 29-30.
[63] 戴瑾, 严星煌, 李锦堂, 等. 骨灰煅烧改性对骨质瓷性能的影响 [J]. 厦门大学学报 (自然科学版), 2009, 48 (4): 554-555.
[64] 李丽卿. 测定磷酸三钙含量鉴别骨灰瓷与非骨灰瓷 [J]. 监督与选择, 2009 (03): 76.
[65] 张静, 弋景刚, 姜海勇, 等. 蒸汽式扇贝柱脱壳技术优化 [J]. 广东农业科学, 2013, 40 (14): 120-122.
[66] 贾振超, 张锋, 孔凡祝, 等. 我国扇贝加工装备现状及发展趋势 [J]. 农业装备与车辆工程, 2019, 57 (增刊 1): 218-220.
[67] 代银平, 王雪莹, 叶炜宗, 等. 贝壳废弃物的资源化利用研究 [J]. 资源开发与市场, 2017, 33 (02): 203-208.
[68] 王莲莲, 陈丕茂, 陈勇, 等. 贝壳礁构建和生态效应研究进展 [J]. 大连海洋大学学报, 2015, 30 (04): 449-454.
[69] 高秀君, 闫培生. 海产品加工废弃物再利用研究进展 [J]. 生物技术进展, 2014, 4 (05): 346-354.
[70] 刘石生, 李斐然, 王慧敏, 等. 马蹄螺珍珠层粉微量化学成分分析 [J]. 食品科学, 2010, 31 (22): 349-351.
[71] 左海强, 郑建建, 刘国荣, 等. 煅烧温度和时间对稻壳灰助滤剂助滤性能的影响研究 [J]. 流体机械, 2012, 40 (9): 6-9.
[72] 韩冰, 刘玉旭. 稻壳灰的制备和微观结构性能 [J]. 四川建材, 2010, 36 (6): 1-3.
[73] 姜信辉. 稻壳灰的应用研究 [D]. 哈尔滨: 哈尔滨工业大学, 2010: 25.
[74] 高经梁, 刘玉兰, 高伟梁, 等. 稻壳灰高效利用研究进展 [J]. 粮食科技与经济, 2012, 37 (3): 44-46.
[75] 孙庆文, 许珂敬, 郭彦青. 高活性稻壳灰的制备、提纯及应用的研究进展 [J]. 中国陶瓷, 2012, 48 (7): 1-6.
[76] 彭开满, 宋明哲. 稻壳发电的应用 [J]. 粮食科技与经济, 1997 (01): 35-37.
[77] 董亚文. 浅谈稻壳灰的综合开发利用与研究进展 [J]. 科技展望, 2015, 25 (02): 112, 114.
[78] 周仕强. 非木材纤维绒毛浆 [J]. 四川造纸, 1994 (03): 107-114.
[79] 崔成乐. 卫生巾生产过程若干问题的探讨 [J]. 北方造纸, 1995 (02): 33-34.
[80] 利诺 · 罗查, 卡洛斯 · 曼纽尔, 徐升. 新型低能耗环保建筑材料软木性能与应用的研究 [J]. 建设科技, 2019, 393 (19): 32-36.

[81] 白光裕，王印琪，梁明．我国贸易新业态新模式发展存在的问题及对策研究［J］．国际贸易，2021（09）：31-35．
[82] 王刚，翟乃超，付国强．综合保税区全球维修大起底［J］．中国海关，2020（09）：38-39．
[83] 蒋原，姚漪娟，于杰华，等．海关特殊监管区域保税维修业态发展研究［J］．海关与经贸研究，2021，42（01）：36-49．

下 篇

# 非固体废物鉴别典型案例分析

# 一、磁铁矿石

1. 前言

2007 年 5 月，某海关委托中国环科院固体废物研究所对其查扣的一票进口“铁矿砂”货物样品进行固体废物属性鉴别，需要确定样品是否为国家禁止进口的固体废物。

2. 样品特征及特性分析

① 样品为黑色不规则块状固体，间杂黄色和黄褐色物质，具有磁性，没有明显加工的痕迹，黑色部分可见银白色晶体，外表可见风化粉粒。样品较为坚硬，砸碎时大部分为块状，也有部分细颗粒。取部分小块固体，测得密度约为 4.2t/m$^3$，样品及样品破碎后的形态见图 1 和图 2。

图 1　样品

图 2　样品破碎后的形态

② 采用 X 射线荧光光谱仪（XRF）分析样品的成分，结果见表 1。

表 1　样品主要成分及含量（均以氧化物计）

| 成分 | $Fe_2O_3$ | $SiO_2$ | MnO | $Al_2O_3$ | CaO | MgO | BaO | $SO_3$ | $P_2O_5$ | ZnO | $K_2O$ |
|---|---|---|---|---|---|---|---|---|---|---|---|
| 含量 /% | 91.67 | 3.45 | 3.32 | 0.97 | 0.14 | 0.12 | 0.11 | 0.09 | 0.05 | 0.02 | 0.03 |

③ 采用 X 射线衍射仪（XRD）分析样品的物相组成，主要为磁铁矿（$Fe_3O_4$）。显微镜下可确定其主要矿物为磁铁矿，相对含量在 85% 以上，因在地表经受风化，所以存在少量赤铁矿和褐铁矿，脉石的含量不超过 10%。显微镜下矿物相图像见图 3 和图 4。

图 3 表明主要矿物磁铁矿（Mt）粒间有脉石（Gn）充填，这种构造特征是在地质条件下形成的。图 4 表明磁铁矿（Mt）颗粒被后期形成的赤铁矿（Ht）及脉石（Gn）交换替代，这种构造特征在内生成因的磁铁矿矿石中常见。

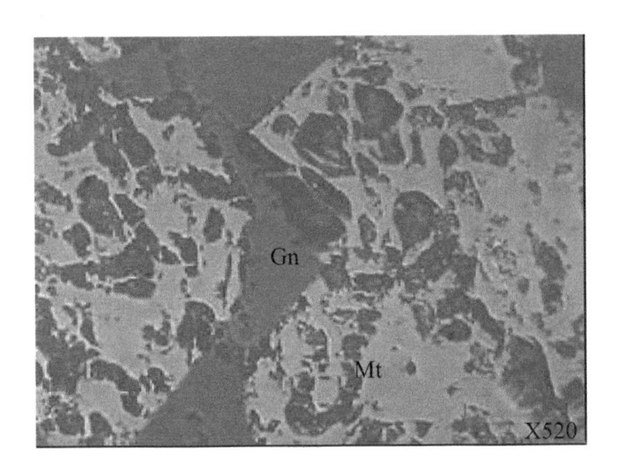


图 3 显微镜下矿物相图像（一）

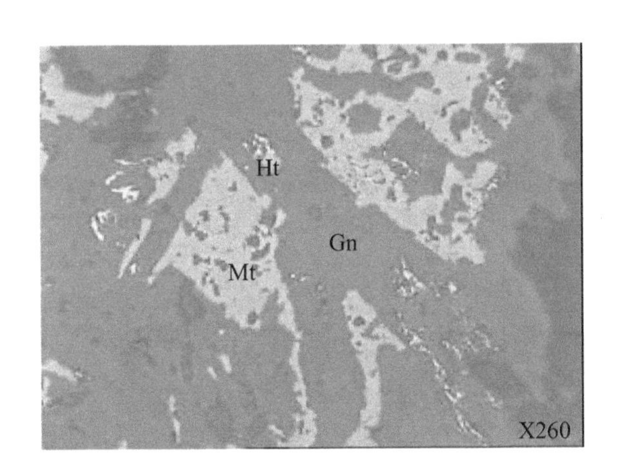


图 4 显微镜下矿物相图像（二）

### 3. 样品物质属性鉴别分析

（1）铁矿石简介

铁矿石主要用于钢铁工业，已经发现的铁矿石和含铁矿石有 300 余种。具有工业利用价值的主要是磁铁矿石、赤铁矿石、磁赤铁矿石、钛铁矿石、褐铁矿石和菱铁矿石[1]。磁铁矿石中含 31.03% FeO、68.97% $Fe_2O_3$，或者含 72.4% Fe、27.6% O。集合体多呈致密的块状和粒状。颜色为铁黑色，条痕为黑色，半金属光泽，不透明，密度为 4.9 ～ 5.2$t/m^3$，具有强磁性。磁铁矿石氧化后可变成赤铁矿石（假象赤铁矿石及褐铁矿石），但仍能保持其原来的晶形。磁铁矿石中常有相当数量的 Ti、Mg、V 等成分相应地替代 $Fe^{2+}$ 和 $Fe^{3+}$，因而形成一些矿物亚种，如钛磁铁矿石、钒磁铁矿石、钒钛磁铁矿石、镁磁铁矿石、铬磁铁矿石等。

（2）样品产生来源分析

样品为一整块不规则固体，主体颜色为黑色，并间杂黄色和黄褐色物质，具有磁性，没有明显加工的痕迹，黑色部分可见银白色晶体，外表可见风化粉粒；样品坚硬但用铁锤可砸碎，砸碎时大部分为无规则块状，也有部分细颗粒；密度较大。这些特征表明样品为天然含铁矿物。

样品中铁含量达到了63.4%，还含有矿物中常见的$SiO_2$、$Al_2O_3$、CaO、MgO、$Na_2O$等成分。武汉钢铁公司技术中心曾经研制了铁矿石国家标准样品[2]（见表2）。将表1样品的成分含量与表2的铁矿石标样定值进行对比，两者组成成分及含量非常相近。

表2　铁矿石标准样品定值（%）

| 样品 | TFe | FeO | $SiO_2$ | $Al_2O_3$ | MgO | CaO | P | S | Mn | $TiO_2$ | $K_2O$ | $Na_2O$ | Zn | Cu |
|---|---|---|---|---|---|---|---|---|---|---|---|---|---|---|
| 赤铁矿 | 63.8 | 0.25 | 4.62 | 2.05 | 0.06 | 0.09 | 0.03 | 0.02 | 0.18 | 0.12 | 0.32 | 0.03 | 0.03 | 0.01 |
| 球团矿 | 62.8 | 0.74 | 5.34 | 1.33 | 1.58 | 1.19 | 0.11 | 0.28 | 0.06 | 0.04 | 0.07 | 0.14 | 0.02 | 0.01 |

样品中有害物质含量很低，依据样品物理特征、物相结构分析、显微镜观察等方面的实验分析，通过咨询矿物鉴定方面的专家，综合判断鉴别样品为天然磁铁矿石。

4. 鉴别结论

鉴别样品是磁铁矿石，是炼铁的主要矿物种之一，不属于固体废物。

# 参考文献

[1] 李凤贵，张西春 . 铁矿石检验技术［M］. 北京：中国标准出版社，2005.
[2] 张春兰 . 铁矿石国家标准样品的研制［J］. 冶金分析，2004，24（增刊 1）：285.

## 二、铁矿烧结散料

1. 前言

2017年5月，某海关委托中国环科院固体废物研究所对其查扣的一票“铁矿砂”货物样品进行固体废物属性鉴别，需要确定是否属于固体废物。

2. 样品特征及特性分析

① 样品为黑褐色粉末和不规则块状和颗粒，有磁性，粉末用手摸如细砂感；测定样品含水率为9.08%，干基样品550℃灼烧后反而增重2.17%；用孔径2mm的筛子筛分样品，筛上物占比33.3%，筛下物占比66.7%，以细砂粉为主，样品外观状态见图1。

图 1　样品外观状态

② 对样品筛下粉末进行粒度分布分析：$D_{10}$：6.04μm；$D_{50}$：44.29μm；$D_{90}$：247.79μm。粒度分布曲线见图 2，粒度分布范围较宽，在曲线主区间范围内基本呈正态分布。

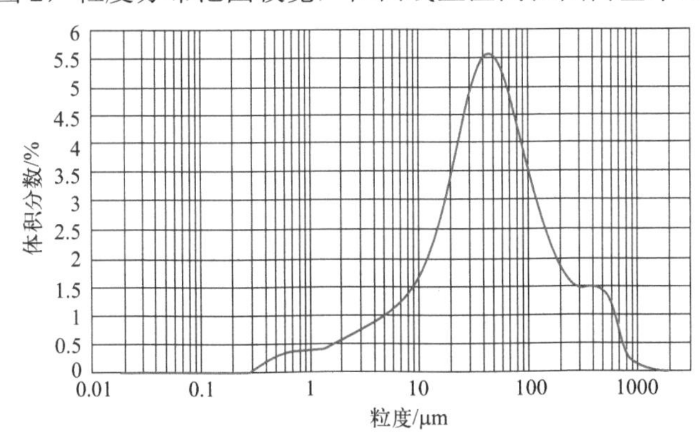


图 2　样品筛下粉末粒度分布曲线

③ 采用 X 射线荧光光谱仪（XRF）分析样品筛上物和筛下物的成分，结果见表 1。

表 1　样品筛分物的主要成分（除氯元素外，其余元素均以氧化物计）

| 样品成分 | $Fe_2O_3$ | CaO | $SiO_2$ | $Al_2O_3$ | MgO | $Na_2O$ | $SO_3$ |
|---|---|---|---|---|---|---|---|
| 筛上物含量 /% | 77.68 | 8.57 | 6.91 | 2.98 | 1.17 | 1.14 | 0.41 |
| 筛下物含量 /% | 78.79 | 8.15 | 6.72 | 2.44 | 1.13 | 1.16 | 0.41 |
| 样品成分 | Cl | $P_2O_5$ | $TiO_2$ | MnO | $K_2O$ | PbO | $V_2O_5$ |
| 筛上物含量 /% | 0.19 | 0.17 | 0.13 | 0.09 | 0.07 | 0.06 | 0.05 |
| 筛下物含量 /% | 0.23 | 0.15 | 0.12 | 0.10 | 0.06 | 0.05 | 0.06 |

④ 采用 X 射线衍射仪（XRD）分析样品的物相组成，筛上物和筛下物的物相均为 $Fe_2O_3$、$Fe_3O_4$、Fe、$CaCO_3$、$SiO_2$、FeO。

⑤ 采用 X 射线衍射仪、光学显微镜、扫描电镜及 X 射线能谱仪等分析设备，综合分析样品的矿物相组成，主要为 $Fe_2O_3$、Fe、$Fe_3O_4$、$FeOOH \cdot nH_2O$ 和 $CaCO_3$，有少量

钙铁硅酸盐、钙镁碳酸盐，偶见 $SiO_2$ 和长石等，扫描电镜下 $Fe_3O_4$ 与钙铁硅酸盐紧密嵌布在一起。样品 X 射线衍射分析结果见图 3，光学显微镜观察图像和背散射电子能谱图像见图 4 ～图 7。

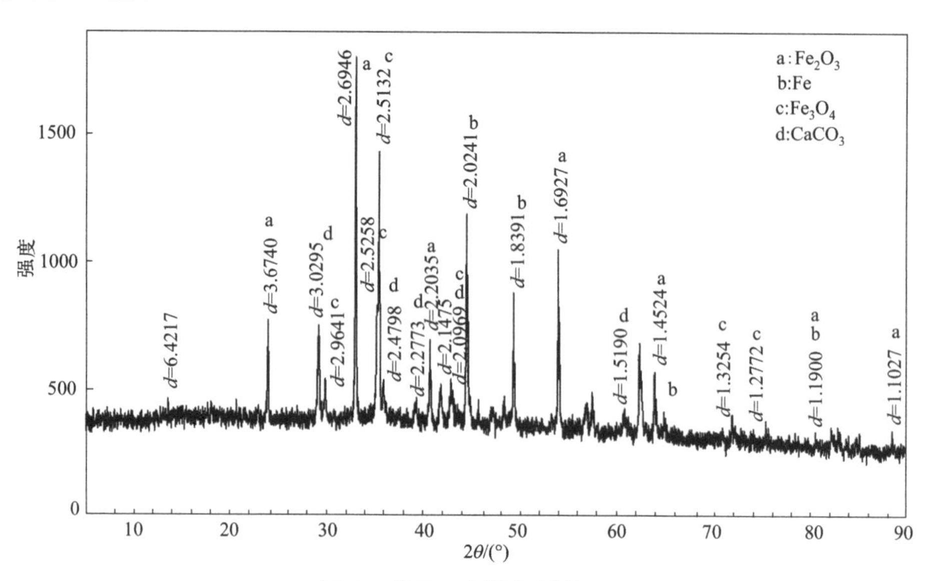


图 3　样品 X 射线衍射谱图

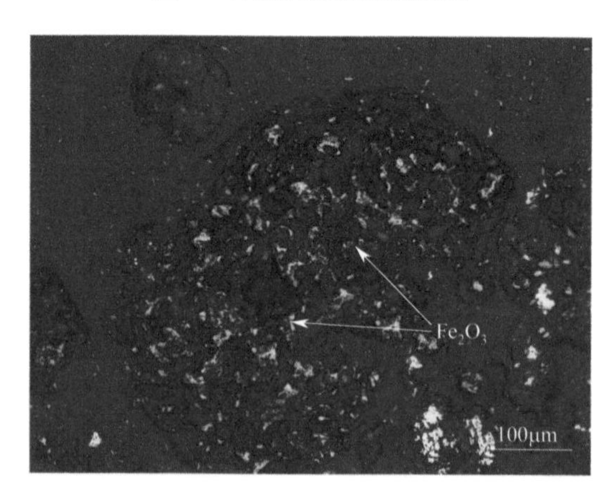


图 4　光学显微镜——$Fe_2O_3$ 的产出特征

⑥ 对筛下粉末在扫描电子显微镜（SEM）下形貌观察，为不规则细粒，表面呈疏松不光滑的熔状，无明显球珠体，应为破碎而成，见图 8 和图 9。

### 3. 样品物质属性鉴别分析

#### （1）铁矿及其烧结物料简介

从主要成分上铁矿可划分为褐铁矿（$Fe_2O_3$）、磁铁矿（$Fe_3O_4$）、菱铁矿（$FeCO_3$），以及混生矿、其他黑色金属伴生矿等。Fe 含量在 50% 以上的天然富矿经适当破碎、筛分处理后可直接用于高炉冶炼；贫铁矿需破碎、富选并重新造块再入高炉。贫铁矿经富选后 Fe 含量一般在 55% ～ 65% 之间[1]，含铁量较高的铁矿粉称为铁精矿，铁精矿根据是否经过烧结可分为烧结和未烧结两种。

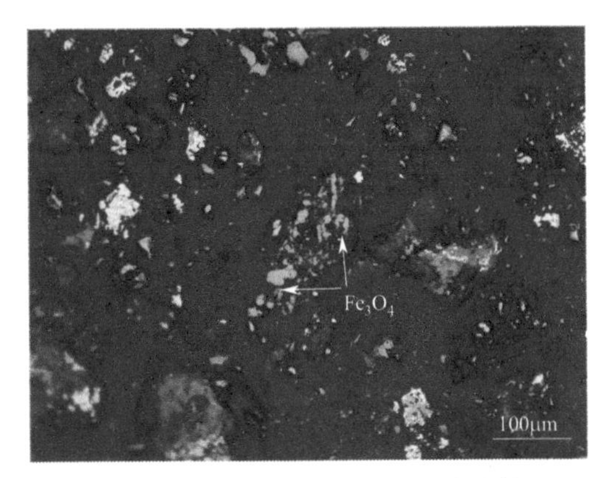


图 5　光学显微镜——$Fe_3O_4$ 的产出特征

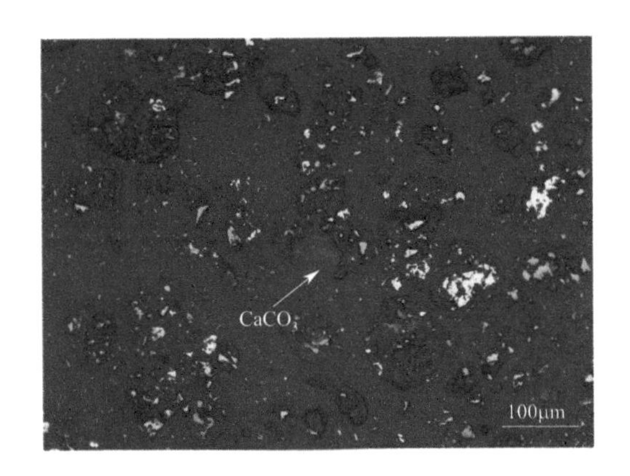


图 6　光学显微镜——$CaCO_3$ 的产出特征

烧结是铁矿粉造块的主要方法，其工艺是将各种含铁原料（原矿及精矿粉、返粉、氧化皮、其他含铁物料等）配入适量的燃料（焦粉或无烟煤）和熔剂（石灰石、白云石或生石灰），均匀混合，然后投入烧结设备中点火烧结，鞍山细磨铁精矿会加入 6% 的消石灰［$Ca(OH)_2$］。图 10 是抽风烧结一般工艺流程，世界各国 90% 以上的烧结矿由抽风带式烧结机生产[1-3]。烧好的烧结矿经冷却、破碎和筛分，成品烧结矿送往高炉，筛下物为返矿或作为铺底料。

图 7

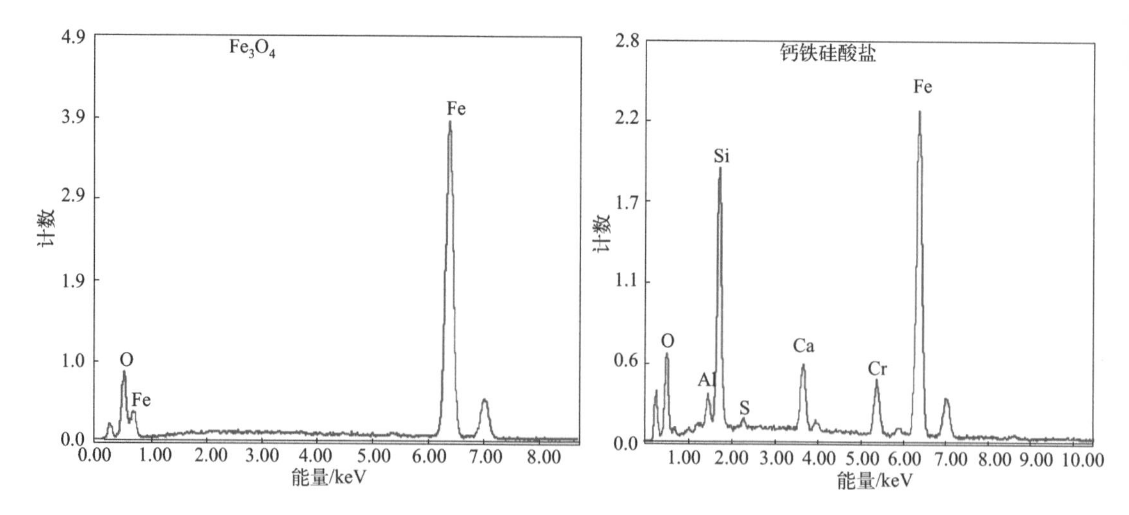


图 7　样品背散射电子能谱——$Fe_3O_4$ 与钙铁硅酸盐紧密嵌布在一起

图 8　SEM 图像——放大 500 倍

图 9　SEM 图像——放大 1000 倍

（2）样品产生来源分析

样品中主要含 Fe，还有 Ca、Si、Al、Mg 等脉石组分，应是来自矿物原料及其生产过程；样品中P、S、Cu、Pb、Zn、Cd、Hg、As、Cr、Bi等有害组分含量非常低，说明不是来自有色金属矿物选矿及其冶炼过程，可能来自铁矿石原料的氧化还原处理过程。样品中铁的形态为金属铁、$Fe_2O_3$、$Fe_3O_4$、少量FeO，既含有天然铁精矿的成分（如赤铁矿），也含有铁精矿烧结的成分，表明样品是来自铁矿石原料的烧结或焙烧等氧化还原处理过程。

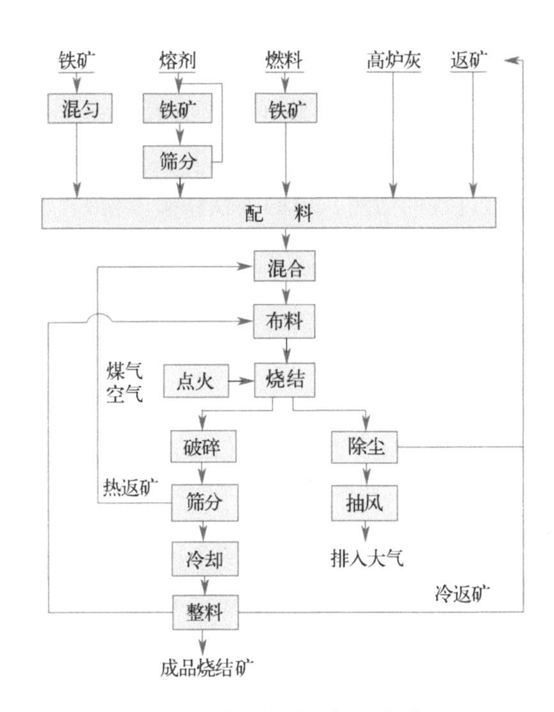


图10　**抽风烧结一般工艺流程**

根据样品中含有少量块状物、干基样品在灼烧后反而有所增重以及样品物相组成中含有金属铁和FeO的现象，进一步判断鉴别样品来自铁精矿粉的不完全氧化还原处理过程，如铁矿粉的焙烧、球团烧结、直接还原铁等过程。但由于样品以粉末为主，并不能直接入炉炼铁或炼钢。因此，判断鉴别样品是来自铁精矿生产烧结矿、球团矿或直接还原铁产品过程中产生的散料，即筛分粉料。

从样品筛上物和筛下物化学成分及物相结构均具有很高的一致性可判断，样品粉末和大颗粒或块状应是来自同样的生产工艺过程，不是不同工艺过程回收的混合物料；从样品筛下物粒度分布曲线基本呈正态分布也可判断，样品是来自同样生产过程，不是不同工艺过程回收的混合物料；从样品的粒度分布范围较宽、显微镜形貌分析结果没有明显的球珠状物质、有害重金属含量很低等方面判断，样品主要是机械破碎后的粉末，不是来自钢铁冶炼的除尘灰、除尘泥。总之，样品最有可能是来自铁矿等物料的烧结处理过程。

在钢铁冶炼原料处理过程中，上述这种散料通常会返回配料过程，行业中称为返矿（热返矿和冷返矿）。样品中含铁量大约为55%，P、S、Cu、Pb、Zn、Cd、Hg、As、Cr、Bi等有害元素含量很低，通过咨询钢铁冶炼专家，样品可作为较好的铁精粉。

4. 鉴别结论

根据海关《进出口税则商品及品目注释》，对“精矿”的解释为“适用于用专门方法部分或全部除去异物的矿砂。品目 26.01 ～ 26.17 的产品可经过包括物理、物理 - 化学或化学加工，只要这些工序在提炼金属上是正常的。除煅烧、焙烧或燃烧（不论是否烧结）引起的变化外，这类加工不得改变所要提炼金属的基本化合物的化学成分。物理或物理 - 化学加工包括破碎、磨碎、磁选、重力分离、浮选、筛选、分级、矿粉造块（例如，通过烧结或挤压等制成粒、球、砖、块状，不论是否加入少量黏合剂）、干燥、煅烧、焙烧以使矿砂氧化、还原或使矿砂磁化等（但不得使矿砂硫酸盐化或氯化等）”。样品的产生过程和特点符合海关《进出口税则商品及品目注释》中的相关解释，判断鉴别样品是来自铁矿烧结处理过程的散料，可归为铁精矿（粉），不属于固体废物。

# 参考文献

[1] 包燕平，冯捷 . 钢铁冶金学教程［M］. 北京：冶金工业出版社，2008.
[2] 王筱留 . 钢铁冶金学（炼铁部分）［M］. 北京：冶金工业出版社，2000.
[3] 王悦祥 . 烧结矿与球团矿生产［M］. 北京：冶金工业出版社，2006.

## 三、钛铁矿简单焙烧处理粉

1. 前言

2019 年 9 月，某企业委托中国环科院固体废物研究所对未实际进口的一票“铁矿粉”样品进行固体废物属性鉴别，需要确定是否属于固体废物。

2. 样品特征及特性分析

① 样品为黑色细粉末，似矿物球磨分选后的细粒，肉眼可见含有金属光泽细颗粒，具有磁性，手捻样品基本不粘手，有少许较粗的大颗粒；测定样品含水率为 2.69%，样品干基 550℃灼烧后增重 0.04%。样品外观状态见图 1。

图 1　样品外观状态

② 采用X射线荧光光谱仪（XRF）分析样品的基本化学组成，主要成分为Fe、Ti以及少量的Al、Na、Mn、Mg等，结果见表1。

**表1　样品干基主要成分（除氯外，其他元素以氧化物计）**

| 成分 | $Fe_2O_3$ | $TiO_2$ | $Al_2O_3$ | $SiO_2$ | $Na_2O$ | CaO | $V_2O_5$ | MnO |
|---|---|---|---|---|---|---|---|---|
| 含量 /% | 71.76 | 15.34 | 5.32 | 4.41 | 1.50 | 0.54 | 0.34 | 0.30 |
| 成分 | $SO_3$ | MgO | Cl | ZnO | $K_2O$ | $P_2O_5$ | NiO | — |
| 含量 /% | 0.16 | 0.11 | 0.10 | 0.06 | 0.03 | 0.02 | 0.02 | — |

③ 采用X射线衍射仪（XRD）分析样品的物相组成，主要为$Fe_2O_3$、$Fe_2TiO_5$、$Na_2Fe_2Ti_8O_{18}$。

④ 采用X射线衍射仪、光学显微镜、扫描电镜及X射线能谱仪等分析设备综合分析粉末样品的物相组成，主要为钛铁氧化物，如$Fe_9TiO_{15}$相、$Fe_2TiO_5$相（钛酸亚铁相）和$FeTiO_3$相（钛铁矿物相），此外还有少量钠闪石和绿泥石，该物料不是天然矿物，见图2～图6。

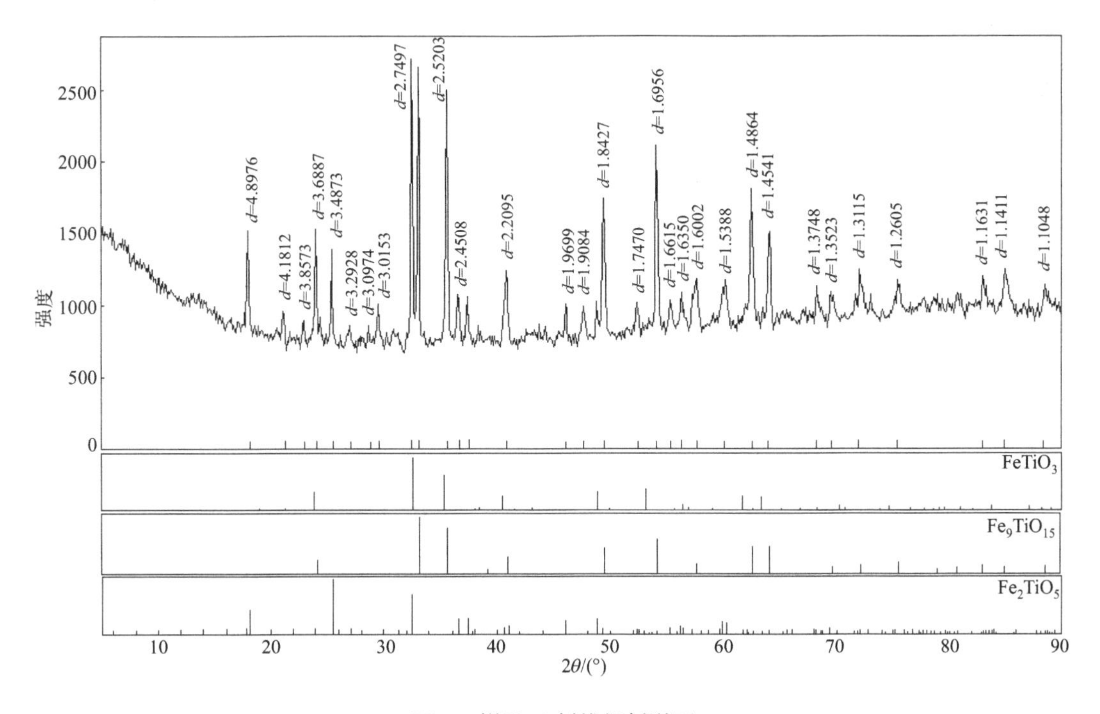


图2　**样品X射线衍射谱图**

⑤ 采用扫描电镜（SEM）观察样品形貌，明显为不规则棱角分明的破碎颗粒（包括柱块颗粒），高倍镜下可见短柱（片）状晶体集合体，有的为多孔疏松结构，见图7和图8。

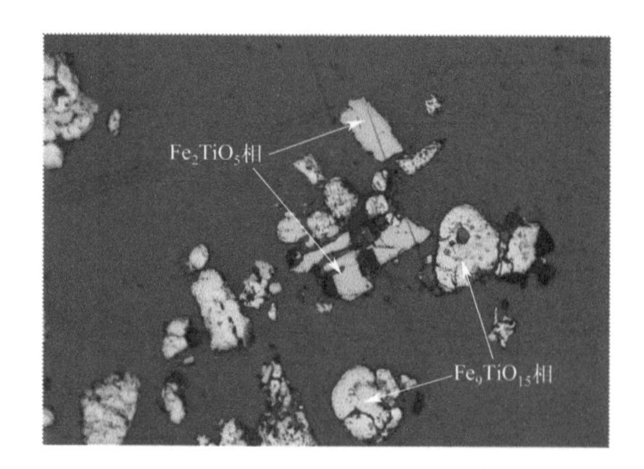


图 3　光学显微镜（反光）——$Fe_9TiO_{15}$ 相和 $Fe_2TiO_5$ 相

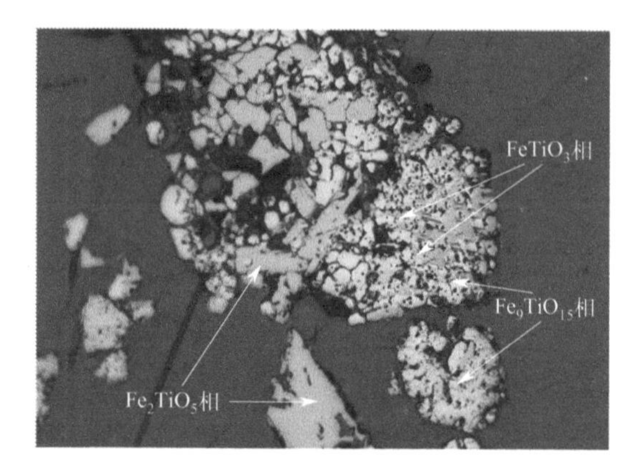


图 4　光学显微镜（反光）——$Fe_9TiO_{15}$ 相、$Fe_2TiO_5$ 相和 $FeTiO_3$ 相交织共生在一起

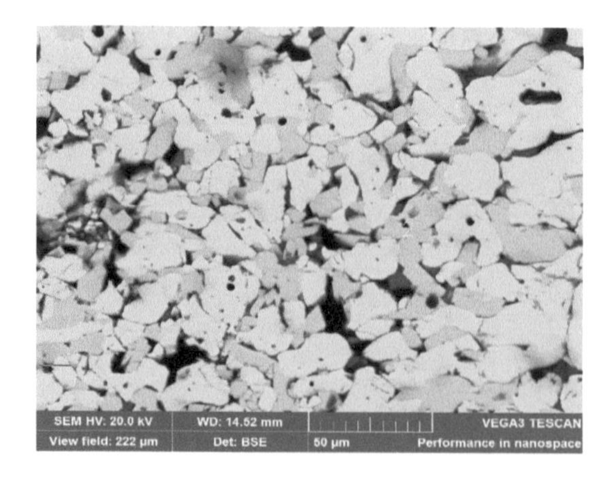

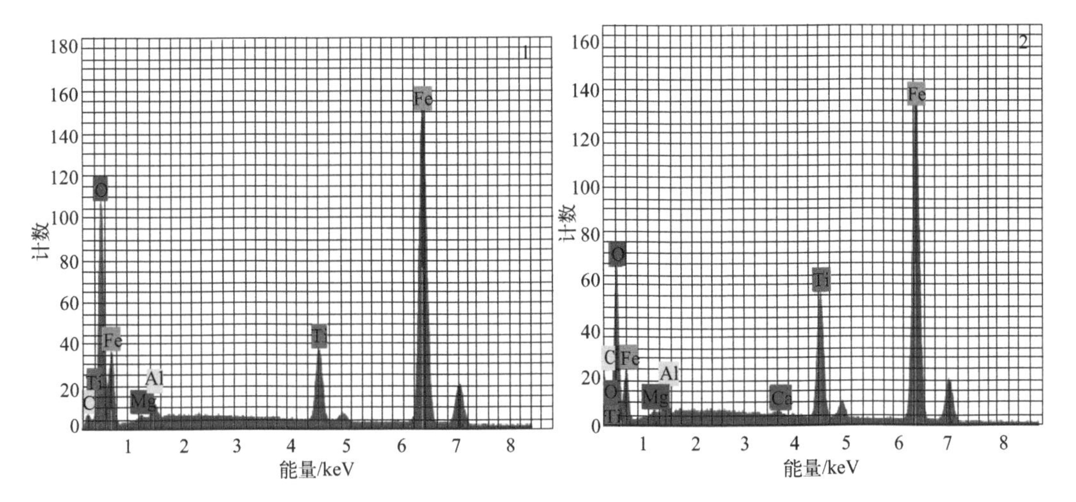


图 5　背散射电子能谱——$Fe_9TiO_{15}$ 相和 $Fe_2TiO_5$ 相交织共生在一起

（点 1：$Fe_9TiO_{15}$ 相；点 2：$Fe_2TiO_5$ 相）

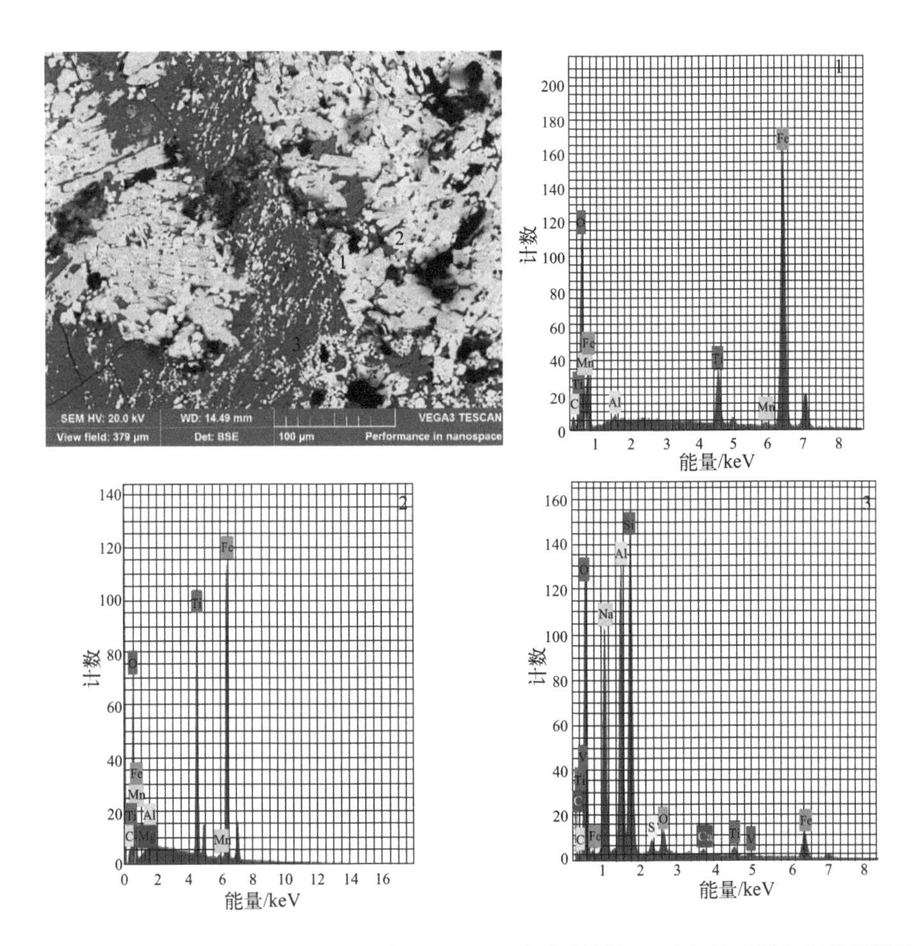


图 6　背散射电子能谱——$Fe_9TiO_{15}$ 相、$FeTiO_3$ 相与钠铁闪石毗邻镶嵌并有部分呈微粒包裹于钠闪石中

（点 1：$Fe_9TiO_{15}$ 相；点 2：$FeTiO_3$ 相；点 3：钠闪石）

图 7　SEM 放大 200 倍的样品

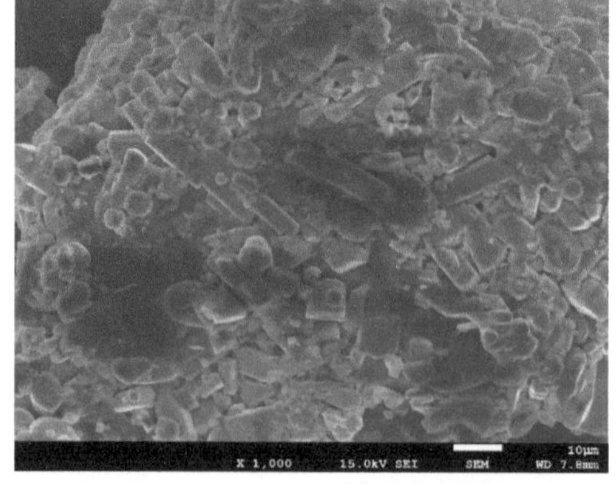


图 8　SEM 放大 1000 倍的样品

⑥ 采用激光粒度仪测定样品粒度分布（体积密度）：$D_{10}$：74.5μm；$D_{50}$：254.3μm；$D_{90}$：670.9μm。粒度分布曲线见图 9。

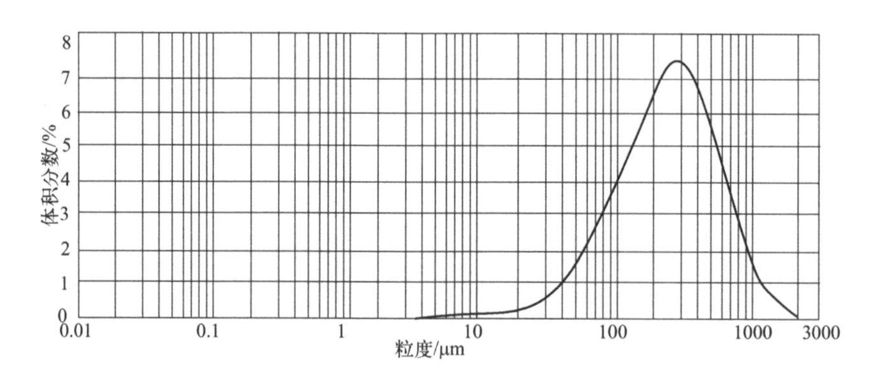


图 9　粒度分布曲线

### 3. 样品物质属性鉴别分析

（1）钒钛磁铁矿及其炼铁简介

样品主要组成元素为铁和钛，还含有钒，判断样品来源与钒钛磁铁矿有关。

钒钛磁铁矿是一种以 Fe、Ti、V 为主的复合铁矿石，是我国最主要的钛资源之一。钒钛磁铁矿中的铁不仅以氧化物的状态存在，也与钛等元素形成多种矿物。其中铁主要富集在钛磁铁矿［由 $Fe_3O_4$、钛铁晶石（$2FeO \cdot TiO_2$）、钛铁矿（$FeO \cdot TiO_2$）构成的复合体］中，$TiO_2$ 主要富集在钛铁矿（$FeTiO_3$）和钛磁铁矿中。钒钛磁铁精矿中钛的存在状态极其复杂，有多种形式，并且钛和铁紧密共生。钒钛磁铁精矿多采用还原技术处理，钒钛磁铁精矿氧化焙烧后磁铁矿被氧化成赤铁矿，钛铁晶石和钛铁矿被氧化成铁板钛矿，然后赤铁矿（$Fe_2O_3$）和铁板钛矿（$Fe_2O_3 \cdot TiO_2$）按照如图 10 所示途径进行还原[1]。

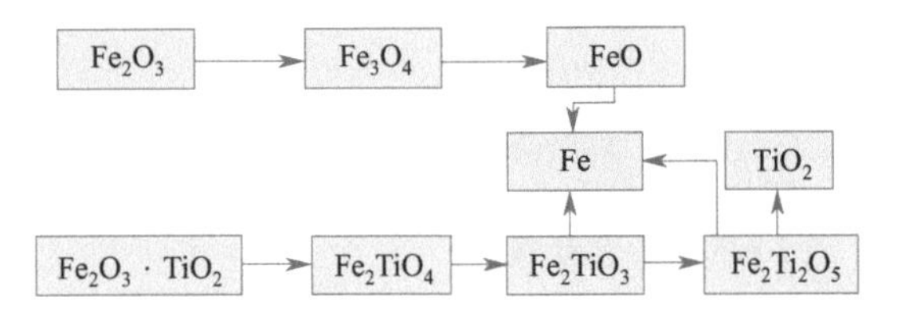


图 10　$Fe_2O_3$ 和 $Fe_2O_3 \cdot TiO_2$ 还原途径

（2）样品产生来源分析

样品中主要含有 Fe、Ti，以及少量 Al、Si、Ca、V 等其他元素，主要物相组成为钛铁氧化物，可能来自钒钛磁铁矿及其加工生产中的产物。由于样品中含有少量的钠以及多相钛铁氧化物，并且具有钛铁矿氧化产物的板状结构特征，可能是来自矿物钠化焙烧的产物。样品外观呈细砂状，总体基本均匀，从粒度分布曲线基本上呈现正态分布来看应是来自同一生产工艺过程，排除不同过程回收的混合物。样品显微镜形貌呈现相对致密、棱角分明特点，判断鉴别样品是块状物经过了机械破碎处理（如粗碎、球磨），处理的目的：一是磁选富集铁；二是有利于进一步焙烧后浸出提取有价组分。钛铁矿粉及含钒钛物料钠化焙烧合乎常理。样品中含有少量的钠和钒，很可能是球磨焙烧产物再经过浸取提取完钒化合物之后的产物。样品中 Si、Al、Ca、Mg 造渣组分含量之和约为 10%，这一含量水平对于一般矿物原料、预处理产物和冶炼渣而言均属较低水平，样品既不是钛铁矿冶炼产生的高钛渣，也不是冶炼产生的除尘灰、污泥、弃渣。样品中硫和氯的含量均很低，可排除样品来源于矿物等物料经酸（如 $H_2SO_4$、HCl）浸除杂的提取过程。样品物相分析中没有发现金属铁，说明并非来自还原为主的反应过程，如炼铁。另外，由于样品中钒元素含量非常低，硅含量也不高，并且没有铬，判断鉴别样品不是冶炼钢铁产生的钒渣以及钒渣提取钒化合物后的二次弃渣。根据样品这些特点，综合判断鉴别样品是来自钛铁矿经过破碎、球磨、磁选、焙烧加工处理后的产物。

4. 鉴别结论

鉴别样品主要是来自钛铁矿经破碎、球磨、磁选、焙烧加工处理后的产物，这一过程是钛铁矿原料的正常步骤。依据海关总署《进出口税则商品及品目注释》（2012 年版）第二十六章注释对矿物的解释，判断样品来源过程符合海关对矿物的注释，可归为“矿砂”及“精矿”范畴。

资料表明[2]：铁矿石中除去不能还原而造渣的氧化物外，常含有其他化合物，其中有的可与铁形成合金，有的则不能，有些则是有害的，常见的有害元素是 S、P；较少见的有碱金属元素（如 K、Na 等）以及 Cu、Pb、Zn、F 及 As 等。各种有害杂质的界限含量见表 2。

将样品成分与上述铁矿石的有害杂质元素限量要求进行对比分析，样品中 S、P、Zn、Cu、$TiO_2$、$SiO_2$ 等均符合铁矿（铁精矿粉）原料的质量要求，虽然不是天然矿，但仍可作为替代天然矿的原料，依据《固体废物鉴别标准　通则》（GB 34330—2017），判断鉴别样品不属于固体废物。

表 2　铁矿石中有害杂质的界限含量

| 元素 | 允许质量分数 /% | 元素 | 允许质量分数 /% |
| --- | --- | --- | --- |
| S | ≤ 0.3 | Zn | ≤ 0.1 ~ 0.2 |
| P | ≤ 0.3（对酸性转炉生铁） | Pb | ≤ 0.1 |
|  | 0.03 ~ 0.18（对碱性平炉生铁） | Cu | ≤ 0.2 |
|  | 0.2 ~ 1.2（对碱性转炉生铁） | As | ≤ 0.07 |
|  | 0.05 ~ 0.15（对普通铸造生铁） | $TiO_2$ | ≤ 15 ~ 16 |
|  | 0.15 ~ 0.60（对高磷铸造生铁） |  |  |

# 参考文献

[1] 郭客，张志强，王绍艳，等．钒钛磁铁精矿中钛铁分离技术研究［J］．金属矿山，2019（08）：113-119.

[2] 王筱留．钢铁冶金学［M］．北京：冶金工业出版社，2011：8.

## 四、替代铁精矿粉

### 1. 前言

2011 年 5 月，某海关委托中国环科院固体废物研究所对其查扣的一票进口“直接还原铁粉”货物样品进行固体废物属性鉴别，需要确定样品是否为国家禁止进口的固体废物。

### 2. 样品特征及特性分析

① 样品为黑色粉末，其中夹杂少量黑色球团和形状不规则碎块，大小不一，有的球团硬度较大，有的碎块可以用手捻碎，粉末具有磁性；测定样品的含水率为 5.9%，样品干基 550℃灼烧后由黑色变为红褐色，反而增重 3.9%。样品外观状态见图 1。

图 1　样品外观状态

② 用 2mm 筛网筛分样品，将筛上物编为 1 号，筛下物编为 2 号，采用 X 射线荧光光谱仪（XRF）分析碎块样品和粉末样品成分，结果见表 1。化学法分析结果：碎块样品的 TFe 量为 66.97%，其中以 $Fe_2O_3$ 形态存在的铁含量为 23.81%，以 FeO 和金属铁形态存在的铁含量为 43.16%；粉末样品的 TFe 量为 58.97%，其中 50% 的铁以 $Fe_2O_3$ 和 $Fe_3O_4$ 形态存在，其余以 FeO 和金属铁形态存在。

**表 1　样品主要成分及含量（均以氧化物计）**

| 样品 | $Fe_2O_3$ | $SiO_2$ | $Al_2O_3$ | MgO | CaO | $P_2O_5$ | $TiO_2$ | MnO | $SO_3$ | $K_2O$ |
|---|---|---|---|---|---|---|---|---|---|---|
| 1 号样含量 /% | 92.89 | 3.70 | 1.85 | 0.61 | 0.49 | 0.19 | 0.10 | 0.09 | 0.06 | 0.02 |
| 2 号样含量 /% | 88.79 | 4.70 | 3.78 | 1.46 | 0.45 | 0.31 | 0.29 | 0.09 | 0.08 | 0.05 |

③ 对碎块样品和粉末样品进行 X 射线衍射分析，结果表明样品均主要有赤铁矿、磁铁矿、金属铁，还含有少量浮氏体（FeO）和石英。

④ 对样品中粉末制片进行显微镜观察，主要包含金属铁、磁铁和浮氏体（FeO），少量的赤铁矿球团碎屑，矿物显微镜照片见图 2 和图 3；对样品中坚硬的球团磨制了抛光片，显微镜下观察出非常典型的氧化球团矿的成分和结构构造，其物相组成为赤铁矿，没有磁性铁、氧化亚铁和金属铁相，显微镜照片见图 4 和图 5；对样品中易碎的块状制片，矿物显微镜下观察其物相组成为赤铁矿球团碎屑、磁体矿、浮氏体和金属铁，显微镜照片见图 6 和图 7。

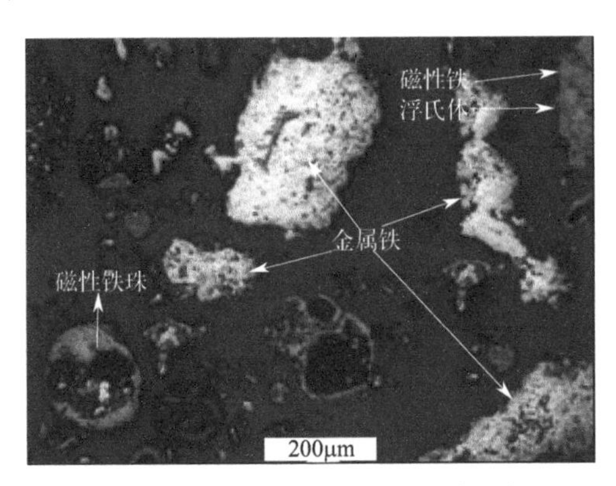


图 2　粉末样品显微镜照片（一）

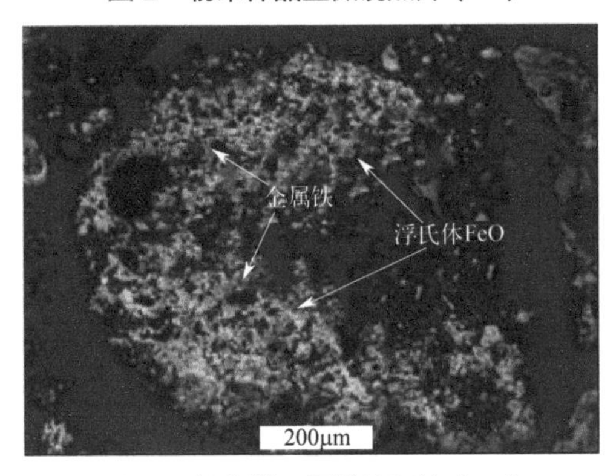


图 3　粉末样品显微镜照片（二）

图 4　烧结不充分的球团显微镜照片

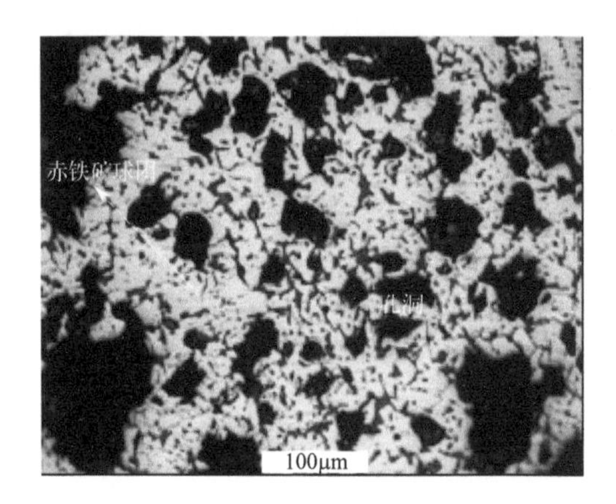


图 5　烧结充分的球团显微镜照片

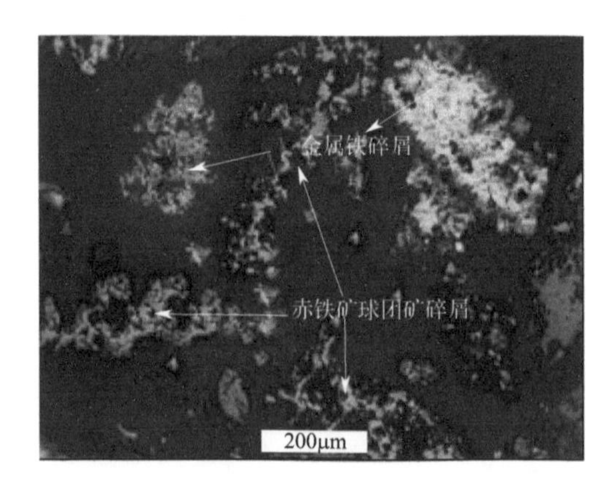


图 6　碎块样品显微镜照片（一）

### 3. 样品物质属性鉴别分析

（1）鉴别样品不是直接还原铁产品

直接还原铁（DRI）是精铁粉或氧化铁在炉内经低温还原形成的低碳多孔状物质，

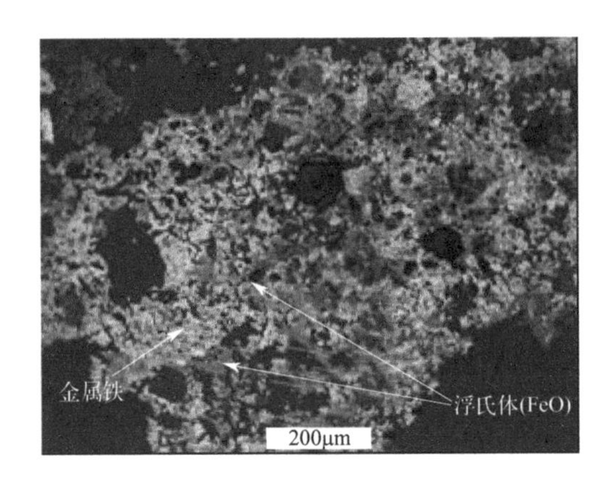


图 7　碎块样品显微镜照片（二）

其化学成分稳定，杂质含量少，主要用作电炉炼钢的原料，也可作为转炉炼钢的冷却剂，如果经二次还原还可供粉末冶金用。废钢作为电炉炼钢原料，由于其来源不同，化学成分波动大，给电炉炼钢作业带来困难。如果用一定比例（如 30% ～ 50%）的直接还原铁作为稀释剂与废钢搭配不仅可增加钢材的均匀性，还可以改善和提高钢的物理性质，从而达到生产优质钢的目的。因此，直接还原铁不仅仅是优质废钢的替代物，还是生产优质钢材不可缺少的高级原料[1]。

国内直接还原铁没有国家统一标准生产规格，但行业内普遍认为直接还原铁中 TFe ＞ 90%，脉石（Si、Ca、Al 等的氧化物）含量应＜ 6.5%，金属化率（直接还原铁内 Fe/TFe）为 92% ～ 95%，通常含 C 0.7% ～ 2.2%[2]。

样品报关名称为“直接还原铁粉，编号为 72031000.90”。根据 2010 版《进出口关税与进口环节税对照使用手册》，品目 7203 名称为“直接从铁矿还原所得的铁产品及其他海绵铁产品，块、团、团粒及类似形状；按重量计纯度在 99.94% 及以上的铁，块、团、团粒及类似形状”，而该品目中 72031000.90 为“直接从铁矿还原的铁产品”。粉末样品和碎块样品中的总铁含量分别为 58.97% 和 66.97%，远低于国内行业直接还原铁中总铁含量应＞ 90% 的要求，与海关手册中铁含量要求相差更远，而且样品中金属铁含量很低。因此，判断鉴别样品不是直接还原铁产品。

（2）样品产生来源分析

铁矿石从主要成分上划分为：褐铁矿，主要有效成分为 $Fe_2O_3$；磁铁矿，主要有效成分为 $Fe_3O_4$；菱铁矿，主要有效成分为 $FeCO_3$；硫铁矿，主要有效成分为 $FeS_2$；纯铁矿，主要有效成分为单质铁；以及上述矿藏的混生矿，其他黑色金属的伴生矿等。无论哪一种铁矿，都必须经过粉碎、选矿等处理后才能作为冶炼生铁的主要原料。含铁量较高的铁矿粉称为铁精矿，铁精矿根据是否经过烧结可分为烧结和未烧结两种。

铁精矿的主要品质要求为[2]：铁含量 60% 以上属于高品位；S、P、$SiO_2$、$Al_2O_3$ 等成分含量越低越好；对于未烧结的铁矿砂，经过粉碎其粒度在 5 ～ 10mm 最佳；含水率＜ 8%。

根据样品中粉末和碎块的实验分析，综合样品中总铁含量为 61% ～ 63%，满足铁精矿的含量要求。样品中主要含 Fe，还有 Si、Al、Mg、Ca 等脉石组分，但含量较低，应是来自矿物原料；样品中 P、S、重金属等有害组分含量非常低，可排除来自有色金属矿物选冶过程，样品可能来自铁矿石原料的氧化还原处理过程。

根据样品物相结构分析和显微镜观察，样品中铁的形态为 $Fe_2O_3$、$Fe_3O_4$、FeO、少量金属铁，既含有天然铁矿精矿的成分，如赤铁矿和磁铁矿，也含有铁精矿烧结的成分，如 FeO 和少量金属铁，表明样品很可能是来自铁矿石原料的烧结或焙烧等过程。

根据样品中含有球团块状物、样品在实验室灼烧反而有所增重以及样品物相结构分析中含有氧化亚铁和金属铁的现象，进一步判断鉴别样品来自铁精矿粉的不完全还原或氧化处理过程，如铁矿粉的焙烧、球团烧结、直接还原铁等过程。但由于样品以粉末为主，并不能直接用来炼铁或炼钢，不能称为烧结矿、球团矿、直接还原铁产品。因此，可以判断鉴别样品是来自铁精矿生产烧结矿、球团矿、直接还原铁产品过程中产生的散料，即筛下粉料和部分未烧好的球团的混合物。

上述这种散料在钢铁冶炼原料处理过程中是非常正常的现象，原则上都会返回配料过程，行业中称为返矿（热返矿和冷返矿）[3]。通过咨询钢铁冶炼专家，样品是很好的铁精矿。

综上所述，判断鉴别样品属于铁精矿（替代铁精矿）。

### 4. 鉴别结论

样品不是铁精矿的烧结矿、球团矿、直接还原铁等产品；样品是来自铁精矿生产烧结矿、球团矿、直接还原铁产品过程中产生的散料，即筛下粉料和少部分未烧好的球团的混合物；样品属于铁精矿（替代铁精矿），不属于固体废物。

## 参考文献

[1] 乌传和．优质铁精矿生产直接还原铁的进展［J］．金属矿山，1996（04）：26-31.
[2] 史占彪．狠抓直接还原铁质量［J］．中国冶金，2004（01）：12，22-24.
[3] 包燕平，冯捷．钢铁冶金学教程［M］．北京：冶金工业出版社，2008：35.

## 五、炉料级高碳铬铁

### 1. 前言

2018 年 12 月，某海关委托中国环科院固体废物研究所对其查扣的一票“高碳铬铁”货物样品进行固体废物属性鉴别，需要确定是否属于禁止进口的固体废物。

### 2. 样品特征及特性分析

① 样品为灰棕色颗粒状，手感较重，可见均匀分布的金属反光亮粒，测定样品的堆密度为 2.8g/$cm^3$，含水率为 3.99%，550℃灼烧的烧失率为 0.12%，样品外观状态见图 1。

图 1　样品外观状态

② 采用 X 射线荧光光谱仪（XRF）分析样品成分，结果见表 1，其中碳含量采用高频燃烧红外吸收法（参考 YB/T 5316—2016）测定，含量为 6.48%。

**表 1　样品干基的主要成分**

| 成分 | Cr | Fe | C | Mg | Si | Al | Ca | Mn | Ti |
|---|---|---|---|---|---|---|---|---|---|
| 含量 /% | 48.28 | 30.45 | 6.28 | 5.19 | 4.20 | 3.53 | 0.47 | 0.38 | 0.30 |
| 成分 | V | Ni | S | Co | Zn | Na | Cl | K | P |
| 含量 /% | 0.24 | 0.22 | 0.13 | 0.09 | 0.09 | 0.06 | 0.04 | 0.03 | 0.02 |

③ 采用 X 射线衍射仪（XRD）分析样品的物相组成，主要有 $Cr_7C_3$、（Cr，Fe）$_7C_3$、$Fe_2Si$、Cr、（Mg，Fe）$_2SiO_4$、$MgFe_{0.2}Al_{1.8}O_4$、$MgFeAlO_4$，X 射线衍射谱图见图 2。

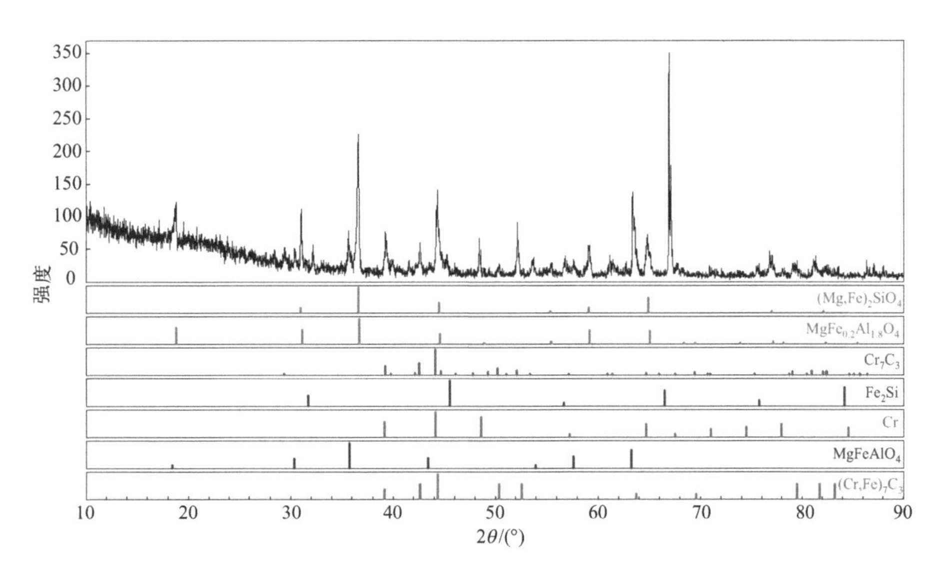


图 2　样品 X 射线衍射谱图

④ 采用扫描电镜对细粉样品进行形貌观察，为不规则的破碎颗粒，见图 3 和图 4。

图 3　样品放大 100 倍扫描电镜图

图 4　样品放大 200 倍扫描电镜图

⑤ 采用激光粒度仪测定样品的粒度分布，结果为：$D_{10}$ 为 78.89μm；$D_{50}$ 为 243.13μm；$D_{90}$ 为 785.64μm。粒度分布曲线见图 5。

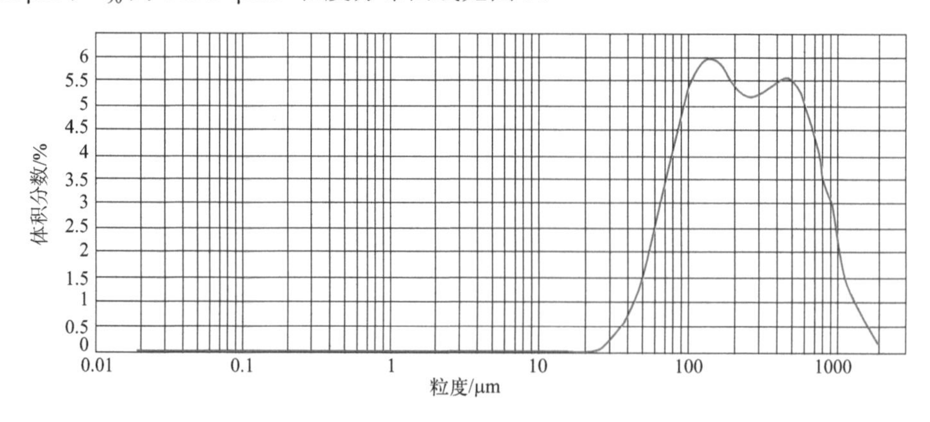


图 5　样品粒度分布曲线图

### 3. 样品物质属性鉴别分析

（1）样品不是铬铁合金生产中的冶炼炉渣

铬铁（FeCr）合金是钢铁冶炼的重要合金添加剂，工业上一般采用电炉法生产铬铁合金并产生铬铁渣。铬铁渣成分以 $Al_2O_3$ 和 MgO 为主，物相为镁铝尖晶石、镁橄榄石、玻璃相、钙镁橄榄石和铬尖晶石等。铬铁渣成分见表 2，铬铁合金生产工艺流程示意见图 6 [1]。

**表 2　铬铁渣的主要成分及含量**

| 成分 | MgO | $Al_2O_3$ | $Cr_2O_3$ | FeO | CaO | $SiO_2$ |
|---|---|---|---|---|---|---|
| 含量 /% | 31.85 | 23.22 | 5.98 | 2.50 | 2.96 | 28.60 |

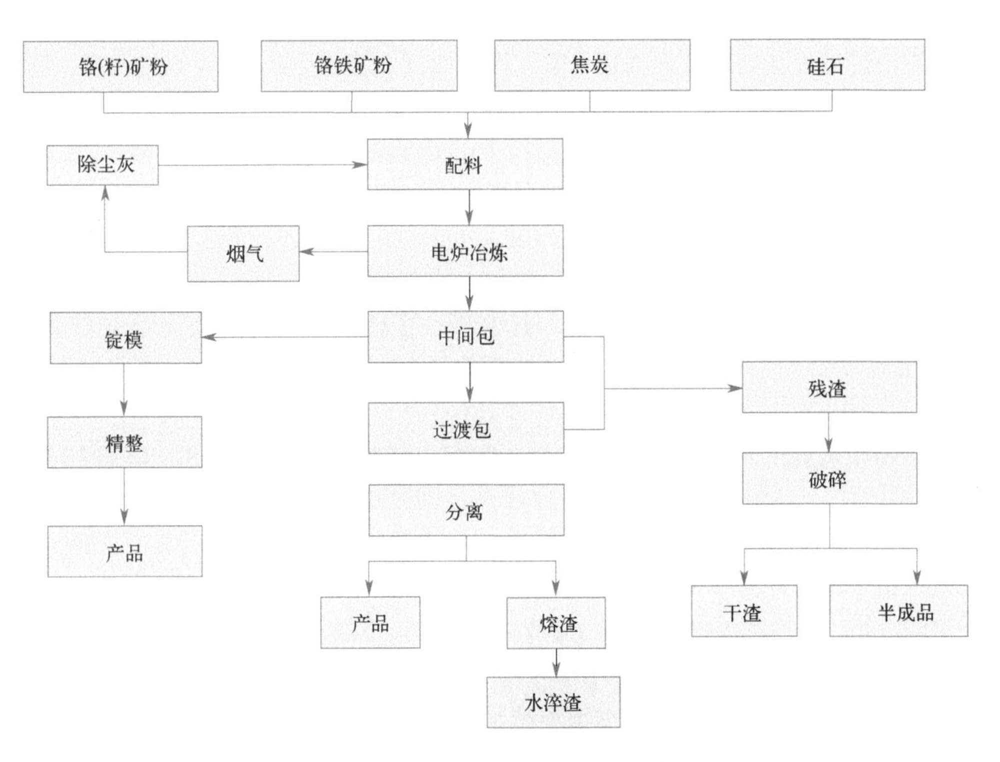


图 6　铬铁合金生产工艺流程示意

青海某厂高铬铁渣（高碳铬铁排出的尾渣）、硅铬铁渣（由高碳铬铁和硅矿石按比例混合冶炼铬铁产生的渣）、微铬铁渣（由硅铬、石灰石、铬矿在 1400℃左右冶炼低铬不锈钢产生的废渣），其中高铬铁渣和硅铬铁渣矿物相组成主要以镁橄榄石、铝镁尖晶石为主，微铬铁渣矿物组成中有 β-$C_2S$、$C_3A$，各类铬铁渣主要化学成分见表 3 [2]。

样品报关名称为高碳铬铁。样品具有手感重、较均匀、明显有发亮晶体等特点，化学成分以 Cr、Fe、C 为主，电镜形貌表现出致密结构和少量疏松结构等，根据样品这些特征判断鉴别样品是来自铬铁（含高碳铬铁）生产过程的产物。将样品的化学成分与文献资料中铬铁冶炼炉渣相比较，样品中 Si、Ca、Mg、Al 渣相成分含量远低于正常铬铁冶炼炉渣的相应成分含量，而铬的含量则远高于冶炼炉渣中铬的含量。因此，判断鉴别样品不是铬铁合金冶炼产生的炉渣。

**表 3 铬铁渣主要化学成分（%）**

| 成分 | $SiO_2$ | $Fe_2O_3$ | CaO | $Al_2O_3$ | MgO | $Cr_2O_3$ | $SO_3$ | 烧失率 |
|---|---|---|---|---|---|---|---|---|
| 高铬铁渣 | 32.72 | 3.23 | 6.72 | 19.54 | 23.98 | 8.27 | 1.35 | 2.23 |
| 硅铬铁渣 | 43.76 | 2.46 | 20.05 | 9.70 | 5.86 | 2.40 | 0.82 | 12.75 |
| 微铬铁渣 | 28.09 | 1.10 | 49.46 | 6.62 | 7.64 | 4.15 | 0.57 | 1.51 |

（2）样品产生来源分析

铬铁冶炼过程是高温多相物理化学过程，如气 - 固相反应、液 - 固相反应、液 - 液相反应、气 - 液相反应，其中含铬体系的相态有：CrFe 系相态会形成铬铁合金（FeCr）；CrC 系相态组成有 $Cr_{23}C_6$、$Cr_7C_3$、$Cr_3C_2$；CrFeC 系相态组成有（Cr，Fe）$_{23}C_6$、（Cr，Fe）$_7C_3$、（Cr，Fe）$_3C_2$，铬与铁在碳化物晶格上可以互相置换；CrSi、CrFeSi 系相态组成有 $Cr_3Si$、$Cr_5Si_3$、CrSi、$CrSi_2$、（Fe，Cr）$Si_2$、（Fe，Cr）Si、（Fe，Cr）$_3Si_2$；CrSiC 系相态组成有 $Cr_5Si_3C_x$；还有 CrAl 系、CrP 系等相态组成[3]。

高碳铬铁的冶炼方法有高炉法、电炉法、等离子炉法等，使用高炉法只能生产含铬量在 30% 左右的高碳铬铁，大都采用矿热炉法生产含铬量 50% 以上的高碳铬铁[4]。

样品物相构成上有铬铁合金冶炼中的 $Cr_7C_3$、（Cr，Fe）$_7C_3$、$Fe_2Si$、Cr 等物相，为铬铁合金中的正常物相，这类物相占比较高，同时也明显含有一些（Mg，Fe）$_2SiO_4$、$MgFe_{0.2}Al_{1.8}O_4$、$MgFeAlO_4$ 冶金炉渣相成分（橄榄石、尖晶石），有一定量的碳，显然样品是来自铬铁合金生产过程的物料（如高碳铬铁）。在铬铁合金液相出炉过程中会带有一定的渣相，在冶炼过程中炉内上层液态为渣相、下层为合金、中间为渣和合金混合层，在排渣过程中难以排干净，或者如果冶炼工艺粗放的话在出铁水过程中很可能会带入一定的渣相成分，这样导致铁水出炉冷却后块状中会粘连有渣相成分。由于铬铁合金商品有牌号、粒度要求，所以冷却后的铬铁合金块需要进行精整、破碎、分级，会形成一部分筛下细料，在冷却块的破碎过程中粘连的大部分渣相成分会转入筛下料中，这是鉴别样品含有一定渣相成分的原因，也是导致鉴别样品中铬含量难以达到《铬铁》（GB/T 5683—2008）中“铬铁以 50% 含铬量作为基准量考核单位”的原因。资料表明[5]，国外 20 世纪 70 年代生产的高碳铬铁含铬量达到 65% ～ 75%，而炉料级铬铁是指含铬量为 50% ～ 55%、含碳量约为 8% 的铬铁，是专门生产不锈钢的原料，国际标准化组织于 1980 年 7 月通过了国际标准《铬铁——规格和交货条件》（ISO 5448）规定 FeCr50 牌号的铬铁，其含铬量为 45.0% ～ 55.0%，也划归于高碳铬，而不再称为炉料级铬铁，日本昭和某公司专门生产含铬 50% ～ 55% 的炉料级铬铁有20年的历史，从储量巨大的低品位铬矿生产炉料级铬铁有利于提高产品竞争力，炉料级铬铁是国际市场的重要商品，我国企业也大量使用廉价的炉料级铬铁作为原料。

综上所述，判断鉴别样品是来自铬铁合金（FeCr）生产中的破碎细粉粒，可归属于炉料级高碳铬铁。

### 4. 鉴别结论

鉴别样品不是铬铁合金生产中的冶炼炉渣，是来自铬铁合金破碎细粉粒，可归属于炉料级高碳铬铁（FeCrC），除正常的合金相和清理不干净的冶金渣相外，并没有带入外来的杂物和额外的有害重金属物质，物相构成上仍以合金为主。根据有关铁合金行业协会提供的材料和咨询相关专家，我国每年进口的200万吨高碳铬铁中包括大量从南非进口的如鉴别样品的铬铁原料，作为硅铬合金生产的入炉原料而加以利用，也可以作为铬化工生产原料而得到充分利用。鉴别样品基本符合炉料级铬铁的原料要求，根据对国内同类利用企业的了解，样品物料是不需要修复和加工便可用于原用途的物质，因而判断鉴别样品不属于固体废物，是高碳铬铁生产中的低级别原料产品。

## 参考文献


[1] 刘柏杨，杨玉飞，岳波，等．铬铁渣资源化利用技术研究现状及发展趋势［J］．环境工程，2016，34（增刊1）：679-683.

[2] 汪发红，刘连新．铬铁渣的类型及应用探索研究［J］．混凝土与水泥制品，2017（08）：24-27.

[3] 阎江峰，陈加希，胡亮．铬冶金［M］．北京：冶金工业出版社，2008：125-129.

[4] 朱明伟，朱付雷，郭清林，等．提高高碳铬铁检验准确性的研究［J］．铁合金，2018，49（02）：37-40.

[5] 毕传泰．国外炉料级铬铁的生产［J］．铁合金，1992（03）：37-44.


## 六、粉煤灰磁选铁精粉

### 1. 前言

2020年3月，某海关委托中国环科院固体废物研究所对其查扣的一票“铁矿砂”货物样品进行固体废物属性鉴别，需要确定是否属于固体废物。

### 2. 样品特征及特性分析

① 样品为黑色均匀细粉末，具有磁性，似矿物磨选后的细粒，水分较大，有黑色粘手细粉但容易冲洗干净，偶见灰白色小颗粒；测定样品含水率为13.29%，样品干基550℃灼烧后的烧失率为0.89%。

样品外观状态见图1。

图1　样品外观状态

② 采用X射线荧光光谱仪（XRF）分析样品的化学组成，主要成分为Fe、Si以及少量的Ca、Al、Mn、Mg等，结果见表1。采用化学滴定法测定样品中铁含量为52.50%，采用高频燃烧红外吸收法测定样品中碳含量为0.26%。

**表1　样品干基主要成分**

| 成分 | $Fe_2O_3$ | $SiO_2$ | CaO | $Al_2O_3$ | MnO | $SO_3$ | MgO | $P_2O_5$ | $Na_2O$ | $K_2O$ | $TiO_2$ | SrO |
|---|---|---|---|---|---|---|---|---|---|---|---|---|
| 含量/% | 74.79 | 10.28 | 6.24 | 3.94 | 1.92 | 0.62 | 1.18 | 0.44 | 0.14 | 0.20 | 0.24 | 0.01 |

③ 采用X射线衍射仪（XRD）分析样品的物相组成，主要为$Fe_3O_4$、$Fe_2O_3$、$MgAl_{0.2}Fe_{1.8}O_4$、FeO、Ca（Mg，Fe，Al）（Si，Al）$_2O_6$、$SiO_2$。

衍射谱图见图2。

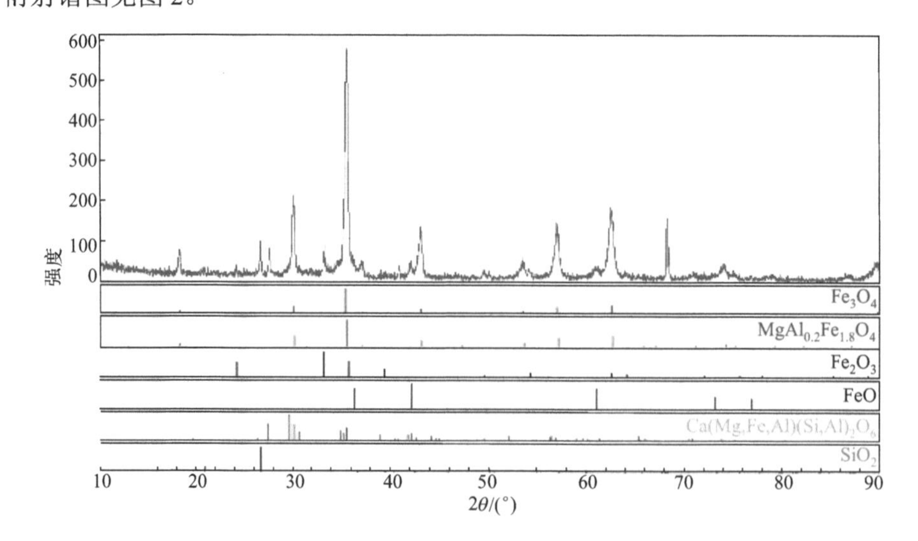


图2　样品X射线衍射谱图

④ 采用激光粒度仪分析样品粒度分布，结果为$D_{10}$: 17.64μm；$D_{50}$: 98.02μm；$D_{90}$: 282.22μm；≤50.0μm：25.61%；≤75.0μm：38.70%；≤200.0μm：80.38%；≤1000.0μm：99.67%。

粒度分布曲线见图 3。

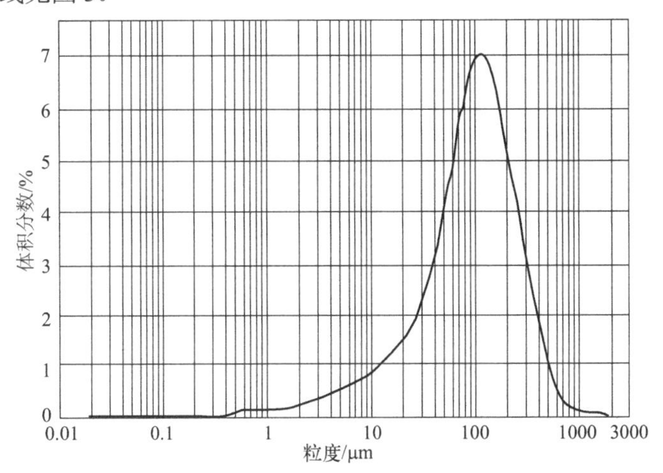


图 3　样品粒度分布曲线

⑤ 在扫描电镜下观察样品，有的颗粒为球珠颗状，有的为不规则颗粒，有的为多孔疏松结构，见图 4 ～图 6；样品电镜能谱分析含有钙铁硅酸盐、二氧化硅和磁铁矿，背散射电子能谱见图 7。

图 4　样品放大 100 倍 SEM 图

图 5　样品放大 200 倍 SEM 图

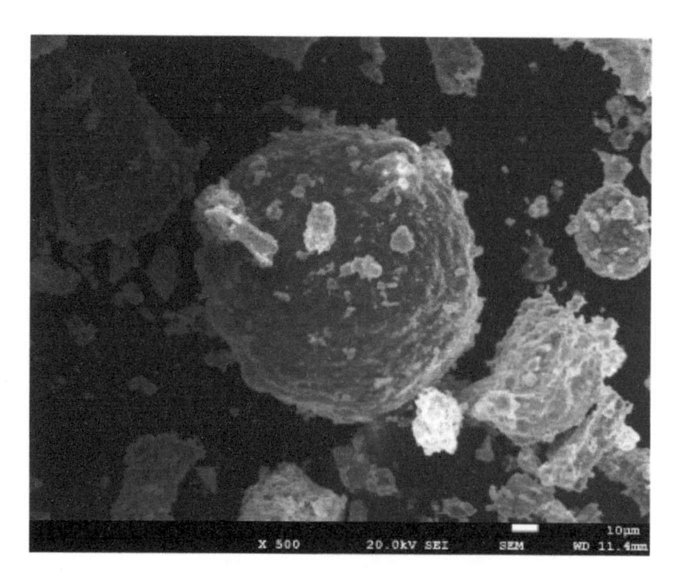


图6 样品放大500倍SEM图

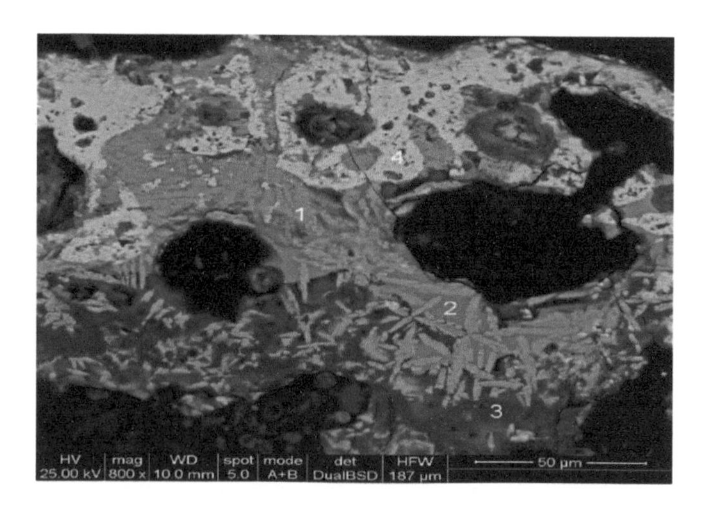


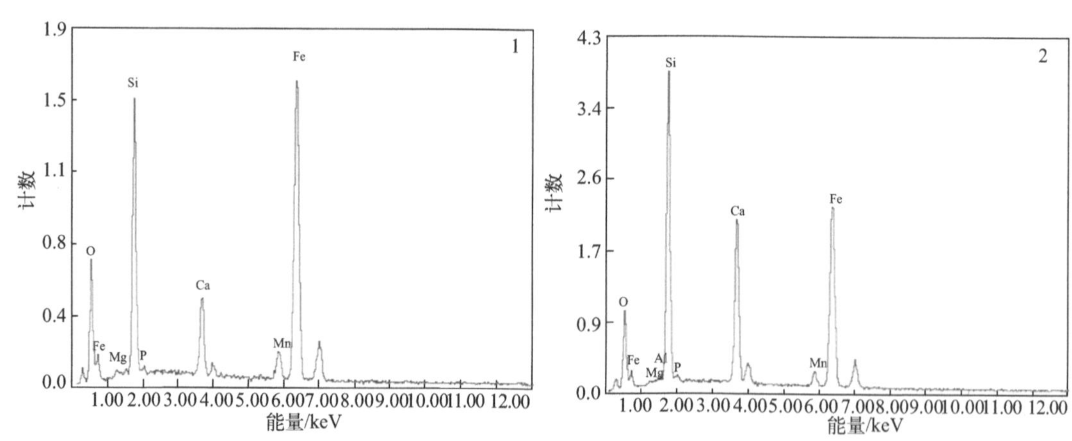

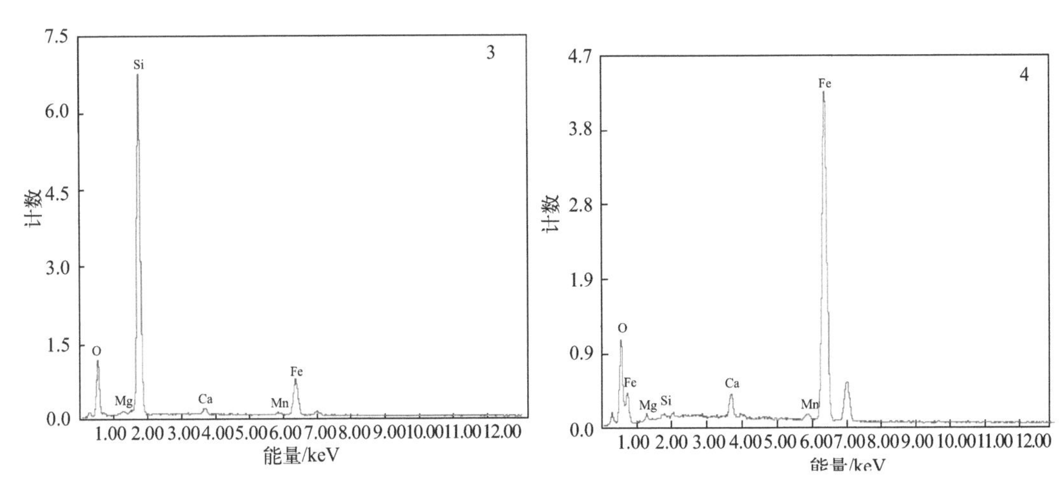


图 7　背散射电子能谱——样品中的钙铁硅酸盐、$SiO_2$ 相及磁铁矿的产出特征

（点 1 和点 2：钙铁硅酸盐；点 3：$SiO_2$ 相；点 4：磁铁矿）

## 3. 样品物质属性鉴别分析

（1）铁精矿简介

铁矿石从主要成分上划分为：褐铁矿，主要有效成分为 $Fe_2O_3$；磁铁矿，主要有效成分为 $Fe_3O_4$；菱铁矿，主要有效成分为 $FeCO_3$；纯铁矿，主要有效成分为金属铁；以及上述矿物的混生矿，其他黑色金属的伴生矿等。富矿含铁范围为 50% ～ 69%，贫矿为 30% ～ 50%。无论哪一种铁矿，都必须经过粉碎、选矿等工序处理才能作为冶炼生铁的主要原料。含铁量较高的铁矿粉称为铁精矿，铁精矿根据是否经过烧结可分为烧结和未烧结两种。铁精矿的主要品质要求为：

① 铁元素含量 60% 以上，赤铁矿国家标准样品中铁的含量为 63.84%；

② S ≤ 0.3%、P 根据不同生铁炉型含量一般在 0.05% ～ 0.6%、Zn ≤ 0.1% ～ 0.2%、Cu ≤ 0.2%、As ≤ 0.07%、Pb ≤ 0.1%；

③ 国内铁精矿 $SiO_2$ 含量在 4% ～ 8% 之间，进口矿也有远高于此范围含量的；

④ 赤铁矿国家标准样品中 $Al_2O_3$ 含量为 2.05%；

⑤ 含水率＜ 8%[1-4]。

（2）样品产生来源分析

样品来源于俄罗斯。实验结果表明，样品具有以下典型特征：

① 成分上以铁为主，含量约 52.5%，相当于中等品位铁矿的含量水平，其他元素主要为 Si、Ca、Al、Mn、Mg 等常规矿物组成；

② 样品中不利于钢铁冶炼的 S、P、Zn、Cu、Pb、As 等有害元素的含量都比较低或没有；

③ 样品物相构成较为简单，以铁的氧化物为主，具有明显的磁性；

④ 粒度虽较细，但主要集中于 100 ～ 200μm 之间，图 3 的曲线基本呈现正态分布，表明来源于同一生产或加工过程，不是来自不同工艺回收的混合物；

⑤ 在显微镜下明显有球珠状颗粒，样品中含有少量的碳，表明样品是来自高温处理或冶炼过程，如重力沉降产生的粉尘。

资料表明[5-6]，钢铁冶炼产生的回转窑瓦斯灰、瓦斯泥、炼钢烟尘颗粒大多在20～80μm之间，也有80μm以上的，在各种文献资料中瓦斯灰、瓦斯泥、炼钢烟尘都含有一定量的有害物质，不能直接利用，表明样品不是钢铁冶炼中产生的这几类原始烟尘。

资料表明[7]，宝钢和有关科研单位合作，在实验室用浮选-磁选或磁选-浮选联合流程处理宝钢高炉粉尘，可获产率50%、含铁60%的铁精矿；武钢在实验室用浮选法从高炉粉尘中获得含铁56%的铁精矿。鞍钢在实验室采用重选-浮选-磁选联合工艺，从高炉粉尘中可获得含铁61%的铁精矿。

资料表明，煤中含有黄铁矿、白铁矿、黄铜矿、菱铁矿等矿物，煤粉燃烧时，在1450℃左右高温会发生分解转变，其中的铁多数变成磁铁矿（$Fe_3O_4$），进入粉煤灰中，粉煤灰中含铁可达13.6%，经过粗选-磨矿-磁选，可选出品位在48.7%～50.6%的铁精矿，含0.31% $P_2O_5$、0.05% MnO、0.52% S、0.82% C等[8]；某电厂粉煤灰中含6.6% $Fe_2O_3$，经过磁选后的铁精矿含47.3% Fe、1.09% CaO、0.42% MgO、15.36% $SiO_2$ 等，磁铁矿的磁珠粒径在50～200μm之间[9]。

将样品理化特征与上述文献资料中的含铁物料进行对比，综合判断鉴别样品最有可能是来自燃煤电厂产生的粉煤灰经过球磨水洗-磁选处理后的产物。样品的这一来源分析和判断与委托海关告知鉴别机构的“该类铁矿砂产品为俄罗斯热电厂废炉灰经磁选提炼所得”的来源描述基本相符。

### 4. 鉴别结论

样品不是天然铁矿产物，最有可能是电厂粉煤灰经过球磨水洗-磁选加工处理获得的铁矿粉或替代铁矿粉的含铁物料，是有意识再加工生产的产物，作为替代铁矿原料可直接进入炼铁厂的烧结配料工序，而且和正常铁精矿粉质量相比并没有带入额外的有害成分或增加环境污染风险，符合铁精矿粉的质量要求，根据《固体废物鉴别标准 通则》（GB 34330—2017），判断鉴别样品不属于固体废物。

# 参考文献


[1] 张春兰. 铁矿石国家标准样品的研制 [J]. 冶金分析，2004，24（增刊1）: 285-289.
[2] 王松青，应海松. 铁矿石与钢材的质量检验 [M]. 北京：冶金工业出版社，2007: 220-237.
[3] 史占彪. 狠抓直接还原铁质量 [J]. 中国冶金，2004（01）: 12，22-24.
[4] 包燕平，冯捷. 钢铁冶金学教程 [M]. 北京：冶金工业出版社，2008: 22-25.
[5] 陈砚雄，冯万静. 钢铁企业粉尘的综合处理与利用 [J]. 烧结球团，2005，10（05）: 42-46.
[6] 佘雪峰，薛庆国，董杰，等. 钢铁厂典型粉尘的基本物性与利用途径分析 [J]. 过程工程学报，2009，9（增刊1）: 7-12.
[7] 王琪，周炳炎，聂曦，等. 我国危险废物产生特性和污染特性研究 [R]. 十五科技攻关研究报告，2005.

[8] 山东省电力工业局，青岛市电业局，青岛发电厂，等.烟台发电厂从发电厂粉煤灰磁选铁精矿 [J]. 环境科学，1997（01）: 24-26.
[9] 刘兴华.秦岭电厂粉煤灰磁选铁精矿烧结矿的矿物特征 [J].热力发电，1998（05）: 19-21.

## 七、铜精矿为主的混合物

### 1. 前言

2021 年 3 月，某海关委托中国环科院固体废物研究所对其查扣的一票“铜精矿”货物样品进行固体废物属性鉴别，需要确定是否属于固体废物。

### 2. 样品特征及特性分析

① 样品为黑灰色细颗粒，有结团但无强度，可捏碎，测定样品含水率为 3.98%，550℃灼烧后出现板结，烧失率为 −8.92%（即增重 8.92%），样品外观状态见图 1。

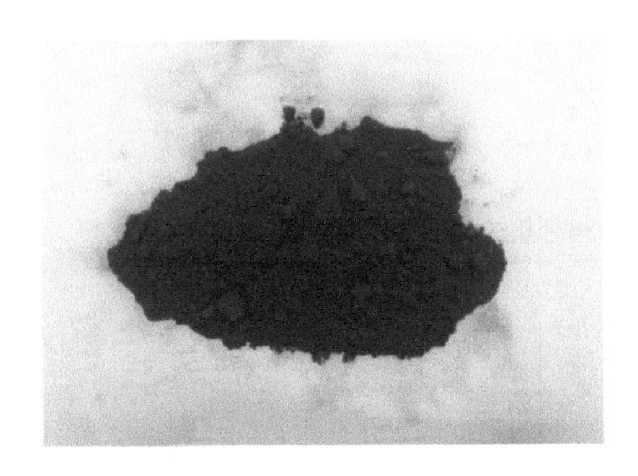

图 1　样品外观状态

② 采用 X 射线荧光光谱仪（XRF）分析样品成分，主要为 Si、S、Cu、Al、Fe 等，结果见表 1。测定样品浸出液 pH 值为 8.52；采用滴定法对样品中铜含量进行测定，所取样品测试结果分别为 28.08%、27.89%、29.04%。

表 1　样品主要成分及含量（除氯以外，其他元素以氧化物计）

| 成分 | $SiO_2$ | $SO_3$ | CuO | $Al_2O_3$ | $Fe_2O_3$ | $K_2O$ | MgO | CaO | $TiO_2$ |
|---|---|---|---|---|---|---|---|---|---|
| 含量 /% | 36.43 | 16.43 | 26.20 | 8.69 | 3.21 | 2.80 | 3.28 | 1.96 | 0.46 |
| 成分 | $P_2O_5$ | $Co_2O_3$ | BaO | MnO | $Bi_2O_3$ | PbO | ZnO | $Cr_2O_3$ | Cl |
| 含量 /% | 0.23 | 0.06 | 0.09 | 0.03 | 0.04 | 0.04 | 0.03 | 0.01 | 0.02 |

③ 采用 X 射线衍射仪（XRD）分析样品的物相组成，主要为 $SiO_2$、$Cu_5FeS_4$、$Cu_2(CO_3)(OH)_2$、$Ca(SO_2)(H_2O)_{0.5}$、$CaSO_3$，X 射线衍射谱图见图 2。

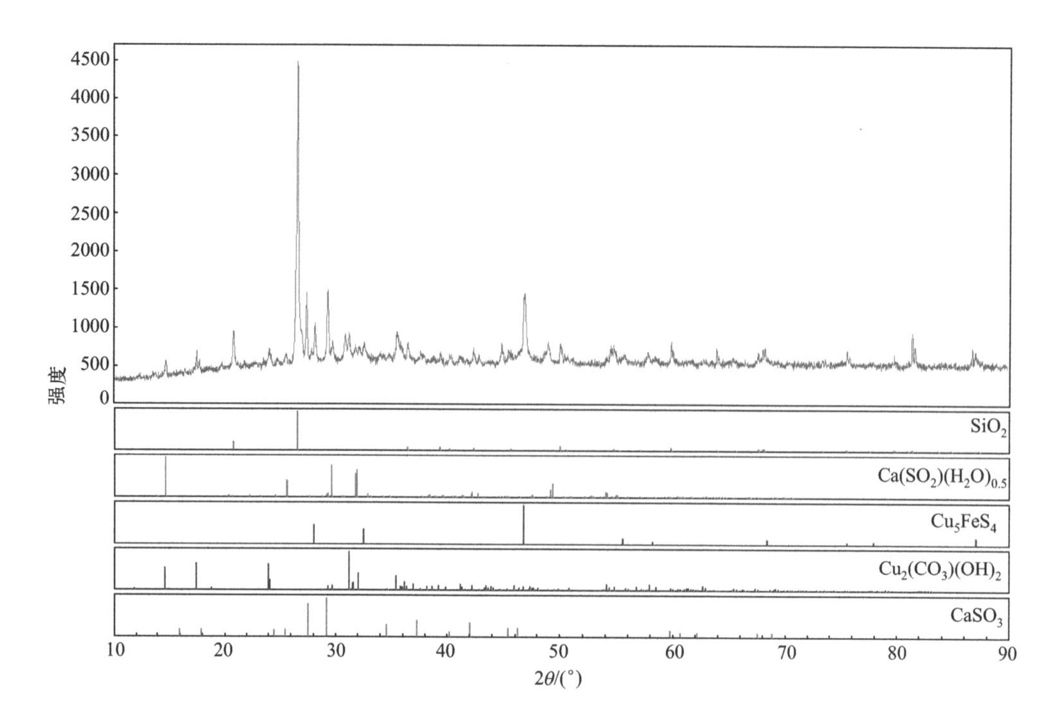


图 2　样品X射线衍射谱图

④ 对样品进行矿物相分析，样品中主要为斑铜矿和辉铜矿，其次为黄铜矿和孔雀石，另有少量铜蓝、磷铜矿、孔雀石、胆矾、冰铜（铜锍）、金属铜和氧化铜，其他金属物相较少，有褐铁矿、黄铁矿和硫化铅。样品中的脉石矿物主要有石英、正长石和金云母，另有少量白云石、白云母、透闪石、斜长石、金红石、方解石、绿泥石和磷灰石等。从物相组成来看，以天然矿物为主，但也存在少量的冰铜、金属铜、氧化铜和硫化铅（被包裹在冰铜物相中），这些是冶炼过程中的物相。各主要矿物的产出特征见图 3 ～图 8。

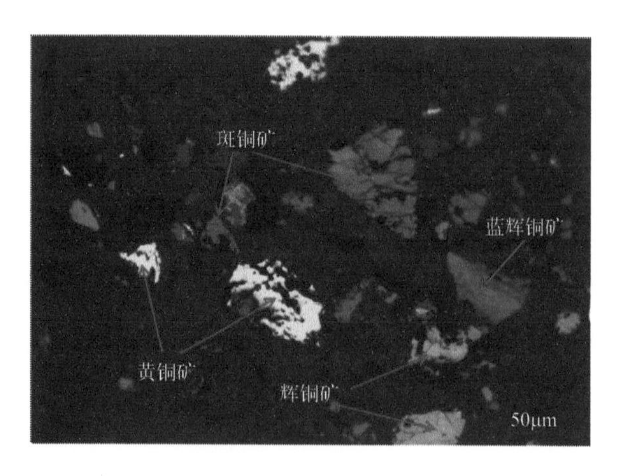


图 3　样品中的黄铜矿、斑铜矿、辉铜矿及蓝辉铜矿

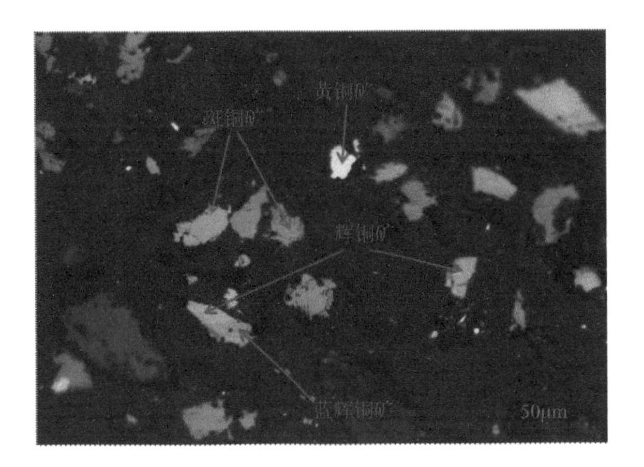


图 4　样品中斑铜矿、辉铜矿、蓝辉铜矿及黄铜矿

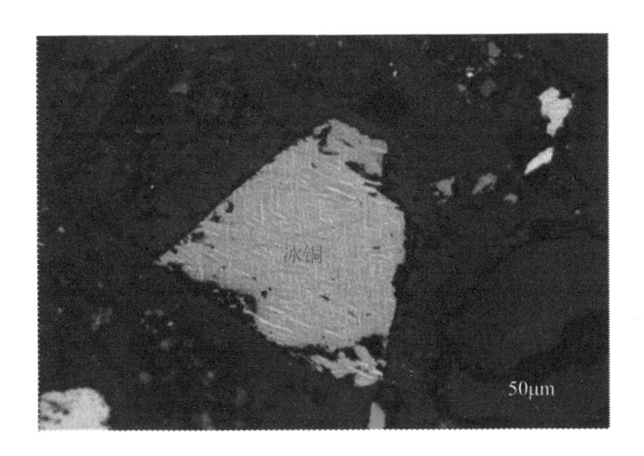


图 5　样品中冰铜的共晶结构

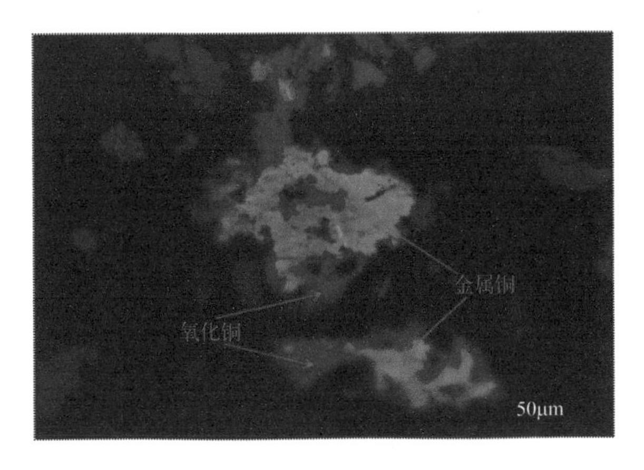


图 6　金属铜边缘生成氧化铜

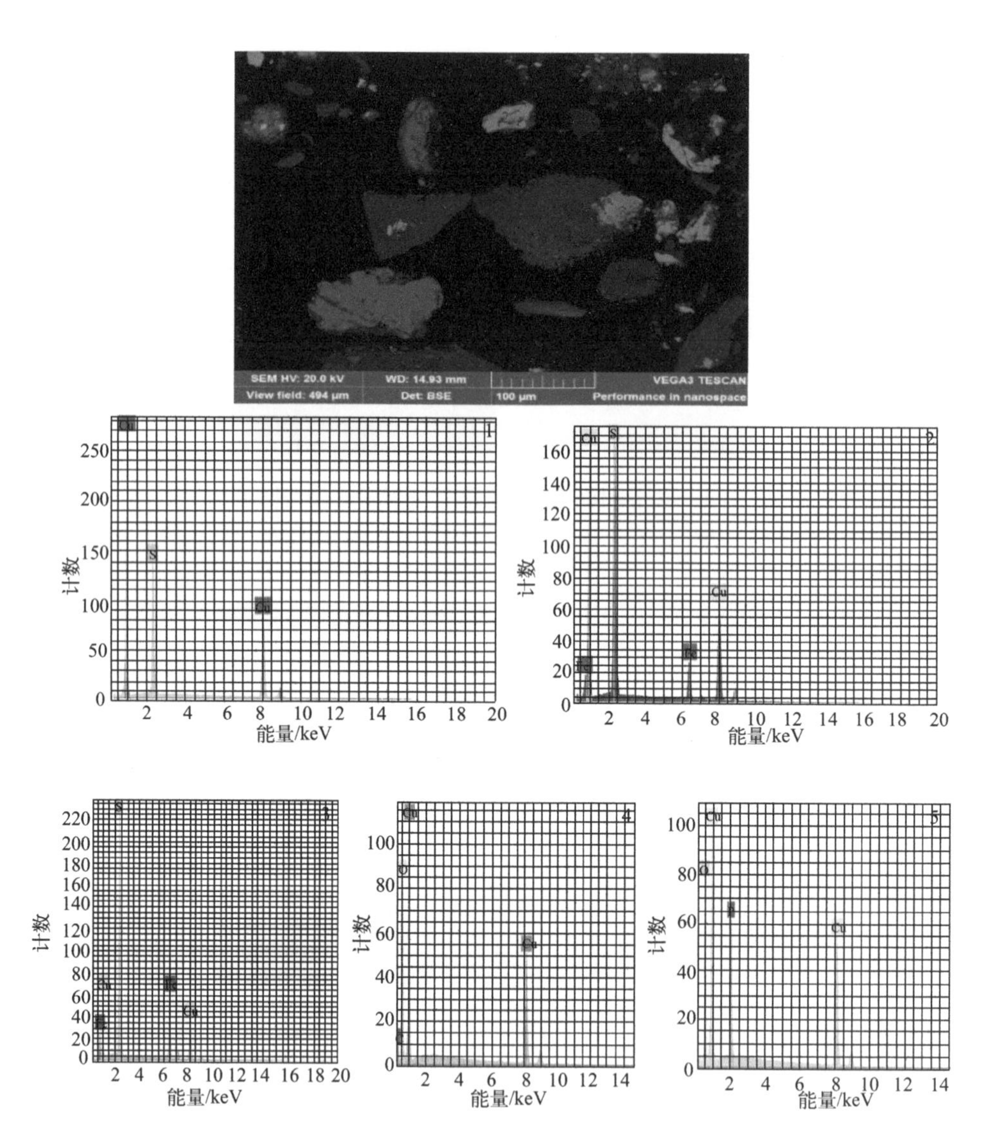


图 7　背散射电子能谱——辉铜矿、斑铜矿、黄铜矿、孔雀石和磷铜矿的产出特征

（点 1：辉铜矿；点 2：斑铜矿；点 3：黄铜矿；点 4：孔雀石；点 5：磷铜矿）

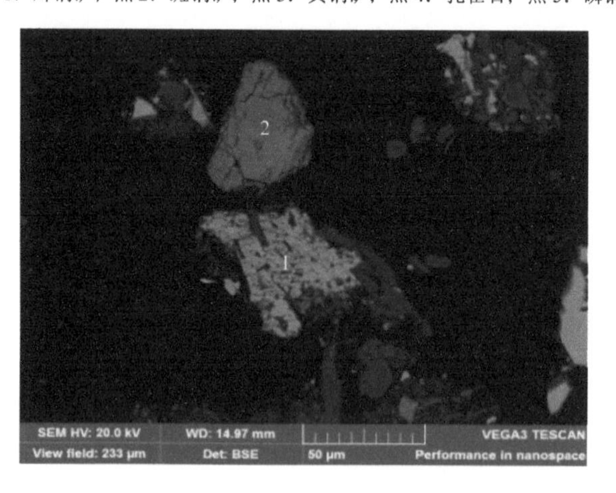

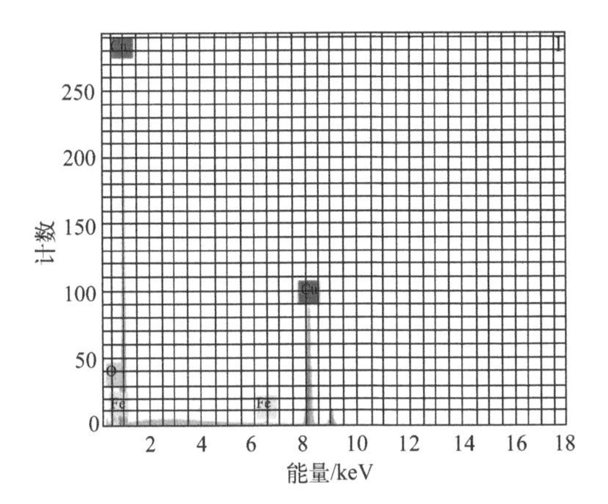


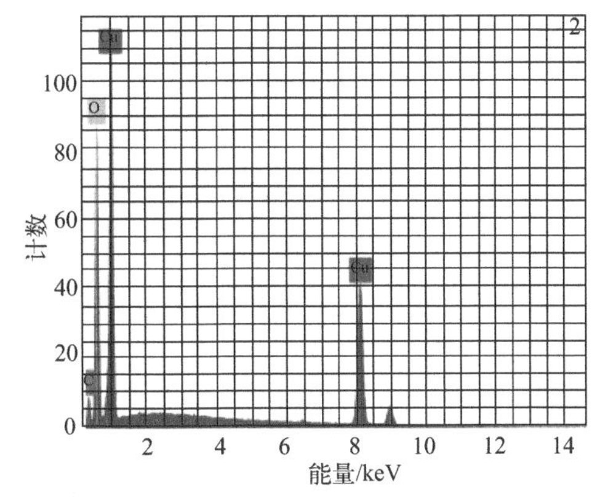


图 8　背散射电子能谱——样品中的氧化铜和孔雀石

（点 1：氧化铜；点 2：孔雀石）

⑤采用扫描电子显微镜（SEM）观察样品细粉末形貌特征，SEM 照片见图 9 和图 10。

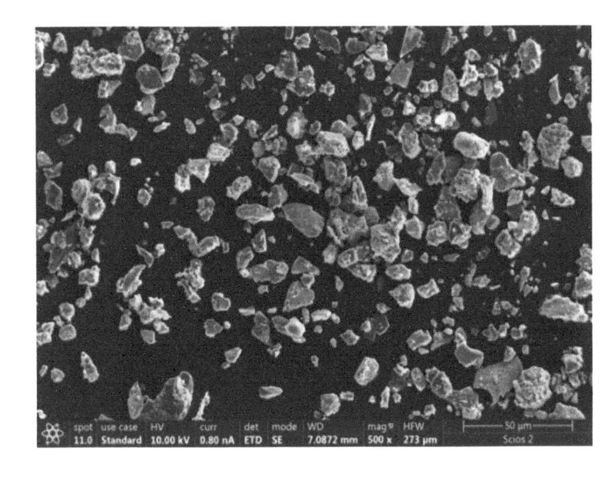


图 9　SEM 下样品放大 500 倍形貌特征

图 10　SEM 下样品放大 2000 倍形貌特征

### 3. 样品物质属性鉴别分析

（1）铜矿及铜锍简介

铜的矿物有200多种，重要的只有20余种。典型的硫化铜矿含铜从0.2%（露天开采）到0.5%～1%（坑下开采）。铜矿常伴生有黄铁矿、闪锌矿、方铅矿、镍黄铁矿及含钴矿物，贵金属（如Au、Ag）和稀散金属（如Ga、Ge）也是常见的伴生组分，砷主要以硫砷铜矿（$Cu_3AsS_4$）的形式存在[1-2]。铜矿石经选矿富集获得精矿，常见为褐色、灰色、黑褐色、黄绿色，金属矿物主要有辉铜矿、黄铜矿、铜蓝、蓝辉铜矿、斑铜矿、砷黝铜矿等[3]。我国《铜精矿》（YS/T 318—2007）中将铜精矿按化学成分分为一级品～五级品，化学成分及含量应符合表2的规定。同时规定铜精矿中Au、Ag、S为有价元素；铜精矿中水分质量分数≤12%，冬季应≤8%；铜精矿中不得混入外来夹杂物；同批精矿要求混匀。

**表2 铜精矿标准中的化学成分含量要求**

| 品级 | Cu，>/% | 杂质含量，≤/% | | | |
|---|---|---|---|---|---|
| | | As | Pb+Zn | MgO | Bi+Sb |
| 一级 | 32 | 0.10 | 2 | 1 | 0.10 |
| 二级 | 25 | 0.20 | 5 | 2 | 0.30 |
| 三级 | 20 | 0.20 | 8 | 3 | 0.40 |
| 四级 | 16 | 0.30 | 10 | 4 | 0.50 |
| 五级 | 13 | 0.40 | 12 | 5 | 0.60 |

铜锍（冰铜）主要组成为$Cu_2S$和FeS的共熔体，是提炼粗铜的中间产物和下一步冶炼粗铜的原料。铜矿石大多为硫化铜（CuS和$Cu_2S$）矿，氧化铜（CuO、$Cu_2O$）矿较少，含铜量均很低（1.0%左右）。铜的火法冶炼是将铜矿破碎、浮选、烧结、造块成铜精矿，含铜10%～35%，与熔剂一起送入反射炉或鼓风炉中，在高温（1550～1600℃）下进行氧化、脱硫和去除杂质，获得含铜量为35%～50%的冰铜。

（2）样品产生来源分析

样品中的铜矿物相种类较多，主要为斑铜矿和辉铜矿，其次为黄铜矿和孔雀石，另有少量铜蓝、磷铜矿、孔雀石、胆矾、冰铜、金属铜和氧化铜。样品外观状态、成分及含量、矿物相组成等方面均与铜矿破碎、球磨、浮选后的铜精矿特征相符，因此判断鉴别样品主体成分是铜精矿。样品不含As、F、Cd、Hg等有害元素，含铅<6.0%，样品中有害元素含量没有超过《重金属精矿产品中有害元素的限量规范》（GB 20424—2006）的要求。样品中铜含量约28%，且其他杂质含量均低于《铜精矿》（YS/T 318—2007）的限值，样品符合铜精矿产品质量标准要求。

样品中还存在少量（1%～2%）其他金属物相，主要为铜锍（冰铜）、金属铜、氧化铜和硫化铅，这些应是冶炼过程中生成的物相，样品中未发现有机物。样品中存在一定量的金属铜，该物质在铜的天然矿物及其冶炼过程产物中均可产生，样品中有少量的铜锍，发现明显的共晶结构，且铜锍中包裹星点状的硫化铅，这些结构特征在天然矿物中一般少见。

综上，判断鉴别样品为铜精矿，并混有少量的铜锍等有价冶金产物。

### 4. 鉴别结论

样品主要为铜精矿，并混有少量的铜锍等有价冶金产物，但没有带入更多的有害物质，在冶金原料堆场有意或无意相互掺混的情况是常有的事。样品中铜含量及杂质含量均符合《铜精矿》（YS/T 318—2007）要求，样品中有害元素含量未超出《重金属精矿产品中有害元素的限量规范》（GB 20424—2006）的限量要求，样品总体属于矿物范畴。综合判断鉴别样品不属于固体废物，为铜精矿。

## 参考文献

[1] 任鸿九，王立川 . 有色金属提取冶金手册——铜镍［M］. 北京：冶金工业出版社，2007.
[2] 蓝碧波 . 铜精矿湿法除砷试验研究［J］. 湿法冶金，2014，31（02）：122-124，132.
[3] 于宏东，金延文 . 秘鲁某斑岩型含砷铜钼矿工艺矿物学研究［J］. 矿冶，2012，21（01）：91-94.

## 八、铜精矿

### 1. 前言

2018 年 1 月，某海关委托中国环科院固体废物研究所对其查扣的一票“铜精矿”货物样品进行固体废物属性鉴别，需要确定其是否属于固体废物。

### 2. 样品特征及特性分析

① 样品为潮湿的黑褐色粉粒，有结团，测定样品含水率为 9.0%，550℃灼烧后增重 11.76%，样品外观状态见图 1。

图 1　样品外观状态

② 采用X射线荧光光谱仪（XRF）分析样品干基成分，主要含S、Fe、Cu、Si、Al、Mg等，结果见表1。采用化学法分析样品中砷含量＜0.1%。

**表1　样品主要成分及含量**

| 成分 | $SO_3$ | $Fe_2O_3$ | CuO | $SiO_2$ | $Al_2O_3$ | MgO | NiO | CaO | $Na_2O$ | $K_2O$ | $TiO_2$ | $CoO_3$ | $MoO_3$ |
|---|---|---|---|---|---|---|---|---|---|---|---|---|---|
| 含量/% | 45.32 | 26.79 | 16.07 | 6.16 | 1.75 | 1.42 | 0.78 | 0.73 | 0.50 | 0.21 | 0.10 | 0.07 | 0.06 |

③ 采用X射线衍射仪（XRD）分析样品的物相组成，主要为黄铜矿、磁黄铁矿和黄铁矿，其次为脉石矿物和褐铁矿，少量斑铜矿、辉铜矿-蓝辉铜矿、铜蓝、辉钼矿、钛铁矿和白铁矿，偶见金红石等。脉石矿物主要为滑石和石膏，少量石英、长石、白云母、绿帘石和绿泥石，偶见磷灰石等。样品X射线衍射谱图见图2，光学显微镜观察样品的矿物特征见图3和图4。

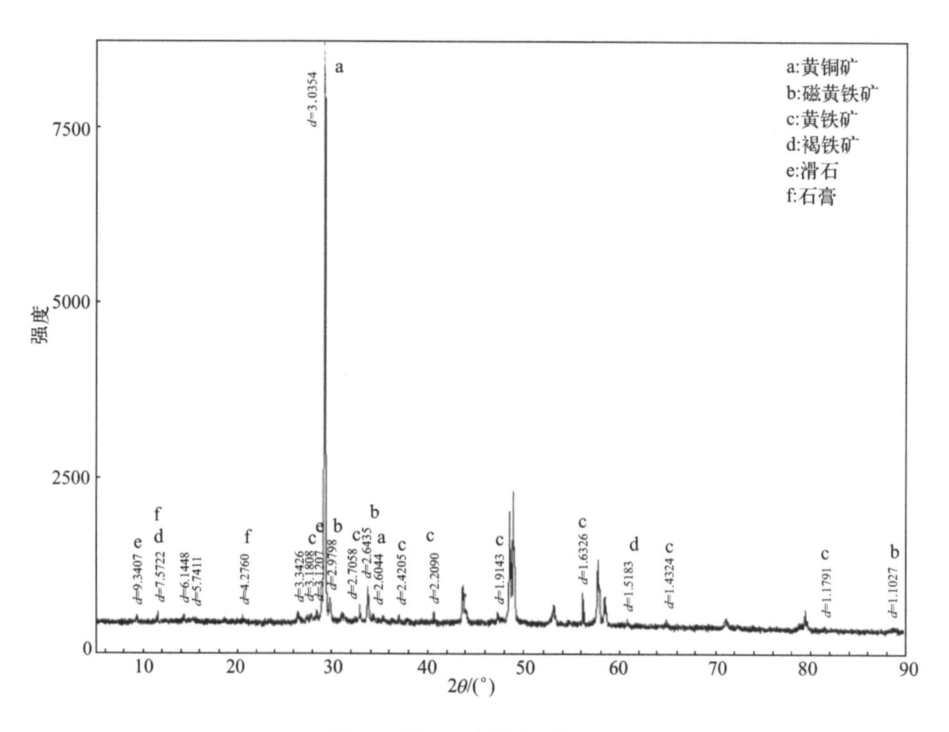


图2　**样品X射线衍射谱图**

④ 采用扫描电子显微镜（SEM）观察样品形貌特征，显示样品表面不光滑，为机械破碎后的产物，见图5和图6。

### 3. 样品物质属性鉴别分析

（1）铜矿简介

铜矿以黄铜矿为最多，约占铜矿的2/3。典型的硫化铜矿含铜从0.2%（露天开采）

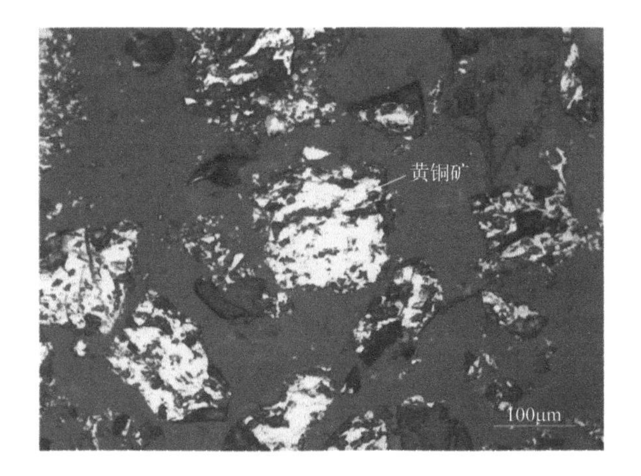


图 3　黄铜矿特征（反光镜下）

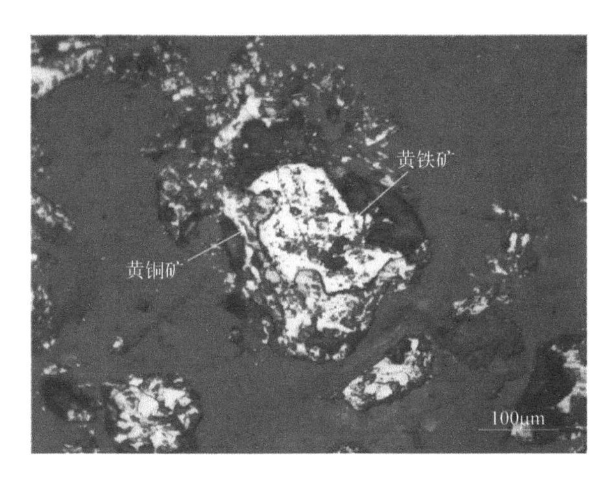


图 4　黄铜矿、黄铁矿嵌布特征（反光镜下）

图 5　SEM 观察样品形貌特征（500 倍）

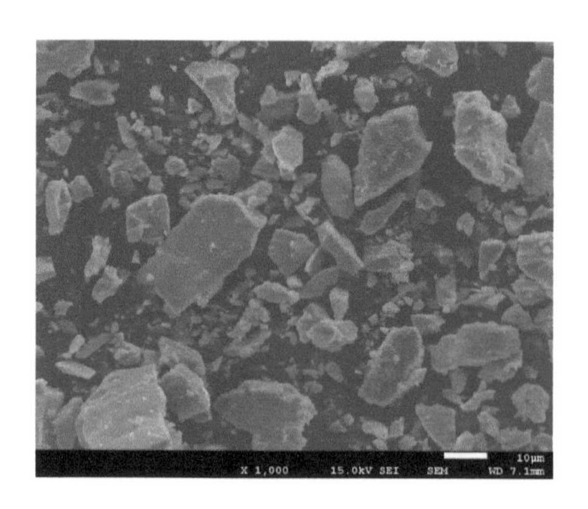


图6 SEM 观察样品形貌特征（1000 倍）

到 0.5% ～ 1%（坑下开采）。铜矿常伴生有黄铁矿、闪锌矿、方铅矿、镍黄铁矿及含钴矿物，贵金属和稀散金属也是常见的伴生组分，砷主要以硫砷铜矿（$Cu_3AsS_4$）的形式存在。铜矿石经选矿富集获得精矿，常见为褐色、灰色、黑褐色、黄绿色，呈粉状。2007 年有色金属行业制定的《铜精矿》（YS/T 318—2007）中将铜精矿按化学成分分为一级品～五级品，化学成分应符合本书第 166 页表 2 的要求。同时规定铜精矿中 Au、Ag、S 为有价元素；铜精矿中水分质量分数≤ 12%，冬季应≤ 8%；铜精矿中不得混入外来夹杂物；同批精矿要求混匀。

（2）样品产生来源分析

样品外观为黑褐色细粉粒，灼烧实验表明不含有机物。样品主要成分为 S、Fe、Cu、Si、Al，样品干基中铜含量约为 13%，As、Pb、Zn、Mg 等有害重金属含量低，符合我国《铜精矿》（YS/T 318—2007）标准的要求。样品物相构成分析以及矿物显微镜鉴定均表明主要为黄铜矿，其次为磁黄铁矿和黄铁矿，同时含有少量其他矿物组分。扫描电镜观察样品为细粒集合体，棱角分明，明显不含冶金高温下的烟尘，而是机械破碎后的产物。

总之，样品特征与天然铜矿特征相符，判断为铜矿。

### 4. 鉴别结论

我国《重金属精矿产品中有害元素的限量规范》（GB 20424—2006）中规定铜精矿中所含有害元素含量应满足以下要求：Pb ≤ 6.0%、As ≤ 0.5%、F ≤ 0.10%、Cd ≤ 0.05%、Hg ≤ 0.01%。样品中有害组分含量均很低，符合该标准要求。综合判断鉴别样品属于铜矿，不属于固体废物。

## 九、粗制氧化铜

### 1. 前言

2011 年 6 月，某海关委托中国环科院固体废物研究所对其查扣的一票“粗制氧化铜”货物样品进行固体废物属性鉴别，需要确定其是否为国家禁止进口的固体废物。

## 2. 样品特征及特性分析

① 样品为潮湿黑色粉末，有结块现象，用手将物料掰开，断面平滑细腻；测定样品含水率为39.2%，样品干基550℃下灼烧后的烧失率为2%。样品外观状态见图1。

图1　样品外观状态

② 采用X射线荧光光谱仪（XRF）分析样品的组成，主要元素为Cu、Cl、Na，还有少量Ca、P、S、Zn、Fe、Si等，结果见表1。

表1　样品主要成分及含量（除氯以外，其他元素均以氧化物计）

| 成分 | CuO | Cl | $Na_2O$ | CaO | $P_2O_5$ | $SO_3$ | ZnO | $Fe_2O_3$ | $SiO_2$ |
|---|---|---|---|---|---|---|---|---|---|
| 含量/% | 95.98 | 2.05 | 1.38 | 0.14 | 0.11 | 0.11 | 0.10 | 0.06 | 0.05 |

③ 采用X射线衍射仪（XRD）分析样品的物相组成，主要为CuO，衍射谱图见图2。

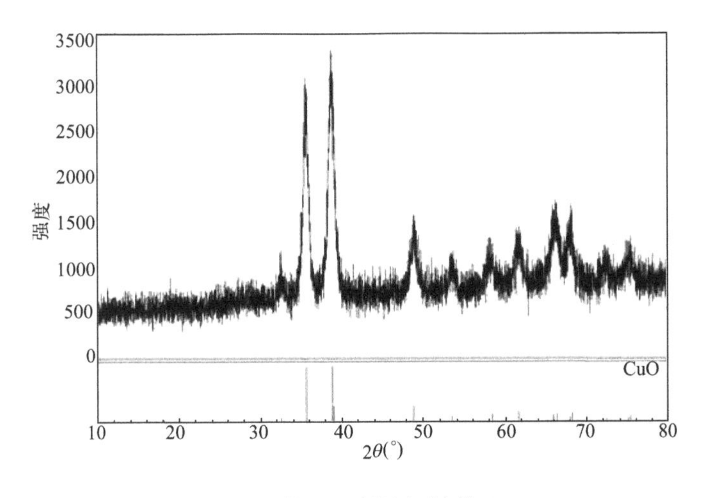


图2　样品X射线衍射谱图

④ 对样品进行能谱分析，显示成分以铜为主，还有少量氯和其他杂质，能谱图见图3。显微镜下观察物料粉末即使在很细薄情况下也不透明，证明是CuO而不是$Cu_2O$，镜下照片见图4。

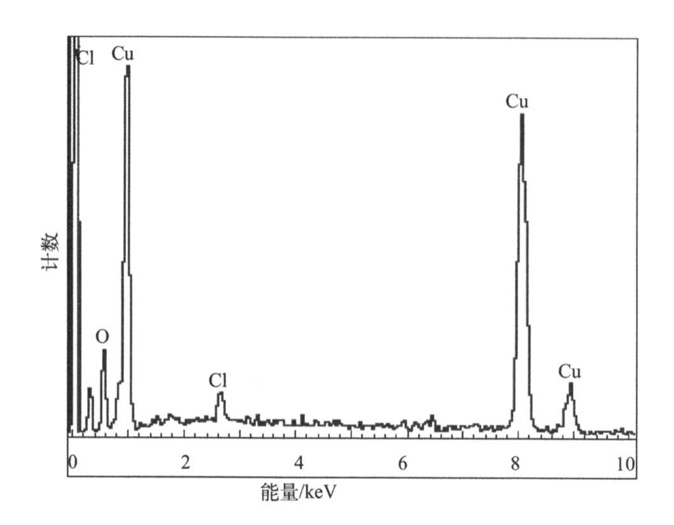


图3　**样品能谱图**

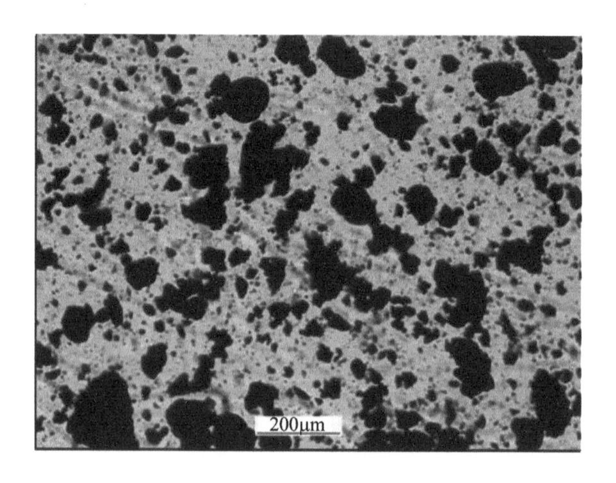


图4　**样品在显微镜下照片**

（显示物料粒度大小不均且不透明，看不到晶形）

### 3. 样品物质属性鉴别分析

（1）氧化铜的基本产生过程

制备氧化铜粉体的化学技术有固相法、沉淀法、溶胶-凝胶法、低压喷雾热解法。国内有使用界面沉淀法制取超细氧化铜粉体的研究[1]，基本过程见图5。

该流程是以$P_{204}$为萃取剂、$CCl_4$为稀释剂的有机溶液萃取$CuSO_4$溶液中的铜离子（$Cu^{2+}$），充分振荡使萃取达到平衡。再用草酸（$H_2C_2O_4$）溶液反萃有机相中的铜，使其在油水界面生成（$CH_3COO$）$_2Cu\cdot H_2O$（草酸铜）沉淀。经去离子水和无水乙醇（$C_2H_5OH$）洗涤以后，恒温干燥，再在马弗炉中热分解获得 CuO 超细颗粒。此种方法制得的 CuO 粉体呈黑褐色，采用 X 射线衍射仪（XRD）分析 CuO 粉体，与分析纯 CuO 的 X 射线衍射谱图相似。

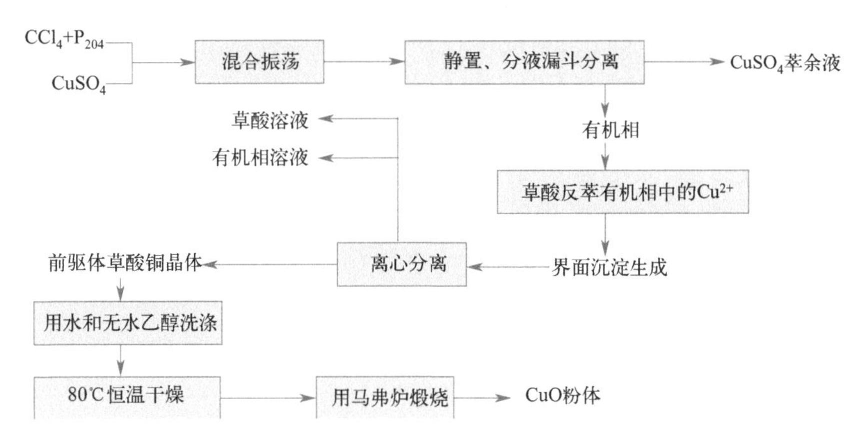


图 5　界面沉淀法生产超细氧化铜粉体的基本过程

资料表明[2]，也可使用 Cu（$NO_3$）$_2$ 溶液与 NaOH 或 $Na_2CO_3$ 溶液混合，加入阻聚剂加热回流制得黑色 CuO 细粉。

资料表明[3]，可利用印制电路板经蚀刻生产的酸性蚀刻废液和碱性蚀刻废液生产超细 CuO 粉，反应原理及工艺流程为：将酸性蚀刻废液与碱性蚀刻废液混合、过滤，沉淀出来的物质经加碱转化后，再经洗涤、干燥、煅烧等过程得到 CuO 产物。反应方程式如下：

$$[Cu(NH_3)_4]Cl_2+3CuCl_2+6H_2O \longrightarrow 2Cu_2(OH)_3Cl\downarrow+4NH_4Cl+2HCl$$

$$Cu_2(OH)_3Cl+NaOH \longrightarrow CuO+Cu(OH)_2+NaCl+H_2O$$

$$Cu(OH)_2 \longrightarrow CuO+H_2O$$

资料表明[4]，盐酸将铜从富铜氧化物中溶出形成可溶铜盐，之后形成沉淀，继续加热，Cu（OH）$_2$ 即分解形成 CuO，反应方程式如下：

$$Cu^{2+}+2OH^- \longrightarrow Cu(OH)_2$$

$$Cu(OH)_2 \longrightarrow CuO+H_2O$$

在《氧化铜粉》（GB/T 26046—2010）编制说明中，总结出目前国内外 CuO 生产最成熟的工艺有铜粉氧化法、$CuSO_4$ 煅烧法、碳酸铵亚铜浸取法及可溶铜加碱合成法。目前工业生产多采用铜粉氧化法，该法是以铜灰、铜渣为原料在焙烧炉中用煤气加热进行初步氧化，以除去原料中的水分和有机杂质。生成的初级氧化物经自然冷却、粉碎后，在氧化炉中进行二次氧化，得到粗品 CuO。然后将粗品 CuO 净化，经离心分离、干燥，在 450℃下氧化焙烧 8h，冷却后，粉碎至 100 目或 200 目，再在氧化炉中氧化，制得 CuO 粉产品。基本反应原理如下：

$$2Cu+O_2 \longrightarrow 2CuO$$

$$Cu_2O+1/2O_2 \longrightarrow 2CuO$$

上述资料表明 CuO 的生产方法总体上是将原料中的铜转化成容易分解的化合物，如（$CH_3COO$）$_2Cu \cdot H_2O$、Cu（$NO_3$）$_2$、$CuCO_3$、Cu（OH）$_2$，实现与杂质的分离，再氧化焙烧生成 CuO。

（2）样品产生来源分析

样品为黑色，与 CuO 的颜色相符合，物相分析证明样品由 CuO 组成；样品潮湿并结成团块状，用手掰开后发现样品是由致密的细粉构成，表明样品在氧化焙烧前应是来自溶液中的铜盐；样品中含有少量的氯和钠等其他元素，很可能是参与反应的物质分离洗涤不完全的结果。总之，判断鉴别样品是来自 CuO 粉的生产过程。

样品报关名称为“粗制氧化铜”。样品干基中 CuO 含量达到 96% 左右，接近我国《氧化铜粉》（GB/T 26046—2010）标准中合格品 CuO ≥ 98% 的要求，在该标准编制材料中明确提出得到合格品 CuO 产品之前要经过“粗品氧化铜”步骤。因此，判断鉴别样品为“粗制氧化铜”。

### 4. 鉴别结论

获得鉴别样品 CuO 的产物有以下 3 个特点：

① 发生了化学反应和分离，发生了焙烧氧化反应，得到了以 CuO 为主要成分的产物；

② 在生产过程中去除了绝大部分杂质，使得杂质含量较低；

③ 便于后续进一步生产或利用。

这一过程应属于“有意识生产”“是正常使用链中的一部分”。依据《固体废物鉴别导则（试行）》，判断鉴别样品不属于固体废物。

## 参考文献


［1］徐昀 . 界面沉淀法获取氧化铜超细粉体的方法研究［D］. 重庆：重庆大学，2002.

［2］Wiley J B，Gillan E G，Kaner R B. Rapid solid state metathesis reactions for the synthesis of copper oxide and other metal［J］.Materials Research Bulletin，1993，28（9）：893-900.

［3］宋红，石荣铭 . 废蚀刻铜液制取氧化铜及废液的再生条件研究［J］. 再生资源研究，2007（03）：36-38.

［4］陈寿椿 . 重要无机化学反应［M］. 上海：上海科技出版社，1982：85.


## 十、锌焙烧矿

### 1. 前言

2019 年 12 月，某海关委托中国环科院固体废物研究所对其查扣的一票“锌焙砂”货物进行固体废物属性鉴别，需要确定是否属于固体废物。

## 2. 样品特征及特性分析

① 转移至仓库的3个货柜的货物外观基本一致，均为手感较重的黄褐色不均匀、不规则的粉粒，明显不同于火法冶炼的细烟尘，颗粒大小和颜色都不是很均一，干燥，具有微弱磁性。现场部分货物和取样情况见图1～图4。由于现场货物具有一致性，选取其中一个样品测定550℃灼烧后的烧失率、过筛网的质量占比，结果见表1。

图1　仓库内的货物（吨袋）

图2　随机取样

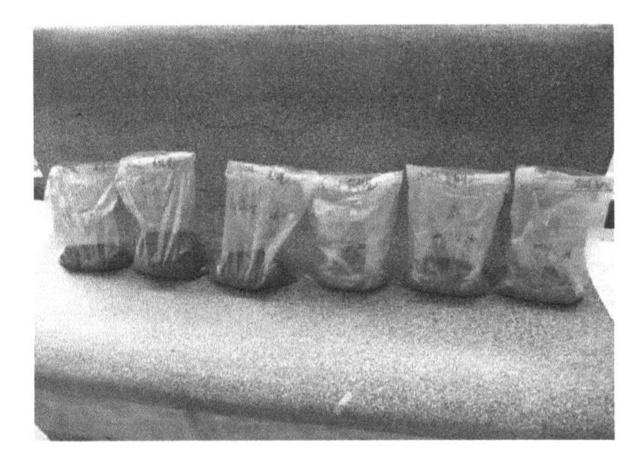

图3　现场取的6袋样品

图4　其中的一份样品外观状态

表1　样品烧失率及过筛网的质量占比

| 烧失率/% | 过0.85mm筛网 | | 过0.45mm筛网 | |
|---|---|---|---|---|
| | 筛上物质量占比/% | 筛下物质量占比/% | 筛上物质量占比/% | 筛下物质量占比/% |
| 0.13 | 7.71 | 92.29 | 11.25 | 88.75 |

② 采用X射线荧光光谱仪（XRF）对样品进行成分分析，主要含有Zn、Fe元素，其次含有Si、Al、Ca、Mn、Mg、S、P、Ti以及其他各种微量元素等，结果见表2。

**表 2　样品主要成分（除氯和氮以外，其他元素均以氧化物计）**

| 成分 | ZnO | $Fe_2O_3$ | $SiO_2$ | $Al_2O_3$ | $CO_2$ | CaO | MnO | MgO | $SO_3$ | $P_2O_5$ | N |
|---|---|---|---|---|---|---|---|---|---|---|---|
| 含量 /% | 65.50 | 13.80 | 7.73 | 4.58 | 3.13 | 1.73 | 0.716 | 0.419 | 0.404 | 0.346 | 0.281 |
| 成分 | $SnO_2$ | $TiO_2$ | $K_2O$ | Cl | $Cr_2O_3$ | PbO | BaO | $Sb_2O_5$ | NiO | CuO | SrO |
| 含量 /% | 0.331 | 0.243 | 0.262 | 0.202 | 0.066 | 0.046 | 0.045 | 0.037 | 0.059 | 0.044 | 0.011 |

③ 采用 X 射线衍射仪（XRD）对样品进行物相组成分析，主要有 $Zn_2(SiO_4)$、ZnO、$Fe_3O_4$、$Ca_2ZnSi_2O_7$、$Ca_3(Mn，Al)_2(SiO_4)_2(OH)_4$、$Ca(Ca，Mn)SiO_3(OH)_2$、$SiO_2$ 等，X 射线衍射谱图见图 5。

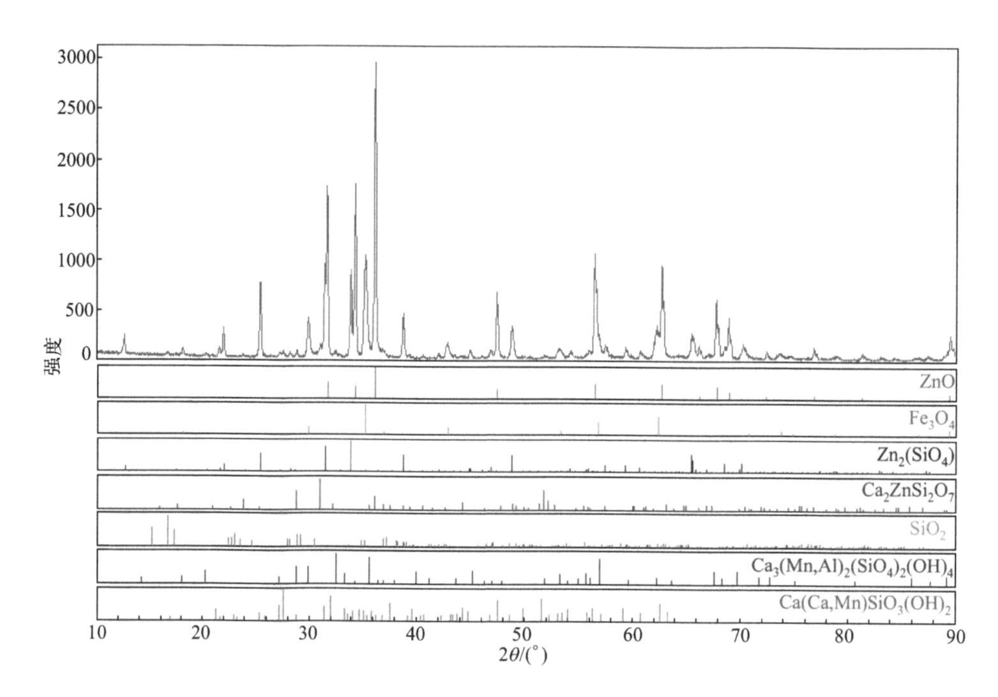


图 5　样品 X 射线衍射谱图

④ 采用扫描电镜（SEM）对样品中过 0.45mm 筛后的细粉末进行形貌观察，为细颗粒组成的团聚体，团聚体有大有小，细晶粒为四边形、五边形，扫描电镜形貌见图 6 和图 7。

⑤ 采用激光粒度仪测定样品过 0.45mm 筛后的细粉末的粒度分布，结果见表 3，粒度分布曲线见图 8。

**表 3　样品过 0.45mm 筛后的细粉末的粒度分布结果**

| 粒度 /mm | | | 粒度体积分布占比 /% | | | | | |
|---|---|---|---|---|---|---|---|---|
| $D_{10}$ | $D_{50}$ | $D_{90}$ | < 10μm | < 30μm | < 90μm | < 200μm | < 400μm | < 830μm |
| 34.72 | 104.69 | 294.42 | 0.41 | 7.12 | 43.21 | 77.76 | 96.22 | 100 |

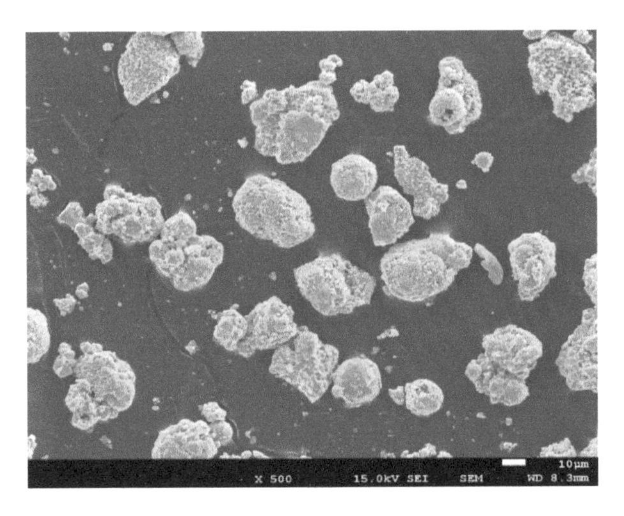


图 6　样品放大 500 倍的 SEM 图

图 7　样品放大 20000 倍的 SEM 图

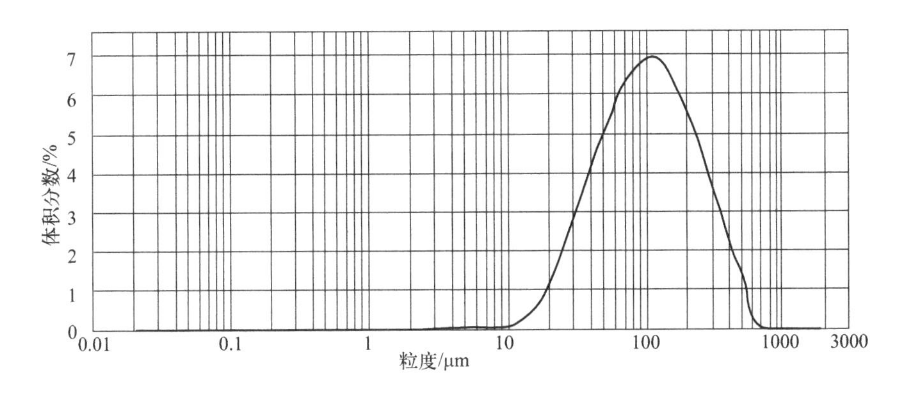


图 8　样品过 0.45mm 筛后的细粉末的粒度分布曲线

⑥ 采用 X 射线衍射仪（XRD）、光学显微镜、扫描电镜及 X 射线能谱仪等分析仪

器，综合分析样品的矿物相组成，主要为 ZnO 相和 $Zn_2SiO_4$ 相，其次为 $ZnFe_2O_4$ 相和 $Fe_3O_4$ 磁铁矿，另有少量钙锌硅酸盐（$Ca_2ZnSi_2O_7$）相、$ZnAl_2O_4$ 相、钾钠硅酸盐相以及微量的 $SiO_2$ 相、透辉石、钙铝榴石、高岭石、绿泥石和刚玉等。样品主要物质产出特征见图 9 ～图 11。

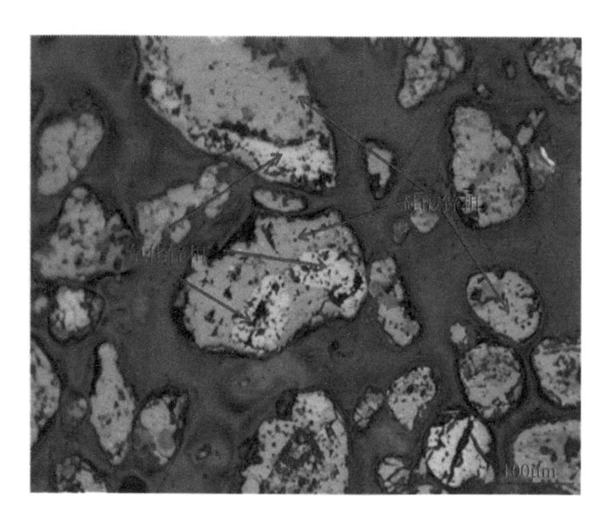

图 9　光学显微镜（反光）下样品中 $Zn_2SiO_4$ 相与 ZnO 相的产出特征

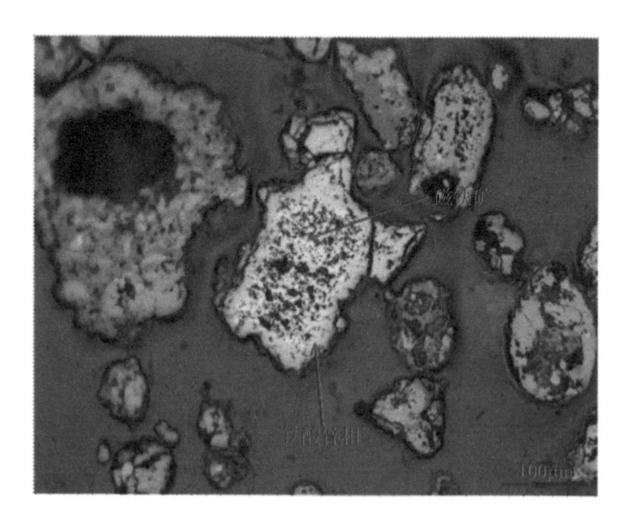

图 10　光学显微镜（反光）下样品中 $ZnFe_2O_4$ 相与磁铁矿紧密镶嵌在一起

### 3. 样品物质属性鉴别分析

（1）样品不是天然锌矿、烟尘、锌渣

从样品的理化特征特性数据可以判断鉴别样品不是天然锌矿，不是含锌的炼钢烟灰烟尘，不是含锌废料二次高温还原挥发的 ZnO 烟尘富集物料，不是废黄杂铜为主的原料熔炼过程中产生的灰、渣、泥混合物料，不是火法炼锌的鼓风炉熔炼炉渣以及湿法炼锌的浸出渣。

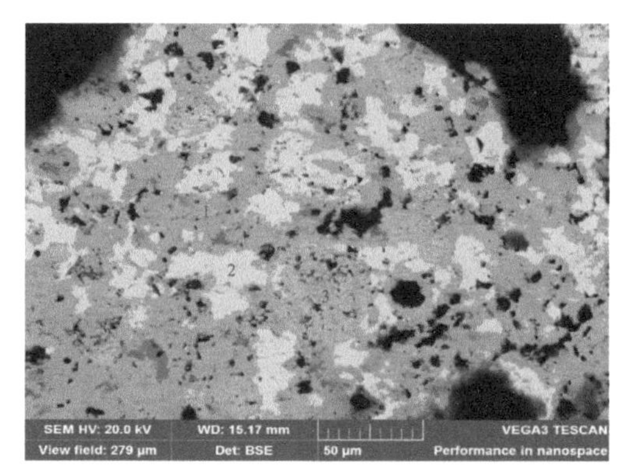


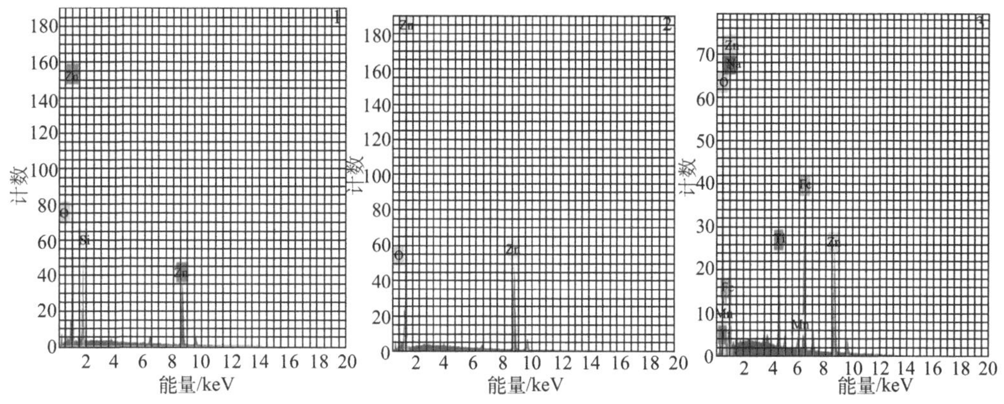


图 11　背散射电子能谱——样品中硅酸锌相、氧化锌相与铁酸锌相相互交织共生

（点 1：$Zn_2SiO_4$ 相；点 2：ZnO 相；点 3：$ZnFe_2O_4$ 相）

（2）样品产生来源分析

资料表明[1]：硫化锌精矿中的锌主要以闪锌矿和铁闪锌矿形式存在，锌含量为 48% ～ 56%，铁含量为 5% ～ 10%。火法炼锌适合处理高铁锌精矿，无论是火法炼锌还是湿法炼锌，硫化锌精矿的焙烧是采用氧化焙烧，将 ZnS 氧化为 ZnO，硫化锌精矿氧化焙烧产物中的溢流焙砂和烟尘总称为焙烧矿，可全部作为湿法炼锌浸出的物料，表 4 是锌精矿及焙烧产物的成分及其含量。沸腾床焙烧和固定床焙烧是锌精矿两类常见焙烧方式，矿粒直径为 0.2 ～ 2mm，虽可采用反射炉、多膛炉、复式炉（多膛炉与反射炉的结合）、飘悬焙烧炉、沸腾焙烧炉，但当前除个别工厂外均采用沸腾焙烧炉，大多数高温沸腾焙烧工厂焙烧温度为 1183 ～ 1253K。日本神冈铅锌厂鲁奇型沸腾炉，焙砂残留硫 0.2%；秘鲁某工厂采用 20% 的过剩空气，温度维持在 1423K，使焙砂中 $ZnFe_2O_4$ 量减少了 14%，硫也有所减少，从而焙砂浸出锌时提高了 2% ～ 3%。

**表 4　锌精矿及焙砂（含烟尘）的成分及含量（%）**

| 工厂 | | Zn | Fe | Pb | Cu | Cd | S |
|---|---|---|---|---|---|---|---|
| 科科拉厂 | 精矿 | 51.70 | 11.30 | 0.74 | 0.34 | 0.18 | 30.50 |
| | 焙砂 | 57.30 | 11.90 | — | 0.35 | 0.20 | 2.12 |

续表

| 工厂 | | Zn | Fe | Pb | Cu | Cd | S |
|---|---|---|---|---|---|---|---|
| 神冈厂 | 精矿 | 57.20 | 5.70 | 0.48 | 0.31 | 0.41 | 31.40 |
| | 焙砂 | 64.80 | 6.50 | 0.55 | 0.33 | 0.47 | 1.20 |
| 株洲厂 | 精矿 | 46 ~ 48 | 8 ~ 10 | < 2 | — | — | 29 ~ 31 |
| | 焙砂（不含烟尘） | 55.36 | 6.17 | 1.07 | 0.41 | 0.18 | 3.52 |
| 秋田厂 | 精矿 | 49.90 | 7.92 | 1.66 | 0.74 | — | 29.90 |
| | 焙砂 | 57.50 | 9.02 | 19.10 | 0.80 | — | 19.40 |
| 苏格特厂 | 精矿 | 54.55 | 5.64 | 0.68 | 0.58 | 0.40 | 30.65 |
| | 焙砂 | 62.97 | 6.51 | 0.79 | 0.67 | 0.47 | 2.25 |

资料表明[2]：无论高温氧化焙烧还是低温部分硫酸化焙烧，由于锌精矿中存在 ZnS 和 FeS，焙砂中 $ZnFe_2O_4$ 的生成不可避免。在高温浸出渣中锌有各种形态，其中 $ZnFe_2O_4$ 占比达 61.2% ～ 94.9%。氧化锌矿 $SiO_2$ 含量往往都比较高，且含有较多的 Ge、F、Cl，处理时有一定的难度。低温硫酸化焙烧温度一般为 800 ～ 900℃，焙砂中剩余的硫以硫酸盐形态存在，产物组成见表 5，焙烧烟尘可与焙砂混合送下一步浸出。当前采用 1150℃下硫酸化焙烧，生产率得到提高。

**表 5　低温硫酸化焙烧产物的化学成分及含量（%）**

| 物料名称 | Zn | S（总） | $S_{SO_4^{2-}}$ | Pb | Cd | Fe | $SiO_2$ | As |
|---|---|---|---|---|---|---|---|---|
| 溢流焙砂 | 54.05 | 1.71 | 0.98 | 0.97 | 0.23 | 8.51 | 5.69 | 0.028 |
| 冷却器尘 | 55.14 | 4.06 | 3.41 | 0.55 | 0.19 | 7.82 | 2.92 | 0.25 |
| 漩涡尘 | 55.06 | 4.56 | 3.88 | 0.58 | 0.22 | 7.64 | 2.53 | 0.03 |
| 电尘 | 53.35 | 7.14 | 6.64 | 1.23 | 0.35 | 6.74 | 2.10 | 0.10 |

注：$S_{SO_4^{2-}}$—硫酸盐硫。

资料表明[3]：世界上 80% 以上的锌产于湿法冶炼厂，其主要工艺流程为氧化焙烧—低酸浸出—电沉积，该文献资料中高铁锌焙砂化学成分见表 6。

**表 6　某高铁锌焙砂的化学成分（均以元素计）**

| 成分 | Zn | O | Fe | S | Pb | Cu | Si | Ca | Mn | Al | Mg | Cd |
|---|---|---|---|---|---|---|---|---|---|---|---|---|
| 含量 /% | 57.37 | 22.90 | 12.10 | 2.44 | 1.27 | 0.92 | 0.89 | 0.57 | 0.53 | 0.24 | 0.20 | 0.15 |

从样品外观特征、成分组成、物相组成等方面看，各样品具有较高的一致性，是来自同一生产加工过程，样品特点为：

① 样品手感较重，以不均匀的细颗粒为主，同时也有粗颗粒，呈现铁褐色，具有高温焙烧氧化特点；

② 样品细颗粒中 0.45mm 筛下物占比高达 80% 以上，颗粒分布 $D_{50}$ 在 100μm 左右，粒度基本呈正态分布曲线，既表明样品是来自同一生产加工过程，又表明形成样品的原

始物料具有复杂性，可能不单单是来自硫化精矿，也有可能来自氧化矿、回收含锌二次物料等，还表明形成样品前的加工工艺粗放，这些做法在国内外的矿物选冶中是常存在的；

③ 样品成分以锌为主，Fe、Si、Al 也显著，基本符合文献资料中高铁锌精矿焙烧产物特征，但样品中硫含量低于正常锌焙砂中硫含量（1% ～ 2%），也表明形成样品的原始物料可能含有大量的氧化物料，硫含量低有利于后续加工利用；

④ 样品中锌以 ZnO、$Zn_2SiO_4$、$ZnFe_2O_4$ 的形式存在，显微镜观察和矿物相分析证明各种物质为紧密嵌布状态，表明样品是来自中高温氧化处理过程，由于 $Zn_2SiO_4$ 含量明显，应是焙烧温度偏低所致；

⑤ 显微镜形貌证明样品中有大量的氧化态锌的团聚体颗粒，这些颗粒由晶体细粒黏结而成，$SiO_2$、$Zn_2SiO_4$ 的存在有利于各种物质在高温下黏结；

⑥ 样品具有弱磁性，从样品物相组成中含有 $Fe_3O_4$ 可解释这一现象。

总之，样品来源具有一定的复杂性，综合判断是含锌矿物为主的混合物料经中温焙烧后的产物。

### 4. 鉴别结论

焙烧是很多金属矿物（包括部分替代物料）生产过程的重要步骤，焙烧产物总体上归属于矿物范畴。根据海关商品的解释，“所称‘矿砂’，适用于含金属矿物。这些矿物与相关的物质共存于矿藏之中并被一起开采出来。同时还适用于在脉石中的天然金属（例如含金属砂）。矿砂极少未经冶炼前的预加工就出售，最重要的预加工是矿砂的精选。品目 26.01 ～ 26.17 所称‘精矿’，适用于用专门方法部分或全部除去异物的矿砂。这样做是因为异物有可能影响日后的冶炼或增加运输费用。品目 26.01 ～ 26.17 的产品可经过包括物理、物理 - 化学、化学加工，只要这些工序在提炼金属上是正常的，除煅烧、焙烧或燃烧（不论是否烧结）引起的变化外，这类加工不得改变所要提炼金属的基本化合物的化学成分。物理或物理 - 化学加工包括破碎、磨碎、磁选、重力分离、浮选、筛选、分级、矿粉造块（例如，通过烧结或挤压等制成粒、球、砖、块状，不论是否加入少量黏合剂）、干燥、煅烧、焙烧以使矿砂氧化、还原或使矿砂磁化等（但不得使矿砂硫酸盐化或氯化等）。化学加工（例如溶解加工）主要为了清除不需要的物质。不包括经煅烧或焙烧以外其他处理后改变了基本矿砂的化学成分或晶体结构的精矿，也不包括由多次物理变化（分级结晶、升华作用等）制得的几乎纯净的产品，即使其基本矿砂的化学成分并未发生变化”。前述判断鉴别样品是来自含锌矿物的混合物料经焙烧后的产物，样品符合海关关于矿砂矿物的注释，总体上为锌焙烧矿，即锌焙砂。

样品中锌的含量符合《锌精矿》（YS/T 320—2014）标准中二级品的要求，Fe 含量符合该标准三级品要求，$SiO_2$ 含量稍高于该标准要求，Pb、Cu、As 含量符合《锌精矿》（YS/T 320—2014）标准中三级品的要求；样品中有害重金属元素含量符合《重金属精矿产品中有害素的限量规范》（GB 20424—2006）的规定，即 Cd ≤ 0.3%、Hg ≤ 0.06%。

总之，判断鉴别样品为锌焙烧矿，即锌焙砂，不属于固体废物。

# 参考文献

[1] 彭容秋.有色金属提取手册：锌镉铅铋［M］.北京：冶金工业出版社，1992：29-44.
[2] 陈国发.重金属冶金学［M］.北京：冶金工业出版社，2006：130-131.
[3] 韩俊伟，刘维，覃文庆.高铁锌焙砂选择性还原焙烧-两段浸出锌［J］.中国有色金属学报，2006，24（02）：511-518.

## 十一、回转窑氧化锌烟灰富集产物

### 1. 前言

2018 年 7 月，某海关委托中国环科院固体废物研究所对其查扣的一票“次氧化锌粉”货物样品进行固体废物属性鉴别，需要确定是否属于国家禁止进口的固体废物。

### 2. 样品特征及特性分析

① 样品为黄绿色粉末，较为均匀，无杂质，测定样品含水率和 550℃灼烧后的烧失率分别为 0.93% 和 0.7%，样品外观状态见图 1。

图 1　样品外观状态

② 采用 X 射线荧光光谱仪（XRF）分析样品化学成分，结果见表 1。同时，采用化学法分析样品中的锌含量，为 63.96%。

表 1　样品干基的主要成分（除氯和溴外，其他元素以氧化物计）

| 成分 | ZnO | $Fe_2O_3$ | Cl | CaO | PbO | $SiO_2$ | $K_2O$ | $SO_3$ |
|---|---|---|---|---|---|---|---|---|
| 含量 /% | 79.38 | 3.93 | 5.02 | 0.12 | 5.10 | 0.20 | 1.28 | 2.81 |
| 成分 | MnO | $Al_2O_3$ | MgO | NiO | Br | $SnO_2$ | CuO | CdO |
| 含量 /% | 0.36 | 0.22 | 0.08 | 0.30 | 0.16 | 0.67 | 0.22 | 0.15 |

③ 采用扫描电镜（SEM）观察样品形貌，主要为微米级细粉集合体，呈多边形晶块状，见图 2 和图 3。

图 2 样品放大 5000 倍扫描电镜图

图 3 样品放大 10000 倍扫描电镜图

④ 采用激光粒度仪分析样品的粒度分布，结果见表 2，粒度分布曲线见图 4。

表 2 样品粒度分布结果

| 粒度 /μm | | | 粒度分布范围的占比 /% | | | | | |
|---|---|---|---|---|---|---|---|---|
| $D_{10}$ | $D_{50}$ | $D_{90}$ | ≤ 2.5μm | 2.5 ~ 5.0μm | 5.0 ~ 10.0μm | 10.0 ~ 30.0μm | 30.0 ~ 50.0μm | > 50.0μm |
| 1.99 | 8.67 | 45.73 | 12.78 | 18.08 | 23.65 | 27.35 | 9.45 | 8.69 |

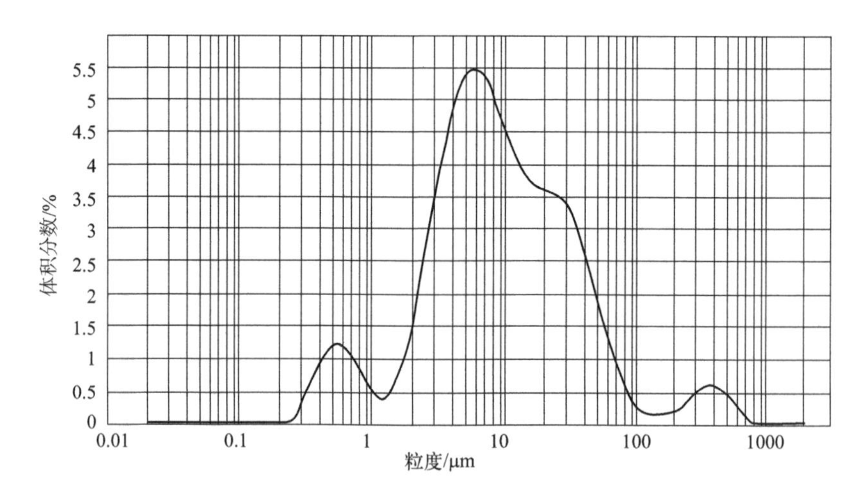


图 4　**样品粒度分布曲线**

⑤ 采用 X 射线衍射分析（XRD）、光学显微镜、扫描电镜及 X 射线能谱仪等分析仪器，综合分析样品矿物相组成，绝大部分为 ZnO，另有少量 $Zn_5(OH)_8Cl_2 \cdot H_2O$ 相、ZnS 相、$Pb(ClO_3)_2$ 相和镁硅酸盐相，X 射线衍射分析结果见图 5，各主要物质的产出特征见图 6 ～图 8。

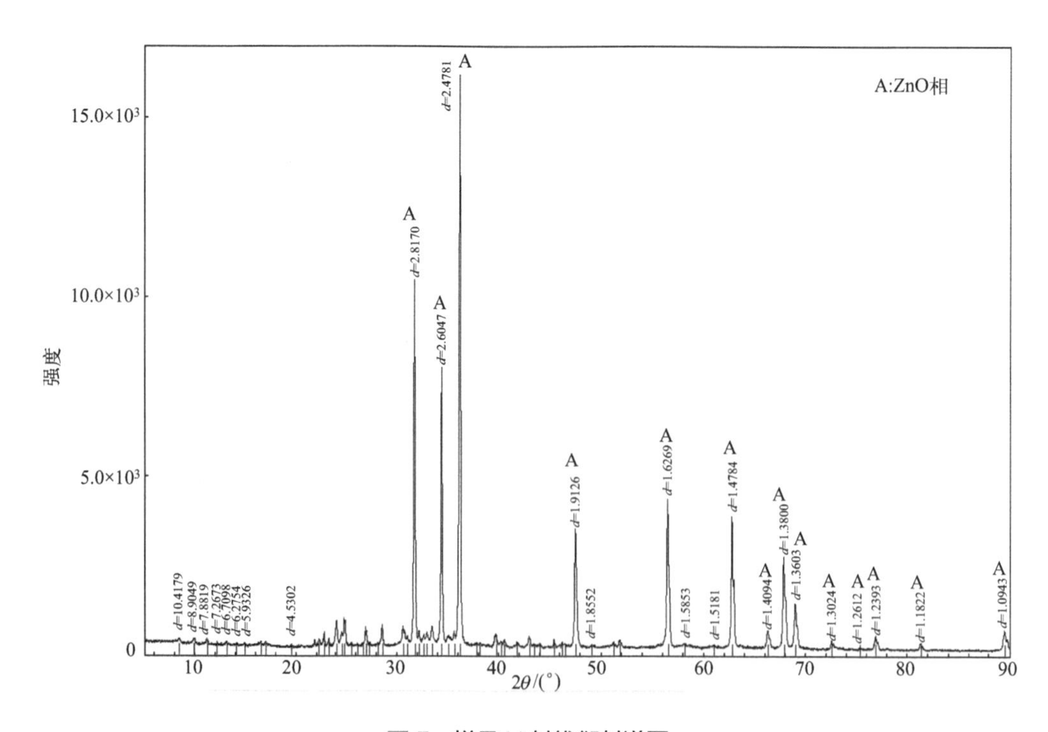


图 5　**样品 X 射线衍射谱图**

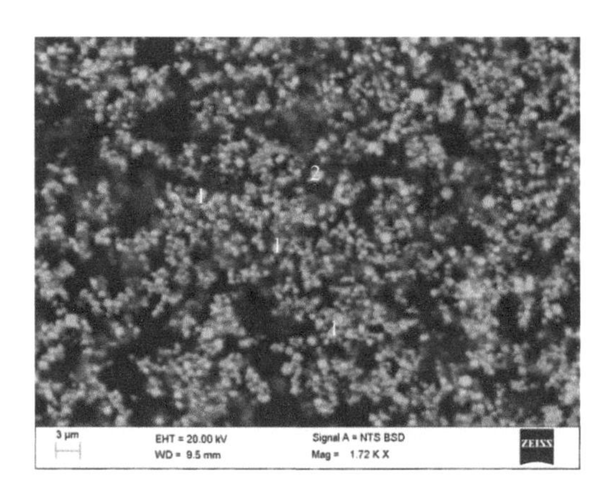


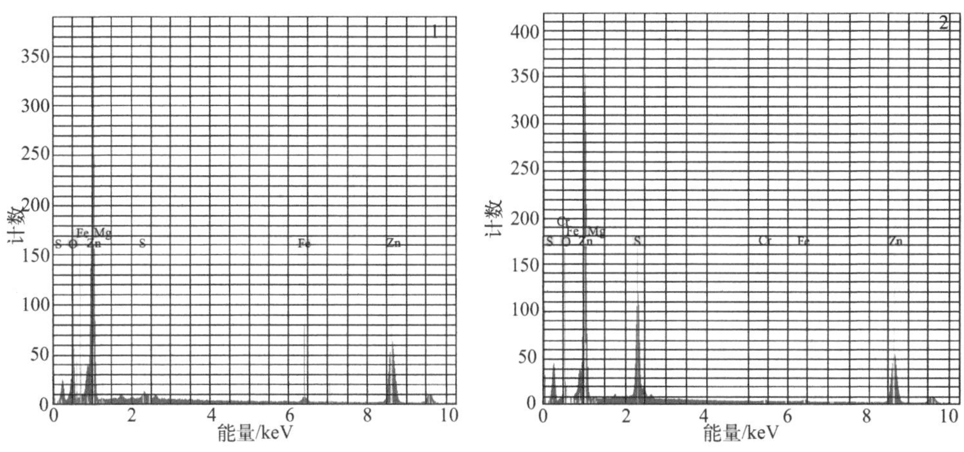


图 6　背散射电子能谱——样品中 ZnO 相和 ZnS 相呈微粒产出特征

（点 1：ZnO 相；点 2：ZnS 相）

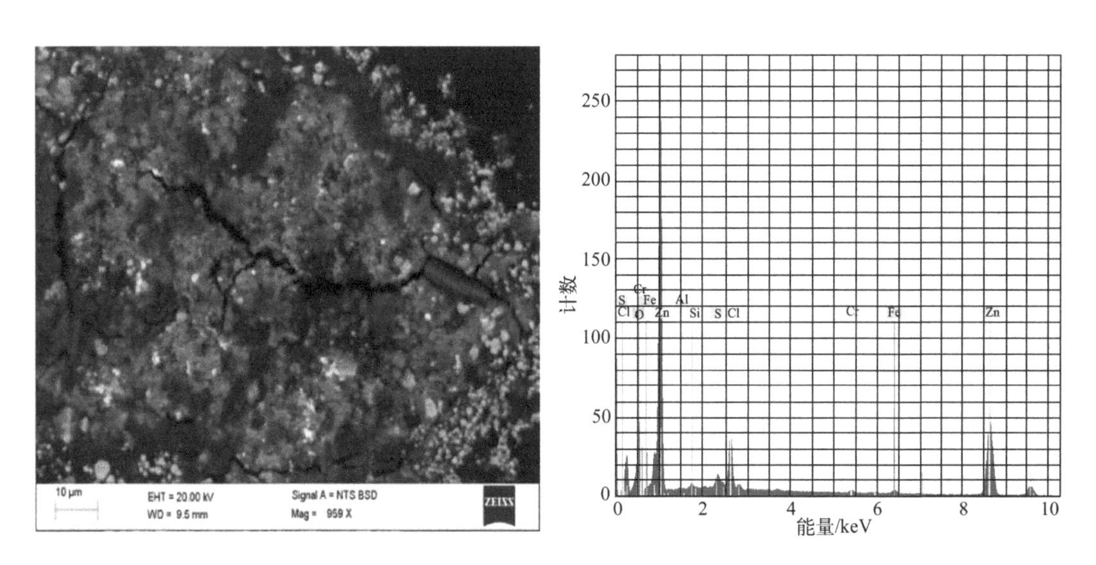


图 7　背散射电子能谱——样品中 $Zn_5(OH)_8Cl_2 \cdot H_2O$ 相的产出特征

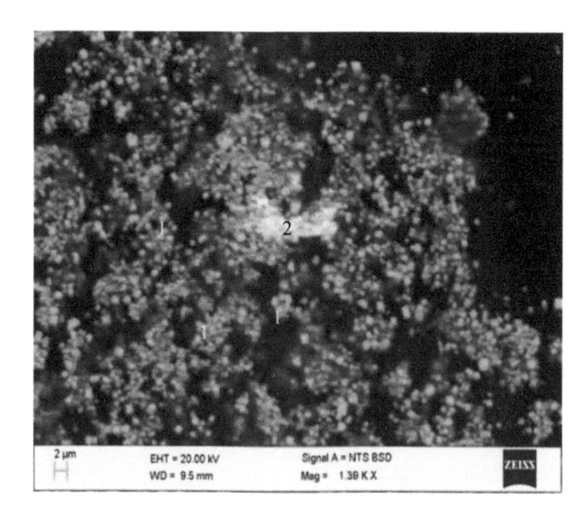


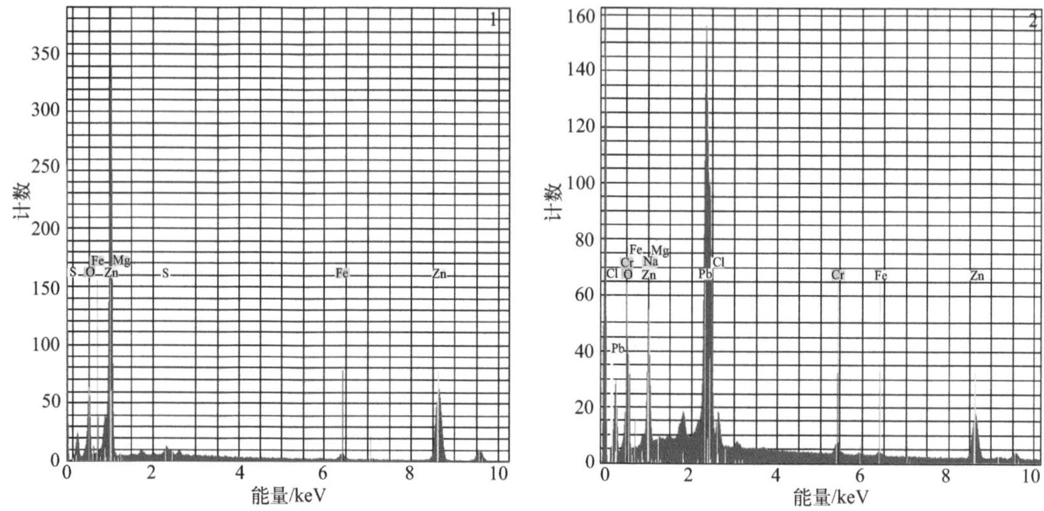


图 8　背散射电子能谱——样品中 $Pb(ClO_3)_2$ 相呈不规则状分布于 ZnO 相中

［点 1：ZnO 相；点 2：$Pb(ClO_3)_2$ 相］

### 3. 样品物质属性鉴别分析

（1）回收锌原料主要处理工艺

锌是重要的有色金属，在国民经济中占有重要地位，为缓解锌矿原料紧缺的困局，国内外锌冶炼企业进一步加强了对二次锌物料的综合回收利用[1]，其中利用回转窑从含锌量较低的钢铁冶炼烟尘或其他残渣中回收 ZnO 粉的工艺，被普遍认为是获得高品位 ZnO 的最佳方式之一，回转窑处理二次锌原料的工艺流程见图 9[2]。将各种含锌废物如电弧炉烟尘、含锌残渣、焦炭和熔剂充分混合后制粒作为炉料，在窑内反应区，当温度达到约 1200℃时金属氧化物开始被还原，锌和铅容易挥发进入烟气，窑内气氛要保持空气过剩操作，使锌和铅再氧化，氯、碱金属或部分重金属也一起挥发，主要产物为金属氧化物及少量氯化物[3]，回转窑给料和产品的典型成分及其含量见表 3。

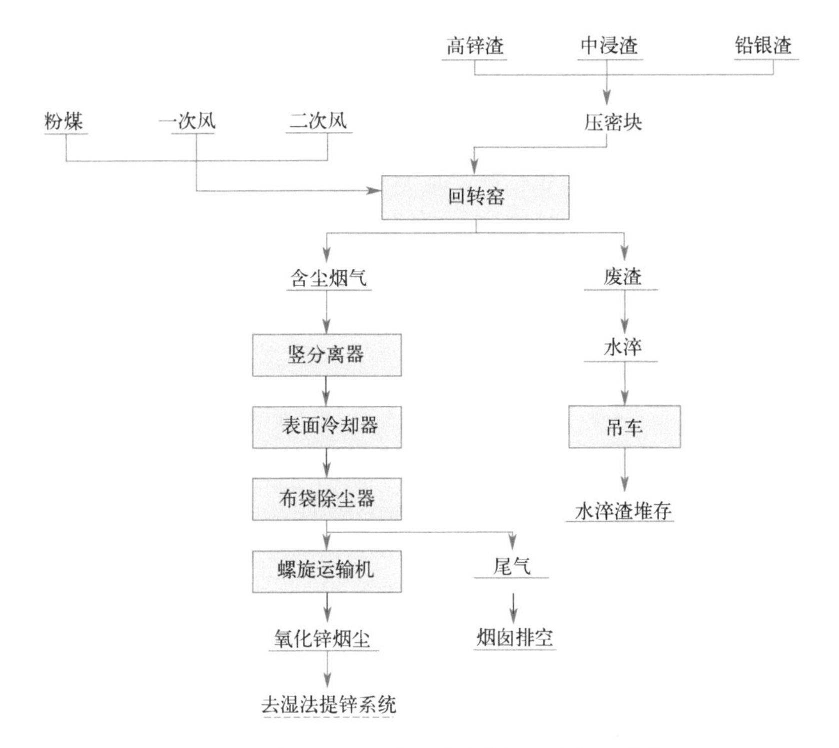


图 9　回转窑处理二次锌原料（废物原料）工艺流程

表 3　回转窑给料和产品的典型成分及其含量（%）

| 给料或产品 | Zn | Pb | Cd | F | Cl | C | FeO | CaO | $SiO_2$ | $Na_2O$ | $K_2O$ |
|---|---|---|---|---|---|---|---|---|---|---|---|
| 钢厂烟尘（给料） | 18 ~ 35 | 2 ~ 7 | 0.03 ~ 0.1 | 9.2 ~ 0.5 | 1 ~ 4 | 1 ~ 5 | 20 ~ 38 | 6 ~ 9 | 3 ~ 5 | 1.5 ~ 2 | 1 ~ 1.5 |
| 回转窑氧化物 | 55 ~ 58 | 7 ~ 10 | 0.1 ~ 0.2 | 0.4 ~ 0.7 | 4 ~ 8 | 0.5 ~ 1 | 3 ~ 5 | 0.6 ~ 0.8 | 0.5 ~ 0.7 | 2 ~ 2.5 | 1.5 ~ 2 |

（2）样品产生来源分析

根据表 1 及化学法测试结果，样品中含 Zn 63.95%、Cl 5.02%、Fe 2.75%、$SiO_2$ 0.20%、Pb 4.74%、Cd 0.13%，主要成分与回转窑处理含锌废物得到的氧化物产物组成具有较高的相似性。样品中主要物质为 ZnO、锌的氯化物及其他易挥发物质，符合含锌废物经二次挥发处理后的产物特征；显微镜下观察到微细多边形晶状物质，且样品粒度大多集中于 5 ～ 50μm 范围内，表明样品是高温挥发的产物。据此综合判断鉴别样品是回收含锌废料经过回转窑处理后富集 ZnO 的产物，但不能排除其他工艺来源的富集 ZnO 产物，可作为提炼锌的原料。

4. 鉴别结论

样品主要是回收含锌废料经过回转窑富集处理获得的 ZnO 产物，但不能排除其他工艺来源的富集 ZnO 产物，回转窑处理含锌物料的过程以回收 ZnO 为目的，是行业中普遍认可获得高品位 ZnO 原料的工艺方法之一。由于工艺的局限性和处理原料来源的复杂性，在富集 ZnO 的同时，氯和铅等有害成分也得到富集。中国环科院固体废物研究所鉴别人员认为样品属于有意识生产，是为满足市场需求而制造的，属于正常的商业循环或使用链中的一部分，样品中 ZnO 的含量超过《副产品氧化锌》（YS/T 73—2011）标准中最低 50% 的要求。根据《固体废物鉴别标准　通则》（GB 34330—2017）第 5.2 条，判断鉴别样品不属于固体废物。

# 参考文献


[1] 森维，孙红燕，李正永，等 . 氧化锌烟尘中氟氯脱除方法的研究进展 [J] . 云南冶金，2013，42 (06)：42-45.

[2] 崇军，吴红林 . 压密锌渣烟化炉连续吹炼的工业试验 [J] . 云南冶金，2007，36 (02)：62-65.

[3] 邱定蕃，徐传华 . 有色金属资源循环利用 [M] . 北京：冶金工业出版社，2006.


## 十二、转底炉氧化锌烟灰富集产物

### 1. 前言

2018 年 4 月，某海关委托中国环科院固体废物研究所对其查扣的一票“氧化锌粉”货物样品进行固体废物属性鉴别，需要确定是否属于固体废物。

### 2. 样品特征及特性分析

① 样品为灰黑色细粉末，颜色均匀，有手可捏碎的结团；测定样品的含水率为 2.65%，550℃灼烧后的烧失率为 2.73%，样品灼烧后颜色变浅。样品外观状态见图 1。

图 1　样品外观状态

② 采用 X 射线荧光光谱仪（XRF）分析样品成分，结果见表 1，其中碳含量采用

高频燃烧红外吸收法测定，结果为 8.04%。

**表 1　样品干基的主要成分（除碳、氯和溴外，其他元素以氧化物计）**

| 成分 | ZnO | C | Cl | $Fe_2O_3$ | PbO | $SiO_2$ | CaO | $K_2O$ |
|---|---|---|---|---|---|---|---|---|
| 含量 /% | 72.23 | 8.04 | 6.88 | 5.69 | 1.92 | 1.93 | 0.68 | 0.54 |
| 成分 | MnO | $P_2O_5$ | Br | $SO_3$ | $Al_2O_3$ | $SnO_2$ | $TiO_2$ | |
| 含量 /% | 0.41 | 0.06 | 0.12 | 0.75 | 0.35 | 0.23 | 0.15 | |

③ 采用 X 射线衍射仪（XRD）对样品进行物相分析，主要物相组成有 Pb（OH）C、ZnO、$Zn_5(OH)_8Cl_2 \cdot H_2O$、FeO（OH），X 射线衍射谱图见图 2。

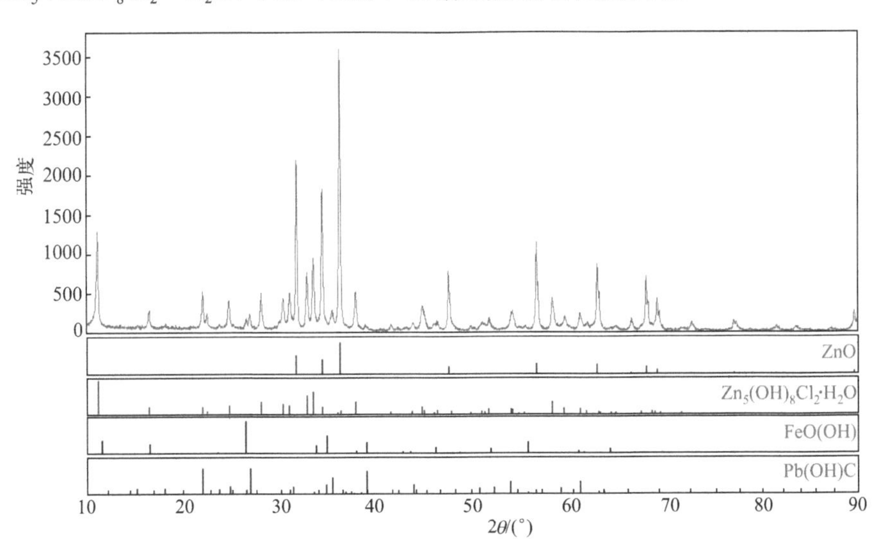


图 2　样品 X 射线衍射谱图

④ 采用扫描电镜（SEM）观察样品形貌，主要呈粒状或针状的微米级细粉集合体，见图 3 和图 4。

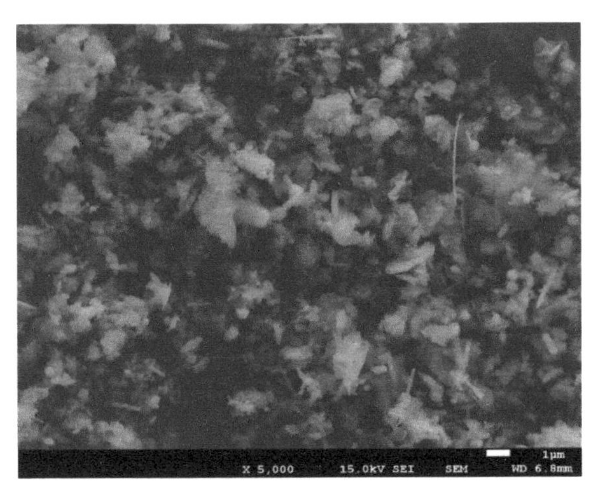


图 3　样品放大 5000 倍扫描电镜图

图 4 **样品放大 10000 倍扫描电镜图**

⑤ 采用激光粒度仪分析样品的粒度分布，结果见表 2，粒度分布曲线见图 5。

**表 2 样品的粒度分布结果**

| 粒度 /μm | | | 分布 /% | | | | | |
|---|---|---|---|---|---|---|---|---|
| $D_{10}$ | $D_{50}$ | $D_{90}$ | ≤ 2.5 μm | 2.5 ~ 5.0 μm | 5.0 ~ 10.0 μm | 10.0 ~ 30.0 μm | 30.0 ~ 50.0 μm | > 50.0 μm |
| 0.79 | 2.89 | 6.02 | 0.03 | 83.12 | 13.97 | 1.89 | 0.82 | 0.17 |

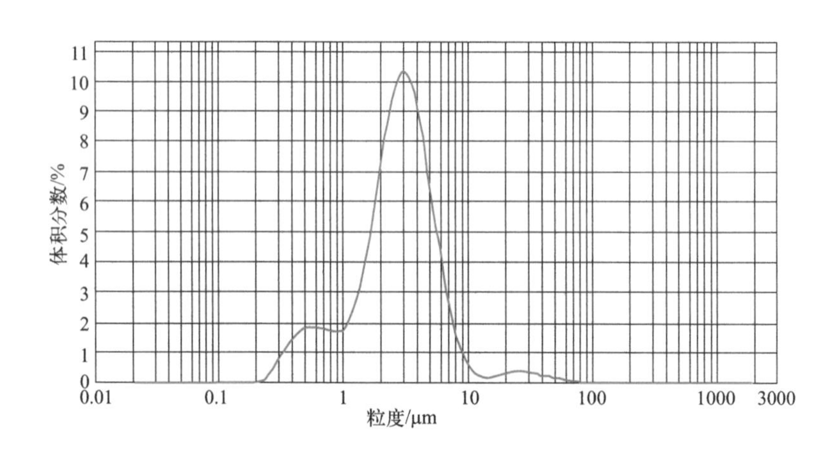


图 5 **样品粒度分布曲线**

### 3. 样品物质属性鉴别分析

（1）氧化锌回收物料简介

锌是重要的有色金属，在国民经济中占有重要地位，为缓解越来越严重的原料紧缺困难，国内外锌冶炼企业进一步加强了对二次锌物料的综合回收利用[1]。炼锌方法分为火法和湿法两大类，其中，火法炼锌的基本原理是将含 ZnO 物料在高温下用碳质还原剂还原，并利用锌沸点低的特点使其以蒸气挥发出来，然后冷凝为液体锌。火法炼锌得到的是粗锌，因为冷凝下来的锌往往含有较易挥发的铅和镉等杂质[2]。转底炉法是火法炼锌的一种，是处理钢铁厂含锌废料较典型的工艺，该工艺过程为含锌废料与还原剂混合制球团，干燥后进入转底炉中，在 1300 ～ 1350℃高温下发生快速还原反应，得到热直接还原铁和含部分有色金属的烟气，从而得到含锌 40% ～ 70% 的粗 ZnO 烟灰，其工艺流程如图 6 所示[3]。转底炉沉积物具体成分及物相组成主要为含锌氧化物与含锌氯化物。经转底炉还原的金属化球团成品质量性能如表 3 所列。

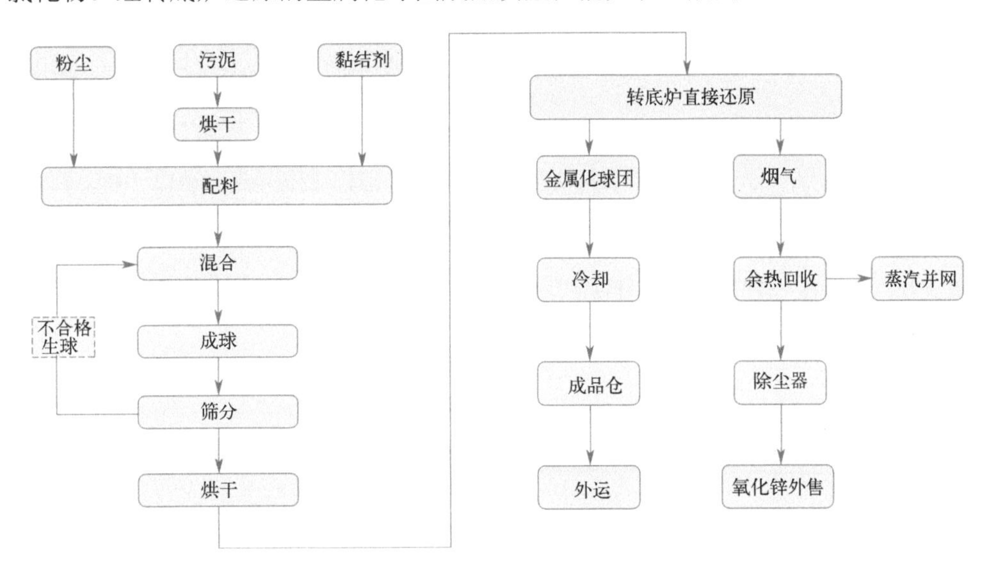


图 6 转底炉工艺处理流程

**表 3 金属化球团成品质量性能**

| 粒径 /mm | 强度 /N | 脱锌率 /% | 金属化率 /% |
|---|---|---|---|
| ≥ 7 | ≥ 800 | ≥ 90 | ≥ 70 |

（2）样品产生来源分析

样品粒度分布范围为 2.5 ～ 5μm，而且基本呈现正态分布，表明样品是来自同一生产工艺过程。用 SEM 观察样品形貌可见呈粒状、片状和针棒聚集状，其针棒聚集状形态与羟基氧化铁（FeOOH）形貌[4]吻合。FeOOH 又称针铁矿，针铁矿法是 ZnO 烟尘除铁的一种方法[5]。样品中含有少量的碳，应是生产中添加的还原剂所致。样品中主要物质为 ZnO、锌的氯化物及其他易挥发物质，符合由含锌废物经二次挥发处理后的产物特征。总之，样品是含锌物料经火法炼锌后富集 ZnO 的产物，其来源过程不排除转底炉工艺及类似的火法富集提锌工艺。样品中锌含量约 57.8%，符合《转底炉法粗锌粉》（YB/T 4271—2012）标准中品级为 1 的粗锌粉。

4. 鉴别结论

样品是含锌物料经火法炼锌后富集 ZnO 的产物，其含量符合《转底炉法粗锌粉》

（YB/T 4271—2012）标准中品级为 1 的粗锌粉，也符合《副产品氧化锌》（YS/T 73—2011）中最低 50% 的要求。转底炉处理含锌物料的过程以回收 ZnO 为目的，是国内行业中普遍认可获得高品位 ZnO 的工艺方法之一，得到的产物属于有意识生产，是为满足市场需求而制造的，属于正常的商业循环或使用链中的一部分。由于样品货物进口时间为 2017 年 3 月，根据《固体废物鉴别导则（试行）》，判断鉴别样品不属于固体废物。

# 参考文献


[1] 森维，孙红燕，李正永，等．氧化锌烟尘中氟氯脱除方法的研究进展［J］．云南冶金，2013，42（06）：42-45.

[2] 陈国发．重金属冶金学［M］．北京：冶金工业出版社，1992.

[3] 宋梅，扈玫珑，白晨光，等．含锌废料处理工艺研究进展［J］．资源再生，2012（07）：62-65.

[4] 王亭杰，王伟林，金涌，等．针状羟基氧化铁晶体的成核与生长［J］．仪器仪表学报，1996（增刊）：399-403.

[5] 张元福，陈家蓉，黄光裕，等．针铁矿法从氧化锌烟尘浸出液中除氟氯的研究［J］．湿法冶金，1999（02）：36-40.


## 十三、红土镍矿

### 1. 前言

2018 年 6 月，某海关委托中国环科院固体废物研究所对其查扣的一票“镍矿”货物样品进行固体废物属性鉴别，需要确定是否属于固体废物。

### 2. 样品特征及特性分析

① 样品为红褐色潮湿块状固体，晾干后从中挑出了断面为不同颜色的物料，测定样品含水率为 37.02%，干基样品 550℃灼烧后烧失率为 2.11%。晾干后样品外观状态见图 1 和图 2。

图 1　晾干的样品（1 号）

图 2　样品中挑出断面为黑色的物料（2 号）

② 将晾干的样品编为1号，挑出物编为2号，采用X射线荧光光谱仪（XRF）分析样品组成成分，主要含有Si、Mg、Fe、Ca、Ni、Al等元素，结果见表1。

**表1　干基样品的主要成分及含量（%）（除氯元素外，其余元素均以氧化物计）**

| 样品 | $SiO_2$ | MgO | $Fe_2O_3$ | CaO | NiO | $Al_2O_3$ | $Cr_2O_3$ | MnO | $Co_3O_4$ | Cl | $TiO_2$ | ZnO | $SO_3$ |
|---|---|---|---|---|---|---|---|---|---|---|---|---|---|
| 1号样 | 47.05 | 23.44 | 22.58 | 2.06 | 2.02 | 1.67 | 0.71 | 0.29 | 0.05 | 0.04 | 0.04 | 0.02 | 0.02 |
| 2号样 | 47.46 | 33.07 | 14.84 | 0.09 | 2.78 | 0.89 | 0.59 | 0.22 | 0.03 | 0.07 | — | 0.01 | 0.02 |

③ 采用X射线衍射仪（XRD）分析样品的物相组成，物相组成基本一致，1号样品的物相有MgFeSiO、Ca（Mg，Fe）$Si_2O_6$（辉石）、$CaNiSi_4O_{10}$，2号样品的物相有MgFeSiO、$MgSiO_4$（镁橄榄石）。

④ 采用光学显微镜、扫描电镜及X射线能谱仪等分析仪器，综合分析样品主要金属矿物组成为褐铁矿，另有少量磁铁矿，非金属矿物主要为滑石和绿泥石。样品中的镍主要以吸附态或者类质同象的形式赋存于褐铁矿中，少量分布于绿泥石中，未见独立的镍矿物。光学显微镜观察结果见图3～图5。

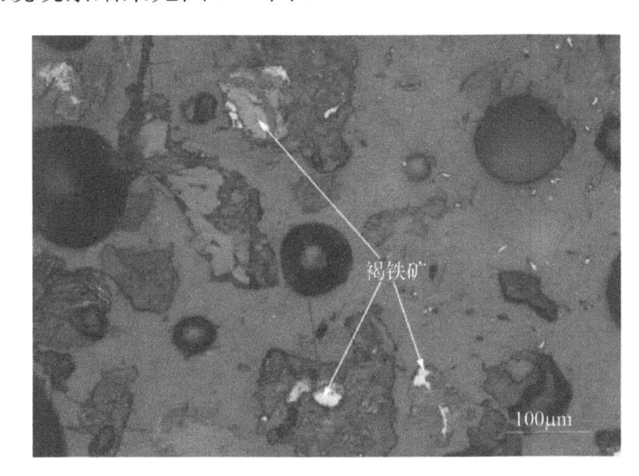


图3　样品中褐铁矿的产出特征

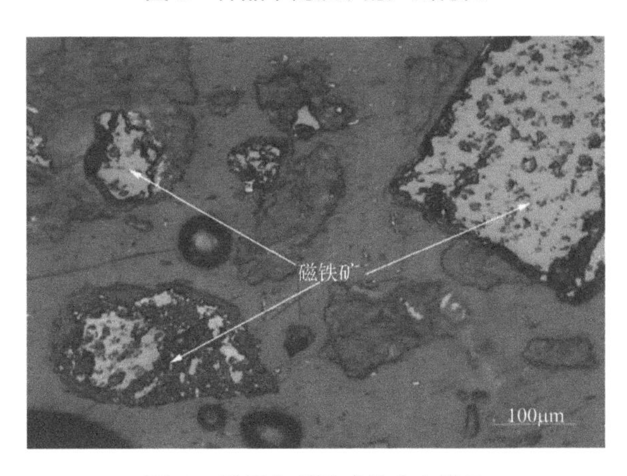


图4　样品中磁铁矿的产出特征

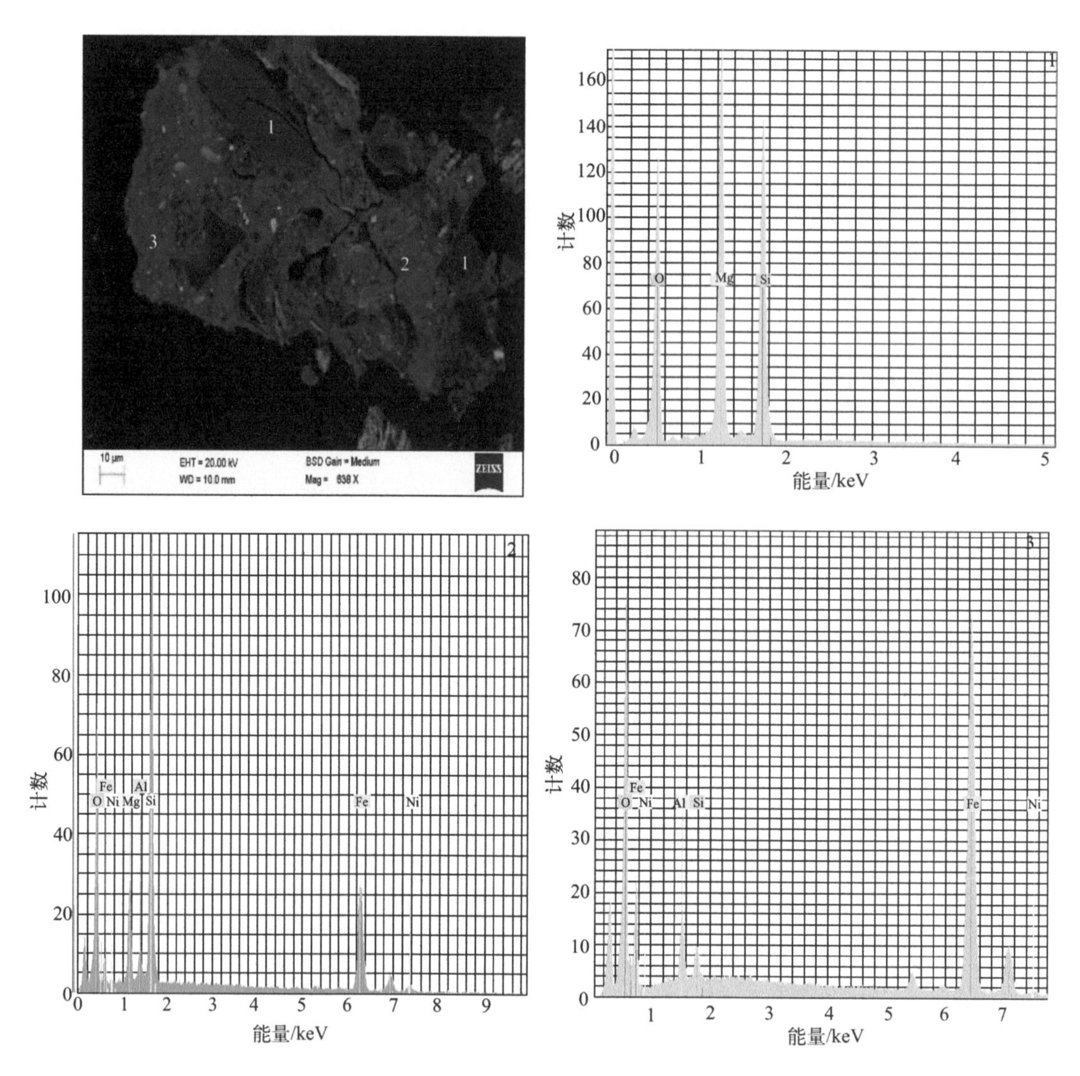


图 5　背散射电子能谱——样品中滑石、绿泥石与褐铁矿的产出特征

（点 1：滑石；点 2：绿泥石；点 3：褐铁矿）

### 3. 样品物质属性鉴别分析

（1）氧化镍矿简介

镍的原生矿物主要有硫化镍矿和氧化镍矿，其中氧化镍矿床是含镍橄榄岩在热带或亚热带地区经过大规模的长期的风化淋滤变质而成的，是由 Fe、Al、Si 等含水氧化物组成的疏松的黏土状矿石。由于铁的氧化，矿石呈红褐色，所以被称为红土镍矿，可采部分一般由 3 层组成——褐铁矿层、过渡层和腐殖土层，主要成分组成及提取工艺见表 2 [1]。国际上，氧化镍矿主要集中在新喀里多尼亚、印度尼西亚、菲律宾、古巴和多米尼加等国，矿石一般含镍 1.5% ～ 3.0% [2]。

表 2　红土镍矿的成分组成与提取工艺

| 矿层 | 化学成分及其含量 /% | | | | | 特点 | 提取工艺 |
|---|---|---|---|---|---|---|---|
| | Ni | Co | Fe | $Cr_2O_3$ | MgO | | |
| 褐铁矿层 | 0.8 ~ 1.5 | 0.1 ~ 0.2 | 40 ~ 50 | 2 ~ 5 | 0.5 ~ 5 | 高铁低镁 | 湿法 |
| 过渡层 | 1.5 ~ 1.8 | 0.02 ~ 0.1 | 25 ~ 40 | 1 ~ 2 | 5 ~ 15 | — | 湿法或火法 |
| 腐殖土层 | 1.8 ~ 3 | 0.02 ~ 0.1 | 10 ~ 25 | 1 ~ 2 | 15 ~ 35 | 低铁高镁 | 火法 |

（2）样品产生来源分析

样品外观颜色为红褐色泥土状，挑出的断面为黑色物料，与其余物料成分及含量、物相组成基本一致，主要有 Si、Mg、Fe、Ca、Ni，以及微量的 Co，其中 Ni 含量约 1.57%，元素组成与表 2 中红土镍矿具有可比性。样品中的镍主要以吸附态或者类质同象的形式赋存于褐铁矿中，少量分布于绿泥石中，但未见到独立的镍矿物。

红土镍矿进口后用电炉还原熔炼镍铁，将镍的品位和铁的品位提高，镍和铁是中间产物，此法在我国应用广泛，镍和铁再作为不锈钢的生产原料。结合咨询行业专家的情况，判断鉴别样品是天然矿物，属于红土镍矿。

### 4. 鉴别结论

根据样品的理化特征并结合咨询有色金属选矿专家的意见，判断样品属于红土镍矿，不属于固体废物。

## 参考文献

[1] 李建华，程威，肖志海 . 红土镍矿处理工艺综述［J］. 湿法冶金，2004，23（04）: 191-194.
[2] 国家有色金属工业局规划发展司 . 世界有色金属工业现状［R］.1999: 177-178.

## 十四、金银铜锌多金属矿

### 1. 前言

2018 年 8 月，某海关委托中国环科院固体废物研究所对其查扣的一票“金矿粉”货物样品进行固体废物属性鉴别，需要确定是否属于禁止进口的固体废物。

### 2. 样品特征及特性分析

① 样品为灰黑色粉末及块状的混合物，块状表面可见土黄色物质；大部分块状样品可捏碎，内部与粉末样品颜色基本一致；也有少部分块状样品质地较硬，敲碎后内部为灰白色，断面整齐。测定样品含水率为 6.86%，干基样品 550℃灼烧后烧失率为 5.07%。样品外观状态见图 1。

图 1　样品外观状态

② 采用 X 射线荧光光谱仪（XRF）对样品进行成分分析，结果见表 1；采用化学法分析样品中金（Au）含量为 7.0g/t，银（Ag）为 130.8g/t。

表 1　干基样品的主要成分（除硫、氯、磷元素外，其余元素均以氧化物计）

| 成分 | $Fe_2O_3$ | S | CuO | ZnO | $SiO_2$ | CaO | $Al_2O_3$ | PbO | MgO | BaO |
|---|---|---|---|---|---|---|---|---|---|---|
| 含量 /% | 26.20 | 16.81 | 9.07 | 8.12 | 4.24 | 2.53 | 2.13 | 0.67 | 0.40 | 0.36 |
| 成分 | $K_2O$ | $Na_2O$ | $TiO_2$ | $Mo_2O_3$ | Cl | P | MnO | $Ta_2O_5$ | $IrO_2$ | 烧失率 |
| 含量 /% | 0.32 | 0.19 | 0.14 | 0.04 | 0.04 | 0.04 | 0.02 | 0.01 | 0.01 | 27.60 |

③ 采用 X 射线衍射仪（XRD）分析样品的物相组成，主要有 $FeS_2$、ZnS、$CaAl_2Si_2O_8 \cdot 4H_2O$、$CuFeS_2$，衍射谱图见图 2。

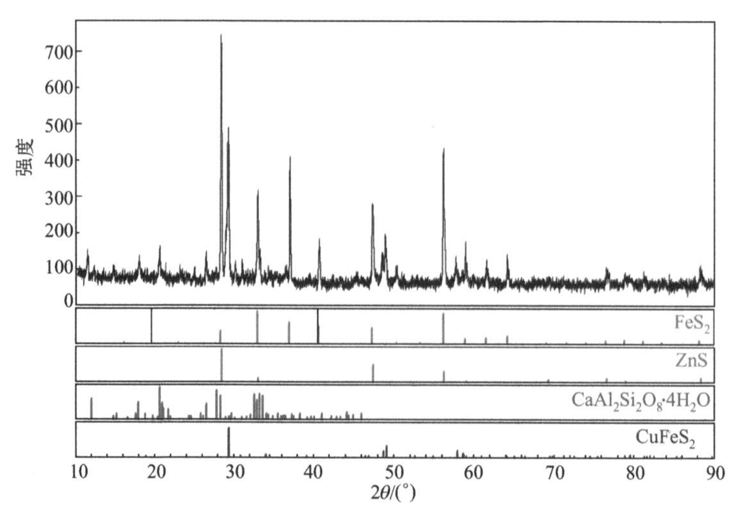


图 2　样品 X 射线衍射谱图

④ 对筛下细粉物进行显微镜下形貌观察，发现样品形状不规则，形貌见图 3 和图 4。

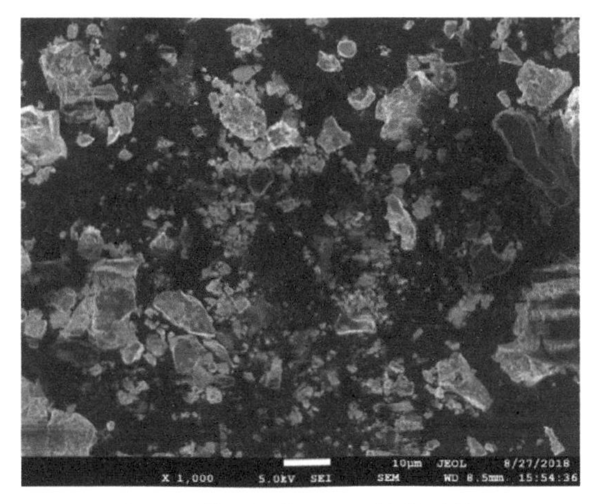


图 3　样品放大 1000 倍的形貌

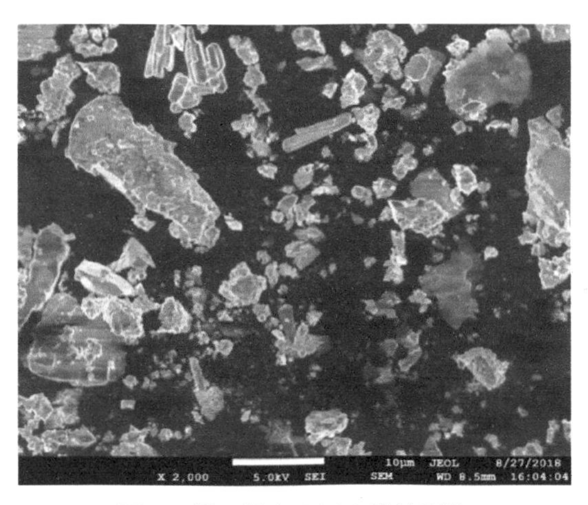


图 4　样品放大 2000 倍的形貌

⑤ 采用光学显微镜、扫描电镜及 X 射线能谱仪等分析仪器综合分析样品，主要物相为黄铁矿，其次为褐铁矿、硫酸铁相、黄铜矿和石英，另有少量铜蓝、闪锌矿、绿泥石、白云母、钠长石、斜长石和钾长石等。部分图片见图 5 ～图 7。

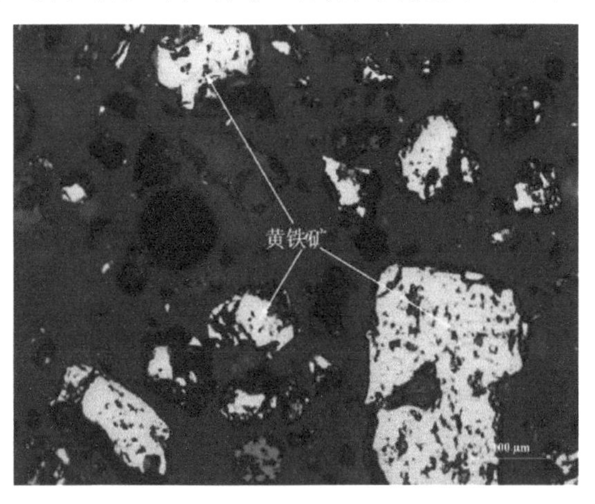


图 5　黄铁矿产出特征

图6　黄铜矿产出特征

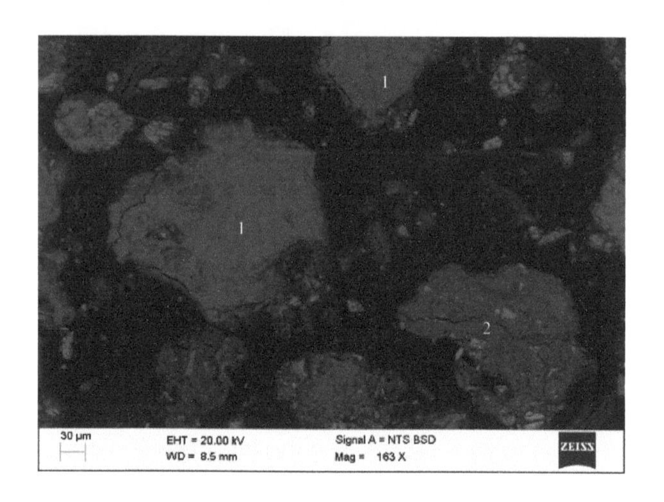


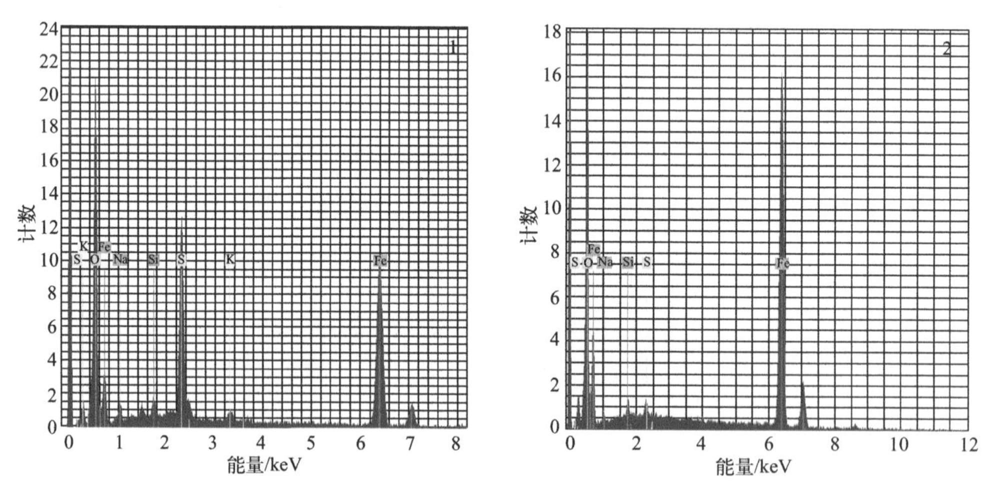


图7　背散射电子能谱——褐铁矿与硫酸铁相的产出特征

（点 1：褐铁矿；点 2：硫酸铁相）

### 3. 样品物质属性鉴别分析

（1）金矿简介

金（Au）是自然界中广泛存在的一种元素，但是它的含量很低。矿石中的金一般以自然金或金属互化物的状态嵌生于硫化物或脉石矿物中，特别是高品位矿石中的金一般以片金或粒金状态存在，常常不均匀[1]。石英脉型金矿是最常见的金矿类型之一，矿石类型主要为石英黄铁矿型、石英多金属硫化型。矿石矿物主要有自然金、黄铁矿、方铅矿、少量黄铜矿、辉钼矿、闪锌矿、磁黄铁矿等，脉石矿物以石英为主，还有少量方解石、绢云母和绿泥石[2]。某原矿多元素化学分析结果见表2[3]。我国《金精矿》(YS/T 3004—2011）标准中金精矿分为九个品级，具体情况见表3。

**表2　原矿多元素分析结果**

| 成分 | Au① | Ag① | S | Cu | Pb | Zn | As | TFe | P |
|---|---|---|---|---|---|---|---|---|---|
| 含量/% | 10.05 | 255 | 3.36 | 0.05 | 0.06 | 0.16 | 0.08 | 4.63 | 0.032 |
| 成分 | $K_2O$ | NaO | $TiO_2$ | CaO | MgO | $SiO_2$ | Mn | $Al_2O_3$ | 烧失率 |
| 含量/% | 0.42 | 0.02 | 0.09 | 0.39 | 0.33 | 80.46 | 0.47 | 2.50 ~ 3.70 | 3.26 |

①单位为g/t。

**表3　金精矿品级分类**

| 品级 | 一级品 | 二级品 | 三级品 | 四级品 | 五级品 | 六级品 | 七级品 | 八级品 | 九级品 |
|---|---|---|---|---|---|---|---|---|---|
| Au质量分数/(g/t)，≥ | 100 | 90 | 80 | 70 | 60 | 50 | 40 | 30 | 20 |

（2）样品产生来源分析

样品中主要含有Fe、S、Cu、Zn、Si等元素，矿物相主要有黄铁矿，其次为褐铁矿、黄铜矿和石英，另有少量铜蓝、闪锌矿、绿泥石、白云母、钠长石、斜长石和钾长石等，含Au约7g/t、Ag约130g/t、Cu约7.2%、Zn约6.8%。样品中石英、白云母、绿泥石等为脉石矿物，金属矿物相有黄铁矿、褐铁矿、黄铜矿、闪锌矿，属于石英多金属硫化型矿，根据有价元素Au、Ag、Cu、Zn的含量及显微镜下观察到的矿物相特征，样品应是经过粗选的金银铜锌多金属矿，天然矿物约占95%。此外，在显微镜下还观察到有很少量的硫酸铁相以及呈浑圆粒状的磁铁矿，其中硫酸铁相很可能是黄铁矿粉在潮湿环境中长期氧化后形成，磁铁矿物相很可能是外部带入。

### 4. 鉴别结论

样品是粗选的金银铜锌多金属矿混合物，含有一定量的金、银贵金属元素，且样品中没有发现砷和汞，样品中有害元素没有超过《重金属精矿产品中有害元素的限量规范》(GB 20424—2006）的限量要求，样品总体属于原矿范畴，综合判断鉴别样品不属于固体废物，为粗选后的多金属矿。

# 参考文献

[1] 顾铁新，张忠，王春书，等 . 高品位矿石金标准物质的研制［J］. 黄金，2000，21（06）: 39-42.
[2] 张松，曾庆栋，刘建明，等 . 吉林省海沟石英脉型金矿床流体包裹体特征及地质意义［J］. 岩石学报，2011，27（05）: 1287-1298.
[3] 叶跃威，何斌林 . 用全泥氰化法从浮选金精矿中回收金［J］. 湿法冶金，2009，28（01）: 18-20.

## 十五、粗选金矿

### 1. 前言

2021 年 2 月，某海关委托中国环科院固体废物研究所对其查扣的一票“含金富集物”货物样品进行固体废物属性鉴别，需要确定是否属于固体废物。

### 2. 样品特征及特性分析

① 样品为褐色粉末，有小结块，轻压即破碎，测试样品含水率为 0.46%，干基样品 550℃灼烧后烧失率为 0.11%，样品外观状态见图 1。

图 1　样品外观状态

② 采用 X 射线荧光光谱仪（XRF）分析样品筛下物的成分，结果见表 1；采用化学法分析样品中 Au 的含量为 23.46g/t；样品 pH 值为 7。

表 1　干基样品的主要成分（除氯元素外，其余元素均以氧化物计）

| 成分 | $SiO_2$ | $Al_2O_3$ | $SO_3$ | CaO | $Fe_2O_3$ | MgO | $Na_2O$ | $K_2O$ | $TiO_2$ | $P_2O_5$ |
|---|---|---|---|---|---|---|---|---|---|---|
| 含量 /% | 74.35 | 9.54 | 5.43 | 4.14 | 2.09 | 1.44 | 1.24 | 1.09 | 0.35 | 0.09 |
| 成分 | MnO | BaO | ZnO | PbO | Cl | $Cr_2O_3$ | $Co_3O_4$ | CuO | NiO | |
| 含量 /% | 0.08 | 0.03 | 0.03 | 0.02 | 0.02 | 0.02 | 0.01 | 0.01 | 0.01 | |

③ 采用 X 射线衍射仪（XRD）分析样品的物相组成，主要有 $SiO_2$、$Na_2Ca$（Mg，

Fe）$_4$Al（Si$_7$Al）O$_{22}$（OH）$_2$、Ca（SO$_4$）（H$_2$O）$_{0.5}$、Na$_2$Si$_2$O$_5$、NaAl$_2$（AlSi$_3$）O$_{10}$（OH）$_2$、CaAl$_2$（Si$_2$Al$_2$）O$_{10}$（OH）$_2$、K（Al，Fe）Si$_2$O$_8$，X 射线衍射谱图见图 2。

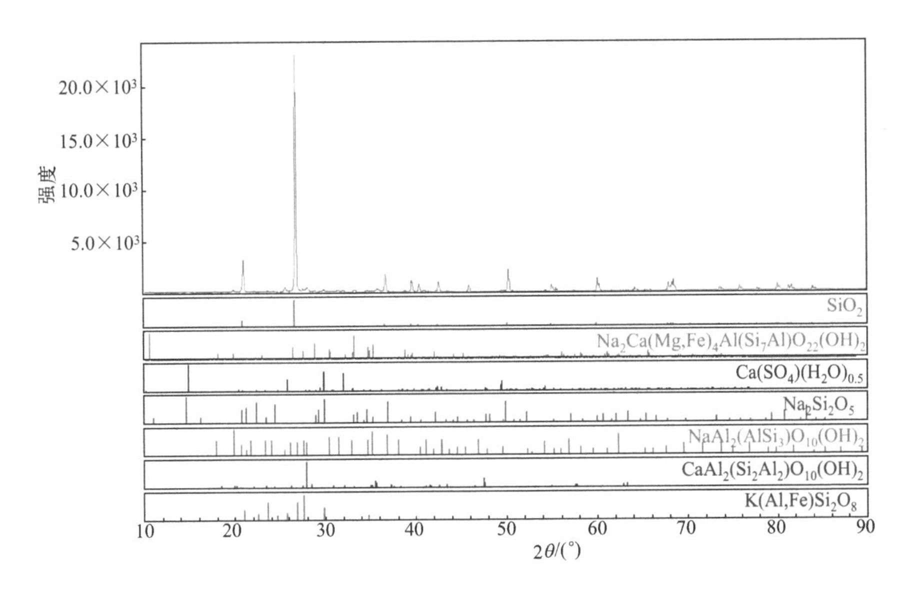


图 2　样品 X 射线衍射谱图

④ 采用 X 射线衍射仪、光学显微镜、扫描电镜及 X 射线能谱仪等分析仪器，综合分析样品矿物相，样品中金的矿物为自然金；样品中矿物组成绝大部分为天然矿物，且主要为石英，另有少量的绿泥石、钠长石、钾长石、白云母、石膏、角闪石、钙铝榴石、铁铝榴石、磁铁矿、赤铁矿、褐铁矿、透辉石、绿帘石、榍石、黑云母、高岭石和金红石等；在样品中发现了少量的金属铁、氧化铁相和铝硅酸盐相等，为冶炼组分，含量 2% 左右。见图 3 ～图 5。

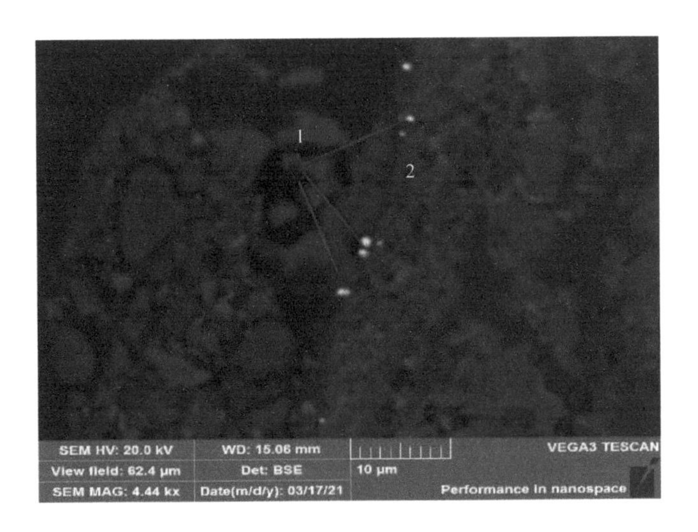


图 3

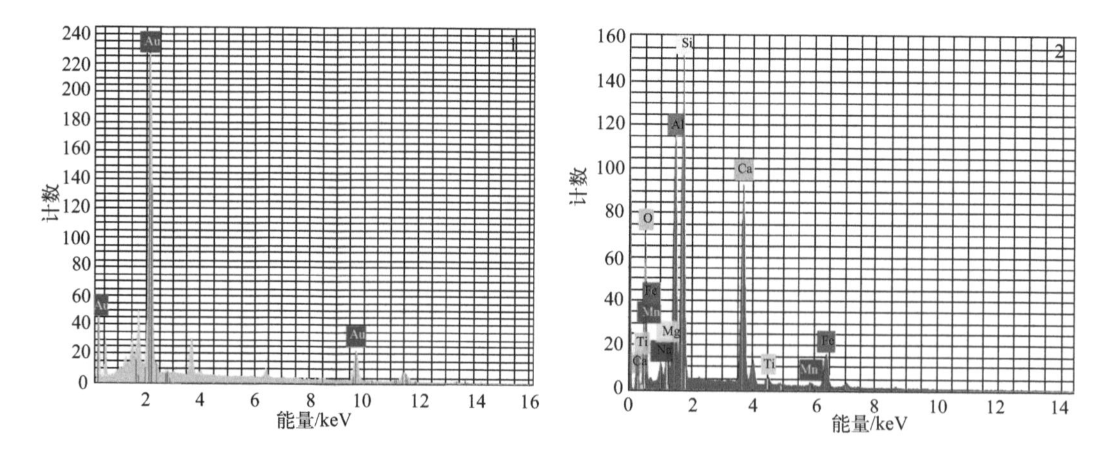


图 3　背散射电子能谱——样品中自然金呈微粒包裹于钙铝榴石中

（点 1：自然金；点 2：钙铝榴石）

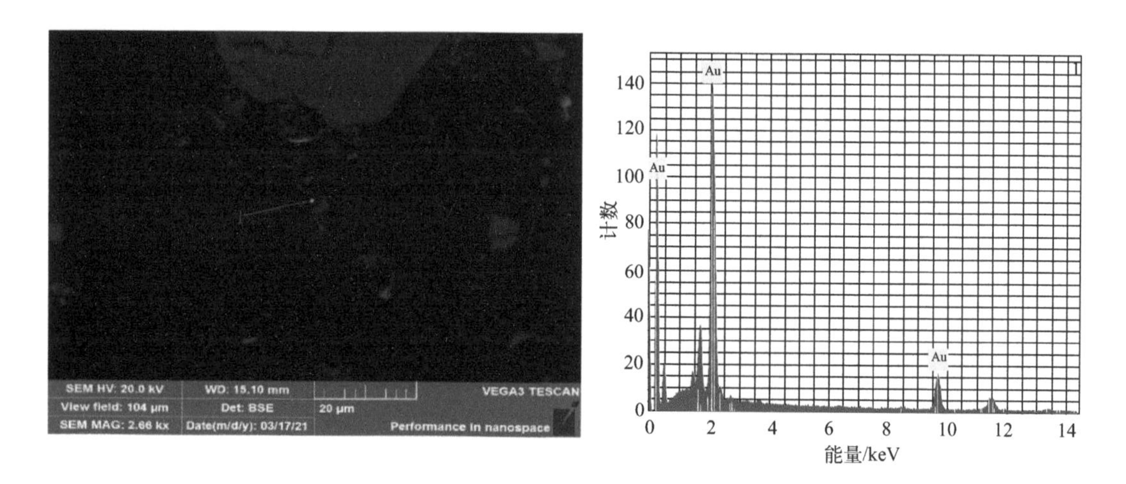


图 4　背散射电子能谱——样品中自然金

（点 1：自然金）

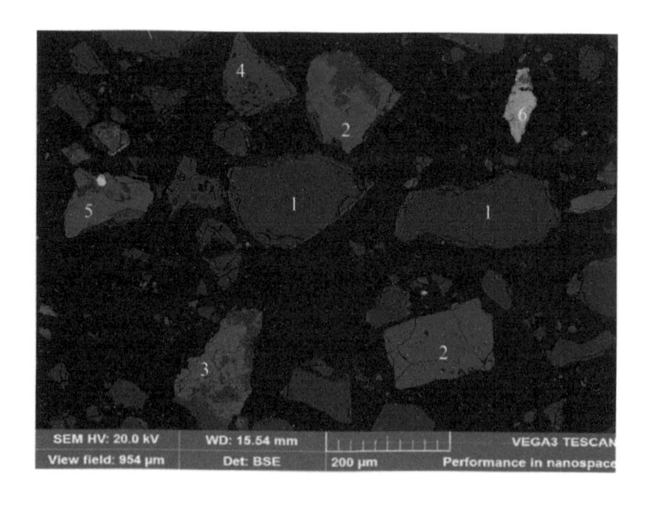

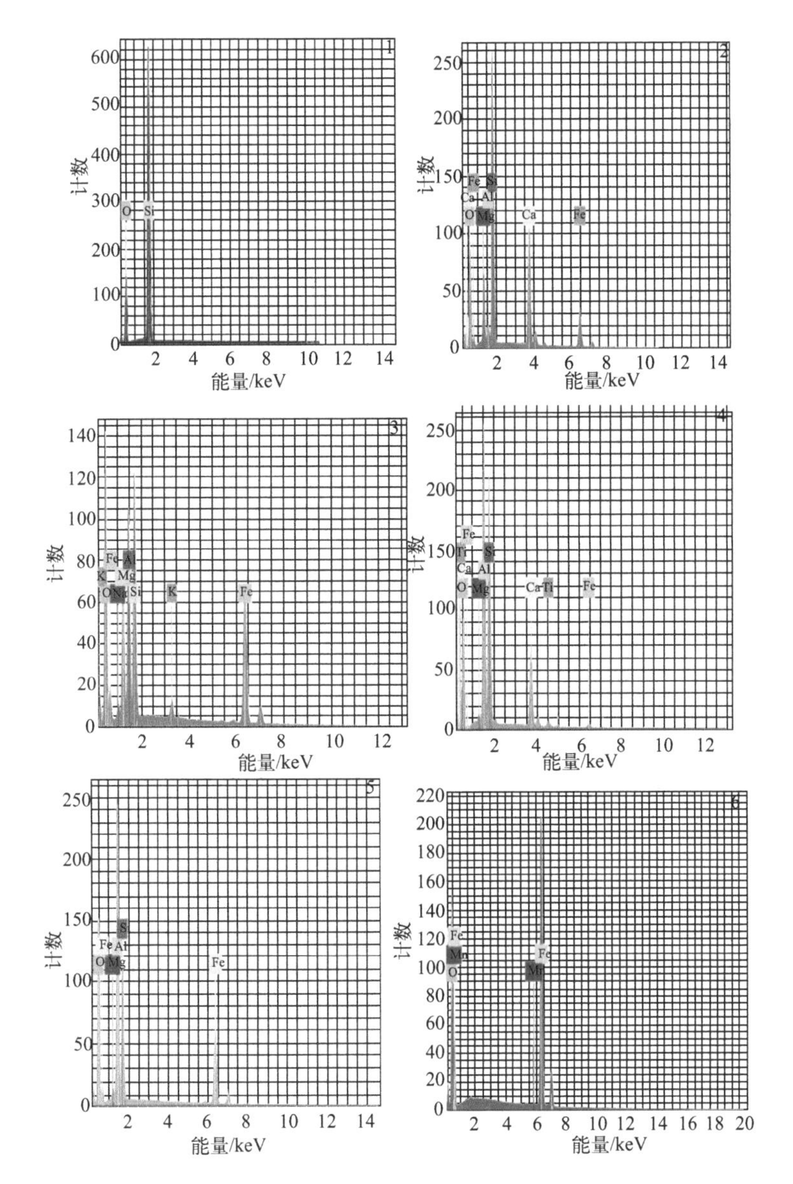


图 5　**背散射电子能谱——样品中的石英、角闪石、绿泥石、钙铝榴石、铁铝榴石和磁铁矿**

（点 1：石英；点 2：角闪石；点 3：绿泥石；点 4：钙铝榴石；点 5：铁铝榴石；点 6：磁铁矿）

⑤ 对筛下细粉物进行显微镜下形貌观察，样品形状不规则，形貌图见图 6 和图 7。

⑥ 采用激光粒度仪测定样品粒度分布，结果为 $D_{10}$：1.99μm；$D_{50}$：30.96μm；$D_{90}$：150.78um；＜ 74μm 的颗粒占比达到 71.38%。粒度分布曲线见图 8。

## 3. 样品物质属性鉴别分析

（1）金矿简介

金是自然界中广泛存在的一种元素，但是它的含量很低。矿石中的金一般以自然金或金属互化物的状态嵌生于硫化物或脉石矿物中，特别是高品位矿石中的金一般以片金

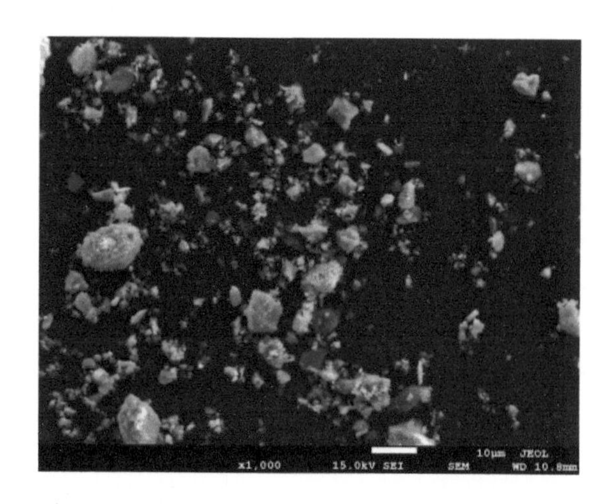


图 6　样品放大 1000 倍形貌图

图 7　样品放大 2000 倍形貌图

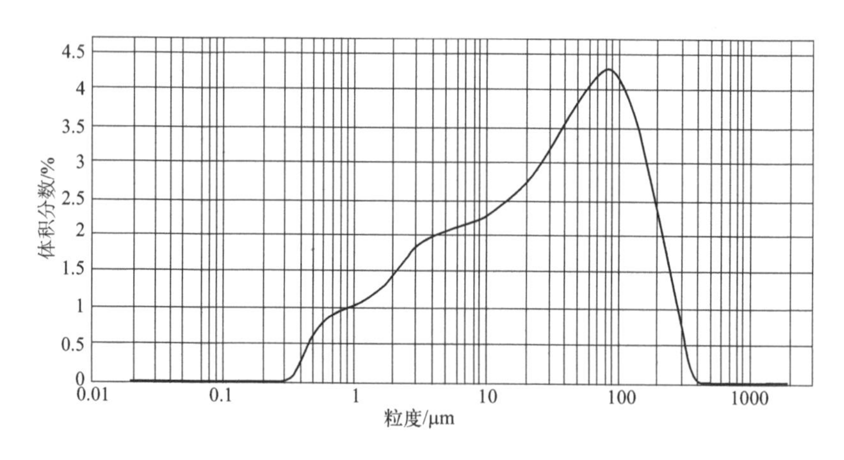


图 8　样品粒度分布曲线

或粒金状态存在，常常不均匀[1]。石英脉型金矿是最常见的金矿类型之一，矿石类型主要为石英黄铁矿型、石英多金属硫化型。矿石矿物主要有自然金、黄铁矿、方铅矿、少量黄铜矿、辉钼矿、闪锌矿、磁黄铁矿等，脉石矿物以石英为主，还有少量方解石、绢云母和绿泥石[2]。原矿多元素化学分析结果参见案例十四中表 2；我国《金精矿》(YS/T 3004—2011）标准将金精矿分为九个品级，具体情况参见案例十四中表 3。

（2）样品产生来源分析

样品为褐色粉末，粒度分布较为均匀且较细。矿样中有价元素金（Au）含量为 23.46g/t，其他元素主要有 Si、Al、S、Ca、Fe 等。样品中的矿物组成大部分为天然矿物，且主要为石英，另有少量的绿泥石、钠长石、钾长石、白云母、石膏、角闪石、钙铝榴石、铁铝榴石、磁铁矿、赤铁矿、褐铁矿、透辉石、绿帘石、榍石、黑云母、高岭石和金红石等。样品 pH 值为 7，呈中性。据此可以判断该矿为石英脉型金矿石。此外，在样品中发现了极少量的金属铁相、氧化铁相和铝硅酸盐相等。氧化铁从其形态来看，呈微细粒针状，为典型的雏晶结构，在天然岩石中少见，但在冶炼过程中很常见，来源可能为冶金渣相。金属铁在冶炼产物中也很常见，但在天然矿石中基本不会出现。铝硅酸盐从其组分来看，铝多硅少，天然矿物中不存在此类粗粉的铝硅酸盐，且其与氧化铁紧密镶嵌，所以也是冶炼组分。

根据有价元素金的含量及显微镜下观察到的矿物相特征，判断鉴别样品是经过粗选过的含金富集物，天然矿物占绝大部分。样品中金含量满足《金精矿》（YS/T 3004—2011）标准中九级品的要求，样品中粒度＜ 74μm 的占比达 71.38%，满足该标准中 ≥ 50% 的要求，判断鉴别样品是粗选金精矿。

### 4. 鉴别结论

样品中有害元素没有超过《重金属精矿产品中有害元素的限量规范》（GB 20424—2006）的限量要求，样品属于矿物范畴。综合判断鉴别样品不属于固体废物，为粗选金精矿。

## 参考文献

[1] 顾铁新，张忠，王春书，等 . 高品位矿石金标准物质的研制 [J] . 黄金，2000，21（06）: 39-42.
[2] 张松，曾庆栋，刘建明，等 . 吉林省海沟石英脉型金矿床流体包裹体特征及地质意义 [J] . 岩石学报，2011，27（05）: 1287-1298.

## 十六、云母矿

### 1. 前言

2017 年 5 月，某海关委托中国环科院固体废物研究所对其查扣的一票“白云母碎片”货物样品进行固体废物属性鉴别，需要确定是否属于固体废物。

2. 样品特征及特性分析

① 样品为不规则片状，均由多层薄片组成，可多次剥离，剥离后绝大部分为透明超薄片；片料有大有小、有薄有厚；大部分片料边缘不规则，少量片料边缘具有整齐清晰断面，偶见带有锈斑、黑斑的片状。样品外观状态见图 1 和图 2。

图 1　1 号样品外观状态

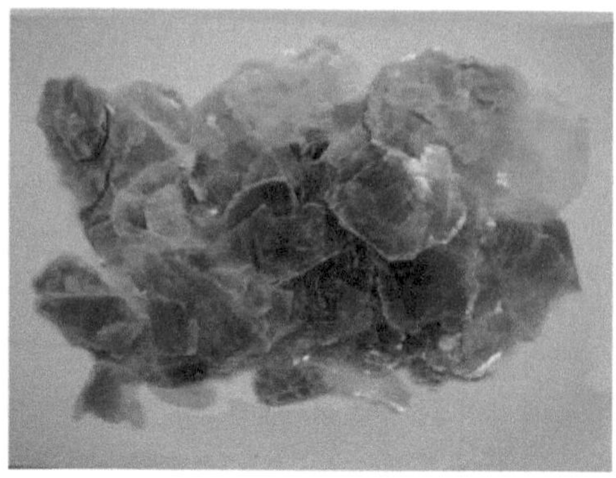

图 2　2 号样品外观状态

② 采用 X 射线衍射仪（XRD）分析样品的物相组成，2 个样品均为白云母［$KAl_2(AlSi_3)O_{10}(OH)_2$］。

③ 样品组成均为白云母，将样品混合，参照《工业原料云母》（JC/T 49—1995）标准要求，从混合样品中随机抽取 1036g 样品进行测试。

矩形面积测试结果见表 1 和图 3。

**表 1　样品测试结果**

| 特类占比 / % | 一类占比 / % | 二类占比 / % | 三类占比 / % | 四类占比 / % | 不合格占比 / % | 标准 /% | 结论 |
|---|---|---|---|---|---|---|---|
| 18.25 | 20.81 | 22.12 | 10.85 | 22.90 | 5.07 | ≤ 7 | 合格 |

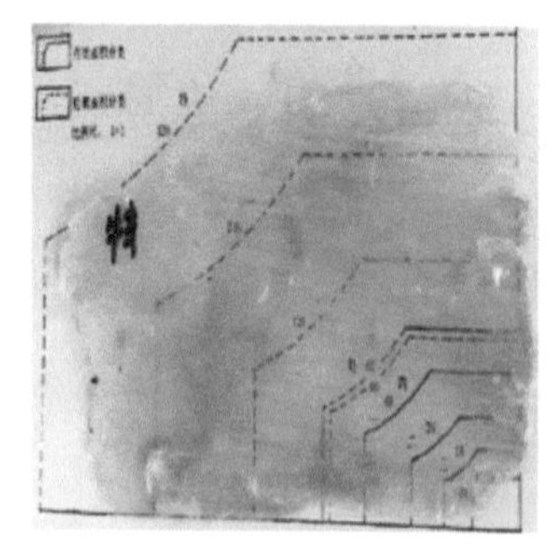



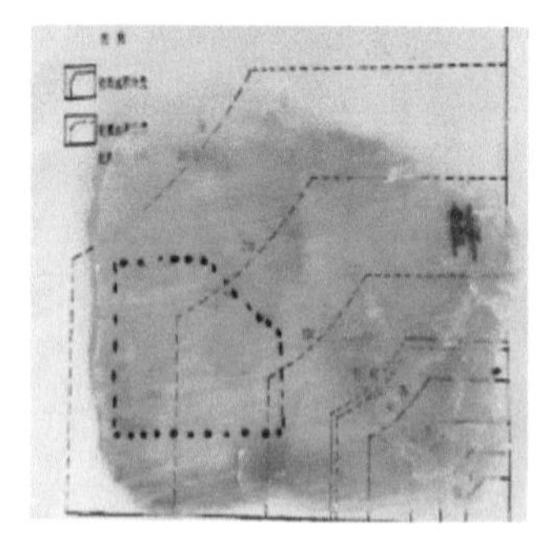

(a) 特等品样品正面和反面

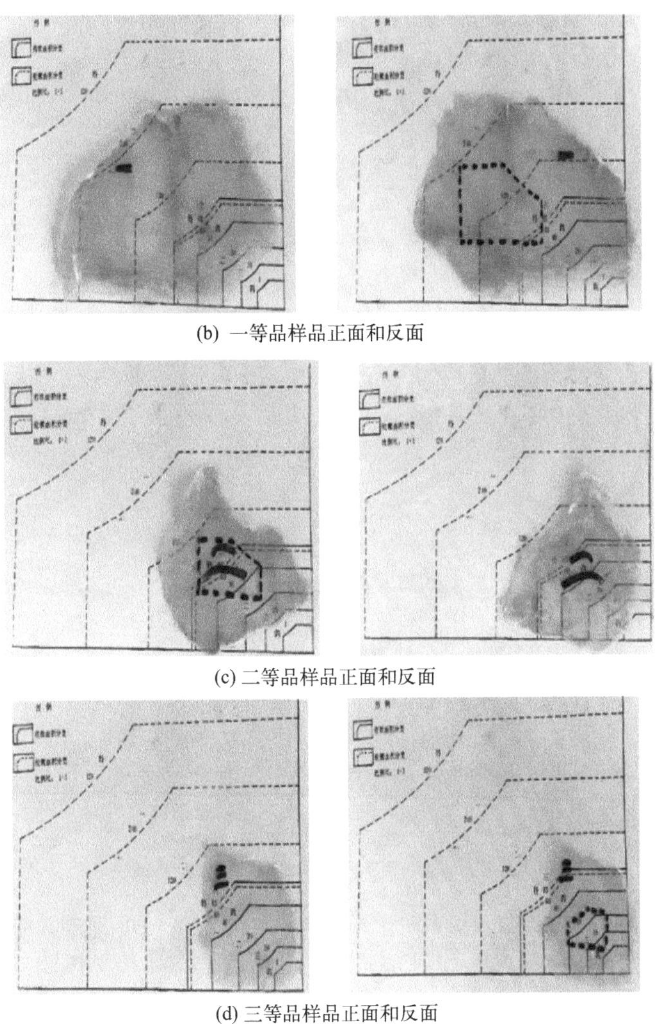

(b) 一等品样品正面和反面

(c) 二等品样品正面和反面

(d) 三等品样品正面和反面

图 3　混合样品矩形测试结果

样品厚度测试结果和标准要求见表 2，测试样品均为板状云母，无楔形云母。

**表 2　样品厚度测试结果和标准要求**

| 总质量 /g | 合格质量 /g | 不合格质量 /g | 不合格占比 /% | 标准 /% | 结论 |
| --- | --- | --- | --- | --- | --- |
| 1036 | 1008. 9 | 27.1 | 2.62 | ≤ 5 | 合格 |

边缘非云母矿物沿径向长度测量见图 4。测试样品含有嵌填物（主要为石英）的云母有 73.3g，占总量的 7.45%。

凹入角内非云母矿物的测量结果见图 5。测试样品中凹入角内非云母矿物主要为石英。

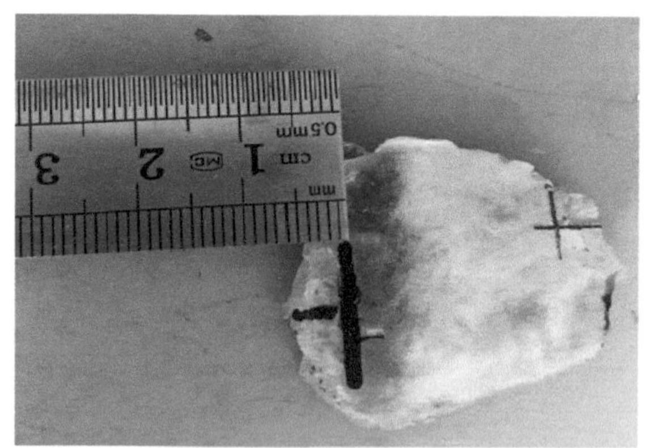

(a) 边缘非云母矿物径向长度7mm

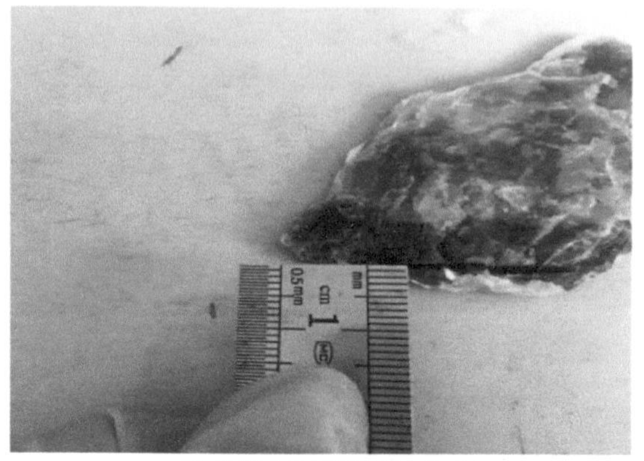

(b) 边缘非云母矿物径向长度4mm

图4 边缘非云母矿物沿径向长度测量结果

在测试样品中取特等品12片、一等品13片、二等品25片、三等品25片、四等品25片，共计100片样品进行斑污测量，测试结果见表3和图6，测试结论均为合格。

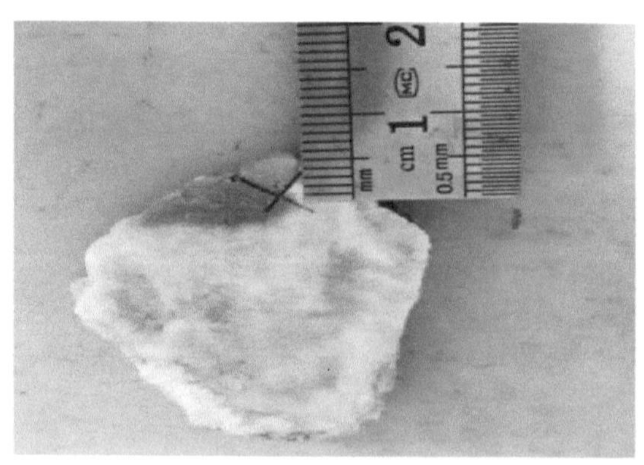

(a) 凹入角内非云母矿物6mm

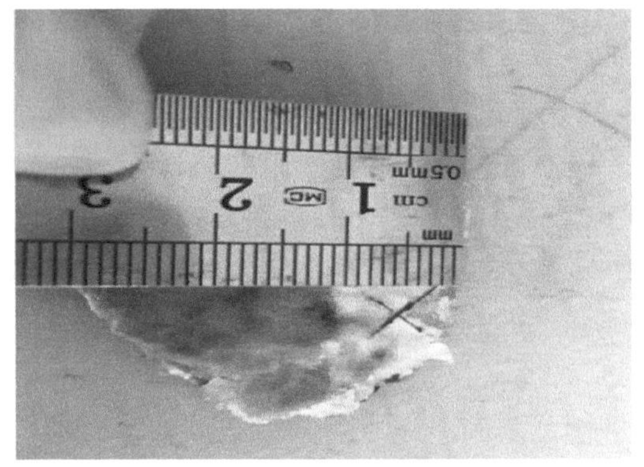

(b) 凹入角内非云母矿物6mm

图 5　凹入角内非云母矿物的测量结果

**表 3　样品斑污测试结果**

| 样品 / 片 | 48 | 52 |
|---|---|---|
| 斑污面积百分比 /% | ≤ 25 | > 25 |

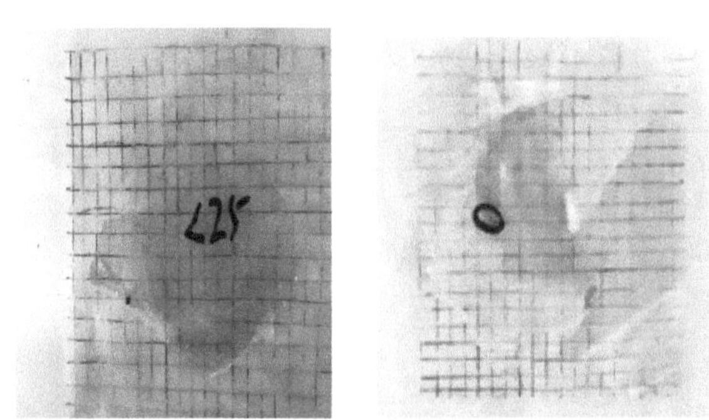

(a) 斑污面积百分比≤25%

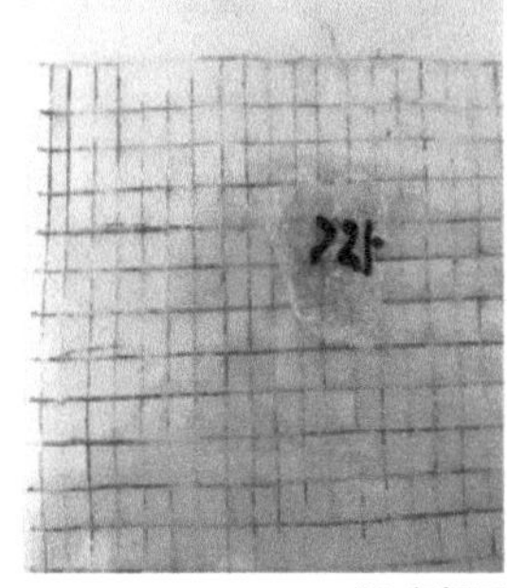

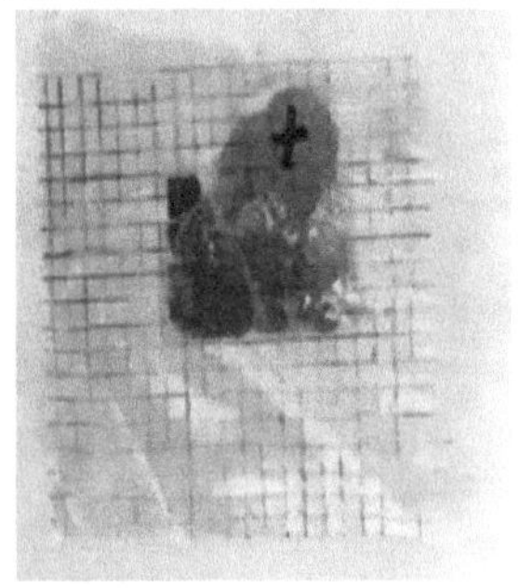

(b) 斑污面积百分比>25%

图 6　斑污测试结果图

## 3. 样品物质属性鉴别分析

（1）云母矿简介

云母是一种重要的透明薄片状的非金属矿物，具有玻璃光泽，有时过渡为珍珠光泽或丝绢光泽，是一类含水铝硅酸盐矿物的总称。云母分为白云母、黑云母和锂云母三个亚族。白云母亚族包括常见的白云母［$KAl_2(OH)_2(AlSi_3O_{10})$］和较少见的钠云母［$NaAl_2(OH)_2(AlSi_3O_{10})$］；黑云母亚族包括金云母［$KMg_3(OH, F)_2(AlSi_3O_{10})$］、黑云母［$K(Mg, Fe)_3(OH, F)_2(AlSi_3O_{10})$］和铁黑云母［$KFe_3(OH, F)_2(AlSi_3O_{10})$］；锂云母亚族包括锂云母［$KLi_{1.5}Al_{1.5}(OH, F)_2(AlSi_3O_{10})$］和铁锂云母［$KLi_{1.5}(Al, Fe)_{1.5}(OH, F)_2(AlSi_3O_{10})$］[1]。其中最具有工业价值的云母品种有白云母、金云母和黑云母[2]。其中白云母和金云母广泛地应用于电机工程、无线电、油漆颜料、建筑、石油钻探等工业部门[3]。

国内某云母利用企业来自不同产地的云母矿样品见图7和图8。国内某云母矿开采出的未经洗选的云母矿货物见图9，云母矿开采过程中产生的废料见图10。

图7　**印度白云母样品**

图8　**新疆白云母样品**

（2）样品产生来源分析

根据样品外观特征以及物相判断样品均是白云母。参照《工业云母原料》（JC/T 49—1995）标准，对混合样品进行矩形面积测量、厚度测量、边缘非云母矿物沿径向长度的测量、凹入角内非云母矿物的测量以及斑污测量。标准中规定工业原料云母按云母

图 9　未经洗选的云母矿

图 10　云母矿开采中的废料

晶体任一面最大内接矩形面积和最大有效矩形面积及另一面必须达到的有效矩形面积分为 5 类，标准要求见表 4。实验结果表明样品是符合标准要求的云母片，均为板状云母，无楔形云母，斑污合格。从鉴别样品的外观特征看，与国内调研中看到的云母矿产品相似，不是云母矿开采过程中产生的废料，与未精选过的云母矿表面沾满泥土砂砾相比，鉴别样品非常干净。总之，判断鉴别样品属于精选云母矿。

**表 4　矩形面积标准要求**

<table>
<tr><th rowspan="3">类别</th><th colspan="2">任一面之最大</th><th>另一面</th><th colspan="2">厚度</th></tr>
<tr><th>内接矩形面积</th><th>有效矩形面积，≥</th><th>有效矩形面积，≥</th><th>板状</th><th>楔形</th></tr>
<tr><th colspan="3">cm²</th><th colspan="2">mm</th></tr>
<tr><td>特类</td><td>≥ 200</td><td>65</td><td>20</td><td rowspan="5">≥ 0.1</td><td rowspan="5">最后端的厚度 < 10</td></tr>
<tr><td>一类</td><td>100 ~ 200</td><td>40</td><td>10</td></tr>
<tr><td>二类</td><td>50 ~ 100</td><td>20</td><td>6</td></tr>
<tr><td>三类</td><td>20 ~ 50</td><td>10</td><td>4</td></tr>
<tr><td>四类</td><td>4 ~ 20</td><td>4</td><td>2</td></tr>
</table>

### 4. 鉴别结论

样品是精选的云母矿，不属于固体废物。

# 参考文献

[1] 袁楚雄，田中凯，刘奇 . 云母及其深加工 [J] . 国外金属矿选矿，1996（04）：25，42-45.
[2] 袁领群 . 云母原料的特性对湿法云母粉生产的影响 [J] . 中国非金属矿工业导刊，2002，27（03）：15-16.
[3] Беличенко Л Ф，方群英 . 云母原料开采、加工的方向和前景 [J] . 矿产综合利用，1983（01）：49-51.

## 十七、粗加工黑云母粉

### 1. 前言

2012 年 3 月，某海关委托中国环科院固体废物研究所对其查扣的一票“云母粉”进行固体废物属性鉴别，需要确定是否属于固体废物。

### 2. 样品特征及特性分析

① 样品为较粗的鳞片状碎片，呈褐色，具有玻璃光泽，其中部分碎片一面呈褐色，另一面则为亮白色，有些碎片两面均为亮白色，无明显杂质，样品外观状态见图 1。样品在水中搅拌后很快沉底，测定样品含水率为 0.10%，550℃灼烧后的烧失率为 0.17%，松散密度为 0.65g/mL。

图 1　样品外观状态

② 能谱分析显示，样品的主要元素组成均为 Si、Mg、Al、Fe、K 和 O，能谱图见图 2。采用化学法测定样品中 Si、Al、Mg、Fe、K、Ca 的含量，结果见表 1。

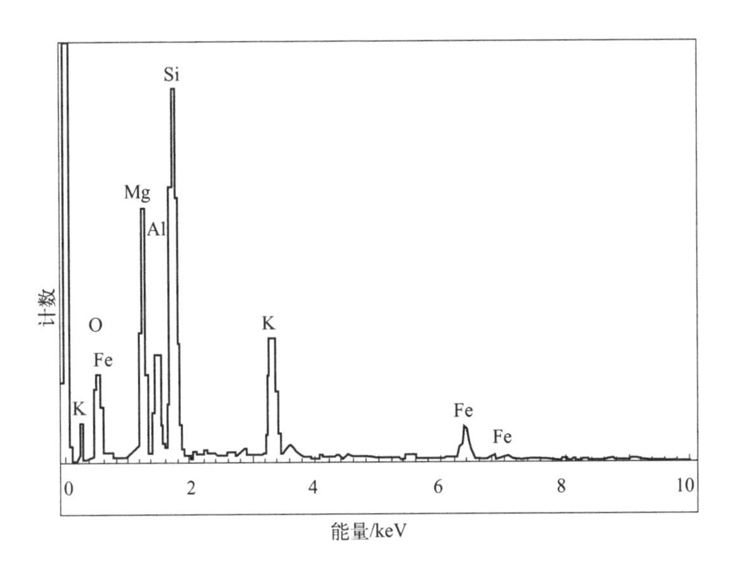


图 2　样品能谱图

表 1　样品主要成分含量

| 元素 | Si | Al | Mg | Fe | K | Ca |
|---|---|---|---|---|---|---|
| 含量 /% | 18.79 | 5.62 | 14.68 | 6.03 | 9.16 | 0.44 |

③ 采用 X 射线衍射仪（XRD）分析样品的物相组成，主要物相为黑云母［K（Mg，Fe）$_3$（OH，F）$_2$（$AlSi_3O_{10}$）］，还含有少量石英（$SiO_2$），X 射线衍射谱图见图 3。采用单偏光显微镜观察样品，呈薄片状、褐色，内部有包体，混有少量碳酸盐，云母的含量超过 95%。样品的显微镜照片见图 4。

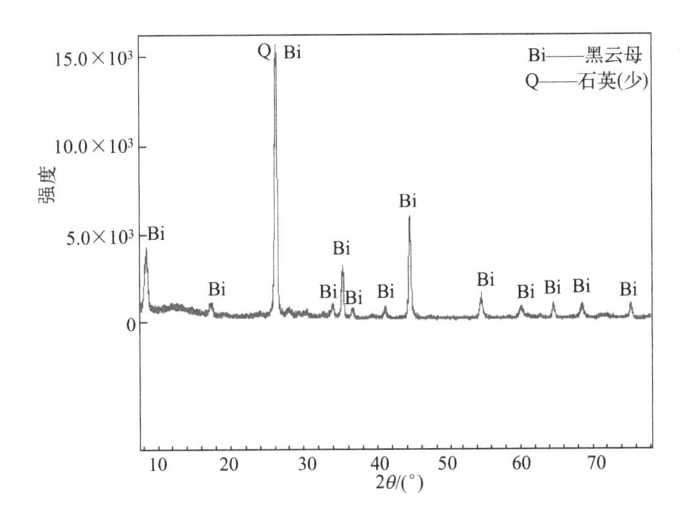


图 3　样品 X 射线衍射谱图

图4 **样品显微镜照片**

Bi—云母；Ca—碳酸盐

④ 分析样品的粒度，结果为：＞900μm（20目）的占28.87%；300～900μm（20～60目）的占68.74%；＜300μm（60目）的占2.39%。

### 3. 样品物质属性鉴别分析

（1）云母及其矿物简介

云母是一种透明薄片状的非金属矿物，具有玻璃光泽，有时过渡为珍珠光泽或丝绢光泽，是一类含水铝硅酸盐的总称。云母分为白云母、黑云母和锂云母，白云母包括常见的白云母［$KAl_2(OH)_2(AlSi_3O_{10})$］和较少见的钠云母［$NaAl_2(OH)_2(AlSi_3O_{10})$］；黑云母包括金云母［$KMg_3(OH,F)_2(AlSi_3O_{10})$］、黑云母［$K(Mg,Fe)_3(OH,F)_2(AlSi_3O_{10})$］和铁黑云母［$KFe_3(OH,F)_2(AlSi_3O_{10})$］；锂云母包括锂云母［$KLi_{1.5}Al_{1.5}(OH,F)_2(AlSi_3O_{10})$］和铁锂云母［$KLi_{1.5}(Al,Fe)_{1.5}(OH,F)_2(AlSi_3O_{10})$］[1]。其中黑云母的特点是铝含量低，铁和镁含量高[2]。

黑云母主要产于变质岩中，也有产于花岗岩等其他一些岩石中，颜色较深，呈红棕色、深褐色乃至黑色，具有玻璃光泽，解理面显珍珠光泽，由于类质同象代替广泛，所以不同岩石中产出的黑云母化学组成成分差距很大[3]。典型黑云母的化学成分和含量见表2。

**表2 典型黑云母的化学成分和含量（%）**

| 编号 | $SiO_2$ | $Al_2O_3$ | $K_2O$ | MgO | CaO | $Fe_2O_3$ | FeO |
|---|---|---|---|---|---|---|---|
| 1[4] | 33.88 | 14.46 | 8.15 | 5.18 | 0.25 | 6.18 | 21.38 |
| 2[5] | 40.24 | 16.90 | 8.46 | 20.31 | — | 1.79 | 7.13 |
| 3[6] | 34.57 | 10.81 | 13.48 | 2.87 | 2.76 | 0.77 | 29.52 |

续表

| 编号 | $SiO_2$ | $Al_2O_3$ | $K_2O$ | MgO | CaO | $Fe_2O_3$ | FeO |
|---|---|---|---|---|---|---|---|
| 4[7] | 31.19 | 17.66 | 0.18 | 17.05 | 1.96 | 2.73 | 15.50 |
| 5[7] | 35.62 | 4.95 | 7.55 | 14.17 | 0.21 | 2.66 | 15.10 |
| 6[7] | 35.97 | 16.32 | 4.90 | 23.37 | 0.12 | 2.86 | 16.20 |

云母粉的来源包括：①选矿中副产物或云母尾矿，如河北金红石精矿厂，在选矿过程中回收的黑云母粉年达千吨以上；②以云母制品废料为原料，进行粉碎得到；③以天然云母为原料，进行干法或湿法加工粉碎得到，其中干法磨制加工云母粉，采用粗碎、细碎、超细碎三级破碎工艺，工艺流程见图 5[8]。

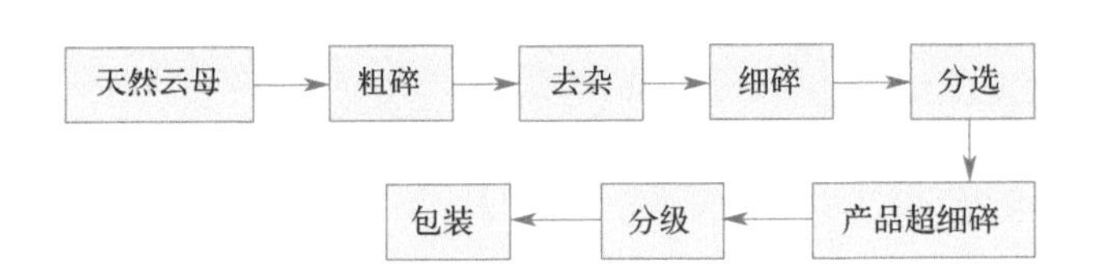


图 5　干磨云母粉工艺流程示意图

（2）样品产生来源分析

样品呈褐色，具有玻璃光泽，外观和颜色均与黑云母类似；能谱显示样品主要组成为 Si、Al、Mg、Fe 和 K，与黑云母的主要组成元素相同。根据化学分析结果计算出样品中主要化学成分含量为 $SiO_2$ 29.53%、$Al_2O_3$ 10.62%、$K_2O$ 11.04%、MgO 24.47%，与表 2 黑云母的化学成分和含量具有可比性。X 射线衍射结果显示样品主要物相结构为 $K(Mg，Fe)_3(OH，F)_2(AlSi_3O_{10})$，与黑云母化学式相同。因此，样品属于黑云母范畴的产物。

能谱和显微镜分析显示样品中云母含量超过 95%，非云母成分含量比较低，通过咨询专家可知，样品不是选矿产出的副产物废物或云母尾矿。样品 550℃灼烧后烧失率为 0.17%，表明有机物或水合物的含量低，因此样品也不是来自云母制品的废料。样品中非云母成分为脉石矿物，如石英、白云石[9]，表明样品来自天然黑云母矿物。

干磨云母粉晶片厚，又含有比较多的石英、长石、黏土等粉末，具有悬浮性差的特征，松散密度通常为 0.5g/mL 左右[10]。样品呈片状粉末，松散密度为 0.65g/mL。样品在水中沉底，即在水中的悬浮性差。因此，判断鉴别样品为干磨黑云母粉。

样品粒径分布为 $<$ 300μm 的占 2.39%，300 ～ 900μm 的占 68.74%，$>$ 900μm 占 28.87%。《干磨云母粉》（JC/T 595—1995）标准（见表 3）“适用于碎白云母经研磨制成的云母粉产品的质量检验和验收，其他类型云母粉可参照采用”，样品粒径分布比较宽泛，没有达到标准中粒度要求，表明未经过精细加工分级，为初步分选、分级后的产物。因此，样品是天然黑云母的粗加工产物。

表 3 《干磨云母粉》( JC/T 595—1995 ) 标准粒度要求

| 规格 | 粒度分布 | | | |
|---|---|---|---|---|
| 900μm（20 目） | +900μm | +450μm | +300μm | -300μm |
| | < 2% | (65±5) % | (25±5) % | < 10% |
| 450μm（40 目） | +450μm | +300μm | +150μm | -150μm |
| | < 2% | (45±5) % | (45±5) % | < 10% |
| 300μm（60 目） | +300μm | +150μm | +75μm | -75μm |
| | < 2% | (50±5) % | (40±5) % | < 10% |
| 150μm（100 目） | +150μm | +75μm | +45μm | -45μm |
| | < 2% | (40±5) % | (30±5) % | < 30% |
| 75μm（200 目） | +75μm | — | | |
| | < 2% | | | |
| 45μm（325 目） | +45μm | — | | |
| | < 2% | | | |

4. 鉴别结论

《干磨云母粉》(JC/T 595—1995）标准中规定“干磨云母粉是原生碎云母在不加水介质的情况下经机械破碎磨制而成的产品”。样品是由天然黑云母经过干磨和分选后的粗加工产物，是有意识加工的目标产物。依据《固体废物鉴别导则（试行)》，判断鉴别样品不属于固体废物，属于粗加工的黑云母粉。

# 参考文献

[1] 袁楚雄，田中凯，刘奇 . 云母及其深加工 [J] . 国外金属矿选矿，1996（04）: 25，42-45.
[2] 袁领群 . 云母原料的特性对湿法云母粉生产的影响 [J] . 中国非金属矿工业导刊，2002，27 (03) : 15-16.
[3]《非金属矿工业手册》编辑委员会 . 非金属矿工业手册 [M] . 北京：冶金工业出版社，1992.
[4] 干国梁，陈志雄 . 都庞岭花岗岩中黑云母成分特征及其意义 [J] . 湖南地质，1990，9（03）: 46-56.
[5] 刘道荣 . 鞍山地区中、上鞍山群变质沉积岩中黑云母化学成分及其意义 [J]. 辽宁地质，1990(03) : 238-247.
[6] 吕志成，段国正，董广华 . 大兴安岭中南段燕山期三类不同成矿花岗岩中黑云母的化学成分特征及其成岩成矿意义 [J] . 矿物学报，2003，23（02）: 177-183.
[7] 赵希林，毛建仁 . 闽西南地区燕山晚期花岗岩黑云母特征及成因意义 [J] . 资源调查与环境，2010，31（01）: 12-18.
[8] 吴照洋 . 云母资源概况及加工应用现状 [J] . 中国粉体技术，2007（13）: 179-182.
[9] 石大鑫，于桂莲 . 云母的加工技术 [J] . 矿产保护与利用，1991（01）: 28-35.
[10] 韩秀山 . 湿法云母粉的应用 [J] . 中国粉体工业，2007（02）: 12-17.

# 十八、烧结锰矿

## 1. 前言

2017 年 6 月，某海关委托中国环科院固体废物研究所对其查扣的一票“锰矿”货物样品进行固体废物属性鉴别，需要确定是否属于固体废物。

## 2. 样品特征及特性分析

① 样品为不规则黑褐色粉粒、颗粒和块状，为高温熔融下的瘤状物，可见许多气孔，断面可见反光晶粒，无明显磁性，样品外观状态见图 1。

图 1　样品外观状态

② 用 X 射线荧光光谱仪（XRF）对样品进行成分分析，结果见表 1；采用化学法单独测定样品中的铅含量< 0.04%。

表 1　样品干基的主要成分及含量（均以氧化物计）

| 成分 | MnO | $SiO_2$ | $Al_2O_3$ | $Fe_2O_3$ | $K_2O$ | BaO | CaO | $TiO_2$ |
|---|---|---|---|---|---|---|---|---|
| 含量 /% | 51.14 | 21.06 | 13.88 | 9.27 | 1.0 | 0.99 | 0.88 | 0.69 |
| 成分 | MgO | NiO | ZnO | $P_2O_5$ | $SO_3$ | PbO | CuO | $Co_3O_4$ |
| 含量 /% | 0.29 | 0.19 | 0.18 | 0.14 | 0.10 | 0.07 | 0.06 | 0.05 |

③ 采用光学显微镜、扫描电镜及 X 射线能谱仪等分析仪器，综合分析样品主要组成物质为 $Mn_3Al_2(SiO_4)_3$ 相和 $SiO_2$ 相，其次为 MnO 相和 $Mn_2SiO_4$ 相，另见少量的碳质，样品 X 射线衍射（XRD）分析结果见图 2，各主要物质的产出特征见图 3 ～图 5。

## 3. 样品物质属性鉴别分析

（1）样品不是天然锰矿和富锰渣

根据鉴别经验和样品理化特性信息，可排除样品为天然锰矿、富锰渣、锰矿冶炼弃渣。

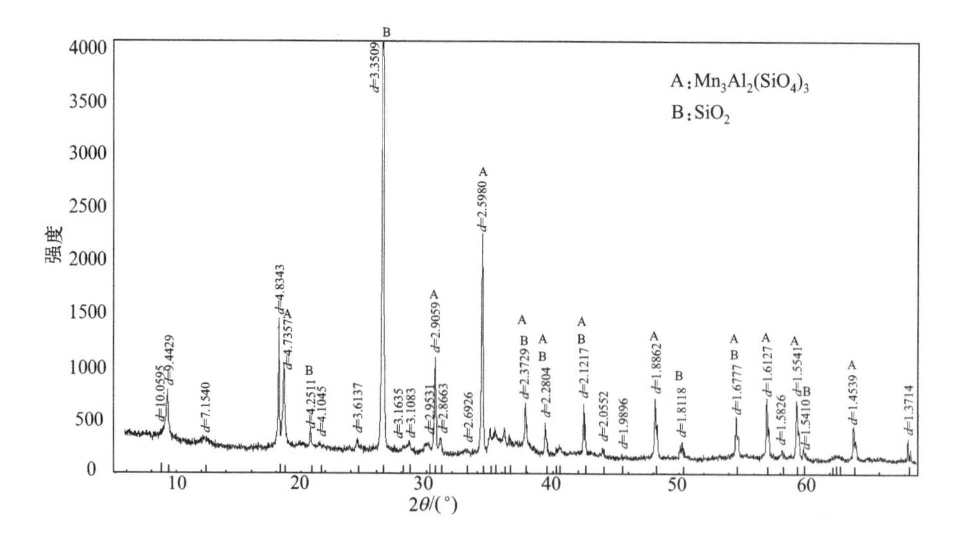


图2　样品X射线衍射谱图

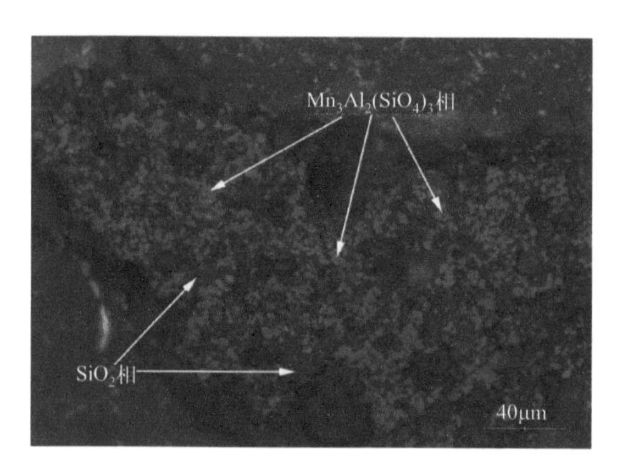


图3　反光镜下$Mn_3Al_2(SiO_4)_3$相呈微细粒嵌布于$SiO_2$相中

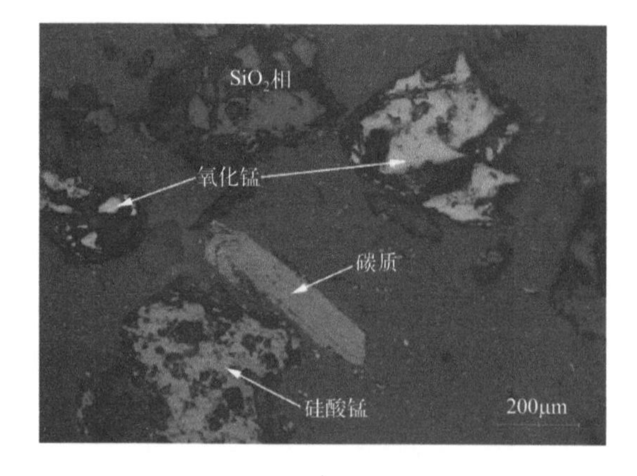


图4　反光镜下氧化锰相、硅酸锰相及碳质的产出特征

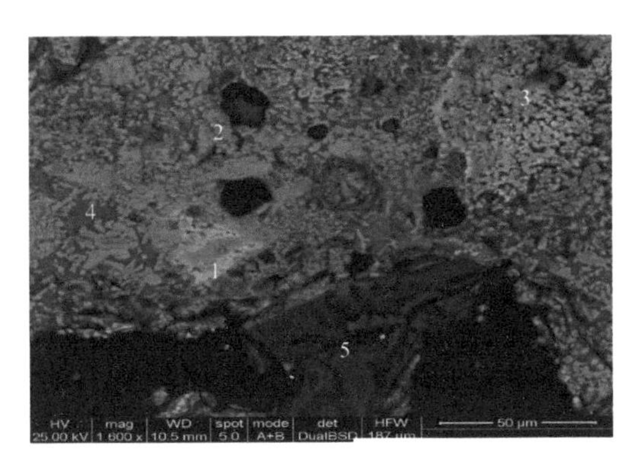


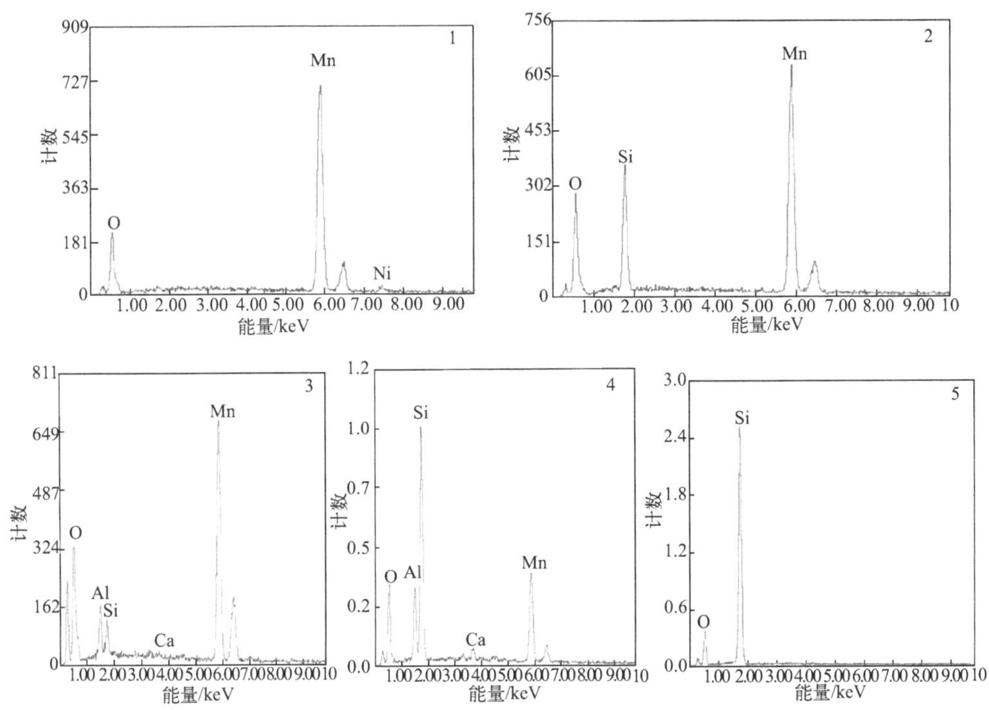


图 5　**背散射电子能谱**

（点 1：氧化锰相；点 2：硅酸锰相；点 3：氧化锰与 $Mn_3Al_2(SiO_4)_3$ 混相；点 4：$Mn_3Al_2(SiO_4)_3$ 相；点 5：$SiO_2$ 相）

（2）样品产生来源分析

我国锰矿 90% 左右是含锰＜ 30% 的贫矿，客观上要求发展粉锰矿造块，1956 年我国开始有块锰矿焙烧；20 世纪 60 年代开始出现锰矿粉造块，为土法烧结工艺，即平地吹——将矿粉堆在地面篦条上，然后点火鼓风烧结；70 年代发展烧结机造块（热矿、冷矿），氧化锰矿石烧损率一般为 10% ～ 16%，碳酸锰原矿烧损率为 23% ～ 30%，碳酸锰精矿则高达 29% ～ 34%，烧损率大则烧结孔隙多[1]。锰矿焙烧碳酸盐矿物受热分解，排出二氧化碳、结晶水和挥发物，使碳酸锰变成氧化物，通称焙烧矿；锰矿石受热后离解为 MnO、$Mn_3O_4$，它们在高温时极容易与 $SiO_2$ 作用，形成低熔点的锰硅酸盐[2]。

样品外观明显有烧结气孔和熔融特征，成分分析表明样品中的 MnO 含量达到 51% 左右，物相分析证明含有锰铝榴石［$Mn_3Al_2(SiO_4)_3$］、$Mn_2SiO_4$ 以及 MnO，均表明样品是锰矿烧结后的产物。

4. 鉴别结论

根据海关《进出口税则商品及品目注释》对“精矿”的解释为“适用于用专门方法部分或全部除去异物的矿砂。品目 26.01 ～ 26.17 的产品可经过包括物理、物理 - 化学或化学加工，只要这些工序在提炼金属上是正常的。除煅烧、焙烧或燃烧（不论是否烧结）引起的变化外，这类加工不得改变所要提炼金属的基本化合物的化学成分。物理或物理 - 化学加工包括破碎、磨碎、磁选、重力分离、浮选、筛选、分级、矿粉造块（例如，通过烧结或挤压等制成粒、球、砖、块状，不论是否加入少量黏合剂）、干燥、煅烧、焙烧以使矿砂氧化、还原或使矿砂磁化等（但不得使矿砂硫酸盐化或氯化等）”。样品的产生过程和特点符合海关对精矿商品的解释。综合判断鉴别样品是来自天然锰矿烧结之后的产物，为烧结锰矿，是有意识加工生产的产物，不属于固体废物。

# 参考文献

[1] 张惠宁，李希超，曾名贞 . 我国锰矿石造块的发展及工艺和合理选择［J］. 中国锰业，1999，9(01): 20-24.
[2] 长沙黑色金属矿山设计院 . 锰的生产［M］. 北京：冶金工业出版社，1974.

## 十九、富锰渣

1. 前言

2021 年 8 月，某企业委托中国环科院固体废物研究所对其一票“富集锰矿”货物样品进行固体废物属性鉴别，需要确定是否属于固体废物。

2. 样品特征及特性分析

① 样品为浅绿色块状物，样品破碎前后的状态见图 1 和图 2。

图 1　样品破碎前状态

图2　样品破碎后状态

② 采用X射线荧光光谱仪（XRF）对样品进行成分分析，结果见表1。

表1　样品干基的主要成分（除氯以外，其他元素均以氧化物计）

| 成分 | MnO | $SiO_2$ | $Al_2O_3$ | CaO | $Fe_2O_3$ | $K_2O$ | $SO_3$ | BaO | MgO |
|---|---|---|---|---|---|---|---|---|---|
| 含量/% | 44.6 | 26.1 | 17.4 | 3.89 | 1.50 | 1.78 | 1.24 | 1.11 | 0.793 |
| 成分 | $TiO_2$ | $P_2O_5$ | SrO | $ZrO_2$ | $Cr_2O_3$ | ZnO | PbO | CuO | Cl |
| 含量/% | 0.617 | 0.350 | 0.094 | 0.025 | 0.026 | 0.017 | 0.016 | 0.011 | 0.012 |

③ 采用化学法测定样品中锰的含量为39.51%；采用X射线衍射仪（XRD）对样品进行物相分析，主要含有$Mn_2SiO_4$（约83%）、$MnAl_2O_4$（约17%），X射线衍射谱图见图3。

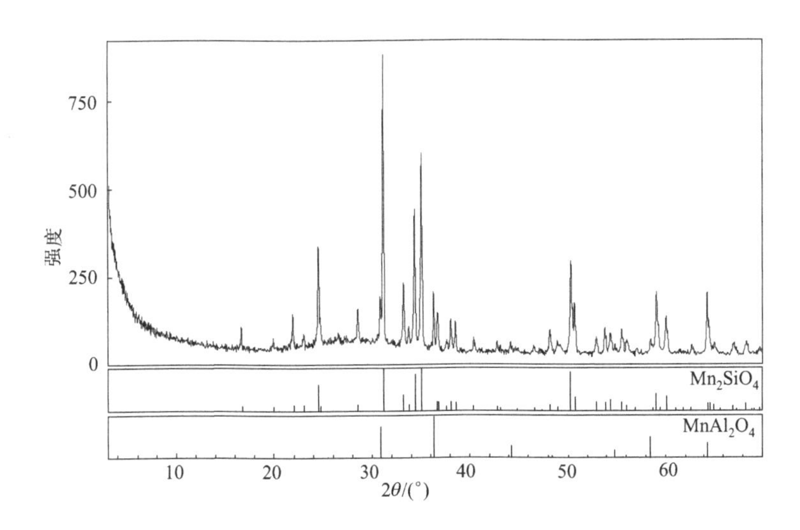


图3　样品的X射线衍射谱图

④ 采用光学显微镜、扫描电镜及X射线能谱仪等分析仪器，综合分析样品主要为锰铝硅酸盐相（非晶相）和硅酸锰相（$Mn_2SiO_4$），另有少量的铝酸锰相（$MnAl_2O_4$），

偶见金属铁和铁锰合金。其中硅酸锰相（$Mn_2SiO_4$）主要呈长条状和雏晶状分布于锰铝硅酸盐相中，并具有一定的定向排列特征；$MnAl_2O_4$ 相、金属铁及铁锰合金则常呈微细粒包裹于锰铝硅酸盐相和硅酸锰相中。该物料并非天然矿石。各主要物质的产出特征见图 4 ～图 7。

图 4　**铝酸锰相呈自形粒状包裹于硅酸锰相和锰铝硅酸盐相中**

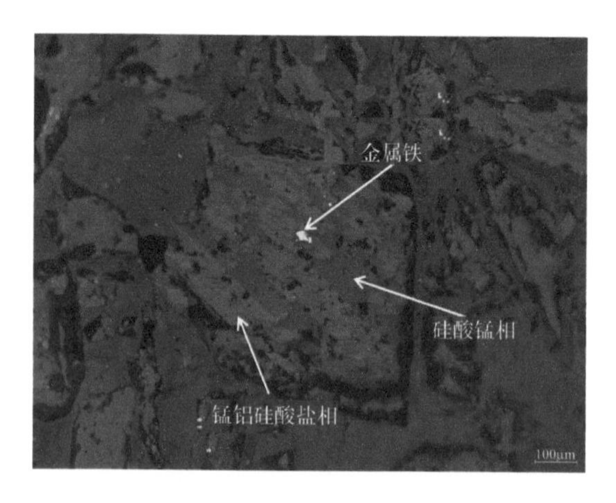


图 5　**金属铁呈微细粒包裹于硅酸锰相和锰铝硅酸盐相中**

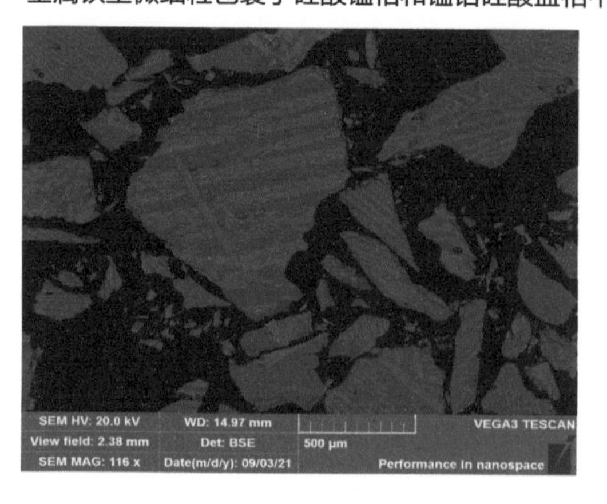

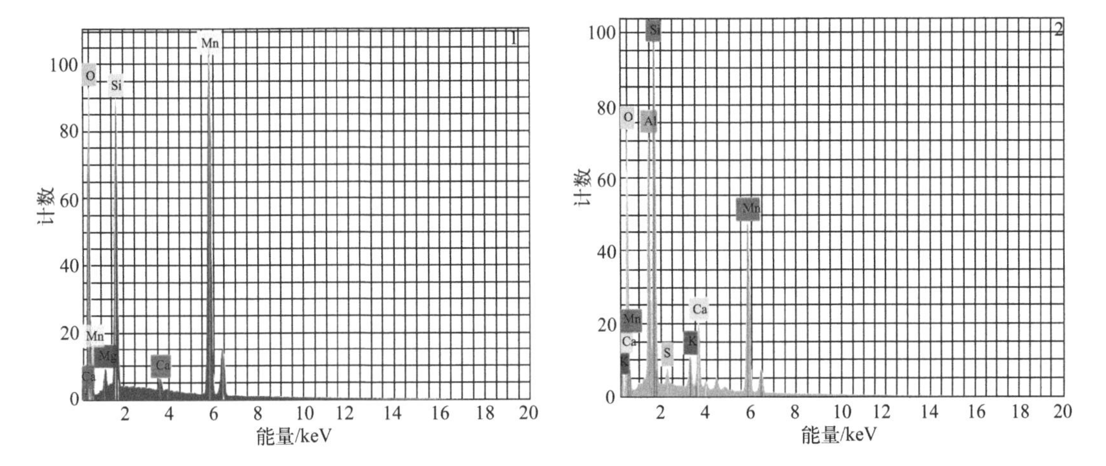


图 6　背散射电子能谱——硅酸锰相呈长条状分布于锰铝硅酸盐相中

（点 1：硅酸锰相；点 2：锰铝硅酸盐相）

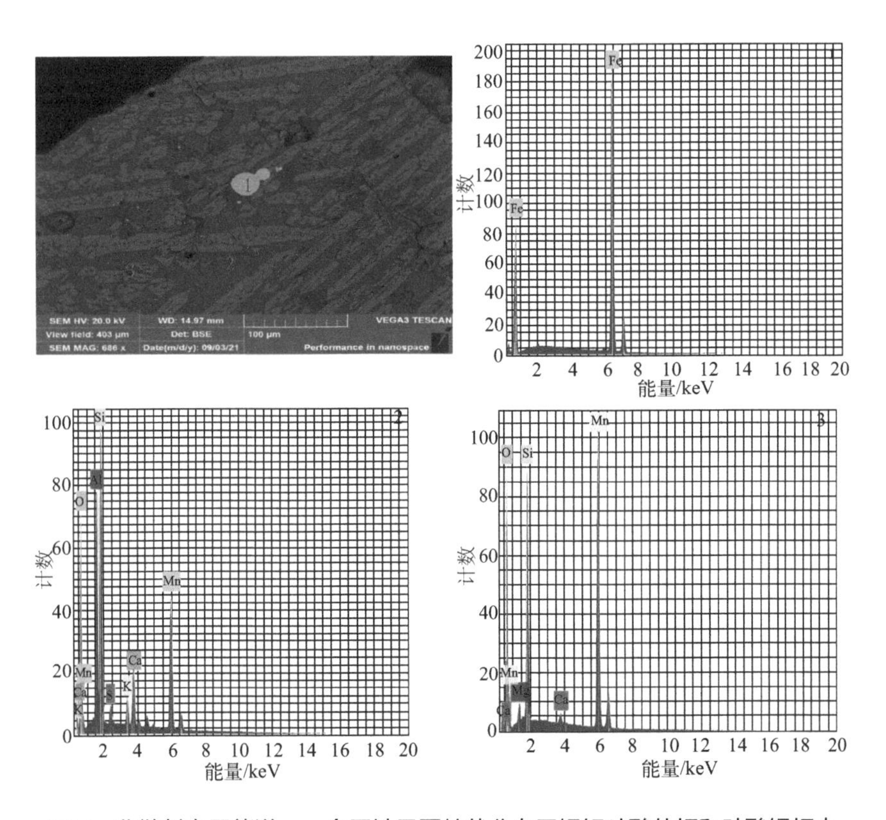


图 7　背散射电子能谱——金属铁呈圆粒状分布于锰铝硅酸盐相和硅酸锰相中

（点 1：金属铁；点 2：锰铝硅酸盐相；点 3：硅酸锰相）

## 3. 样品物质属性鉴别分析

（1）样品不是天然锰矿

自然界中可工业利用的锰矿绝大部分为锰的氧化物和碳酸盐化合物，重要矿物有软锰矿（$MnO_2$）、硬锰矿（$m$MnO · $MnO_2$ · $nH_2O$）、偏锰酸矿（$MnO_2$ · $nH_2O$）、水锰矿（$Mn_2O_3$ · $H_2O$）、褐锰矿（$Mn_2O_3$）、黑锰矿（$Mn_3O_4$）、菱锰矿（$MnCO_3$）、锰方解石［（Ca，Mn）$CO_3$］、菱锰铁矿［（Mn，Fe）$CO_3$］及钙菱锰矿［（Mn，Ca）$CO_3$］等。我国锰矿资源多而不富，居世界第四位，平均锰品位约为21%，其中富矿仅占全国总储量的6.43%，贫锰矿（含 Mn 25% ～ 28%）占 93.6%，矿石类型以碳酸锰矿为主，约占总储量的 73%，其次为铁锰矿和氧化锰矿[1]。软锰矿中杂质较多[2]，主要为 $Fe_2O_3$、$Al_2O_3$、CaO、MgO、$SiO_2$，主要成分见表 2。

**表 2　软锰矿主要成分**

| 成分 | $MnO_2$ | $Fe_2O_3$ | $Al_2O_3$ | CaO | MgO | $SiO_2$ |
|---|---|---|---|---|---|---|
| 含量 /% | 32.56 | 6.67 | 5.35 | 4.47 | 0.85 | 29.58 |

通过物相分析，样品主要为 $Mn_2SiO_4$ 相，另有少量的 $MnAl_2O_4$ 相，长条状 $Mn_2SiO_4$ 具有明显的雏晶结构，是冶炼过程快速结晶形成的，因此判断鉴别样品不是天然锰矿。

（2）样品产生来源分析

贫锰矿石火法处理多采用高炉富锰渣法，得到的富锰渣是主产品（中间产品），而生铁反而是副产品，富锰渣的 Mn/Fe 值达 32 ～ 110[3]。富锰渣法是处理高铁高磷难选贫锰矿石的一种分选方法，其实质是利用 Mn、P、Fe 的不同还原温度，在不同温度区间还原有价金属，从而实现选择性分离 Mn、Fe、P 的一种高温分选方法[4]。

富锰渣的生产工艺为先将锰矿合理进行配矿，焦炭和兰炭按比例作为还原剂和燃料，将所有原料通过上料小车装入高炉进行冶炼，同时从下部风口鼓入 1100 ～ 1300℃的热风，为焦炭和兰炭燃烧提供足够的热量，使矿石中的铁和磷被还原进入生铁，锰被还原为 MnO，与脉石中 $SiO_2$ 结合进入炉渣中，从而实现锰和铁的分离，获得富锰渣和生铁。高炉产生的荒煤气经过旋风除尘、重力除尘和布袋除尘三级净化后，获得净煤气，净煤气返回热风炉对冷风进行加热，为高炉提供热风，实现循环利用。冶炼好的富锰渣和生铁在炉前进行分离，富锰渣经过破碎至一定粒度得到合格富锰渣，生铁在铸铁机上铸块成形。工艺流程见图 8[4]。

我国冶金行业制定了《富锰渣》（YB/T 2406—2015）标准，成分含量如表 3 所列。

样品成分主要含有约 83% 的 $Mn_2SiO_4$、约 17% 的 $MnAl_2O_4$，样品中明显观察到长条状 $Mn_2SiO_4$ 相，是典型的冶炼结晶结构；样品中铁含量较低，与富锰渣工艺中锰、铁分离工艺相符合；样品中锰含量为 39.51%，Mn/Fe 值约为 37.63，S/Mn 值约为 0.013，符合《富锰渣》（YB/T 2406—2015）标准的要求。

对于品质较低的锰矿石，必须先通过初步冶炼将锰富集得到富锰渣，再通过精炼得到金属锰或锰合金，富锰渣是一种中间品产品。样品含量、外观以及物相均符合富锰渣的特征，且锰含量较高，是较为典型的富锰渣。

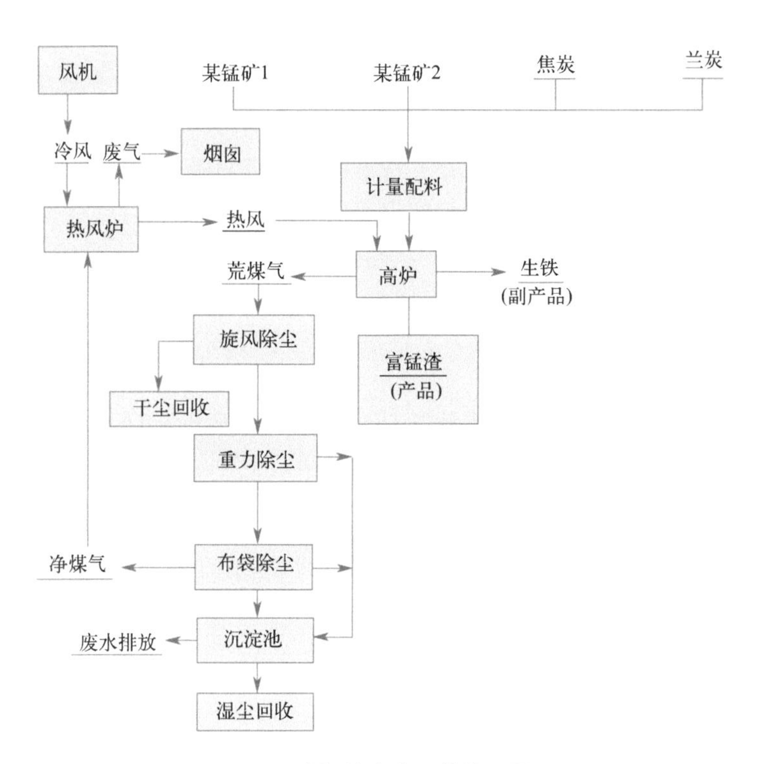


图 8　富锰渣生产工艺流程图

**表 3　富锰渣标准中成分含量要求**

<table>
<tr><th rowspan="4">牌号</th><th colspan="10">化学成分</th></tr>
<tr><th rowspan="3">Mn（质量分数）/%</th><th colspan="3">Mn/Fe</th><th colspan="3">P/Mn</th><th colspan="3">S/Mn</th></tr>
<tr><th>Ⅰ</th><th>Ⅱ</th><th>Ⅲ</th><th>Ⅰ</th><th>Ⅱ</th><th>Ⅲ</th><th>Ⅰ</th><th>Ⅱ</th><th>Ⅲ</th></tr>
<tr><th colspan="3">不小于</th><th colspan="6">不大于</th></tr>
<tr><td>FMnZh 41</td><td>≥ 40.0</td><td rowspan="3">35</td><td rowspan="3">25</td><td rowspan="3">10</td><td rowspan="7">0.0003</td><td rowspan="7">0.0015</td><td rowspan="7">0.003</td><td rowspan="7">0.010</td><td rowspan="7">0.030</td><td rowspan="7">0.080</td></tr>
<tr><td>FMnZh 38</td><td>36.0 ~ < 40.0</td></tr>
<tr><td>FMnZh 34</td><td>32.0 ~ < 36.0</td></tr>
<tr><td>FMnZh 30</td><td>28.0 ~ < 32.0</td><td rowspan="2">25</td><td rowspan="2">15</td><td rowspan="2">8</td></tr>
<tr><td>FMnZh 26</td><td>24.0 ~ < 28.0</td></tr>
<tr><td>FMnZh 22</td><td>20.0 ~ < 24.0</td><td rowspan="2">8</td><td rowspan="2">4</td><td rowspan="2">2</td></tr>
<tr><td>FMnZh 18</td><td>16.0 ~ < 20.0</td></tr>
</table>

4. 鉴别结论

鉴别样品是锰矿石经过冶炼产生的富锰渣，是有意识加工生产的产物，判断鉴别样品不属于固体废物。

由于《富锰渣》（YB/T 2406—2015）标准中并没有明确其是产品还是废物的属性问题，有必要引起行业的重视，通过主管部门加以明确和限定。

# 参考文献

[1] 崔益顺，唐荣，黄胜，等. 软锰矿制备硫酸锰的工艺现状［J］. 中国井矿盐，2010（02）：18-21.

[2] 仵恒，李水娥，胡亚林，等. 软锰矿中的杂质对烧结烟气脱硫的影响［J］. 湿法冶金，2015，34（02）：146-148.

[3] 长沙黑色金属矿山设计院. 锰的生产［M］. 北京：冶金工业出版社，1974.

[4] 吴晓丹，明宪权，黄冠汉，等. 利用低贫锰矿冶炼优质富锰渣的生产实践［J］. 中国锰业，2015，33（03）：34-36，39.

## 二十、高钛渣

1. 前言

2010 年 9 月，某海关委托中国环科院固体废物研究所对其查扣的一票“钛渣”货物样品进行固体废物属性鉴别，需要确定是否属于国家禁止进口的固体废物。

2. 样品特征及特性分析

① 样品呈黑色细粉状，颗粒和颜色基本均匀，无可见杂质，外观状态见图 1。测定样品含水率为 4%，样品干基 550℃灼烧后的烧失率为 2%。

图 1　样品外观状态

② 采用X射线荧光光谱仪（XRF）分析样品的成分，结果见表1。采用化学滴定法（YS/T 514.1—2009）测定样品干基中的$TiO_2$含量为78.9%。

**表1　样品主要成分及含量（除氯以外，其他元素均以氧化物计）**

| 成分 | $TiO_2$ | $Fe_2O_3$ | $SiO_2$ | MnO | $Al_2O_3$ | $SO_3$ | MgO | $Na_2O$ |
|---|---|---|---|---|---|---|---|---|
| 含量/% | 77.75 | 11.76 | 4.05 | 2.22 | 1.43 | 0.78 | 0.54 | 0.40 |
| 成分 | CaO | $Cr_2O_3$ | $ZrO_2$ | $Nb_2O_5$ | Cl | $K_2O$ | $Sc_2O_3$ | |
| 含量/% | 0.29 | 0.18 | 0.17 | 0.17 | 0.13 | 0.11 | 0.01 | |

③ 采用X射线衍射仪（XRD）分析样品的物相组成，主要为Ti、Fe、Mn的氧化物，$Ti_2O_5$（正交晶系），衍射谱图见图2。

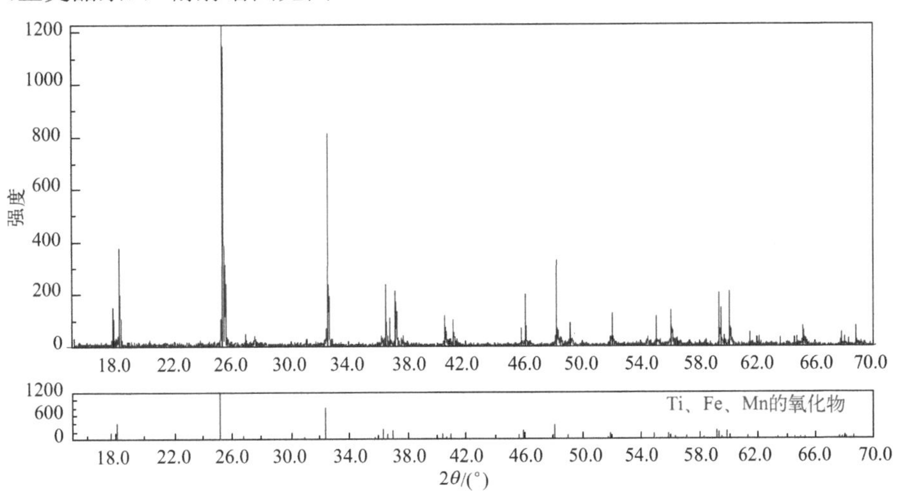


图2　样品X射线衍射谱图

④ 对样品进行能谱分析，显示样品主要含有Ti、显著量的Fe，以及其他少量组分，能谱图见图3。样品制备抛光片，显微镜下可见其为磨矿后的碎屑颗粒状，而且是经过高温煅烧的产物（渣相中出现熔珠），见图4。

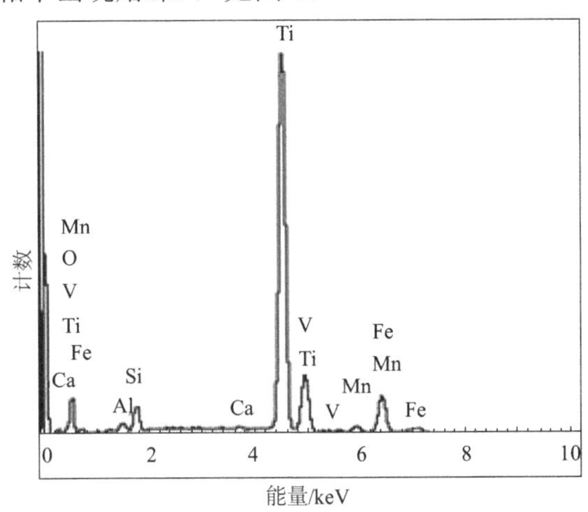


图3　样品能谱图

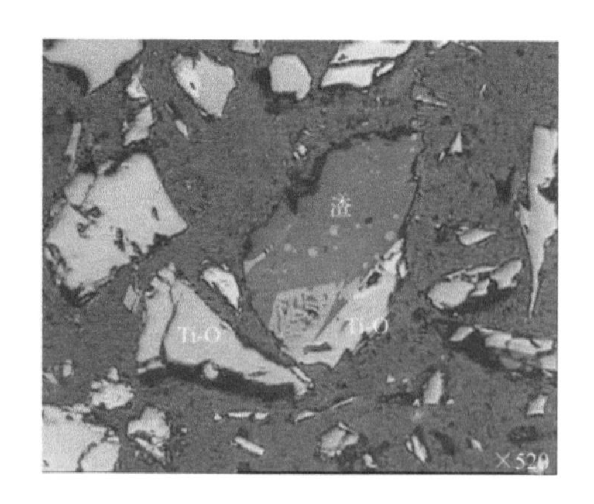


图 4　样品抛光面显微镜照片（渣相中有钛铁氧化物的熔珠）

### 3. 样品物质属性鉴别分析

（1）高钛渣简介

用于提取钛（Ti）的工业生产原料通常包括金红石、钛铁矿、红钛铁矿、钛磁铁矿等，国外钛矿约 92% 用于生产 $TiO_2$（钛白粉），8% 左右生产金属钛。钛铁精矿供生产人造金红石、钛铁合金和熔炼高钛渣等用，总体上，国内外钛铁精矿含 $TiO_2$ 45% ～ 58%、总 Fe（TFe）27% ～ 35%[1]。

用钛铁矿精矿熔炼高钛渣的目的是还原钛铁矿中的铁为金属铁，钛则富集于炉渣而与熔融铁分离，主要产品是高钛渣，副产物为生铁。高钛渣用作氯化法制 $TiCl_4$ 的原料，或硫酸（$H_2SO_4$）法生产钛白粉的原料，20 世纪 60 年代以来用于制造人造金红石。高钛渣生产的工艺流程见图 5。

高钛渣存在 3 个相：

① 黑钛石相，具有 $Ti_3O_5$ 型结构（斜方晶），为主要相；

② 塔基洛夫石固溶体相，具有 $Ti_2O_3$ 型结构（三角晶）；

③ 玻璃质相，嵌于上述两种固溶体之间。

表 2 为加拿大索雷尔钛渣的化学成分，表 3 为前苏联高钛渣熔炼的化学组成，表 4 为南非理查兹湾高钛渣的典型分析。

表 2　加拿大索雷尔钛渣的化学成分及含量

| 成分 | $TiO_2$ | FeO | $SiO_2$ | $Al_2O_3$ | CaO | MgO | MnO | $Cr_2O_3$ | $V_2O_5$ | 其他杂质 |
|---|---|---|---|---|---|---|---|---|---|---|
| 硫酸法用 /% | 70 ~ 72 | 12 ~ 15 | 3.5 ~ 5.0 | 4.0 ~ 6.0 | < 1.2 | 4.5 ~ 5.5 | 0.2 ~ 0.3 | < 0.25 | 0.5 ~ 0.6 | 少量 |
| 氯化法用 /% | 74 ~ 76 | 8 ~ 11 | 3.5 ~ 5.0 | 4.0 ~ 6.0 | < 1.2 | 4.5 ~ 5.5 | 0.2 ~ 0.3 | < 0.25 | 0.5 ~ 0.6 | 少量 |

表 3　前苏联高钛渣熔炼的化学成分及含量

| 成分 | $TiO_2$ | $SiO_2$ | $Al_2O_3$ | FeO | $Na_2O+K_2O$ | MnO | CaO | MgO | $V_2O_5$ |
|---|---|---|---|---|---|---|---|---|---|
| 含量 /% | 74.40 | 3.76 | 6.50 | 4.00 | 0.66 | 3.69 | 2.47 | 0.76 | 0.66 |

表 4　南非理查兹湾高钛渣的成分及含量

| 成分 | 总 Ti（$TiO_2$） | TFe | CaO | MnO | $Cr_2O_3$ | $V_2O_5$ | $SiO_2$ | $Al_2O_3$ | MgO | C | S |
|---|---|---|---|---|---|---|---|---|---|---|---|
| 含量 /% | 85.5 | 7 | 0.14 | 1.4 | 0.22 | 0.4 | 1.5 | 2.0 | 0.9 | 0.07 | 0.06 |

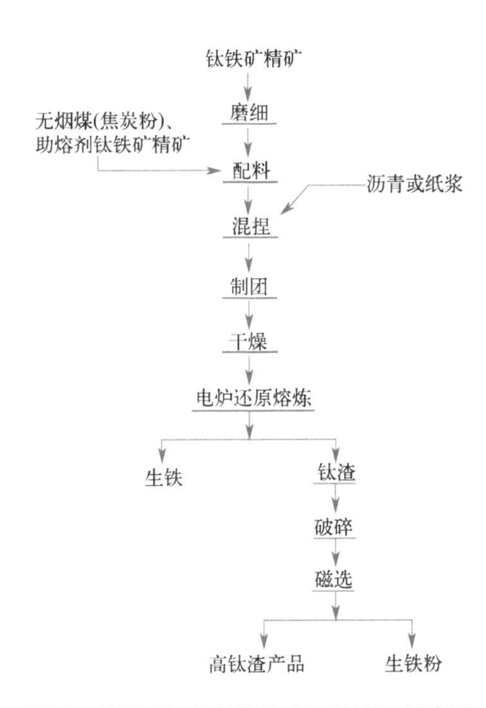


图 5　钛铁矿还原熔炼生产高钛渣工艺流程

总之，钛铁精矿还原熔炼的主要产品为高钛渣，同时相关专业著作上还明确其副产品为生铁。还表明国外高钛渣的成分具有相对性（即成分含量不固定），取决于生铁和磁性成分的多少，与工艺和设备条件有关。

（2）样品产生来源分析

样品的外观特征、成分组成、物相组成和电镜观察都表明样品为钛铁矿精矿生产的高钛渣。但由于样品中铁含量相对较高，导致 $TiO_2$ 的含量偏低，只有 78.88%，没有达到我国《高钛渣》（YS/T 298—2007）中四级品 $TiO_2$ 含量 80% 的要求。

### 4. 鉴别结论

样品为钛铁矿精矿还原熔炼生产的高钛渣，高钛渣是生产钛白粉（$TiO_2$）和 $TiCl_4$ 的重要原料，样品中 $TiO_2$ 的含量接近我国《高钛渣》（YS/T 298—2007）中四级品的要求，应该属于有意识生产的产物，是正常生产或使用链中的一部分，结合我国海关总署已将进口高钛渣归为38249090项下并实行零关税的鼓励进口商品的情况，在已有证据情况下，建议样品不作为固体废物管理，即判断鉴别样品不属于固体废物。

# 参考文献

[1]《有色金属提取冶金手册》编辑委员会. 有色金属提取冶金手册：稀有高熔点金属 [M]. 北京：冶金工业出版社，1999.

## 二十一、人造金红石

### 1. 前言

2018年4月，某海关委托中国环科院固体废物研究所对其查扣的一票“高钛渣”货物样品进行固体废物属性鉴别，需要确定是否属于固体废物。

### 2. 样品特征及特性分析

① 样品为红褐色细颗粒状，外观均匀无明显杂质，测定样品含水率为2.75%，干基样品550℃灼烧后样品增重0.1%，样品外观状态见图1。

图1 样品外观状态

② 采用X射线荧光光谱仪（XRF）分析样品成分，主要含有Ti、Si、Fe等元素，结果见表1。

表1 干基样品的主要成分（除氯元素外，其余元素均以氧化物计）

| 成分 | $TiO_2$ | $SiO_2$ | $Fe_2O_3$ | $Al_2O_3$ | MgO | CaO | Cl | $Cr_2O_3$ | MnO | $SO_3$ | $K_2O$ | $Nb_2O_5$ | ZnO |
|---|---|---|---|---|---|---|---|---|---|---|---|---|---|
| 含量/% | 90.18 | 5.28 | 2.34 | 0.83 | 0.76 | 0.18 | 0.15 | 0.11 | 0.06 | 0.05 | 0.03 | 0.02 | 0.01 |

③ 采用 X 射线衍射仪（XRD）分析样品的物相组成，主要有 $TiO_2$（金红石、锐钛矿）、$Fe_2TiO_5$、$SiO_2$，衍射谱图见图 2。

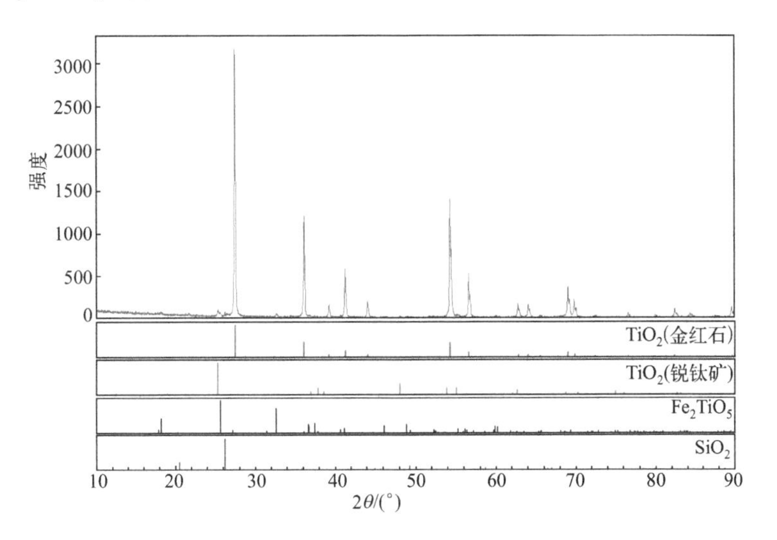


图 2　样品 X 射线衍射谱图

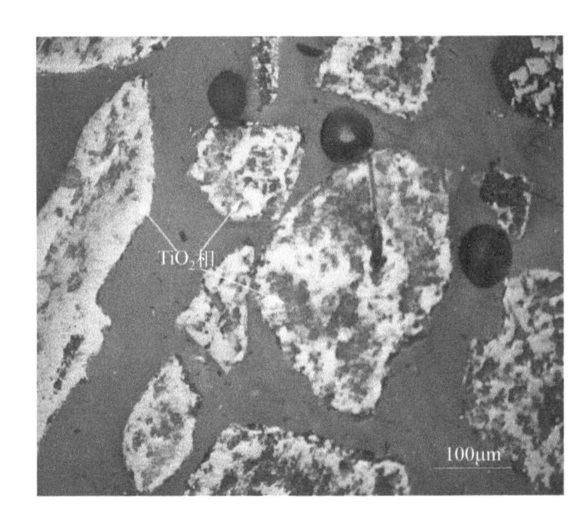


图 3　样品中的 $TiO_2$ 相

④ 采用 X 射线衍射仪（XRD）、扫描电镜及 X 射线能谱仪等分析仪器分析样品主要物相组成，主要为 $TiO_2$ 相，另有少量白云石、钙铝硅酸盐相和 $SiO_2$ 相等，结果见图 3 和图 4。

⑤ 采用激光粒度仪测定样品的粒度分布，结果显示样品 $D_{10}$：161.1μm；$D_{50}$：389.7μm；$D_{90}$：1014.2μm。样品粒度分布曲线见图 5。

### 3. 样品物质属性鉴别分析

(1) 样品不是高钛渣

用于提取钛的工业生产原料通常包括金红石、钛铁矿、红钛铁矿、钛磁铁矿等，国外钛矿约 92% 用于生产钛白粉（$TiO_2$），8% 左右生产金属钛。钛铁精矿供生产人造金红石、钛铁合金和熔炼高钛渣等用，总体上国内外钛铁精矿含 $TiO_2$ 45% ～ 58%、总 Fe 27% ～ 35% [1]。

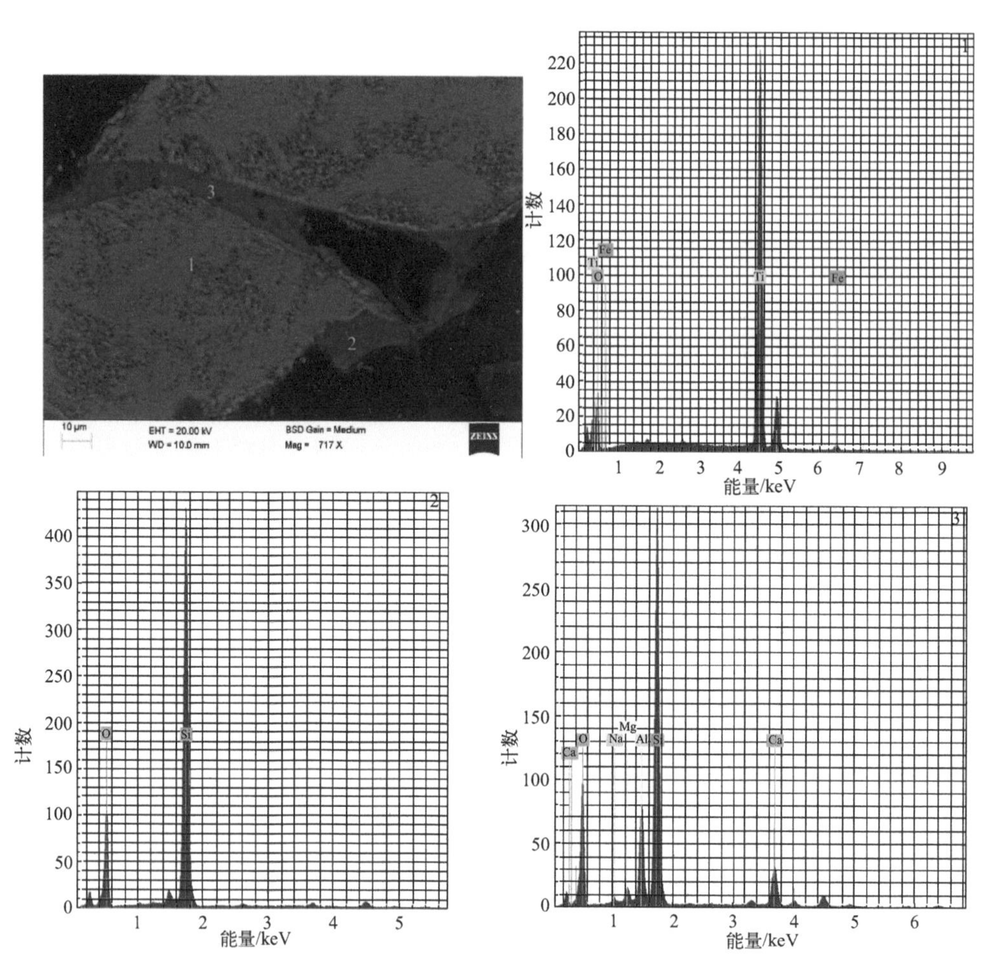


图 4　背散射电子能谱——样品中 $TiO_2$ 相、$SiO_2$ 相和钙铝硅酸盐相的产出特征

（点 1：$TiO_2$ 相；点 2：$SiO_2$ 相；点 3：钙铝硅酸盐相）

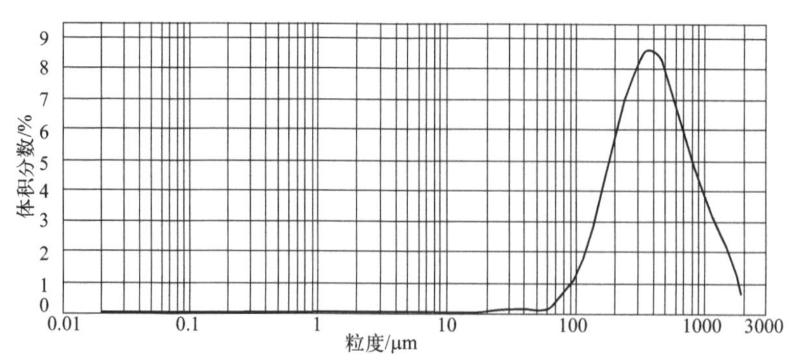


图 5　样品粒度分布曲线

用钛铁矿精矿熔炼高钛渣的目的是还原钛铁矿中的铁为金属铁，钛则富集于炉渣而与熔融铁分离，主要产品是高钛渣，副产生铁。高钛渣用作氯化法制 $TiCl_4$ 的原料，或硫酸法生产钛白粉的原料，20 世纪 60 年代以来用于制造人造金红石。高钛渣中存在 3 个相：

① 黑钛石相，具有 $Ti_3O_5$ 型结构（斜方晶），为主要相；

② 塔基洛夫石固溶体相，具有 $Ti_2O_3$ 型结构（三角晶）；

③ 玻璃质相，嵌于上述两种固溶体之间。

我国《高钛渣》（YS/T 298—2015）标准中要求高钛渣为黑色细颗粒状固体。

有关高钛渣的化学组成参见案例二十中的表 2、表 3 和表 4。

样品为红褐色细颗粒状，与高钛渣黑色细颗粒状固体外观特征不符；样品中 Ti 的主要物相组成为 $TiO_2$，与高钛渣物相组成为黑钛石（$Ti_3O_5$）、塔基洛夫石固溶体相（$Ti_2O_3$）、玻璃质相的特征不符。因此，判断鉴别样品不是钛铁矿精矿生产的高钛渣。

（2）样品产生来源分析

随着钛工业的飞速发展，人造金红石的需求呈日益增长的趋势。目前人造金红石生产方法主要有：还原锈蚀法、盐酸浸出法和硫酸浸出法。上述方法都是用钛铁矿作为原料。目前，用高钛渣代替钛铁矿生产人造金红石将成为一种趋势。

① 还原锈蚀法（Becher 法）是一种选择性除铁的方法，首先将钛铁矿中铁的氧化物经固相还原为金属铁，然后用电解质水溶液将钛铁矿中还原出的铁锈分离出去，使 $TiO_2$ 富集成人造金红石，整个过程包括氧化焙烧、还原、锈蚀、酸浸、过滤和干燥等主要工序。

② 盐酸浸出法是采用重油作为钛铁矿的还原剂，把三价铁还原，然后用盐酸将 Fe、Ca 和 Mg 等杂质浸出，从而与钛实现分离。经过滤、水洗，最后在 870℃煅烧成人造金红石。

③ $H_2SO_4$ 浸出法（石原法）是先用石油焦将 $Fe^{3+}$ 还原为 $Fe^{2+}$，然后利用硫酸法生产钛白粉排出浓度为 22% ～ 23% 的废酸进行加压浸出，使之溶解矿中的含 Fe 杂质，从而促使 $TiO_2$ 富集，整个工艺过程包括还原、加压浸出、过滤、洗涤和煅烧等工序[2]。

我国《人造金红石》（YS/T 299—2010）中对人造金红石的主要成分及杂质有明确要求，见表 2。

**表 2　人造金红石的化学成分**

| 牌号 | $TiO_2$，≥/% | 杂质，≤/% | | | | | |
|---|---|---|---|---|---|---|---|
| | | Fe | Mn | P | S | C | CaO+MgO |
| $TiO_2$-1 | 90.0 | 2.0 | 2.0 | 0.03 | 0.03 | 0.04 | 1.0 |
| $TiO_2$-2 | 87.0 | 3.0 | 3.0 | 0.04 | 0.04 | 0.05 | 2.0 |
| $TiO_2$-3 | 85.0 | 4.0 | 4.0 | 0.04 | 0.05 | 0.06 | 2.0 |
| $TiO_2$-4 | 82.0 | 5.0 | 5.0 | 0.05 | 0.06 | 0.06 | 2.5 |

样品外观为红褐色颗粒状；化学成分以钛元素为主，主要物相为金红石（$TiO_2$），

其中金红石（$TiO_2$）含量约90%、杂质铁元素含量约1.6%、锰元素含量约0.05%、硫元素约0.02%、CaO+MgO约0.94%，符合《人造金红石》（YS/T 299—2010）中牌号$TiO_2$-1的要求。

综上所述，根据样品的外观、成分、物相组成等特点，判断鉴别样品属于人造金红石。

#### 4. 鉴别结论

样品属于人造金红石，且满足《人造金红石》（YS/T 299—2010）中牌号$TiO_2$-1的要求，根据《固体废物鉴别标准 通则》（GB 34330—2017）的准则，判断鉴别样品不属于固体废物。

## 参考文献


[1]《有色金属提取冶金手册》编辑委员会. 有色金属提取冶金手册：稀有高熔点金属［M］. 北京：冶金工业出版社，1999.

[2] 汪云华. 人造金红石国内外研究现状及进展［J］. 材料导报，2012，26（增刊2）：338-341.


## 二十二、钕铁硼废料加工产物

#### 1. 前言

2005年11月，某公司委托中国环科院固体废物研究所对来自国外利用NdFeB废料加工而成的铁钕氧化物粉末样品的固体废物属性进行鉴别，需要确定是否属于固体废物。

#### 2. 样品特征及特性分析

① 样品为棕黑色粉末，粉末粒径很小，粉体疏松干燥，无异味，测定样品含水率为1.5%，挥发分为0%，外观状态见图1。

图1 样品外观状态

② 采用X射线荧光光谱仪（XRF）分析样品成分，结果见表1。另外，采用电感耦合等离子体原子发射光谱（ICP-AES）对样品中硼（B）元素含量进行分析，为0.86%。

表1 样品主要成分及含量（除氯以外，其他元素均以氧化物计）

| 组分 | $Fe_2O_3$ | $Nd_2O_3$ | $Pr_2O_3$ | $Co_2O_3$ | $Dy_2O$ | $Al_2O_3$ | $SiO_2$ | CuO | $SO_3$ | $TiO_2$ | $P_2O_5$ | CaO | Cl |
|---|---|---|---|---|---|---|---|---|---|---|---|---|---|
| 含量/% | 58.08 | 33.82 | 5.17 | 1.37 | 0.75 | 0.24 | 0.21 | 0.16 | 0.08 | 0.04 | 0.03 | 0.03 | 0.02 |

③ 对样品与国内正常钕铁硼（NdFeB）产品进行物相分析（XRD），对比结果见表2。

表2 样品与NdFeB产品物相组成对比

| 对比物 | 样品 | 国内某企业正常NdFeB粉末产品 |
|---|---|---|
| 物相组成 | $Fe_2O_3$、$NdFeO_3$，少量$B_2O_3$、$Fe_3O_4$ | $Nd_2Fe_{14}B$及少量氧化物 |

3. 样品物质属性鉴别分析

（1）钕铁硼（NdFeB）废料的产生和处理过程

样品中含58.08% $Fe_2O_3$、33.82% $Nd_2O_3$、5.17% $Pr_6O_{11}$、1.37% $Co_2O_3$、0.75% $Dy_2O_3$，通过咨询专家，NdFeB磁性材料的成分配比大致为$Fe_2O_3$占65%～69%，Nd、Pr、Dy等稀土成分氧化物大约占30%，B约占1%。样品组成与NdFeB磁性材料的组成较为相似。

NdFeB磁性材料生产中产生许多边角余料、残次品和切磨废料，生产流程如图2所示。

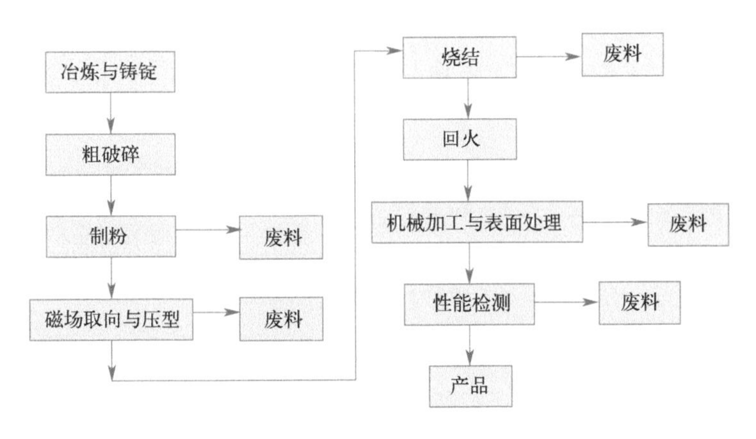


图2 NdFeB磁性材料的生产流程

① 制粉过程。为了获得良好取向的磁体，要求磁粉的粒径小并且分布窄，为了满足这样的要求，工厂采用气流磨制粉，制粉的同时进行分级，分级后粒径大于要求的颗

粒返回气流磨进行处理，直至合乎要求。粒径小于要求的颗粒被分级出来，不能使用。

② 磁场取向和压型。磁场取向与压型在一个步骤中完成，压型的目的是按照客户需求将粉末压制成一定形状与尺寸的压坯，保持在磁场取向中获得的晶体取向度。压型方法有多种，基本原理都是模压，在压坯从模具中脱模的过程中，由于脱模不完全会产生一些缺角、开裂等形状有严重缺陷的残次品。

③ 烧结过程。烧结过程使压坯发生一系列的物理化学变化。首先是粉末颗粒表面吸附气体（如水汽）的排出，有机物（有的企业生产过程中添加的抗氧化剂）的蒸发与挥发，应力消除，粉末颗粒表面氧化物的还原，变形颗粒的恢复和再结晶。在这个过程中，容易产生因内应力消除不完全造成的开裂等形状有缺陷的残次品，也会产生磁性不合格的残次品。

④ 机械加工过程中的切割和打磨也会产生一部分碎屑。

（2）样品产生来源分析

NdFeB 材料生产中通常产生占原料 30% 以上的废料，由于废料中含有较高的稀土金属，国内外非常重视对这部分废料的回收利用，而在国外尤其是 NdFeB 的主要产地日本，没有可以进行稀土分离提取的工厂，仅靠废料难以维持稀土分离厂的正常原料供给，因此，回收处理后再出口我国。根据鉴别经验，这类废料形态上各异。

表 3 是一些国外 NdFeB 废料样品的简单特征描述。

**表 3　国外 NdFeB 废料的特征**

| 样品 | 含水率 /% | 挥发分 /% | $Nd_2O_3$/% | 特征 |
| --- | --- | --- | --- | --- |
| 1号 | 22.97 | 0 | 18.07 | 褐色团状物质，有一定的湿度，团状不规则有大有小，掰开大块物质中混有不均匀的黑色物质，有氨气异味 |
| 2号 | 33.88 | 2.30 | 63.78 | 灰色泥状物质，有渗出水，混有不规则小颗粒物质，有较浓的腐臭异味 |
| 3号 | 37.14 | 5.70 | 18.18 | 黑色泥状物质，混有大小不同的块状、颗粒不规则物质，有渗出水，有轻微的氨气异味 |
| 4号 | 33.30 | 0 | 19.16 | 黑色泥状物质，有渗出水，混有少量硬质的不规则小颗粒，有较浓的异味 |
| 5号 | 36.40 | 0.26 | 24.56 | 红褐色泥状物质，含有明显的水分，混有少量硬质的不规则小颗粒，有明显的氨气异味 |
| 6号 | 28.80 | 0 | 25.56 | 黑色泥状物质，混有少量大块状的不规则物质，有明显的氨气异味 |
| 7号 | 42.95 | 3.90 | 9.20 | 黑色泥状物质，有渗出水，混有少量硬质的不规则小颗粒，有异味 |
| 8号 | 0.04 | 0 | 21.96 | 黑色粉末状物质，混有大小不一并且不规则的物质 |

将表 1 样品成分与表 3 以往废料样品进行对比，有以下特点：

① 样品中稀土钕的含量普遍高于表 3（2 号样品除外）的废料，说明样品来源比较好，杂质少；

② 样品的含水率非常低，与表 3 大多数废料样品形成明显的反差，含水率高说明 NdFeB 废料因具有较高的活性需要浸泡在液体中，含水率低说明样品经过了高温焙烧处理，可使物料形成稳定的氧化物；

③ 样品组分结构呈氧化物状态，说明样品是经过高温烧结处理后的产物；

④ 样品形态上为均匀的粉末，颜色基本均匀，没有异味，说明经过了初步加工处理，如碾磨、焙烧等。

NdFeB 废料加工处理流程示意见图 3。

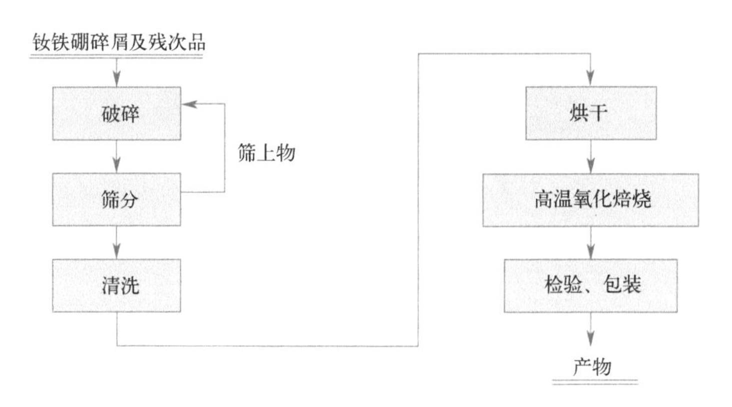


图 3 NdFeB 废料加工处理流程示意图

① 破碎：将 NdFeB 碎屑和残次品加工成粉末。

② 筛分：将粉末经过筛选，得到所需粒径的粉末，大于规定粒径部分的粉末返回破碎过程继续处理。

③ 清洗：将经破碎筛分得到的粉末用弱酸、水清洗，去除杂质。

④ 烘干：去除水洗带入的水分。

⑤ 焙烧：将以上处理过的粉末在 600 ～ 800℃温度下于空气中焙烧 2 ～ 4h，去除有机物，同时将 NdFeB 合金粉末氧化成氧化物，得到最终产物。

总之，判断鉴别样品是回收 NdFeB 废料经粉碎、筛分、清洗、焙烧处理后的产物。

### 4. 鉴别结论

样品已经改变了 NdFeB 废料的物质结构，有价物质得到了一定程度的均化和富集，也有产品质量检验证据和正规包装，因此样品属于有意识加工的产物，样品中有害组分含量很低，依据《固体废物鉴别导则（试行）》的原则，判断鉴别样品不属于固体废物，是由 NdFeB 废料经过粗加工后的产物。

## 二十三、钴钨湿法冶金富集产物

### 1. 前言

2014 年 10 月，某海关委托中国环科院固体废物研究所对其查扣的一票“钴湿法冶炼中间品”货物样品进行固体废物属性鉴别，需要确定是否属于禁止进口的固体废物。

## 2. 样品特征及特性分析

① 样品为湿润细腻的黄褐色泥状物，无可见杂质，测定样品 pH 值在 9 左右，含水率为 44.1%，550℃灼烧后烧失率为 15.5%，灼烧后样品呈黑色，样品外观状态见图 1。

图 1 样品外观状态

② 采用 X 射线荧光光谱仪（XRF）分析样品成分，主要含有 Co、W、Fe、Bi、Na、Si、Mo 以及少量其他成分，结果见表 1。采用化学滴定法单独测定样品中钴含量为 18.23%。

**表 1 干基样品的主要成分（除氯元素外，其他元素均以氧化物计）**

| 成分 | $Co_3O_4$ | $WO_3$ | $Fe_2O_3$ | $Bi_2O_3$ | $Na_2O$ | $SiO_2$ | $MoO_3$ | CaO | $SO_3$ |
|---|---|---|---|---|---|---|---|---|---|
| 含量 /% | 34.74 | 19.35 | 16.66 | 10.67 | 6.14 | 5.95 | 4.72 | 0.85 | 0.23 |
| 成分 | MgO | $Al_2O_3$ | $P_2O_5$ | $Cr_2O_3$ | $As_2O_3$ | NiO | $K_2O$ | Cl | |
| 含量 /% | 0.18 | 0.17 | 0.08 | 0.08 | 0.06 | 0.05 | 0.04 | 0.02 | |

③ 采用 X 射线衍射仪（XRD）分析样品的物相组成，主要为 $WO_3$、$Bi_2O_3 \cdot 2.5WO_3$、$Na_2WO_3$、$Na_2WO_4$、$Na_2MoO_4$、$SiO_2$、$Mo_9O_{26}$、$FeWO_4$、$CoWO_4$、$CoMoO_4$、CoO、$CoCO_3$ 等。样品衍射谱图见图 2。

④ 能谱分析显示样品成分复杂，主要由 W、Co、Fe、Bi 组成，亦见少量 Mo、Na，见图 3；样品水洗后固体物的能谱图显示 Mo、Na 溶出，主要由 W、Co、Fe、Bi 组成，见图 4。

⑤ 对样品磨制的抛光片进行显微镜观察，可见每个“团粒”均由许多细粒无定形物质组成，很像化学处理的渣粒，显微镜照片见图 5 和图 6。

## 3. 样品物质属性鉴别分析

（1）样品不是浸出渣、净化渣、污泥

样品主要含 Co、W、Bi、Mo、Fe，以及少量的 Na、Si、As、Cr、Ni，其他有害

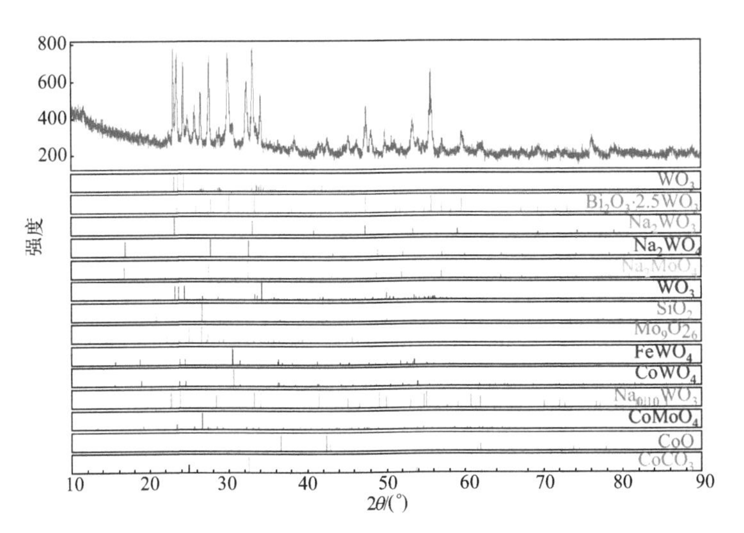


图 2　样品 X 射线衍射谱图

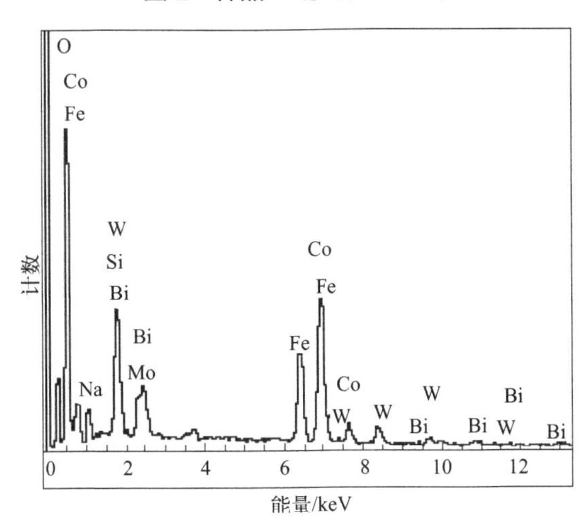


图 3　样品能谱图

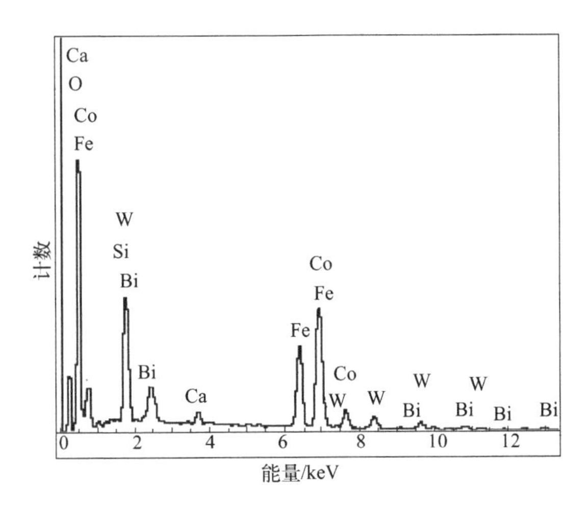


图 4　样品水洗后的固体物能谱图

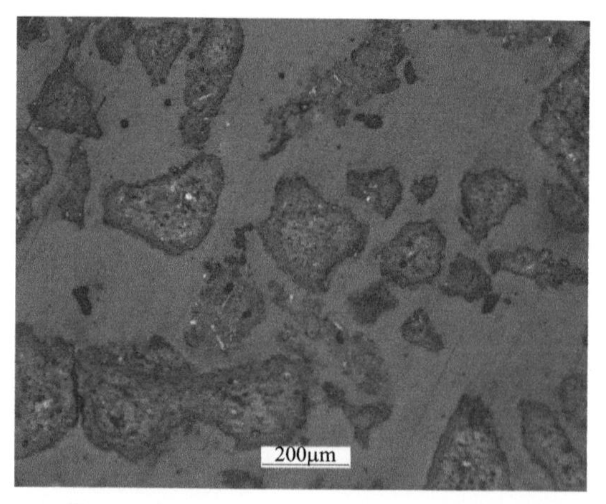


图 5　抛光片反光镜下照片——由无定形的物质组成的团粒

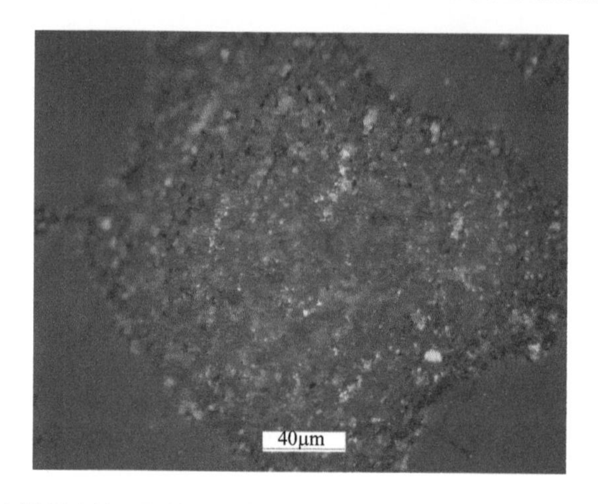


图 6　抛光片反光镜下照片——高倍强光下显示团粒由多种极细粒物质组成

元素及其含量很低，样品呈碱性并且含水率较高，矿物鉴定表明样品主要成分是氧化物及其盐。通过查找相关冶金书籍、文献资料和咨询专家，可以直接排除样品不是Co、W、Bi、Mo的原矿、精矿产品、金属产品、金属氧化物产品以及化工产品，也可直接排除样品不是这些主要金属矿物火法冶金的炉渣和烟尘。同时，由于样品干基中Co、W、Bi、Mo四种有价金属元素的含量（氧化物计）达到了约70%，其中钴含量达到了《钴精矿》（YS/T 301—2007）中硫化钴精矿二级品Co ≥ 15%、氧化钴精矿一级品Co ≥ 10%、混合钴精矿一级品Co ≥ 15%的要求，没有充分证据证明样品是湿法冶金过程中提取某些有价金属组分之后的浸出渣、净化渣、污泥。

（2）样品产生来源分析

含钴物料来源：

① 钴矿（如硫化矿、氧化矿、混合矿）；

② 钴合金（如$Co_{55}Cr_{28}W_{15}C_{2.5}$“司太立”耐磨合金、钴稀土永磁合金、CrFeCo系“铬门杜”合金、$Fe_{53}Ni_{29}Co_{17}Mn_{0.2}$低膨胀系数合金）；

③ 含钴化工品（钴氧化物、钴盐、催化剂、颜料、干燥剂、涂料等）；

④ 有色金属冶炼产生的含钴废渣、污泥等。

钴的冶炼和提取技术非常多且复杂，其中包括硫酸化焙烧、浸出、碱法沉淀分离等。

钨的应用很广泛，大致分为：

① 用于切削、耐磨、焊接和喷涂方面的碳化物，如 WC 钻头、铲刀等；

② 用于电气和电子工业，如钨灯丝、高温电阻炉的加热元件等；

③ 用于高速钢、工具钢、模具钢、高温高强度合金和各种有色金属合金、军事上制作穿甲弹等；

④ 用于各种化工制品，如纺织染料、油漆颜料、陶瓷釉料、调色剂、玻璃着色剂、荧光材料、催化剂、缓蚀剂和防火剂等。

钨的冶炼、提取工艺技术同样复杂多样，包括酸解 - 氨溶工艺、碱压煮 - 萃取工艺、碱压煮 - 离子交换工艺等。生产钨丝（钨钼丝）和钨基合金产生含钨废料、废粉，用酸溶后再用氧化灼烧和 $Na_2CO_3$ 沉淀法可分离钴和钨，生产 CoO、WO，酸溶后生成的钼沉淀物用氨溶法可得到钼酸铵。

铋及其化合物用于制造低熔点合金，制作电器保险器、自动装置信号器材、焊锡、合金模具等，在钢中加入微量铋可改善钢的加工性能等，在医药和化工上也有很多用途。铋的矿物大都与 W、Mo、Pb、Sn、Cu 等金属矿物共生，很少形成有单独开采价值的矿床，所以需要在其他主金属选矿过程中分离出铋精矿。在铋的冶炼提取技术中无论是硫化精矿、多金属混合精矿都采用加入纯碱、铁屑、煤粉、萤石等添加剂进行碱法沉淀熔炼。

钼是一种熔点高达 2650℃的难熔金属，由于钼矿石含钼品位很低，所以含钼矿石都需要经过选矿。钼精矿焙烧后用 $NH_4OH$ 浸出是典型工艺流程。

从上述 Co、W、Bi、Mo 的来源及冶炼及提取概述看出，这几种物质都可采用碱法分离技术进行提取和富集，其物质来源和生产产品之间有着一定的联系，如钨钴合金、钨钼合金、钨钼铋共生矿、钨钴共生矿、钴钼催化剂等。从鉴别人员掌握知识的角度，很难准确判断鉴别样品的产生来源，判断是含 Co、W、Bi、Mo 金属物料（不排除矿物、回收合金粉末、烟尘）碱法处理后的富集产物。

### 4. 鉴别结论

前面判断鉴别样品是来自含 Co、W、Bi、Mo 金属物料碱法处理后的富集产物。由于 Co、W、Bi、Mo 有价元素含量高，远高于各自原矿的品位（我国钴原矿平均品位为 0.02%，我国钨矿 $WO_3$ 含量在 0.5% 以下的占 90%，我国钨铋钼矿中铋的含量仅为 0.16%，世界硫化钼矿高品位的在 1% 左右），钴的含量高于精矿的品位（硫化钴精矿二级品 Co ≥ 15%、氧化钴精矿一级品 Co ≥ 10%、混合钴精矿一级品 Co ≥ 15%），且 As、Cr、Ni 有害元素含量很低，S、P、Si、Al、Ca、Mg 等渣相组分含量低，因而样品是替代 Co、W、Bi、Mo 这几种元素矿物的较好物料，有利于进一步分离提取金属及其化合物，而且钴是全球性战略金属资源，综合判断鉴别样品不属于固体废物。

## 二十四、粗氢氧化钴

### 1. 前言

2021年7月，某化工研究所委托中国环科院固体废物研究所对其一票“粗氢氧化钴”样品进行固体废物属性鉴别，需要确定是否属于固体废物。

### 2. 样品特征及特性分析

① 样品整体为潮湿的黄褐色团块状，颜色较均匀，测定样品含水率为44.4%，550℃灼烧后的烧失率为15.6%，样品外观状态见图1。

图1 样品外观状态

② 采用X射线荧光光谱仪（XRF）分析样品成分，主要含有Co、S、Mg、Na、Al等元素，结果见表1。

表1 样品主要成分及含量（除氮和氯元素以外，其他元素均以氧化物计）

| 成分 | $Co_2O_3$ | $SO_3$ | MgO | $Na_2O$ | $CO_2$ | $Al_2O_3$ | CuO | $Fe_2O_3$ | NiO |
|---|---|---|---|---|---|---|---|---|---|
| 样品/% | 63.4 | 21.7 | 5.27 | 3.40 | 2.37 | 1.16 | 0.67 | 0.62 | 0.32 |
| 成分 | $P_2O_5$ | CaO | N | $SiO_2$ | MnO | Cl | $TiO_2$ | $K_2O$ | ZnO |
| 样品/% | 0.31 | 0.25 | 0.23 | 0.12 | 0.07 | 0.03 | 0.02 | 0.01 | 0.01 |

③ 按照《粗氢氧化钴化学分析方法 第1部分：钴量的测定 电位滴定法》（YS/T 1157.1—2016）分析样品中钴的含量为37.86%。

④ 采用电感耦合等离子体发射光谱仪，参照《粗氢氧化钴化学分析方法 第2部分：镍、铜、铁、锰、锌、铅、砷和镉量的测定 电感耦合等离子体原子发射光谱法》（YS/T 1157.2—2016）、《粗氢氧化钴化学分析方法 第3部分：钙量和镁量的测定 火焰原子吸收光谱法和电感耦合等离子体原子发射光谱法》（YS/T 1157.3—2016），测试样品中的Fe、Mn、Ca、Mg的含量，测试结果含Fe 0.215%、Mn 0.023%、Ca 0.043%、Mg 1.92%。

⑤ 采用X射线衍射仪（XRD）分析样品的物相组成，明显有非晶质存在，如Co（OH）$_2$胶体，还显示有［$Mg_7AlFe(OH)_{18}$］［$Ca(H_2O)_6(SO_4)_2(H_2O)_6$］（水铝镁钙石）。样品X射线衍射谱图见图2。

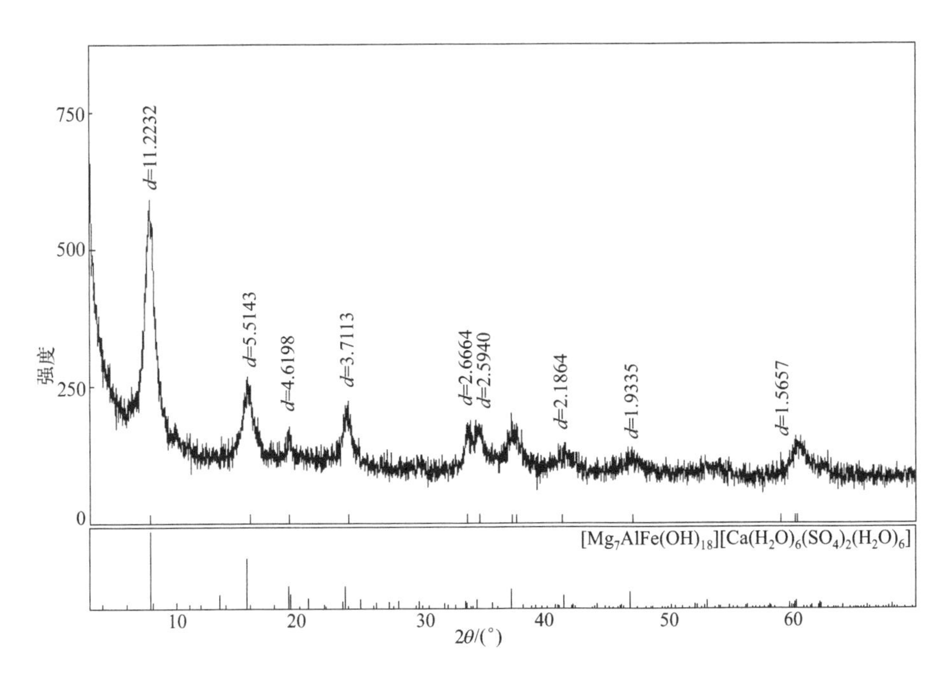


图2 样品X射线衍射谱图

### 3. 样品物质属性鉴别分析

（1）新能源电池废料的处理简介

随着新能源产业的发展，锂电池以高比容量、长寿命等优点被广泛应用于移动通信设备、移动电源、储能、电动交通工具等行业，锂离子电池报废量呈逐年递增趋势[1]。锂离子电池根据正极材料的不同可分为钴酸锂一元电池（$LiCoO_2$）、磷酸铁锂二元电池（$LiFePO_4$）和镍钴锰三元电池（$LiMn_xNi_yCo_{1-x-y}O_2$），各类锂离子电池中主要金属所占百分比见表2[2]。

从退役三元锂离子电池电极材料中回收钴、镍、锰有价成分的研究较多，回收方法可以分为湿法和干法（火法）[3]。湿法回收流程见图3[4]，主要步骤如下：

① 电池的前处理，对退役的三元电池进行物理放电和拆解；

② 活性材料的预处理，电极活性材料与集流体分离；

③ 有价金属的浸取处理，采用合适的浸取溶剂，使活性材料中的有价活性金属以离子形式进入溶液；

④ 有价金属的分离提取处理或再合成三元材料，对浸取的有价金属进行分离提纯，或者以含有价金属浸取液作为合成三元前驱体的原料液，再合成三元材料。

从浸取液中实现有价金属的分离提取，目前主要有萃取法和沉淀法。其中沉淀法是向浸取液中加入合适的沉淀剂，使金属离子和沉淀剂形成难溶化合物，从而实现金属的分离，常用沉淀剂有 NaOH、$(NH_4)_2C_2O_4$、$H_2C_2O_4$、$Na_2CO_3$ 等。图 4 为退役三元电池中 Li、Ni、Co 和 Mn 沉淀分离回收流程图[4]。

**表 2　各类锂离子电池中主要金属所占百分比（%）**

| 锂电池 | | Co | Li | Ni | Mn |
|---|---|---|---|---|---|
| 钴酸锂 | $LiCoO_2$ | 15.3 | 1.8 | — | — |
| 镍钴锰酸锂 | $LiNi_{1/3}Co_{1/3}Mn_{1/3}O_2$ | 6.6 | 2.4 | 6.7 | 6.2 |
| | $LiNi_{0.5}Co_{0.2}Mn_{0.3}O_2$ | 5 | 1.2 | 12 | 7 |
| 锰酸锂 | $LiMn_2O_4$ | — | 1.4 | — | 10.7 |

我国有色金属行业《粗氢氧化钴》（YS/T 1152—2016）标准中规定了粗氢氧化钴的化学成分及含量要求，见表 3。标准还规定一级品、二级品粗氢氧化钴中水分含量≤ 30%。

**表 3　粗氢氧化钴的化学成分及含量**

| 品级 | | | 一级品 | 二级品 | 三级品 |
|---|---|---|---|---|---|
| 化学成分（质量分数）/% | Co，≥ | | 30 | 25 | 20 |
| | 杂质含量，≤ | Fe | 1 | 3 | — |
| | | Mn | 4 | 6 | — |
| | | Ca | 0.5 | 2 | — |
| | | Mg | 3 | 6 | — |

（2）样品产生来源分析

样品中主要含有 Co、S、Mg、Na、Al 等元素，还含有少量的 Cu、Fe、Ni、P、Mn 等元素，判断鉴别样品可能来源于锂电池材料的回收过程。样品中主要物相组成为结晶不好的 $Co(OH)_2$ 胶体，以及少量的 $[Mg_7AlFe(OH)_{18}][Ca(H_2O)_6(SO_4)_2(H_2O)_6]$（水铝镁钙石），判断鉴别样品来自从浸取液中分离有价金属的过程，通过调整浸取液的 pH 值等方式，选用 NaOH 为沉淀剂，得到 $Co(OH)_2$ 沉淀，由于其中杂质成分依然较多，表明仅是初步分离提取的过程产物。

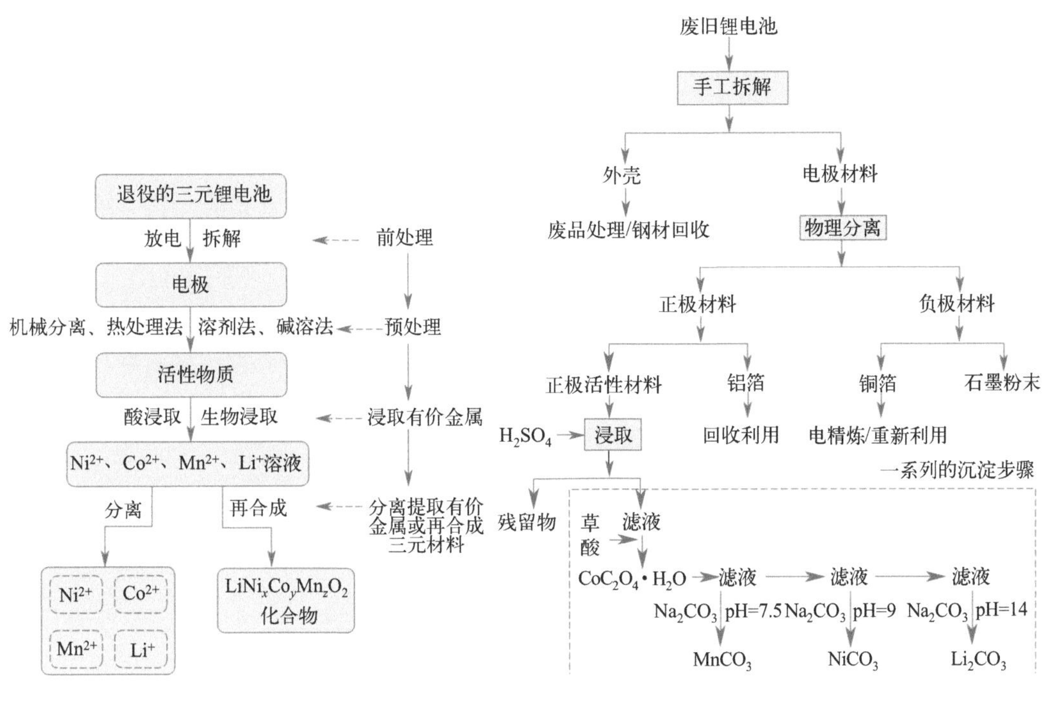


图 3 湿法回收流程图

图 4 退役三元电池中 Li、Ni、Co 和 Mn 沉淀分离回收流程图

4. 鉴别结论

样品是以锂电池材料为原料，经过酸浸取、沉淀分离得到氢氧化钴初步提取产物，样品中含 Co 37.860%、Fe 0.215%、Mn 0.023%、Ca 0.043%、Mg 1.920%，符合《粗氢氧化钴》（YS/T 1152—2016）标准中一级品要求，但样品含水率为 44.4%，高于 YS/T 1152—2016 标准要求。总之，样品基本符合 YS/T 1152—2016 标准，根据《固体废物鉴别标准 通则》（GB 34330—2017）中第 5.2 条准则，判断鉴别样品不属于固体废物。

# 参考文献

[1] 阴军英，张超，王彩红．废旧锂电池的回收和综合利用研究 [J]．广东化工，2011，38（07）：84，87.

[2] 卫寿平，孙杰，周添，等．废旧锂离子电池中金属材料回收技术研究进展 [J]．储能科学与技术，2017，6（06）：1196-1207.

[3] 王立祥，付长，吕学良．锂离子电池正极材料锂镍钴锰氧化物的制备方法 [J]．科学技术创新，2019（20）：51-52.

[4] 黎华玲，陈永珍，宋文吉，等．湿法回收退役三元锂离子电池有价金属的研究进展 [J]．化工进展，2019，38（02）：921-932.

# 二十五、粗制氢氧化镍钴

## 1. 前言

2013年9月，某海关委托中国环科院固体废物研究所对其查扣的一票“粗制氢氧化镍”样品进行固体废物属性鉴别，需要确定是否属于禁止进口的固体废物。

## 2. 样品特征及特性分析

① 样品为非常细腻的墨绿色粉末，颜色均匀，潮湿，无可见杂质，测定样品含水率为9.7%，550℃灼烧后的烧失率为19.3%，灼烧后颜色变为黑色。样品外观状态见图1。

图1　样品外观状态

② 采用X荧光光谱仪（XRF）分析样品化学组成，主要成分为Ni、Co以及少量的S、Na、Si，结果见表1。再采用化学法分析样品中镍的含量为59.3%。

表1　样品干基主要成分（均以氧化物计）

| 成分 | NiO | $Co_3O_4$ | $SO_3$ | $Na_2O$ | $SiO_2$ | $Fe_2O_3$ |
|---|---|---|---|---|---|---|
| 含量/% | 79.38 | 19.46 | 0.65 | 0.44 | 0.04 | 0.03 |

③ 采用X射线衍射仪（XRD）分析样品的物相组成，主要为$Ni(OH)_2$、$Co(OH)_2$。样品X射线衍射谱图见图2。

④ 能谱分析表明，样品主要由镍和钴组成，有少量的硫，见图3。油浸镜下观察证明此为水溶液中的沉淀产物，呈分散的极细粒状，见图4。

## 3. 样品物质属性鉴别分析

（1）样品不是镍的火法冶金产物

镍（Ni）主要用于不锈钢等特种合金的制造，还广泛用作功能材料。镍的原生矿物为橄榄石和硫化镍矿，经风化富集呈硅酸盐氧化镍矿，镍的品位一般为 1.2% ～ 3%，经过选矿后的镍精矿中镍含量一般在 4% ～ 6% 之间，高的可达到 10% ～ 14.5% [1]，《镍精矿》（YS/T 340—2005）规定最低五级品中镍含量不低于 5.5%。砷化矿物和硫化矿物中分布最广的是钴的硫砷化物，《钴精矿》（YS/T 301—2007）规定硫化钴精矿最低四级品中钴含量不低于 6%，氧化钴精矿最低三级品中钴含量不低于 5%，混合钴精矿最低四级品中钴含量不低于 6%。成分和物相分析表明，样品主要成分为镍和钴的氢氧化物，其他元素含量很少，为溶液中沉淀产物。因此，判断鉴别样品不是镍或钴的矿物及其火法冶金产物，如火法冶炼的粗镍、冶金渣等。

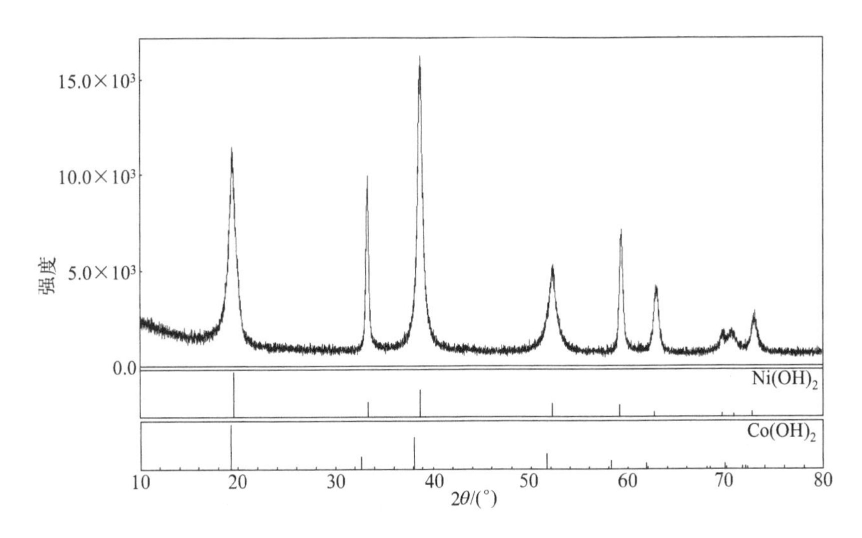


图 2　样品 X 射线衍射谱图

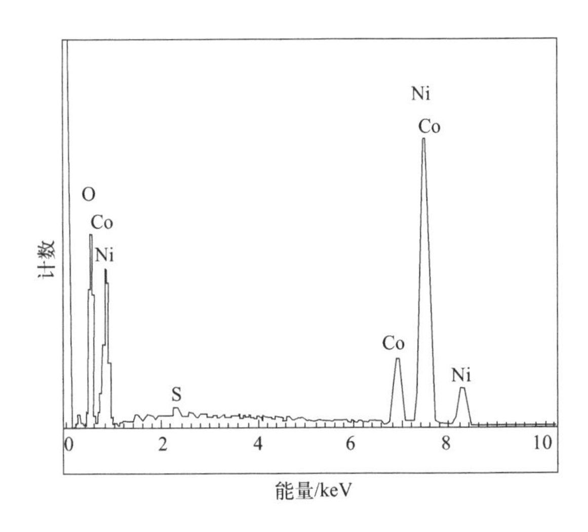


图 3　样品能谱图

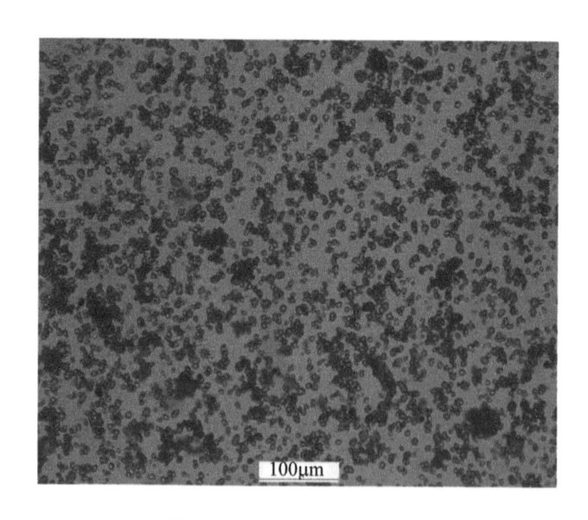


图 4 **样品油浸镜下照片**

（2）样品产生来源分析

样品申报名称为“粗制氢氧化镍”。资料表明，湿法工艺处理红土镍矿主要分为还原焙烧 - 氨浸工艺和加压硫酸浸出工艺，后者主要工艺流程为：选矿后矿浆—高压酸浸给料矿浆浓缩—高压酸浸—中和除铁—除铁铝浓缩分离—溶液贮存—氢氧化镍钴沉淀—氢氧化镍钴分离—产品过滤及包装。除铁铝后的溶液加 NaOH 获得氢氧化镍钴沉淀含 Ni 41%、Co 4.2%[2]。国内某富钴锰矿采用直接酸浸法溶解矿石，用 $Na_2S$ 沉淀法分离 Co、Ni、Mn，再用 NaClO 分离钴和镍，主要工艺流程为：钴镍锰矿石—矿粉—浓硫酸酸解后用硫化亚铁还原—溶液澄清过滤—酸解液加硫化钠沉淀钴和镍—洗涤得硫化钴镍—加硫酸、次氯酸钠（NaClO）、烧碱溶解并分离钴和镍—得到氢氧化钴去制钴盐—分离钴后的硫酸镍溶液加 NaOH 得到 $Ni(OH)_2$ 再去制镍盐[3]。由此看出，含钴镍矿物湿法冶金中获得氢氧化钴镍，或者分别获得 $Co(OH)_2$ 和 $Ni(OH)_2$，是生产工艺中的重要环节，是镍冶炼的中间产物。

样品主要成分为镍和钴，两者含量达到了 98%，其他成分非常少，物相分析证明主要为 $Ni(OH)_2$ 和 $Co(OH)_2$。样品外观为极细腻的墨绿色粉末，其原因是 $Ni(OH)_2$ 为绿色，灼烧后变为黑色 NiO，为溶液中沉淀产物。样品的这些特点与镍钴矿物湿法冶金的中间产物相符合，属于氢氧化镍钴的富集产物。

### 4. 鉴别结论

样品是有意生产的镍钴高含量富集产物，属于镍钴矿物正常商业循环或使用链中的一部分，因此，依据《固体废物鉴别导则（试行）》的原则，判断鉴别样品不属于固体废物，是粗制氢氧化镍或粗制氢氧化镍钴。

# 参考文献

[1]《有色金属提取冶金手册》编辑委员会 . 有色金属提取冶金手册：镍铜 [M]. 北京：冶金工业出版社，

2000.
[2] 施洋．高压酸浸法从红土镍矿中回收镍钴 [J]．有色金属（冶炼部分），2013（01）：4-7.
[3] 罗允义．广西钴镍锰矿的湿法冶金 [J]．湿法冶金，2002，21（01）：32-35.

# 二十六、镍钴锰硫酸盐粗加工产物

## 1. 前言

2021 年 7 月，某化工研究所委托中国环科院固体废物研究所对其一票“镍钴锰硫酸盐”货物样品进行固体废物属性鉴别，需要确定是否属于固体废物。

## 2. 样品特征及特性分析

① 样品为潮湿的草绿色细砂粒状，整体较均匀，测定样品含水率为 33.8%，550℃灼烧后的烧失率为 13.7%。样品外观状态见图 1。

图 1　样品外观状态

② 采用 X 射线荧光光谱仪（XRF）分析样品干基成分，主要含 S、Ni、Co、B、Mn 等元素，结果见表 1。

表 1　样品主要成分及含量（除 N 以外，其他元素以氧化物计）

| 成分 | $SO_3$ | NiO | $Co_2O_3$ | $B_2O_3$ | MnO | $CO_2$ | $SiO_2$ | $Al_2O_3$ |
|---|---|---|---|---|---|---|---|---|
| 样品 /% | 44.5 | 25.7 | 16.5 | 8.03 | 1.48 | 1.13 | 0.91 | 0.71 |
| 成分 | N | $Na_2O$ | $Fe_2O_3$ | MgO | $K_2O$ | CaO | $P_2O_5$ | |
| 样品 /% | 0.51 | 0.08 | 0.07 | 0.05 | 0.03 | 0.29 | 0.01 | |

③ 参考《镍、钴、锰三元素氢氧化物分析方法　第 3 部分：镍、钴、锰量的测定　电感耦合等离子体原子发射光谱法》（YS/T 928.3—2014）分析样品中的 Ni、Co、

Mn 元素的含量，Ni 含量为 14.0%、Co 含量为 8.89%、Mn 含量为 0.81%。

④ 采用电感耦合等离子体发射光谱仪，参照某企业标准《镍钴锰硫酸盐》（Q/JNE 002—2021）测试 Fe、Cu、Zn、Ca、Mg、Cr、Cd、Al、Si、Na、Pb 等元素含量，结果见表 2。

**表 2　Fe、Cu、Zn 等元素含量测试结果**

| 元素 | Na | Fe | Pb | Li | Cu | Si | K | Mg |
|---|---|---|---|---|---|---|---|---|
| 含量 /（mg/kg） | 151.0 | 47.7 | 45.5 | 32.8 | 26.4 | 7.5 | 6.7 | 4.9 |
| 元素 | Cr | Cd | Al | Zn | Ca | P | B | Zr |
| 含量 /（mg/kg） | 0.6 | < 0.1 | < 8.9 | < 1.2 | < 6.9 | < 4.0 | < 0.8 | < 10.0 |

注：表格中 Cd、Al、Zn、Ca、P、B、Zr 均低于仪器检出限。

⑤ 采用 X 射线衍射仪（XRD）分析样品的物相组成，主要为 $MnSO_4 \cdot 7H_2O$、$CoSO_4 \cdot 6H_2O$、$NiSO_4 \cdot 6H_2O$。X 射线衍射谱图见图 2。

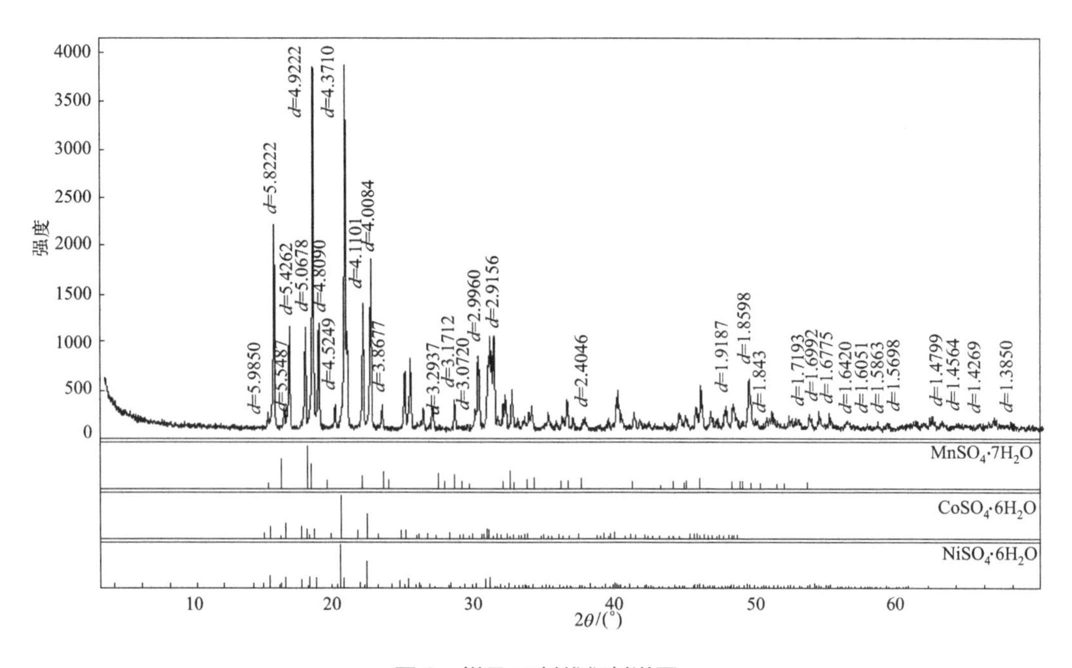


图 2　**样品 X 射线衍射谱图**

### 3. 样品物质属性鉴别分析

（1）锂电池废料处理简介

随着新能源产业的发展，锂离子电池以高比容量、长寿命等优点被广泛应用于移动通信设备、移动电源、储能、电动交通工具等行业，其中锂离子电池的用量和报废量呈逐年递增趋势。锂离子电池根据正极材料的不同可分为钴酸锂一元电池（$LiCoO_2$）、磷酸铁锂二元电池（$LiFePO_4$）和镍钴锰三元电池（$LiMn_xNi_yCo_{1-x-y}O_2$），各类锂离子电池中主要金属所占百分比见表3[1]。为提高$LiNiO_2$的放电平台和充放电稳定性，延长循环寿命并且提高充放电能量，会在锂离子蓄电池材料中添加P、B、Si、Al等元素[2]。

**表3 各类锂离子电池中主要金属成分含量所占百分比（%）**

| 电池类型 | | Co | Li | Ni | Mn |
|---|---|---|---|---|---|
| 钴酸锂 | $LiCoO_2$ | 15.3 | 1.8 | — | — |
| 镍钴锰酸锂 | $LiNi_{1/3}Co_{1/3}Mn_{1/3}O_2$ | 6.6 | 2.4 | 6.7 | 6.2 |
| | $LiNi_{0.5}Co_{0.2}Mn_{0.3}O_2$ | 5 | 1.2 | 12 | 7 |
| 锰酸锂 | $LiMn_2O_4$ | — | 1.4 | — | 10.7 |

从退役三元锂离子电池电极材料中回收Co、Ni、Mn的研究较多，回收方法可以分为湿法和干法（火法）。湿法回收流程见图3[3]，主要步骤如下：

① 电池的前处理，对退役的三元电池进行物理放电和拆解；

② 活性材料的预处理，电极活性材料与集流体分离；

③ 浸取有价金属，采用合适的浸取溶剂，使得活性材料中的有价活性金属以离子形式进入溶液；

④ 分离提取有价金属或再合成三元材料，对浸取的有价金属进行分离提纯，或者以含有价金属浸取液作为三元前驱体原料，再合成三元材料。

浸取有价金属是从锂电池材料中回收Co、Ni、Mn等有价元素工艺流程的核心环节，常用的方法是酸浸法和生物浸取法。酸浸法可以将大部分金属离子转移到酸溶液中，并能有效地与部分导电炭黑、黏结剂等残渣成分分离。使用无机酸浸取主要以盐酸、硫酸、硝酸等作为浸取剂，$H_2O_2$作为还原剂的溶剂体系较多。而且，不论是采用萃取法还是沉淀法分离浸取液中的有价金属离子，都是将不同的有价金属离子分别、逐一分离回收。硫酸盐主要存在于酸浸取溶液中，Ni、Co、Mn同为过渡金属，化学性质相近，溶液出现共沉淀现象，导致产物纯度较低。沉淀分离回收流程如图4所示。

（2）样品产生来源分析

样品主要含有S、Ni、Co、B、Mn元素，还含有少量的Si、Al、Fe、P等元素。将样品中Ni、Co、Mn的含量与表3中各类锂离子电池中主要金属所占百分比进行比较，判断鉴别样品与锂电池材料相关。样品中主要物相组成为$MnSO_4 \cdot 7H_2O$、$CoSO_4 \cdot 6H_2O$、$NiSO_4 \cdot 6H_2O$，其他物质含量较少；结合电感耦合等离子体原子发射光谱仪的定量分析结果，样品中Ni含量为14.0%、Co含量为8.89%、Mn含量为0.81%，而其他元素含量均不高，进一步判断鉴别样品是回收电池混合电极材料经过$H_2SO_4$浸取沉淀分离后的产物，除去了部分杂质。

### 4. 鉴别结论

样品是以回收的锂电池材料为原料，经过$H_2SO_4$浸取、除杂、冷却、结晶、沉淀等工序得到的产物，该产物主要由 $MnSO_4 \cdot 7H_2O$、$CoSO_4 \cdot 6H_2O$、$NiSO_4 \cdot 6H_2O$ 组成，其他杂质含量少，属于湿法处理得到的中间原料或物料。根据固体废物的定义以及《固体废物鉴别标准　通则》（GB 34330—2017），判断鉴别样品不属于固体废物。

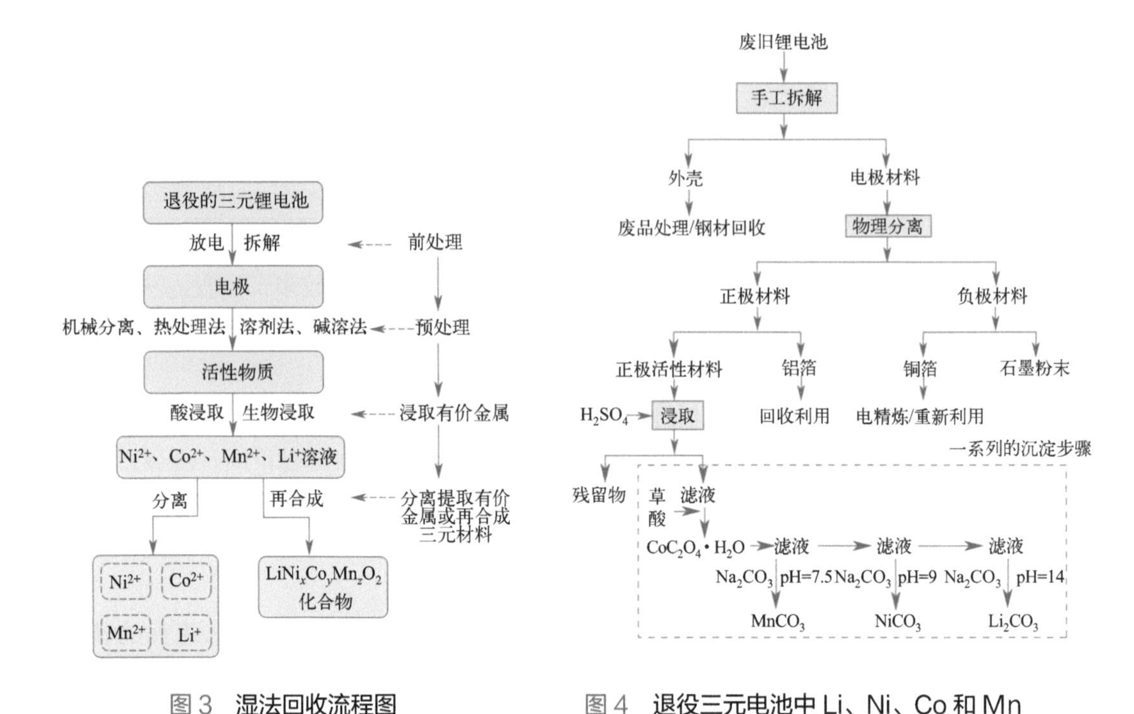


图 3　湿法回收流程图

图 4　退役三元电池中 Li、Ni、Co 和 Mn 沉淀分离回收流程图

鉴于样品中有价元素含量总体上较低，国内尚无该类硫酸盐产物的国家标准或行业标准，建议进口和利用企业进一步优化 Ni、Co、Mn 的提取工艺进而提高进口物品中 Co、Ni、Mn 有价元素的含量。

# 参考文献


[1] 卫寿平，孙杰，周添，等．废旧锂离子电池中金属材料回收技术研究进展［J］．储能科学与技术，2017，6（06）：1196-1207.

[2] 翟秀静，孙晓萍，田彦文，等．添加磷、硼、硅和铝的锂离子电池材料 $LiNiO_2$ 研究［J］．分子科学学报，2002，18（02）：68-74.

[3] 黎华玲，陈永珍，宋文吉，等．湿法回收退役三元锂离子电池有价金属的研究进展［J］. 化工进展，2019，38（02）：921-932.

# 二十七、煅烧高岭土

1. 前言

2014 年 10 月，某海关委托中国环科院固体废物研究所对其查扣的一票“煅烧高岭土”货物样品进行固体废物属性鉴别，需要确定是否属于禁止进口的固体废物。

2. 样品特征及特性分析

① 样品为灰白色细粉粒，颗粒粗细不均且不规则，粒径在 3mm 以下，无其他杂物。测定样品耐火度为 1720℃，堆密度为 $1630kg/m^3$，550℃下灼烧后的烧失率为 0.1%。样品外观状态见图 1。

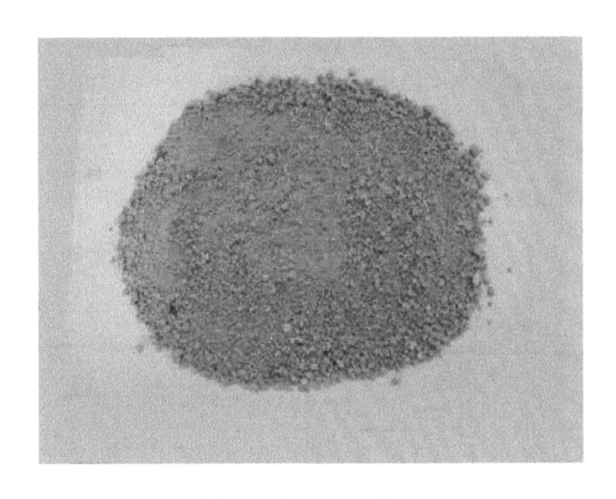

图 1　样品外观状态

② 采用 X 射线荧光光谱仪（XRF）分析样品主要成分及含量，结果见表 1。

表 1　样品的主要成分及含量（除氯以外，其他元素均以氧化物计）

| 成分 | $SiO_2$ | $Al_2O_3$ | ZrO | $TiO_2$ | $Fe_2O_3$ | CaO | $HfO_2$ | $Na_2O$ | $K_2O$ |
| --- | --- | --- | --- | --- | --- | --- | --- | --- | --- |
| 含量 /% | 49.96 | 31.69 | 11.72 | 2.74 | 1.77 | 0.95 | 0.28 | 0.27 | 0.16 |
| 成分 | MgO | $P_2O_5$ | $SO_3$ | Cl | PbO | NiO | CuO | $OsO_4$ | $Ga_2O_3$ |
| 含量 /% | 0.13 | 0.06 | 0.05 | 0.04 | 0.03 | 0.03 | 0.02 | 0.02 | 0.01 |

③ 采用 X 射线衍射仪（XRD）分析样品的物相组成，主要为 $Al_6Si_2O_{13}$（莫来石）、$SiO_2$（方石英）、$ZrO_2$（氧化锆）、$CaAl_2Si_2O_8$（钙的硅铝酸盐）。样品 X 射线衍射谱图见图 2。

④ 采用扫描电镜及 X 射线能谱仪等分析仪器进行综合分析，显示样品主要含 Si、Al，另见 Zr 及少量 Ca、Ti、Fe，后三者是黏土中常见杂质成分，它们主要是烧结高岭黏土和烧结氧化锆，另有复合氧化物。能谱图见图 3，抛光片电子图像及分析点能谱图见图 4。

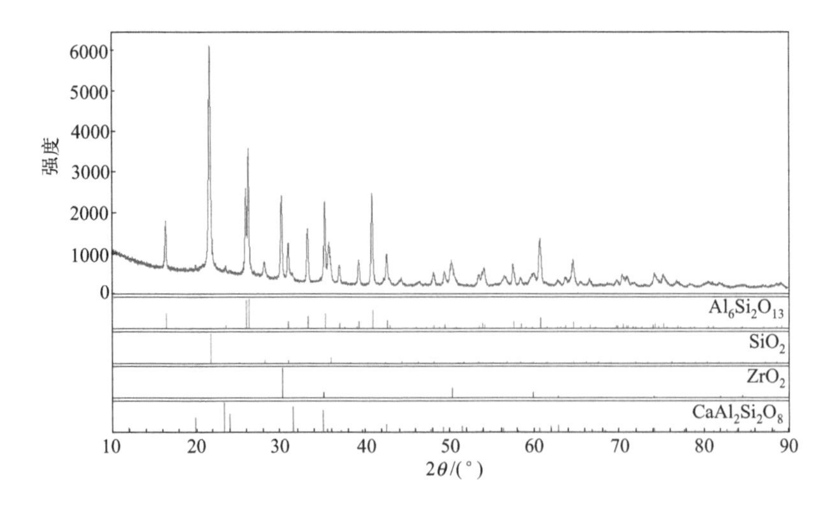


图 2　样品 X 射线衍射谱图

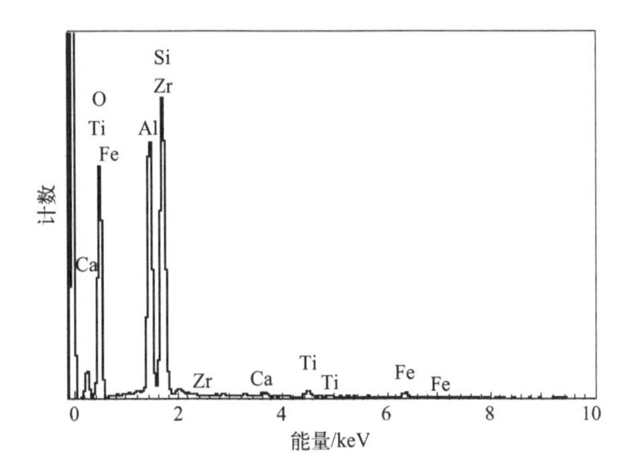


图 3　样品能谱图

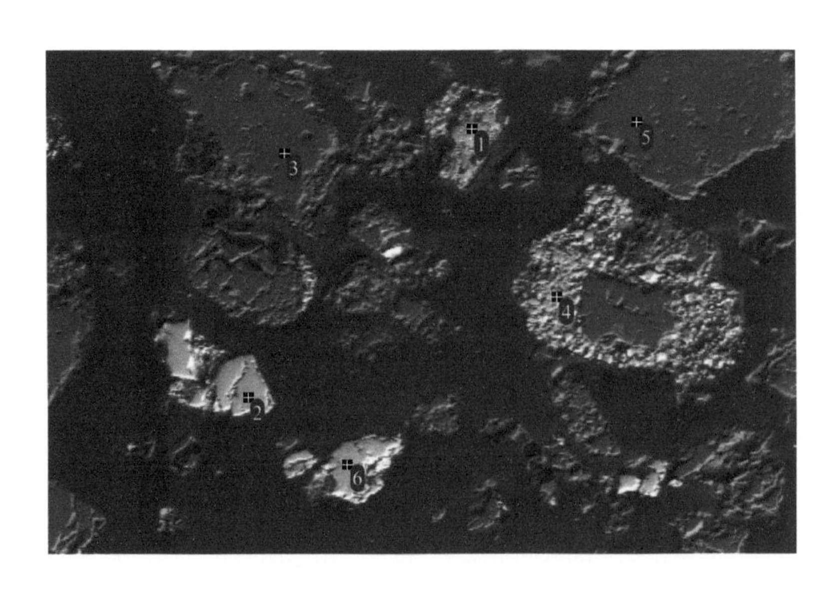

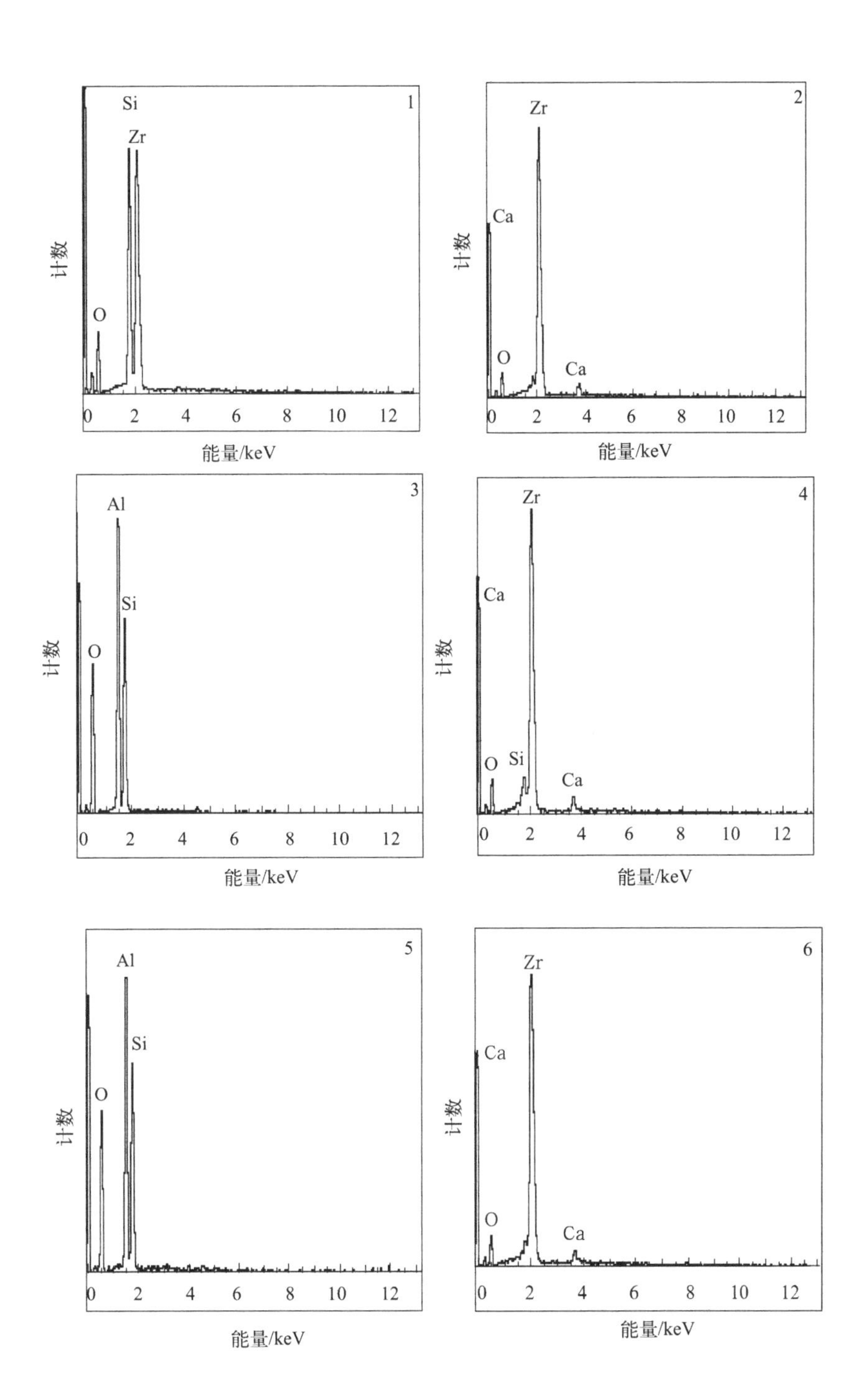


图 4　**样品抛光片电子图像及分析点能谱图**

（点 1：硅酸锆；点 2：氧化锆；点 3：莫来石；点 4：氧化锆；点 5：莫来石；点 6：氧化锆）

⑤ 采用扫描电镜对样品进行形貌分析，样品棱角分明，为机械破碎后的不规则结构，见图 5。

(a) 放大100倍

(b) 放大500倍

(c) 放大1000倍

图5 样品扫描电镜图像

### 3. 样品物质属性鉴别分析

（1）高岭土及耐火材料简介

高岭土又称高岭石黏土，俗称陶瓷黏土，是一种以高岭石［$Al_4Si_4O_{10}(OH)_8$］为主要成分的黏土，具有强吸水性，但不膨胀，压碎成粉，掺水后具有可塑性、绝缘性和较高的耐火度，$Al_2O_3$含量越高耐火度越高，制品的坚固性也越好，密度为2.2～2.6g/cm$^3$，耐火度一般不低于1580℃，通常纯净的高岭土耐火度在1700℃左右。煅烧是制备特殊性能高岭土的重要加工工序，不同温度下化学成分不同，1400℃下为$3Al_2O_3 \cdot 2SiO_2$（即莫来石），莫来石的热稳定性和耐磨性良好，其耐火度为1770℃，是良好的耐火制品填料和光学玻璃坩埚内衬材料。高岭土的用途非常广泛，用于造纸、陶瓷、橡胶、塑料、涂料、水净化剂等行业，作为耐火材料还广泛用于高炉、煅烧窑等的耐火砖、高镁铝砖、炉衬、出铁口泥塞（即炮泥）等[1]。

以$ZrO_2$（脱硅锆石）为基料的耐火材料强度高、稳定性好，并具有耐酸性及较好的抗钢液浸蚀性能，可作为高温炉衬材料及高温真空冶炼贵金属和合金用的坩埚材料，细粒锆英石和细粒方英石组成的锆方英石广泛用作电炉的炉顶耐火材料[2]。$ZrO_2$或$ZrO_2 \cdot SiO_2$可提高耐火材料的化学稳定性，含锆的刚玉、莫来石晶相共存，其对玻璃熔融液的耐化学浸蚀性要比用烧结法生产的高铝耐火材料强1～5倍，在高铝耐火砖中加入$ZrSiO_4$后，其热稳定次数比高铝砖提高近4倍[3]。

（2）样品产生来源分析

样品主要含有Si、Al，还含有少量Zr、Ca、Ti、Fe等，均为黏土矿物元素；样品物相构成为$Al_6Si_2O_{13}$（莫来石）、$SiO_2$（方石英）、$ZrO_2$（氧化锆）、$CaAl_2Si_2O_8$（钙的硅铝酸盐），除$ZrO_2$外，其余为高岭土煅烧后的物相构成。样品外观为灰白色粉末，蓬松质轻，颗粒不规则、耐火度为1720℃，无明显杂质，符合煅烧高岭土产物特征或要求。锆是高温耐火材料良好的掺加原料，样品中含有少量锆是为了改善高岭土耐火材料的性能。我国《高岭土及其试验方法》（GB/T 14563—2008），将高岭土分为造纸工业、搪瓷工业、橡塑工业、陶瓷工业、涂料工业五类用途（注：不包括耐火材料用途），由于品牌较多，从外观特征和主体成分上有不同要求，样品主要成分和外观特征上符合该标准中的某些要求。根据相关信息，鉴别样品货物进口用作炼铁高炉封堵出铁 / 渣口的“炮泥”原料，炮泥是特殊耐火材料，应具有较高的耐火度才能承受铁渣熔液高温，具有较强的抵抗渣溶液冲刷的能力，具有适度的可塑性和良好的体积稳定性，能够迅速烧结并有一定强度等[4]。生产炮泥的原料有黏土（陶瓷黏土）、高铝骨料（如煅烧高岭土、烧结刚玉）、碳化硅、沥青、焦粉、焦油等，通过对国内相关炮泥生产企业的调研，样品是用于炮泥生产的主料。

4. 鉴别结论

样品符合煅烧高岭土的特征和基本要求，是煅烧高岭土或煅烧高岭土耐火材料，是有意识加工的产物，判断鉴别样品不属于固体废物，是煅烧高岭土。

# 参考文献

[1] 孙家跃，杜海燕. 无机材料制造与应用 [M]. 北京：化学工业出版社，2001.
[2] 孙保岐，吴一善，梁志彪，等. 非金属矿深加工 [M]. 北京：冶金工业出版社，1995.
[3] 康建红，申向利，秦刚刚. 含锆质耐火材料的发展 [J]. 建筑技术与应用，2001（04）：25-27.
[4] 李军希. 高炉炮泥的发展及现状 [J]. 河南冶金，2003，11（03）：16-18，26.

## 二十八、粗制碳化硅

1. 前言

2017 年 6 月，某海关委托中国环科院固体废物研究所对其查扣的一票“粗制碳化硅”货物样品进行固体废物属性鉴别，需要确定是否属于固体废物。

2. 样品特征及特性分析

① 样品为灰黑色细粉末，手摸后似面粉细腻，无其他杂质，测定样品含水率为 0%，550℃灼烧后的烧失率为 1.25%。样品外观状态见图 1。

图 1　样品外观状态

② 采用X射线荧光光谱仪（XRF）分析样品成分，主要为硅，还有少量铁和其他元素，采用高频燃烧红外吸收法测定碳，结果见表1。

**表1　样品的主要成分（以元素计）**

| 成分 | Si | C | Fe | Na | Zn | Cl | Cu | Ca | Ti | S |
|---|---|---|---|---|---|---|---|---|---|---|
| 含量/% | 87.56 | 9.48 | 2.44 | 0.20 | 0.09 | 0.08 | 0.07 | 0.05 | 0.02 | 0.01 |

③ 采用光学显微镜、扫描电镜及X射线能谱仪等分析仪器综合分析样品物质组成，主要为碳化硅（SiC），其次为单质硅。样品X射线衍射谱图见图2，主要物质的产出特征见图3～图6。

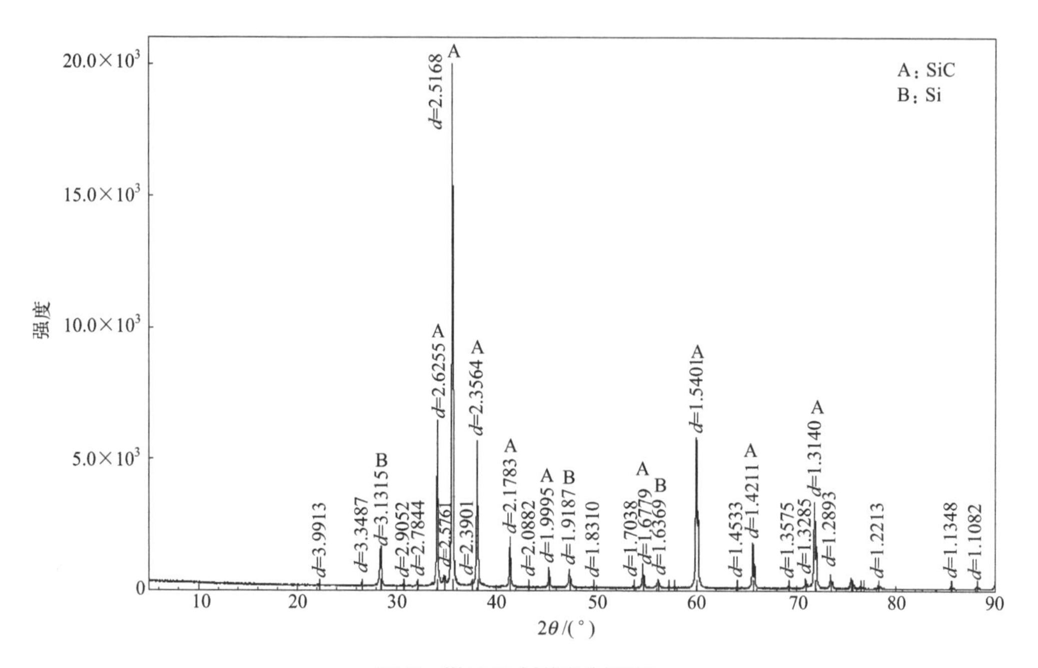


图2　样品X射线衍射谱图

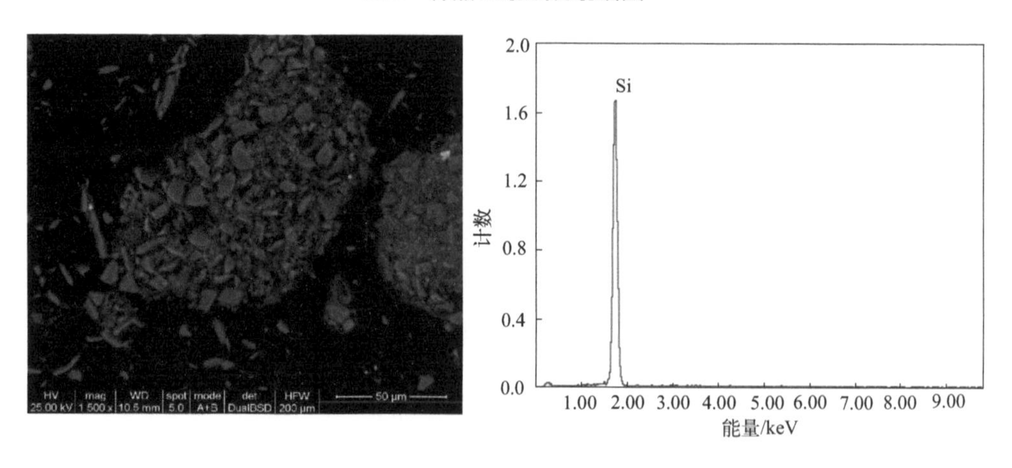


图3　背散射电子能谱——样品中的碳化硅颗粒（一）

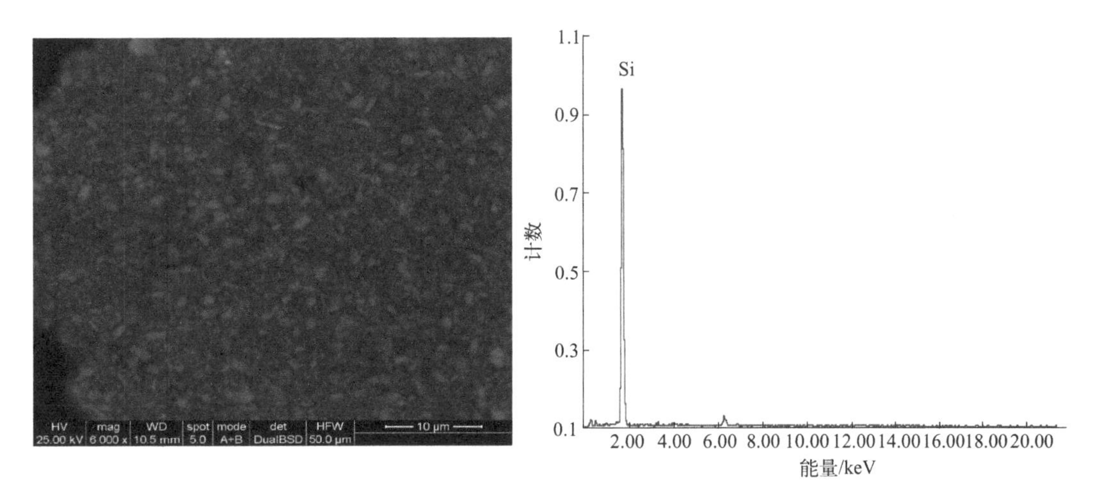


图4 背散射电子能谱——样品中的碳化硅颗粒（二）

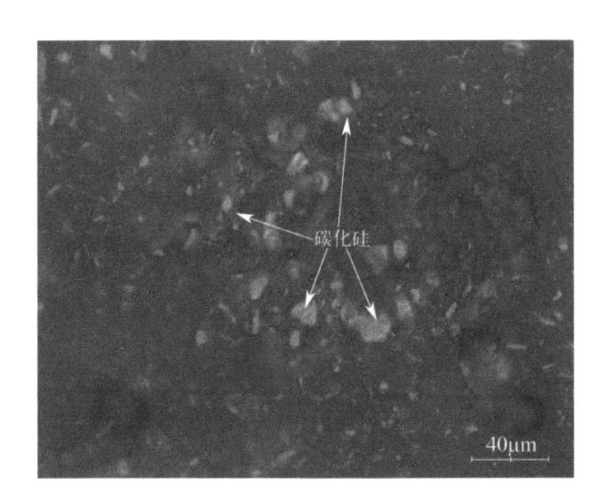


图5 反光镜下样品中碳化硅呈微细粒产出

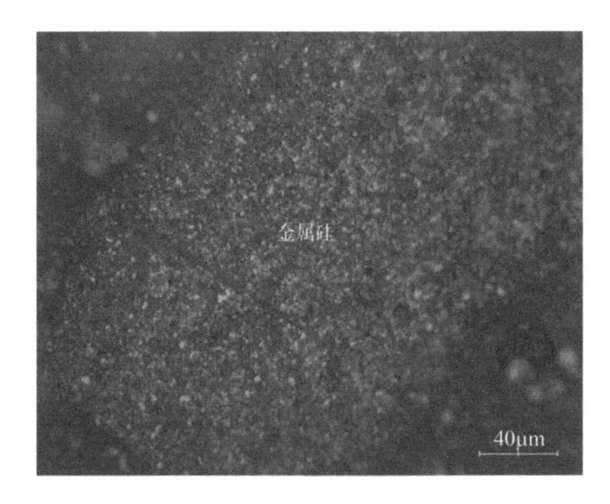


图6 反光镜下样品中金属硅呈微细粒产出

④ 采用激光粒度分析仪分析样品粒度分布，为 $D_{10}$：4.17μm；$D_{50}$：9.58μm；$D_{90}$：16.96μm。粒度分布曲线基本呈正态分布，见图 7。

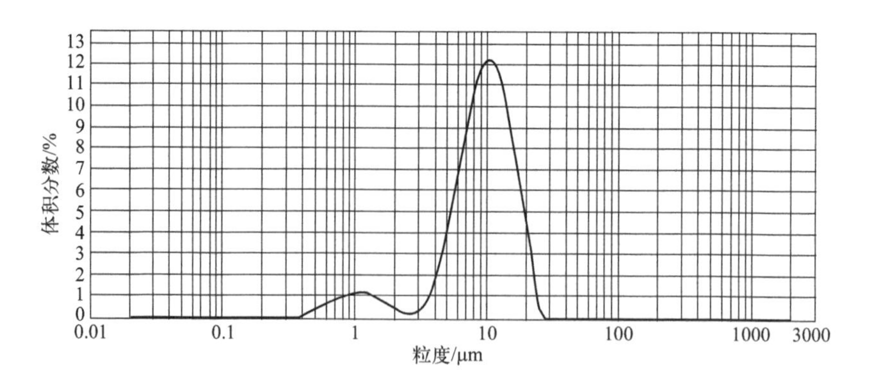


图 7 样品粒度分布曲线

⑤ 扫描电镜下观察粉末样品形貌特征，样品颗粒棱角分明，为机械粉（破）碎后的产物，见图 8 和图 9。

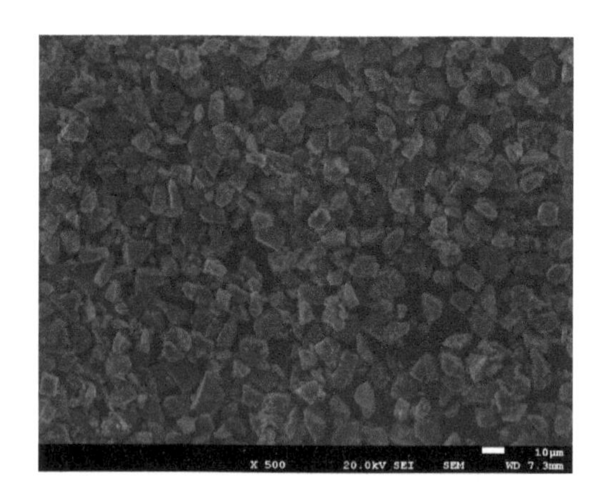


图 8 样品扫描电镜下放大 500 倍形貌

图 9 样品扫描电镜下放大 2000 倍形貌

3. 样品物质属性鉴别分析

（1）回收碳化硅物料简介

资料表明[1]，制备太阳能电池时，必须将多晶硅锭或硅棒切割成硅，采用多线切割技术的工作原理是：在以碳化硅（SiC）颗粒作为磨料、聚乙二醇（PEG）作为分散剂、水作为溶剂组成的水性切割液中，用金属丝带动 SiC 颗粒磨料进行研磨切割硅。在切割过程中，随着大量硅粉和少量金属屑逐渐进入切割液，最终导致切割液不能满足切割要求而成为废料浆。这种废料浆的主要成分为：30% 左右的高纯硅、35% 左右的 SiC、28% 左右的 PEG 和水、5% 左右的铁氧化物。这种废料浆 COD 含量高，不能直接排放。如果能将废料浆中的高纯硅、PEG 和 SiC 进行综合回收利用，将减少环境污染，提高资源利用率。

废浆料回收工艺流程示意见图 10。

图 10 废浆料回收工艺流程示意图

某太阳能光伏企业通过固液分离方式回收多晶硅切割砂浆中的碳化硅。形貌和粒度分布见图 11 和图 12[2]，与鉴别样品具有较高的一致性。某企业线切割产生的废砂浆，经预处理（水洗、酸洗、真空干燥）后其主要成分及含量为[3]：SiC 75% ～ 85%、Si 8%、Fe 1% ～ 3%。

图 11 回收的 SiC 颗粒的 SEM 图像

（2）样品产生来源分析

样品粒度非常细，$D_{50}$ 为 9.58μm，为微米级，结合其电镜形貌特征，应是切割过程中形成的细粉。样品物相主要为 SiC、金属硅、金属铁，符合高纯硅（多晶硅、单晶硅）切割废砂浆中的物质组成特点。样品干燥、烧失率很低。将样品与文献资料中的切割废砂浆进行对比分析，综合判断是高纯硅（如多晶硅、单晶硅）多线切割过程回收的废砂浆经过一定处理（水洗、酸洗、真空干燥）之后的产物。

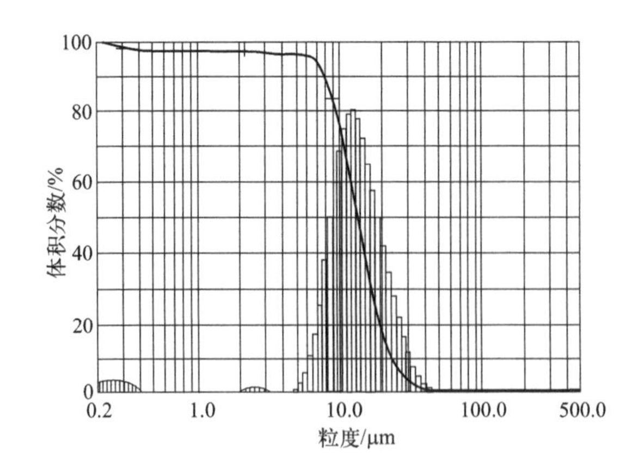


图 12　回收的 SiC 颗粒的粒度分布

4. 鉴别结论

样品是经过了一定处理之后的回收产物，样品组成成分简单清晰，虽然不符合《普通磨料　碳化硅》（GB/T 2480—2008）标准要求，但由于碳化硅的耐磨性和耐蚀性好、热震稳定性好、化学稳定性好，SiC 用于耐火材料的比重逐年增加，所以样品可以作为炼铁炮泥的添加剂组分，而且可全部利用。因此，鉴别样品是为满足市场需求而生产的，具有正的价值，满足作炮泥添加剂的用途要求，同被替代的产品相比其使用是环境无害的。因此，依据《固体废物鉴别导则（试行）》，判断鉴别样品不属于固体废物，适用于海关税则号“3824999910 粗制碳化硅”。

# 参考文献


[1] 邢鹏飞，赵培余，郭菁，等. 太阳能级多晶硅切割废料浆的综合回收 [J]. 材料导报，2011，25 (01): 75-79.

[2] 王雄龙. 碳化硅微粉在多线切割中的应用 [J]. 电子工业专用设备，2016，45 (12): 20-24.

[3] 徐冬梅，田维亮，李新宇，等. 线切割废砂浆制白炭黑工艺研究 [J]. 无机盐工业，2010，42 (06): 49-51.


## 二十九、再生铜原料

1. 前言

2021 年 5 月，某海关委托中国环科院固体废物研究所对其查扣的一票“破碎铜”货物进行固体废物属性鉴别，需要确定是否属于固体废物。

2. 货物特征及特性分析

（1）现场查看情况

鉴别货物共 1 个集装箱，为聚丙烯吨袋包装，整齐摆放在集装箱内，外贴有标签，标记了供方名称、原料名称、代号、批号、毛重、净重、供方质检部门检印、标准编号等信息。现场共掏出 10 个吨袋，全部开包查看，物品均为紫铜色不规则的金属碎块，多为切碎的紫铜管，表面沾有少许污物，但未见有涂层或镀层物质，为经破碎、分选等处理后的各种铜管（铜材）碎料，偶见塑料片（管）、电线等杂物。

随机抽取 1 袋货物进行拆包查看并分拣，物品颜色略有差异，位于吨袋表层货物颜色稍深，经分拣，偶尔发现塑料片（管）、电线、海绵块等杂物，重约 0.08kg，估算夹杂物含量约为 0.01%。现场部分货物情况见图 1 ～图 4。

图 1　转移至库房中的货物

图 2　查看碎铜货物（一）

图 3　查看碎铜货物（二）

图 4　挑选非铜杂物

（2）现场取样理化特征和特性分析

① 现场从聚丙烯吨袋内倒出少量货物，随机抽取重约 13kg 样品，外观状态见图 5。

图 5　样品外观状态

② 按照《再生铜原料》(GB/T 38471—2019)测试样品含水率为 0.19%。

③ 按照《再生铜原料》(GB/T 38471—2019)测试样品夹杂物含量。首先使用 2mm 方孔筛对样品进行筛分，筛下物(见图 6)含量为 0.03%；然后挑拣夹杂物(见图 7)，经测试，样品夹杂物含量(含粉状物)为 0.09%。

图 6　筛下物(＜ 2mm 粉末)

图 7　分拣出的非金属物质(夹杂物，非金属物质)

④ 按照《再生铜原料》(GB/T 38471—2019)，测试金属总量和金属铜量。对取回的样品进行分拣，未发现非铜金属，即样品中金属总量与金属铜量含量相同，经计算为 99.69%。

⑤ 采用 X 射线荧光光谱仪(XRF)分析样品成分，因样品表面沾有少许污物，需先清洗并砸平后才可进行测试，样品平均铜含量为 99.22%(见表 1)，符合标准中含铜量≥ 97% 的要求，样品见图 8。

表 1　样品的主要成分及含量(%)

| 成分 | Cu | Al | Si | Cl | P | S | Ca | K | Fe | Cr |
| --- | --- | --- | --- | --- | --- | --- | --- | --- | --- | --- |
| 1 号样 | 99.09 | 0.52 | 0.18 | 0.08 | 0.05 | 0.03 | 0.03 | 0.02 | 0.01 | — |
| 2 号样 | 99.53 | 0.11 | 0.10 | 0.12 | 0.06 | 0.07 | — | — | 0.01 | — |

续表

| 3号样 | 98.90 | 0.41 | 0.22 | 0.29 | 0.06 | 0.06 | 0.03 | 0.02 | 0.01 | 0.01 |
|---|---|---|---|---|---|---|---|---|---|---|
| 4号样 | 99.34 | 0.21 | 0.18 | 0.14 | 0.05 | 0.04 | 0.03 | — | 0.01 | — |
| 平均值 | 99.22 | 0.31 | 0.17 | 0.16 | 0.06 | 0.05 | 0.02 | 0.01 | 0.01 | 0.002 |

图 8　砸扁后的 4 小块样品

### 3. 货物物质属性鉴别分析

（1）破碎铜的来源简介

破碎铜是由汽车、家用电器、机械设备、电气设备、装饰材料等经破碎、分选后所得。报废汽车回收处理主要采用拆解分离、剪断切割、打包压块及破碎分选 4 种主流模式。随着科技的不断发展，高效、低耗、无污染的破碎分选处理占据了绝对主导地位。大型回收金属破碎机与高强度磁分选装备结合，基本解决了报废汽车磁性材料的破碎分离回收问题，但其中的非磁性金属材料，尤其是复杂、异形、薄壁铜铝件的高效分离问题仍然存在。汽车约 80% 为金属材料，其中包括碳钢、合金钢、铸铁等磁性材料，以及 Al、Cu、Zn、Pb、Mg 等非磁性材料。

（2）货物产生来源分析

样品的主体材质为铜，是经破碎、分选后所得的各种铜管（铜材）碎料，偶尔可见塑料片、海绵块、电线等非金属物质。按照《再生铜原料》（GB/T 38471—2019）标准的要求，测试样品的夹杂物、水分、金属总量、金属铜量、铜含量等指标，测试结果基本满足《再生铜原料》（GB/T 38471—2019）中的指标要求。

### 4. 鉴别结论

根据现场查看的整体情况以及对样品的测试结果，鉴别货物基本符合《再生铜原料》（GB/T 38471—2019）标准中破碎铜的要求，属于再生铜原料，不属于固体废物。

# 三十、再生黄铜原料

## 1. 前言

2021 年 9 月，某海关委托中国环科院固体废物研究所对其查扣的一票“再生黄铜”货物样品进行固体废物属性鉴别，需要确定是否属于固体废物。

## 2. 货物特征及特性分析

① 现场查看情况如下：鉴别货物共 1 个集装箱，现场查看前货物已从集装箱中掏出，外包装为厚瓦楞纸箱，由金属条状捆扎带和白色透明塑料薄膜固定；一类物品是回收的拆解下来的大铜合金块，单独盛装；另一类物品是回收的各种合金，如铜条、铜管、铜线、铜片、铜装饰物、水盆、乐器、连接件等。部分照片见图 1 ～图 4。

图 1　海关查验货场货物

图 2　放射性测试

图 3　黄铜部件和水盆

图 4　黄铜部件和黄铜片块

② 采用手持式多功能辐射检测仪（表面污染检测仪）现场测试货物的放射性，大块合金部件为 0.245μSv/h，杂件为 0.203μSv/h，均未超出仪器设定报警值 0.5μSv/h，不具有放射性。

③ 按照《再生黄铜原料》（GB/T 38470—2019）标准的要求，测试货物中夹杂物含量，现场目测未见明显的夹杂物。

④ 现场随机抽取 40 个样品，使用便携式 X 射线荧光光谱仪（XRF）分析样品成分，其中部分样品分别测试打磨前和打磨后的成分，现场抽取的 40 个样品中，绝大部分样品为黄铜，37 个样品为铜锌合金，有 3 个样品为铁为主的镍铁合金或铬铁合金。测试结果见表 1。

**表 1　现场测试样品成分及含量（%）**

| 样品序号 | Cu | Zn | Fe | Sn | Cr | Ni | Mn | 轻元素 |
|---|---|---|---|---|---|---|---|---|
| 1 | 62.65 | 34.99 | 0.16 | 0.09 | | | | |
| 2 | 70.76 | 29.19 | | | | | | |
| 3 | 70.26 | 29.70 | | | | | | |
| 4 | 55.61 | 32.56 | | | 0.28 | 11.50 | | |
| 5 | 68.99 | 31.01 | | | | | | |
| 6 | 63.94 | 36.01 | | | | | | |
| 7 | 61.75 | 36.67 | 0.083 | | | | | |
| 8[①] | | 0.13 | 72.00 | | 18.19 | 7.70 | 1.29 | |
| 9 | 56.98 | 36.26 | 0.88 | 1.75 | | 0.21 | | |
| 10 | 84.83 | 5.50 | | 4.85 | | 0.55 | | |
| 11 | 69.62 | 30.38 | | | | | | |
| 12[①] | 12.19 | 66.77 | | | | 16.84 | | |
| 13[①] | 70.00 | 29.31 | | | | 0.69 | | |
| 14 | 61.83 | 35.84 | 0.14 | | | | | |
| 15[①] | 62.21 | 31.07 | 0.49 | 0.41 | | 3.69 | | |
| 16 | 61.45 | 38.29 | 0.17 | | | | | |
| 17 | 76.84 | 19.63 | 2.42 | 0.63 | | 0.14 | 0.11 | |
| 18 | 70.23 | 29.77 | | | | | | |
| 19[①] | 58.20 | 11.39 | | | 1.57 | 28.84 | | |
| 20 | 50.28 | 22.22 | | | | 27.29 | | |
| 20[①] | 57.39 | 34.60 | | | | 8.01 | | |
| 21 | 51.38 | 14.08 | | | 0.88 | 33.17 | | |
| 21[①] | 61.48 | 28.96 | | | 0.32 | 9.05 | | |
| 22 | 53.08 | 17.47 | | | 0.90 | 28.46 | | |
| 22[①] | 56.79 | 27.88 | | | | 14.39 | | |
| 23 | 1.74 | 1.13 | 57.56 | | | 39.23 | | |
| 24 | 64.46 | 35.53 | | | | | | |
| 25 | 89.13 | 10.01 | 0.14 | | | 0.64 | | |
| 25[①] | 89.60 | 9.93 | | | | 0.38 | | |
| 26 | | | 64.22 | | 0.23 | 24.45 | | 11.10 |
| 27 | 69.52 | 30.38 | | | | | | |

续表

| 样品序号 | Cu | Zn | Fe | Sn | Cr | Ni | Mn | 轻元素 |
|---|---|---|---|---|---|---|---|---|
| 28 | 65.53 | 34.37 | | | | | | |
| 29 | 70.67 | 29.15 | 0.17 | | | | | |
| 30 | 99.91 | | | | | | | |
| 31 | 61.37 | 35.95 | 0.28 | | | | | |
| 32 | 43.18 | 30.97 | | | | 25.45 | | |
| 33 | 69.41 | 30.58 | | | | | | |
| 34 | 57.24 | 36.51 | 0.62 | | | 0.59 | | |
| 35 | 62.10 | 36.50 | | | | 1.32 | | |
| 36 | 68.81 | 31.12 | | | | | | |
| 37 | 68.96 | 30.96 | | | | | | |
| 38 | 63.70 | 35.98 | 0.32 | | | | | |
| 39 | 64.91 | 29.33 | | | | | | Ti 5.61 |
| 40 | 68.29 | 31.24 | 0.43 | | | | | |

① 用砂轮打磨抽样表面后的结果。

⑤ 随机抽取的40个样品中有3个样品的主要元素为金属铁，目测这3个样品的重量远小于随机抽取的40个样品总重量的5%，也就是金属黄铜量＞95%，符合GB/T 38470—2019标准混合黄铜中金属黄铜量≥95.0%的要求。部分样品见图5～图8。

图5 随机抽取的测试样品（一）

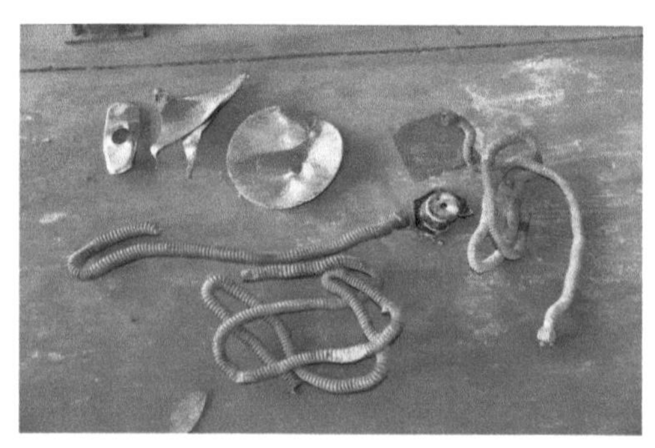

图6 随机抽取的测试样品（二）

图7 随机抽取的测试样品（三）

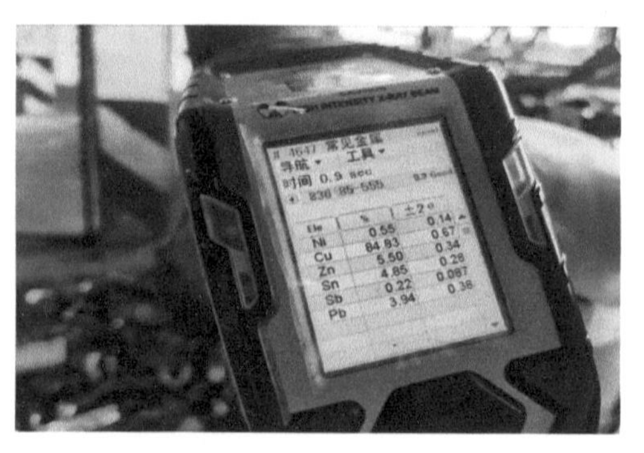


图8 现场测试黄铜组分含量

⑥ 按照《再生黄铜原料》（GB/T 38470—2019）标准要求，经目测，现场货物中未见非金属物料，符合 GB/T 38470—2019 标准混合黄铜中金属总量≥ 98.7% 的要求。

⑦ 根据表 1 结果估算样品中铜元素平均含量约为 60%，铅元素平均含量约为 0.6%，其他元素平均含量约为 39.3%，其中锌元素的平均含量约为 28.1%，符合 GB/T 38470—2019 标准中对混合黄铜的化学成分含量要求，即 Cu ≥ 56%，Pb ≤ 4.0%，锌不小于余量（含其他未列元素，但锌元素含量应超过除铜元素外的其他任一合金元素）。

### 3. 货物物质属性鉴别分析

（1）混合黄铜简介

根据《再生黄铜原料》（GB/T 38470—2019）标准及其编制说明材料，混合黄铜一般是由回收分拣的黄铜铸块或服役失效的铸件、轧件、铜制品等混合组成，主要来源于各类阀门、水表、水暖洁具、装饰品、元器件、连接件等拆解、分选、破碎出来的黄铜零部件及其熔铸成的铸块。

（2）货物产生来源分析

此次鉴别的整批货物由大块的黄铜铸件、铜条、铜管、铜线、铜片、铜装饰物、乐器、连接件以及水盆等黄铜零部件混合而成，属于混合黄铜，并没有发现部件上明显堆积的油污或滴漏的油污，初步成分测试结果表明，基本符合《再生黄铜原料》（GB/T 38470—2019）标准中对混合黄铜夹杂物、金属总量、金属黄铜量、化学成分的要求，属于再生黄铜原料。

### 4. 鉴别结论

货物中无明显非金属夹杂物，非黄铜金属物料也不明显，建议按照混合黄铜物料进行管理，判断鉴别货物不属于固体废物。

黄铜部件来源品种多、形状规格不一，尤其查验现场堆放在地上的散货由于和破损包装裹挟在一起并有灰尘，因而显得杂乱，建议企业今后在进口同类货物时，应进一步细分类别和初步加工处理，并分类装运。

## 三十一、面包铁

### 1. 前言

2017 年 7 月，某海关委托中国环科院固体废物研究所对其查扣的一票“生铁”货物样品进行固体废物属性鉴别，需要确定是否属于固体废物。

### 2. 样品特征及特性分析

① 样品为坚硬很重的铁块，磁性很强，有稍微光滑的弧面，有明显机械破碎后的断面，铁块可见许多熔炼形成的气孔；现场查看，明显都是形状相对规整的面包铁块，其中也有断碎的小块，由于长时间露天堆放，表面有氧化锈迹。样品和货物外观状态见图 1 ～图 3，国内某钢铁厂的面包铁货物见图 4。

图 1　海关送检样品

图 2　海关现场货物（一）

图 3　海关现场货物（二）

图 4　国内某工厂的面包铁

② 采用 X 射线荧光光谱仪（XRF）分析样品成分，结果见表 1。测定样品中碳含量为 3.94%；采用便携式 X 射线荧光测量仪测定样品中铅含量＜ 0.01%、镉含量＜ 0.02%。

表 1　样品主要成分（均以元素计）

| 成分 | Fe | Si | Ca | Al | S | Mg | Mn | Ir | Pd | K | P |
|---|---|---|---|---|---|---|---|---|---|---|---|
| 含量 /% | 98.41 | 0.32 | 0.23 | 0.22 | 0.11 | 0.15 | 0.13 | 0.13 | 0.05 | 0.02 | 0.01 |

③ 采用 X 射线衍射仪（XRD）分析样品的物相组成，主要含有 Fe、$FeSi_2$，衍射谱图见图 5。

3. 样品物质属性鉴别分析

（1）生铁简介

铁矿石通过还原反应炼出生铁，生铁是含碳量＞ 2% 的铁碳合金，生铁含碳量一般为 2% ～ 4.3%，并含 C、Si、Mn、S、P 等元素，是用铁矿石经高炉冶炼的产品，生铁坚硬、耐磨、铸造性好，但生铁脆、不能锻压，在炼钢时加入某些合金生铁，可以改善钢的性能。含碳量多少是区别钢与铁的主要标准。生铁含碳量＞ 2.0%，钢含碳量＜ 2.0%，生铁含碳量高，硬而脆，没有塑性。

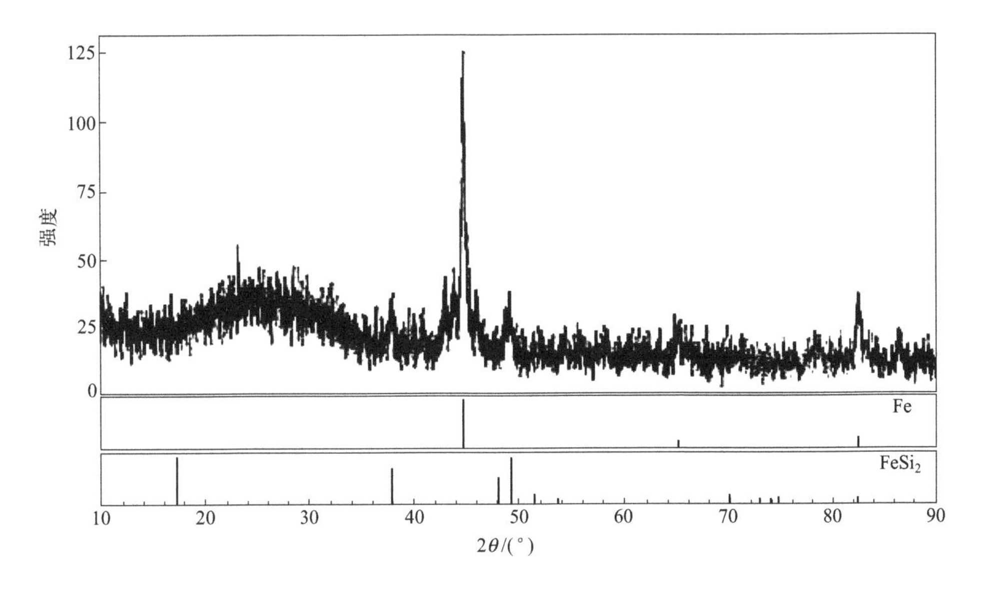


图5 样品X射线衍射谱图

（2）样品产生来源分析

样品外观状态为铁质，手感很重，强磁性，物相以金属铁为主，其中碳含量＞2%，符合生铁特征。根据样品有稍微光滑的弧面、明显气孔、熔融等特征以及现场货物与面包铁类似等综合判断，鉴别样品是来自面包铁破碎而成的物料（有利于此次鉴别送样而破碎）。

4. 鉴别结论

总之，鉴别样品成分较为单一，无其他夹杂物和有害物质，符合炼钢用生铁要求，判断鉴别样品不属于固体废物，为面包铁。

## 三十二、金属铍块

1. 前言

2021年9月，某海关委托中国环科院固体废物研究所对其查扣的一票“回收铍”货物进行固体废物属性鉴别，需要确定是否属于固体废物。

2. 货物特征及特性分析

① 鉴别货物存放于海关查验中心，用铁桶盛装，桶身贴有“VHP5501 221”“不要拆箱”等标签，桶外有透明塑料薄膜缠绕，桶内为银灰色板块状货物，质地硬实，整体干净，无异味，边缘不规整，桶内货物约占体积的1/3。随机取一块样品，致密坚硬，表面平整，有裂纹，分布平行密集条纹，断口比较粗糙，有砂状感，厚度约1.5cm，见图1～图3。

图 1　拆开铁桶包装

图 2　铁桶内块状货物

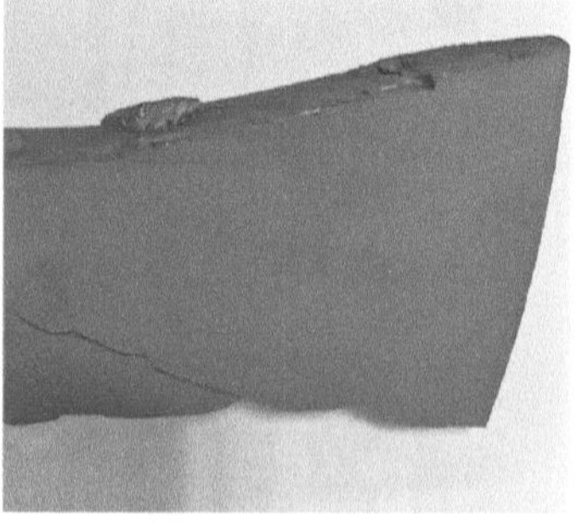

图 3　随机采样一块样品

② 采用 X 射线荧光光谱仪（XRF）、光学显微镜、扫描电镜及 X 射线能谱仪等分析仪器，综合分析样品中的物质组成主要为金属铍（Be），其内分布有极少量的微粒 $Fe_2O_3$、CaO、ZnO、稀土氧化物（$RE_2O_3$）、NaCl 及金属硅等。样品成分组成见表 1，样品形貌特征及各主要物相的产出特征见图 4 ～图 8。

**表 1　样品成分组成**

| 元素 | Be | Na | Mg | Al | Si | Cl | Ca | Fe | Zn |
|---|---|---|---|---|---|---|---|---|---|
| 含量 /% | 92.64 | 0.70 | 0.16 | 1.20 | 0.61 | 0.02 | 0.56 | 3.99 | 0.12 |

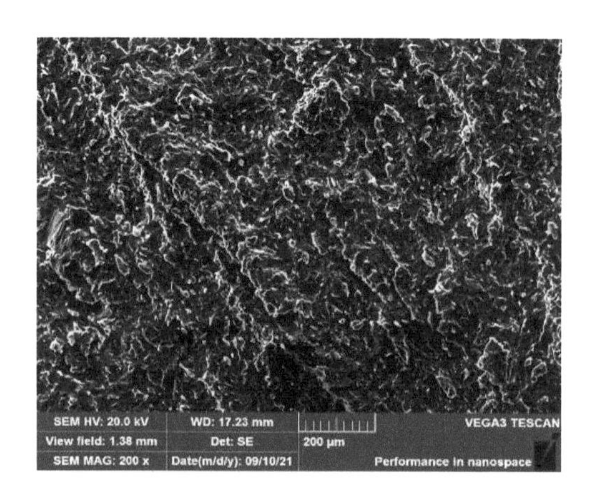


图 4　金属铍断口的形貌特征（放大 200 倍）

### 3. 货物物质属性鉴别分析

（1）金属铍资源简介

目前各国将铍作为一种“战略性关键性材料”及“对战争具有转折性意义的基础战略物资”，金属铍（Be）在国防军工、航空航天等领域的应用十分关键，具有不可替代的作用。高铍含量的合金（BeAl、BeTi）、复合材料、氧化铍陶瓷、氢化铍性能也十分独特，含铍材料的生产技术门槛较高，属于高新技术产业。

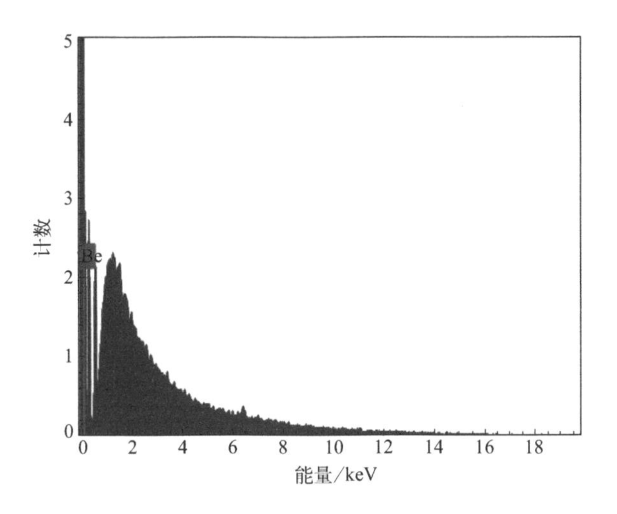


图 5　X 射线能谱图二次电子图（金属铍）

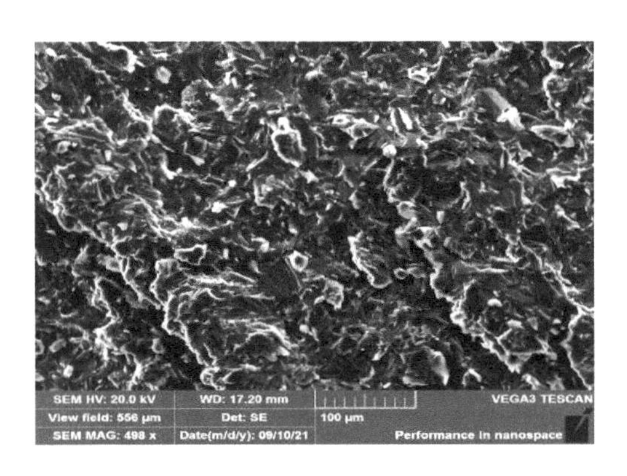


图 6　金属铍断口的形貌特征（放大 1000 倍）

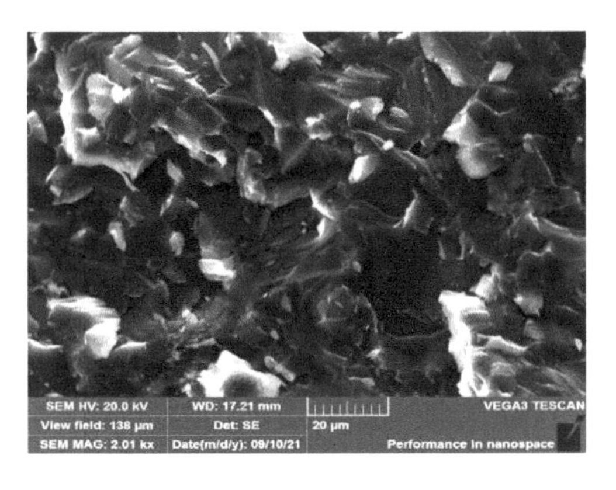


图 7　金属铍断口的形貌特征（放大 2000 倍）

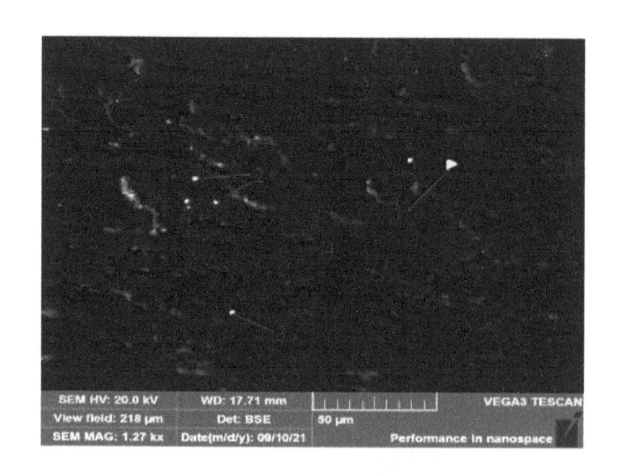


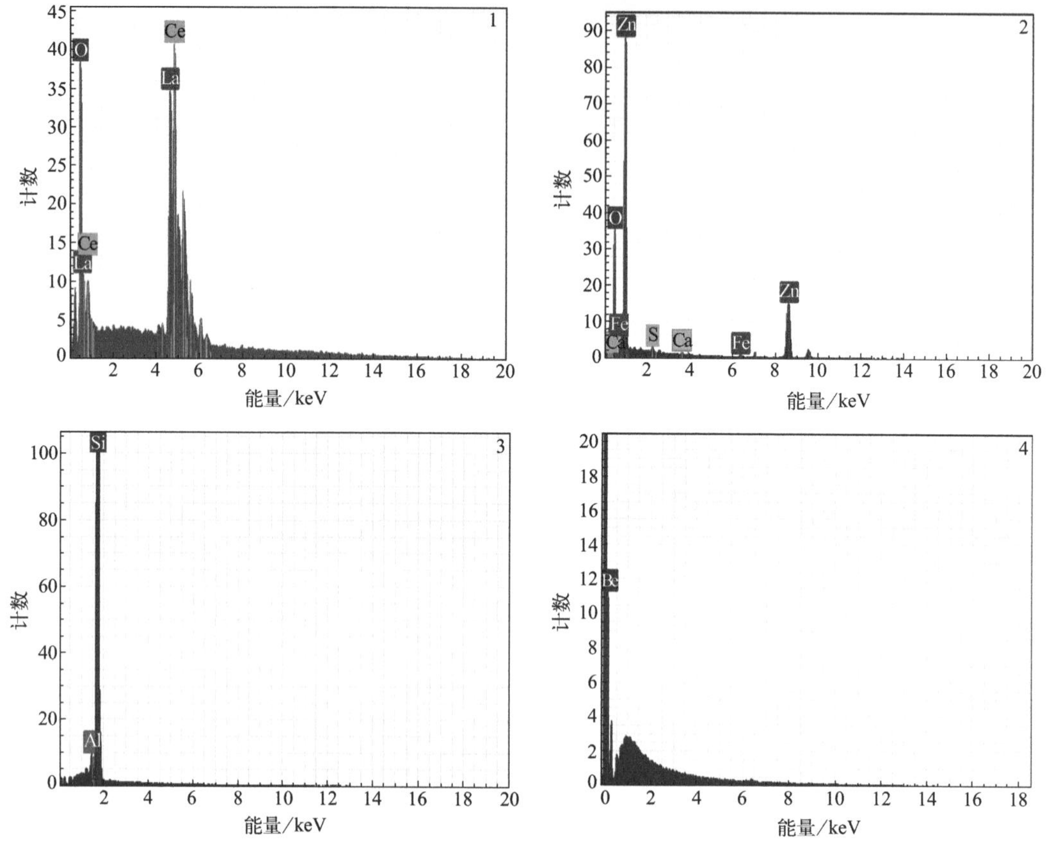


图 8　金属铍中包裹的微粒稀土氧化物、氧化锌和金属硅

（点 1：$RE_2O_3$；点 2：ZnO；点 3：金属硅；点 4：金属铍）

金属铍的生产工艺主要有两种：一种是氟化铍镁热还原法，制取珠状金属铍，纯度一般在 97% 左右；另一种是电解 $BeF_2$ 或 $BeCl_2$，制取的金属铍为鳞片状，纯度可达 99% 以上。工业规模生产金属铍主要采用氟化铍镁热还原法工艺，哈萨克斯坦、中国、印度都是如此，美国是两种方法都采用。氟化铍镁热还原法生产的金属铍，杂质含量较高，仅以金属镁和 MgO 存在的杂质含量高达 0.1% ～ 0.15%，因此需对铍珠进行提纯。以提纯铍珠为目的的熔炼通常采用真空感应熔炼。氧化铍（BeO）高的稳定性和氧在铍

中小的溶解度，有效保证了熔炼后金属铍的纯度。熔炼工艺如图 9 所示[1]。

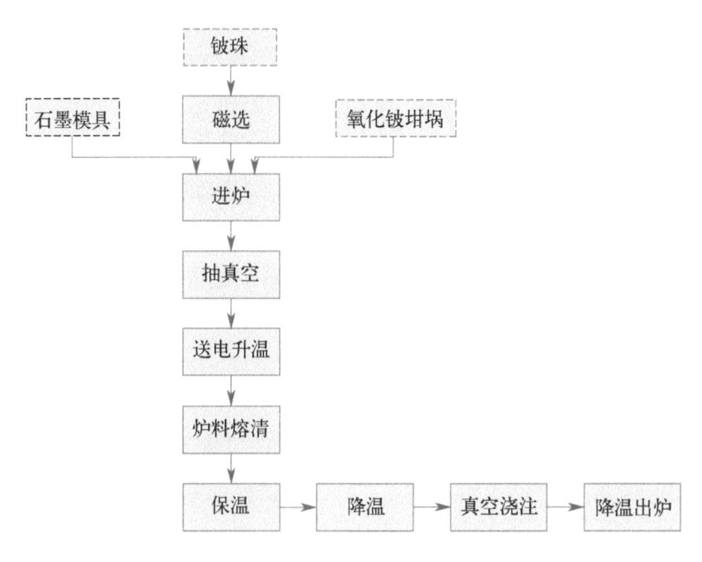


图 9　铍珠熔铸工艺路线图

（2）货物产生来源分析

通过实验分析，鉴别货物样品主要成分为金属铍，另含有极少量的微粒的 $Fe_2O_3$、CaO、ZnO、$RE_2O_3$、NaCl 及金属硅等。样品为板状碎裂大块，表面光滑致密，整体干净，无异味，未沾染有其他非金属物质。报关单显示，鉴别物品来自美国某公司，该公司为全球领先的铍产品综合一体化制造商。综合判断鉴别货物是未经使用的、来自金属铍生产企业的碎金属铍板。

### 4. 鉴别结论

鉴别货物是碎金属铍板。货物表面光滑，整体干净，铍含量较高，属于战略性资源，依据货物以上特征以及《固体废物鉴别标准　通则》（GB 34330—2017）的准则，判断鉴别货物是有意生产的目标产物，不属于固体废物。

# 参考文献

[1] 中国有色金属工业协会专家委员会．中国铍业［M］．北京：冶金工业出版社，2015．

## 三十三、旧冷轧锻钢轧辊

### 1. 前言

2021 年 7 月，某海关委托中国环科院固体废物研究所对其查扣的一票“金属轧机用轧辊（旧）”货物进行固体废物属性鉴别，需要确定是否属于固体废物。

2. 货物特征及特性分析

现场打开所有集装箱查看货物，货物均由专用橙色绑带、木榫固定在集装箱内。集装箱内所有货物均为整根金属材质的圆柱形棒，形似中间粗两端细的擀面杖，为钢铁大轧辊，11 个集装箱内共有 76 根，总质量 247255kg，最长的约 468cm，最短的约 355cm。所有轧辊顶端均可见机器刻印的编号，编号与货物一一对应，没有重复；所有货物未发现断辊、裂纹、破损等明显缺陷；有些轧辊表面用手摸后有油污迹象，但并不显得脏污不堪，不排除起防锈作用；有的轧辊表面带有红色锈迹，有大有小；有的轧辊中间段表面光亮，仔细观察后可见磨痕；有的轧辊两端画有红色或黄色“×”标记；个别轧辊顶端还缠有一圈浅黄色胶带纸。

部分货物见图 1 和图 2。

图 1　箱内大轧辊（一）

图 2　箱内大轧辊（二）

现场随机抽选 3 个集装箱，由专业测试人员采用 PXUT-320C 数字超声波探伤仪，对鉴别货物进行初步探伤实验，探头频率为 2.5MHz。对轧辊内部组织进行超声探测，发现内部组织致密，没有发现任何缺陷回波，工作底波清晰可见，符合《锻钢冷轧工作辊　通用技术条件》（GB/T 13314—2008）中冷轧锻钢轧辊内部组织标准要求，现场探伤检测见图 3 和图 4。

图 3　现场探伤检测（一）

图 4　现场探伤检测（二）

### 3. 货物物质属性鉴别分析

（1）轧辊简介

轧辊是轧机上使金属产生连续塑性变形的主要工作部件和工具[1]。轧辊主要由辊身、辊颈和轴头三部分组成。辊身是实际参与轧制金属的轧辊中间部分，它为光滑的圆柱形或具有带轧槽的表面。辊颈安装在轴承中，并通过轴承座和压下装置把轧制力传给机架。传动端轴头通过连接轴与齿轮座相连，将电动机的传动力矩传递给轧辊。轧辊在轧机机架中可呈二辊、三辊、四辊或多辊形式排列。轧辊是轧机的核心部件，在工作过程中易因磨损、裂纹、断辊等原因产生消耗[2,3]。所谓轧辊磨损是指轧制一定时间后轧辊直径发生变化，使得轧制的产品不能满足产品质量要求，此时会更换轧辊。经咨询国内轧辊专家，因磨损更换下来的轧辊，经加工修复，可用于其他轧机。因为替换下来的旧轧辊大多只是表面发生磨损后规格不够了，内部结构并未被破坏，经改造加工修复后，安装在合适的轧机上仍可作为轧辊使用。

图 5 和图 6 是对国内某旧轧辊企业翻新轧辊的调研图片。

图 5　旧轧辊翻新加工处理

图 6　翻新后的轧辊

（2）货物产生来源分析

根据鉴别货物的外观状态，以及表面沾有轻微油污、有磨损痕迹、轧辊表面有锈迹、轴头顶端有“×”形标记等特征，判断鉴别货物为使用过的轧辊。根据现场抽样探伤测试结果，轧辊内部组织致密，没有缺陷回波，工作底波清晰可见，初步判断轧辊为冷轧轧辊，符合《锻钢冷轧工作辊　通用技术条件》（GB/T 13314—2008）中冷轧锻钢轧辊内部组织的技术要求。总之，鉴别货物是回收的使用过的冷轧锻钢轧辊。

### 4. 鉴别结论

鉴别货物是回收的使用过的旧冷轧锻钢轧辊，经改造加工修复，可继续安装到合适的轧机上作为轧辊使用。经与国内回收的旧轧辊进行对比，此批进口轧辊明显好于国内自产的旧轧辊。鉴于轧辊生产过程复杂、周期长，而加工修复旧轧辊经济且方便，且国内外对旧锻钢轧辊多采用加工修复的方式进行再利用，判断鉴别货物不属于固体废物，为旧冷轧锻钢轧辊。

# 参考文献

[1] 中国冶金百科全书总编辑委员会《金属塑性加工》卷编辑委员会. 中国冶金百科全书·金属塑性加工 [M]. 北京：冶金工业出版社，1999.

[2] 郝维进，陈荣发，曹培，等. 轧辊表面 $CrAlN_x$ 涂层的摩擦磨损性能研究 [J]. 真空，2020，57(05)：28-31.

[3] 高忠胜. 钢坯连轧机轧辊使用及管理 [J]. 钢铁，1992，27 (11)：19-23.

## 三十四、旧车载 GPS 定位器

### 1. 前言

2021 年 9 月，某海关委托中国环科院固体废物研究所对其查扣的一票“旧 GPS 定位器”货物进行固体废物属性鉴别，需要确定是否属于固体废物。

### 2. 货物特征及特性分析

（1）查扣货物的现场情况

鉴别货物共有 575 个车载用全球定位系统（GPS）定位器，全部封装于一纸箱内，纸箱外用塑料气泡膜包裹，包装完好。开箱后，箱内全部为同一品牌的旧 GPS 定位器，部件为黑色，带有连接线，背面贴着印刷有设备型号的白色标签，可见划痕，具有明显使用痕迹。纸箱上层的货物较干净，纸箱下层货物大部分贴有“NO Reply”“Dead Device”等标签。纸箱内货物外观上大部分完好无损，但也有无智能卡（SIM 卡）盖板的、有接线头被拔掉并露出电线的、有贴有故障标签的，绝大部分为 4 线接口，少部分为 5 线接口。

货物照片见图 1 和图 2。

图 1　箱内 GPS 部件

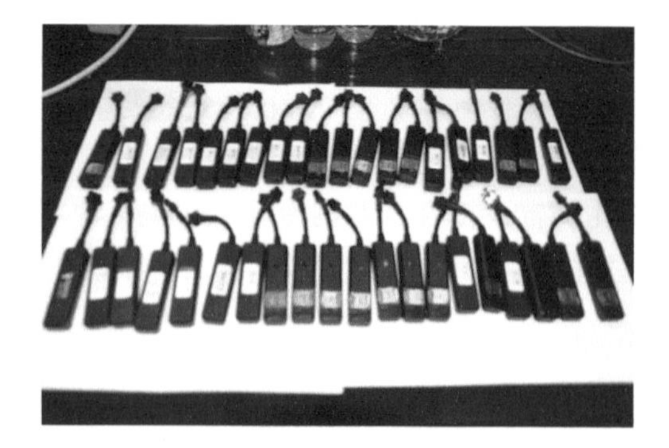

图 2　随机抽取的 40 个 GPS 部件

（2）性能测试

① 通电及上线功能测试。分别从纸箱上层和下层各随机抽取 40 个样品，共 80 个

货物样品进行通电及上线功能测试。通电测试是指接通电源后电源指示灯可正常亮起；上线功能测试是指接通电源、插上SIM卡、接通信号线，可在信号接收平台接收到工作数据。80个样品中，有7个设备因无接头而没有接通电源，有4台设备可以接通电源但接收不到工作数据，其他都可正常亮灯和接收数据。

② 定位性能测试。从剩余的495个设备中，随机抽取5个定位器，进一步测试其定位的准确性，结果显示这5个定位器都可实现较准确的定位。见图3和图4。

图3 样品测试显示导航地图（一）

图4 样品测试显示导航地图（二）

### 3. 货物物质属性鉴别分析

（1）GPS简介

GPS是全球定位系统（global positioning system）的简称。全球定位系统是一种以人造地球卫星为基础的高精度无线电导航的定位系统，它在全球任何地方以及近地空间都能够提供准确的地理位置、行车速度及精确的时间信息。

（2）货物产生来源分析

根据委托单位及现场查看时企业提供的有关资料，鉴别货物是进口企业自己研发并生产的GPS设备，是印度客户退回的有瑕疵或小故障的需要维修的产品。

根据现场测试情况和企业技术人员的介绍，这些货物大部分都是好的定位器，少部分有瑕疵或故障的经过维修加工后仍可作为GPS定位设备使用。鉴别货物是回收的同一品牌、不同型号的旧GPS定位器。

### 4. 鉴别结论

鉴别货物有500多只，质量仅有约20kg，是国内生产企业出口后再返回到原企业的，大部分都是好的定位器，少部分有瑕疵或故障的经维修后仍作为GPS定位器使用，进口目的并不是拆解和销毁处置，而是检修后重新利用，依据《固体废物鉴别标准　通则》（GB 34330—2017）的相关准则，判断鉴别货物不属于固体废物，为旧GPS定位器。

# 三十五、旧飞机拆解零部件

## 1. 前言

2021 年 4 月，某海关委托中国环科院固体废物研究所对其查扣的一票“公共喷嘴等旧飞机零部件”货物进行固体废物属性鉴别，需要确定是否属于固体废物。

## 2. 货物特征及特性分析

鉴别货物共计 413 件，其中 387 件货物存放于海关保税仓库内，其余 26 件货物或已出售，或已取得“批准放行证书 / 适航批准标签（AAC-038 表）”存放于其他仓库，或正在取证（AAC-038 表）中。仓库内的货物有的为纸箱包装、有的为木箱包装，有的摆放在货架上、有的平放于地面上，整齐有序，均未随意摆放。

现场随机抽取 22 箱（35 件）货物进行拆箱查看，包括 14 件电子器件、21 件机械件。所有电子器件均被封装在防静电专用金属复合包装袋内，使用聚氨酯（PU）快速成形发泡胶或珍珠棉泡沫板进行防震保护，外层包装为纸箱。电子器件均带有航空器拆解件挂签，物品表面干净，可见很细小划痕及磨损痕迹。机械件有两种外包装：纸箱包装的物品多为小尺寸零部件，均缠绕多层气泡膜、垫放气柱袋；木箱包装的物品有反推整流罩、水平安定面调节作动器。拆箱查看的机械件中有两件已取得 AAC-038 表，其余均带有航空器拆解件挂签。部分机械件如方向舵伺服控制作动器、扰流板伺服作动器等表面似有液压油，但并不显脏污。

现场随机拆包查看部分情况见表 1 和图 1 ～图 6。

**表 1　现场拆包查看部分信息**

| 序号 | 箱号 | 物品名称 | 件号 | 件数 |
|---|---|---|---|---|
| 1 | 75 号 | 发电机控制主件 | 740120C | 1 |
| 2 | 121 号 | 静变流机 | 1B1000-1GS | 1 |
| 3 | 137 号 | 空气滤 | QA06423-01 | 1 |
| 4 | TD189 | 反推整流罩 | 745.0002.501 | 1 |
| 5 | TD186 | 反推整流罩 | 745.0002.505 | 1 |
| 6 | TD188 | 反推整流罩 | 745.0002.511 | 1 |
| 7 | 41 号 | 飞行管理计算机（FMC） | C13043BA04 | 1 |
| 8 | 149 号 | 飞行数据接口组件 | ED43A1D6 | 1 |
|  |  | 近地警告计算机 | 965-1676-003 | 1 |
| 9 | 117 号 | 机载天线耦合器 | 964-0453-001 | 1 |
| 10 | 68 号 | 飞行警告控制组件 | 350E053021212 | 1 |
| 11 | 22 号 | 烟雾探测器 | CGDU2000-00 | 1 |
|  |  | 货舱烟雾探测器 | PPA1103-00 | 6 |
| 12 | 151 号 | 飞机厨房烤箱 | 72068000 | 1 |
| 13 | 171A 号 | 方向舵伺服控制作动器 | 811A0000-04/811A0000-05 | 2 |

续表

| 序号 | 箱号 | 物品名称 | 件号 | 件数 |
|---|---|---|---|---|
| 14 | 129 号 | 中央故障显示接口组件 | B401ACM0507 | 1 |
| 15 | 木箱 5 | 水平安定面调节作动器 | 47145-137 | 1 |
| 16 | R301 号 | 升降舵副翼计算机 | 已取得 AAC-038 表 | 1 |
| 17 | R306 号 | 气象雷达收发组 | 已取得 AAC-038 表 | 1 |
| 18 | 111 号 | 通风控制器 | 600615-00-503 | 1 |
| | | 静变流机 | 3025 | 1 |
| 19 | 204A 号 | 前起落架舱门上锁组件 | C24730001-6 | 1 |
| | | 反推液压控制组件 | TY1540-24E | 1 |
| | | 起落架用排泄阀 | 114083003 | 1 |
| 20 | 193A 号 | 扰流板伺服作动器 | 31077-111/A88004-2 | 1 |
| 21 | 100 号 | 引气监控计算机 | 785002-9 | 1 |
| 22 | 59 号 | 探头加温计算机 | 1663214301 | 3 |

图 1　仓库内货物

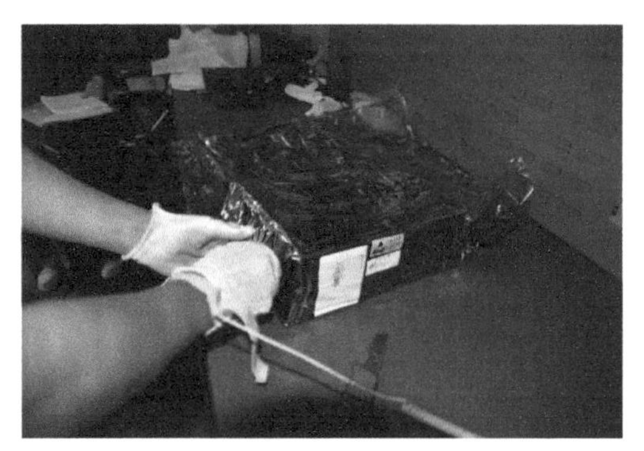

图 2　拆防静电铝专用金属复合包装袋

图 3　“扰流板伺服作动器”及标牌

图 4　查看的第四大箱货物——反推整流罩

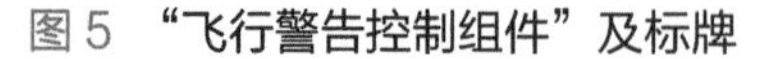
图 5 “飞行警告控制组件”及标牌

图 6 箱内部件——水平安定面调节作动器

### 3. 货物物质属性鉴别分析

（1）航空器拆解件要求简介

根据《航空器拆解》（AC-145-FS-2019-017）的规定，实施航空器拆解的单位需具有《维修许可证》《许可维修项目》，可进行拆解作业的航空器需符合以下原则：

① 直接从民航运行中退役的航空器，并且在运行期间未经历过造成航空器报废的严重事故。如事故造成航空器部分系统报废，需经过修复并恢复了其适航性。

② 从民航运行中退役后封存的航空器，并未经历过水浸、火烧等灾害情况。对于拟返回使用的部件拆解后，应当按照相应持续适航文件的要求予以适当保护，由拆解人员完整填写部件信息，并由授权人员核对后签发《航空器拆解件挂签》。签发《航空器拆解件挂签》的拆解部件应当及时转移并妥善保存，相关信息及时录入中国民用航空维修协会的航空器拆解登记查询平台系统中。《航空器拆解件挂签》表示拆解工作符合标准，除特殊情形外，拆解件需由经批准的维修单位维修和签发 AAC-038 表《批准放行证书 / 适航批准标签》后才能返回使用。

（2）货物产生来源分析

根据相关资料，鉴别货物是国内某飞机维修工程有限公司在我国拆解获得的产物，是拆解飞机 B-2368 的部分航材，声明飞机在中国某航空公司运营期间未发生任何重大事件或事故，未遭受水浸、火灾等灾害情况。现场拆箱查看的货物全部具有《航空器拆解件挂签》，同时有 2 件货物已取得 AAC-038 表。根据现场查看时记录的件号和序列号，以及企业提供的货物清单，在中国民用航空维修协会官网[1]，对待鉴别的货物进行航空器材拆解登记查询，显示所有拆解件均已进行登记。因此，鉴别货物符合《航空器拆解》（AC-145-FS-2019-017）的相关规定。

总之，鉴别货物是由国内航空器在国内有资质的拆解单位进行拆解得到，符合《航空器拆解》（AC-145-FS-2019-017）的相关规定，是旧飞机零部件。

### 4. 鉴别结论

鉴别货物是国内航空器在中国境内由有资质的单位拆解获得，拆解过程符合《航空器拆解》（AC-145-FS-2019-017）的相关规定，截至现场查看时已有 12 件货物取得

AAC-038 表，有 7 件货物正在取证中，表明该批货物未丧失部件的原有利用价值；从随机抽取拆包货物看，拆解部件包装及其管理规范，没有看到脏、乱、污、损、破等废弃特征；同时，根据咨询相关专家意见，此次鉴别的部件均不是飞机上拆解下来的一般材料，是具有较高价值的部件。在货物进口当时，海关总署和生态环境部对旧货（包括飞机旧零部件）还没有建立针对性的管理要求以及固体废物鉴别判断准则，这种情况下，根据固体废物的法律定义和我国民航系统对旧飞机零部件的管理实践，判断鉴别货物不属于固体废物，为旧飞机零部件。

## 参考文献

[1] http：//www.camac.org.cn/.

## 三十六、旧 X 射线高压发生装置

### 1. 前言

2021 年 9 月，某海关委托中国环科院固体废物研究所对其查扣的一票“X 射线高压发生装置”货物进行固体废物属性鉴别，需要确定是否属于固体废物。

### 2. 货物特征及特性分析

货物共有 6 台相同品牌的 X 射线高压发生装置，6 台设备总重 480kg，价值 24900 美元。现场将 6 台设备全部开箱查看，这 6 台设备均由木箱、防撞塑料气泡膜、塑料膜包装，共 3 层，货物表面可见划痕等使用痕迹，未见严重破损性特征，总体干净无污物。

6 台设备的基本信息见表 1，部分货物照片见图 1 ～图 4。

**表 1　6 台设备的基本信息**

| 序号 | 品牌 | 设备名称 | 生产日期 |
| --- | --- | --- | --- |
| 1 | Spellman | X 射线高压发生装置 | 2007 年第 42 周 |
| 2 | | | 2006 年第 4 周 |
| 3 | | | 2009 年第 14 周 |
| 4 | | | 2010 年第 40 周 |
| 5 | | | 2008 年第 5 周 |
| 6 | | | 2006 年第 43 周 |

注：品牌及生产日期信息从设备标签上读取。

### 3. 货物物质属性鉴别分析

（1）X 射线高压发生装置简介

一套 Spellman 高压发生器，正高压发生器能产生 +70kV 的高压，负高压发生器能

产生 -70kV 的高压，联合起来使用能产生 140kV 高压。因此，通过一系列程序控制，一套 Spellman 高压发生器可以提供 60 ～ 140kV 高压、6 ～ 900mA 的直流电流，供不同需求的设备使用。如需实现高压发生器的全部功能，需将高压发生器与相应的软硬件控制系统连接，但在查看现场，并不具备该条件。因此，通过如下简易方法进行测试。将 220V 交流电通过调压器输入高压发生器输入端，在高压发生器输出端连接一个万用表，从零开始逐渐调大调压器的电压，在输出端万用表上显示的电压也可线性增大。

图 1　拆开外包装

图 2　X 射线高压发生装置

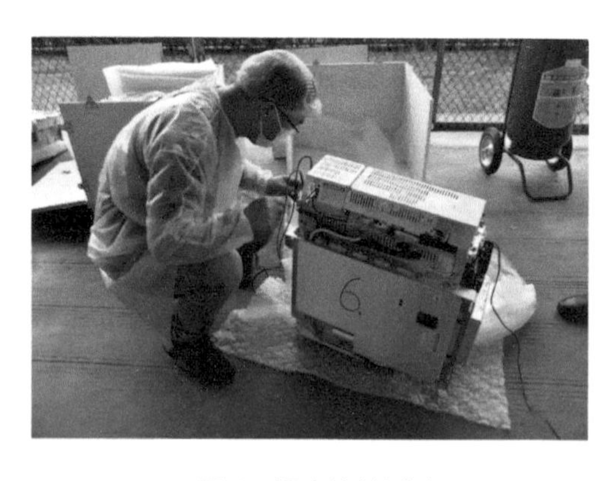

图 3　通电连接测试

图 4　测试仪器显示数据

（2）货物产生来源分析

现场按照上述测试方法对6台设备进行测试，结果显示6台设备都正常显示和运行，由此判断高压发生器仍具备基本功能，为医疗用 X 射线高压发生装置。

### 4. 鉴别结论

鉴别货物表面均可见划痕等使用痕迹，是回收的使用过的旧设备，经现场简单测试，每台设备功能正常，仍可用于其原始用途。货物属于高精密的仪器设备，包装严实且价值高，对我国学习借鉴制造同类产品具有较高的参考价值。依据《固体废物鉴别标准　通则》（GB 34330—2017）第 6.1 节中第 a）条的准则，判断鉴别货物不属于固体废物，为旧的 X 射线高压发生装置。

# 三十七、旧复印机

## 1. 前言

2020 年 1 月，某海关委托中国环科院固体废物研究所对其查扣的一票“旧复印机”货物进行固体废物属性鉴别，需要确定是否属于固体废物。

## 2. 货物特征及特性分析

鉴别货物共 1 个集装箱，全部为理光（RICOH）牌复印机。现场有 56 台复印机已经完成掏箱，放置于海关监管区，剩余货物仍在集装箱内（集装箱下层）。

复印机大部分外裹覆白色透明塑料薄膜，复印机外观完整，无明显脏污和严重破损，个别复印机塑料外壳边角有裂痕，有一定的使用痕迹。复印机型号几乎全部为 MPC3003，个别型号为 MPC3503。集装箱内的复印机均裹覆有白色透明塑料薄膜，均匀码放于集装箱下层，中间放置有多层纸壳起缓冲保护作用，顶部整体覆盖有大块木板。

从监管仓库的 56 台复印机中随机抽选 6 台，并从集装箱内随机抽选 2 台，对这 8 台复印机进行现场拆包，连接电源后进行打印及彩色复印测试，所抽样品全部可以正常开关机、启动，操作面板亮起，为英文显示系统，可以正常操作使用打印、复印功能。现场测试情况见表 1，打印和复印测试页见图 1 和图 2，现场部分复印机货物状态见图 3 ～图 6。

**表 1　货物现场测试情况**

<table>
<tr><th>抽样序号</th><th>型号</th><th>黑白打印</th><th>彩色复印效果</th></tr>
<tr><td>1</td><td rowspan="3">MPC3003</td><td>字迹清楚、清晰</td><td>色彩较为均匀，边缘偶见白色色斑</td></tr>
<tr><td>2</td><td>字迹清楚、清晰</td><td>色彩均匀，打印效果良好</td></tr>
<tr><td>3</td><td>字迹清楚、清晰</td><td>色彩均匀，打印效果良好</td></tr>
<tr><td>4</td><td>MPC3503</td><td>字迹清楚、清晰，中间出现黄色夹杂彩色的条带</td><td>整体色泽略显不均匀</td></tr>
<tr><td>5</td><td rowspan="4">MPC3003</td><td>字迹清楚、清晰</td><td>整体色泽较淡，略显不均匀</td></tr>
<tr><td>6</td><td>字迹清楚、清晰</td><td>整体色泽不均匀</td></tr>
<tr><td>7</td><td>字迹清楚、清晰，中间出现黑色夹杂彩色的条带</td><td>上部出现多条不均匀彩色条带，整体有不规则白色条带，上部图案未能清晰复印显示</td></tr>
<tr><td>8</td><td>字迹清楚、清晰</td><td>上部、下部出现多条不均匀彩色、白色条带，上部图案未能清晰复印显示</td></tr>
</table>

## 3. 货物物质属性鉴别分析

（1）旧复印机翻新简介

根据《废旧复印机、打印机和速印机再制造通用规范》（GB/T 34868—2017），废旧复印机、打印机再制造存在“整机全新再制造”“整机再生”“整机翻新”3 种作业方式，其主要区别在于：“整机全新再制造”是将废旧复印打印机充分拆解为均质零件或不可拆分组件，重新组装成机；“整机再生”是拆解为部件重新组装成机；“整机翻新”是不拆解仅修复或更换零部件。

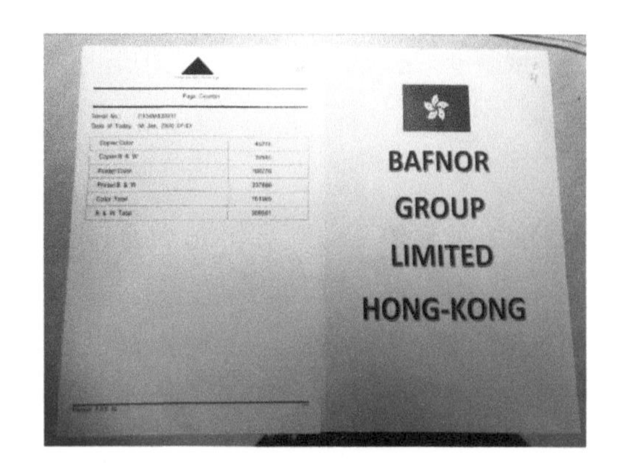


图 1　1 号样品的打印、复印测试页

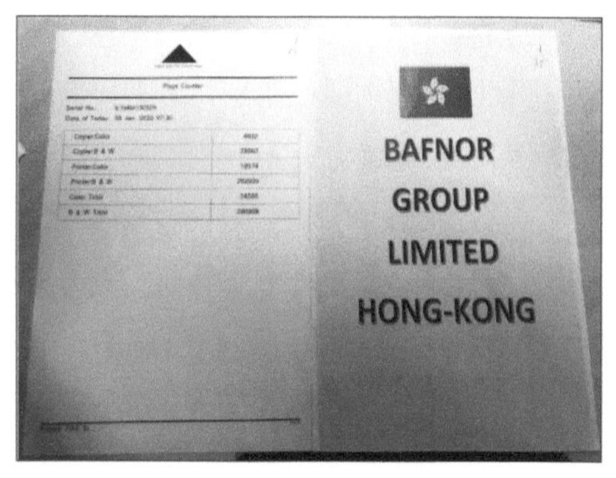


图 2　4 号样品的打印、复印测试页

图 3　移至监管库房存放的复印机

图 4　集装箱内的货物

图 5　控制板显示正常并能打印操作

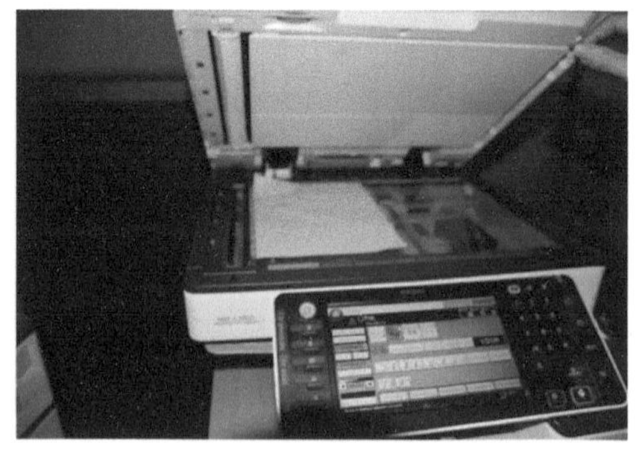

图 6　复印机显示板显示正常并能正常复印

（2）货物产生来源分析

货物整体完好，外观干净，结构完整，未见零散的拆解件；货物几乎为同一型号、同一颜色的复印机，有统一的防护包装，判断是经过了初步挑选、收集和分类；抽取样品通电后均可正常操作使用，进行打印、复印测试后部分测试效果存在一定问题，不排除是由集装箱长距离运输过程中该打印机上层堆放较重货物导致复印面板受挤压有些变形。根据打印、复印效果，经咨询专家，判断该机器可通过简单维修即可恢复其原始用途；货物纸箱最大尺寸纸为 A3，未发现有 A0 尺寸纸张可使用的纸槽，判断鉴别货物是办公用多功能数码复印机，不是工程复印机。

综上所述，鉴别货物经过简单修复处理或更换零部件（包括显示软件）即可具有原使用价值，满足《废旧复印机、打印机和速印机再制造通用规范》（GB/T 34868—2017）中关于“整机翻新”作业方式的要求，是经过收集、分类后的办公用多功能数码复印机。

委托方提供了当地海关出具的机电再制造有限公司入境维修再制造能力评估的函，文件明确提出“经评估，你公司基本满足再制造业务开展的需要，同意开展入境维修再制造业务。业务范围：进口工程复印机”。

### 4. 鉴别结论

鉴别货物是使用过的旧复印机，在国外经过收集、分类、挑选等步骤，因而没有表现出拆解、拆毁、严重损坏等废弃特征，现场测试仍具有打印和复印的基本功能和效果，未丧失其原有利用价值，满足《废旧复印机、打印机和速印机再制造通用规范》（GB/T 34868—2017）中关于“整机翻新”作业方式的要求。在海关总署和生态环境部对进口旧货（包括旧复印机、旧大型机电设备、旧冷轧辊等）没有明文规定为固体废物以及不属于商务部、海关总署公布的《禁止进口的旧机电产品目录》中的货物情况下，根据固体废物的法律定义和海关对旧复印机的管理实践，判断鉴别货物不属于固体废物，为旧复印机。

建议相关部门建立旧机电和旧机械产品及其他二手产品进口的固体废物属性鉴别专门判断准则和固体废物管理依据，以便各相关方遵照执行，减少企业违法违规进口固体废物的风险和责任。

## 三十八、旧橡木桶

### 1. 前言

2023 年 1 月，某海关委托中国环科院固体废物研究所对其查扣的一票进口“橡木桶（旧）”货物进行固体废物属性鉴别，需要确定是否属于固体废物。

### 2. 货物特征及特性分析

鉴别货物均为大小一致的木桶，侧面可见被木塞密封的桶孔。桶身由厚约 20mm 的长木块紧密拼接并由 6 个铁箍固定。铁箍均出现一些锈蚀现象，木桶表面较为干净，为致密木质，无明显疤结、毛刺，但有被锈蚀的黑色迹象，个别桶表面出现 1 ～ 2mm 深的裂口，所以整批货是使用后的酒桶。现场随机抽取样品，将密封木塞撬开，通过桶孔可闻到明显的醇类（酒精）气味和果香味，无其他异味。每个桶都标注有批号和编号，从批号中可读出木桶的装酒日期。现场随机抽取5个木桶，查看装酒日期为2017年11月2日、2021年2月23日、2018年1月27日、2021年3月6日，对其开展注水检查渗漏情况。由于海关货场条件有限，仅拔出3个木桶的木塞，向桶内注水，盖好木塞，来回滚动木桶并静置一段时间，未发现漏水、渗水现象。

鉴别货物现场情况见图1～图6。

图1　海关查验平台上掏出的货物

图2　现场货物

图3　桶上的编号

图4　个别桶表面有裂纹现象

图5　现场撬开桶塞

图6　现场注水

### 3. 货物物质属性鉴别分析

（1）橡木桶简介

使用谷物发酵并在橡木桶中陈酿的蒸馏酒被叫作威士忌，可根据谷物的类型、是否混配、产地等对威士忌进行分类。威士忌陈酿用的木桶使用美国白橡木或者近缘种的西班牙橡木制成。苏格兰威士忌通常使用之前陈酿过波本威士忌或雪莉酒的酒桶进行陈酿。西班牙雪莉酒可以使用美国白橡木桶也可以使用西班牙橡木桶陈酿。除非有特殊法律规定，桶都是被重复利用直到风味上达不到要求[1]。橡木桶图片如图 7、图 8 所示。

图 7　新橡木桶照片

图 8　旧橡木桶酿酒

（2）货物产生来源分析

根据现场查看货物的外观特征，经与图 7 和图 8 比对，结合委托方提供的材料，以及打开木塞后闻到的酒香气味，判断鉴别货物为使用过的已酿造过酒的橡木桶，每个桶的容积在 200L 左右。

### 4. 鉴别结论

鉴别货物材质厚实，密封性良好，未发生渗水、漏水现象。行业内这类酿酒用的橡木桶都是重复利用，直至风味上达不到要求为止。鉴别货物表面有黑色污渍现象，桶上铁箍生锈，个别橡木桶表面有较短裂缝等特征，并不影响桶的重复使用。从桶身标记的装酒时间判断，该批橡木桶的使用时间不长，且通过桶孔仍可闻到桶内较为浓郁的酒香气。总之，鉴别货物是旧橡木桶，并未丧失其原有利用价值，仍可作为酿酒容器使用，根据固体废物的法律定义和《固体废物鉴别标准　通则》（GB 34330—2017）第 6.1 小节中第 a）条的准则，判断鉴别货物不属于固体废物。

## 参考文献

[1] Piggott J R．威士忌（Whisky），威士忌（Whiskey），波本威士忌（Bourbon）的生产和制造［J］．宋君，朱蕾 译．中外酒业，2020（23）：35-40.

# 三十九、丁腈橡胶合成胶乳

## 1. 前言

2014 年 10 月，某海关委托中国环科院固体废物研究所对其查扣的一票“丁腈橡胶合成胶乳”货物样品进行固体废物属性鉴别，需要确定是否属于禁止进口的固体废物。

## 2. 样品特征及特性分析

① 样品为白色乳液，无恶臭味，样品见图 1。

图 1　样品（玻璃瓶中白色乳液）

② 取乳液样品直接做红外光谱测试，表明样品乳液中含水，样品中液体红外光谱图见图 2。将样品置于烘箱中 50℃下烘干 48h，测定总固形物含量约 35%，主体成分为丁腈橡胶，另含乳化剂等，红外光谱图见图 3。

③ 将样品进行成分分析，样品聚合物为丁腈橡胶，丙烯腈（$C_3H_3N$）含量为 31% ～ 35%。将样品再委托国内某橡胶原料企业进行分析测试，样品指标与国内某企业标准对比见表 1。

**表 1　样品指标分析结果**

| 项目 | 固物含量 /% | 黏度 /（mPa · s） | pH 值 | 表面张力 /（mN/m） | 密度 /（$g/cm^3$） |
|---|---|---|---|---|---|
| 测试结果 | 35 | 35 | 7.2 | 43 | 0.998 |
| 某企业标准 | 35±0.5 | 30 ~ 100 | 7 ~ 8 | < 48 | 0.991 ~ 1.050 |

## 3. 样品物质属性鉴别分析

（1）丁腈橡胶简介

丁腈橡胶（NBR）是由丁二烯（$C_4H_6$）和丙烯腈（$C_3H_3N$）经溶液或乳液聚合而得到的一种高分子弹性体，按照丙烯腈含量的高低，可将丁腈橡胶分为极高丙烯腈含量（$C_3H_3N$ 含量 42% ～ 51%）、高丙烯腈含量（$C_3H_3N$ 含量 36% ～ 41%）、中高丙烯腈含量（$C_3H_3N$ 含量 31% ～ 35%）、中丙烯腈含量（$C_3H_3N$ 含量 25% ～ 30%）和低丙烯腈含量（$C_3H_3N$ 含量 18% ～ 24%）5 个类型。液体丁腈橡胶是采用一般的乳液自由基聚合而成，基本特性为：在室温下为黏稠液体，因而可以涂刷、浸渗、注射等；由于分子链有两末端官能团，可以进行扩链交联反应；由于含有 $C_3H_3N$，与其他极性聚合物相容性好[1]。羟基丁腈胶乳广泛应用在胶乳制品、纺织、造纸等领域，国内某单位生产的羟基丁腈胶乳总固形物质量分数为 40% ～ 42%，$C_3H_3N$ 质量分数为 32% ～ 35%，羟基质量分数 2.0% ～ 3.0%[2]。丁腈胶乳是一种羟基丁二烯丙烯腈共聚物胶乳，用于浸胶手套生产，不同国家或地区部分牌号丁腈胶乳指标见表 2[3]。

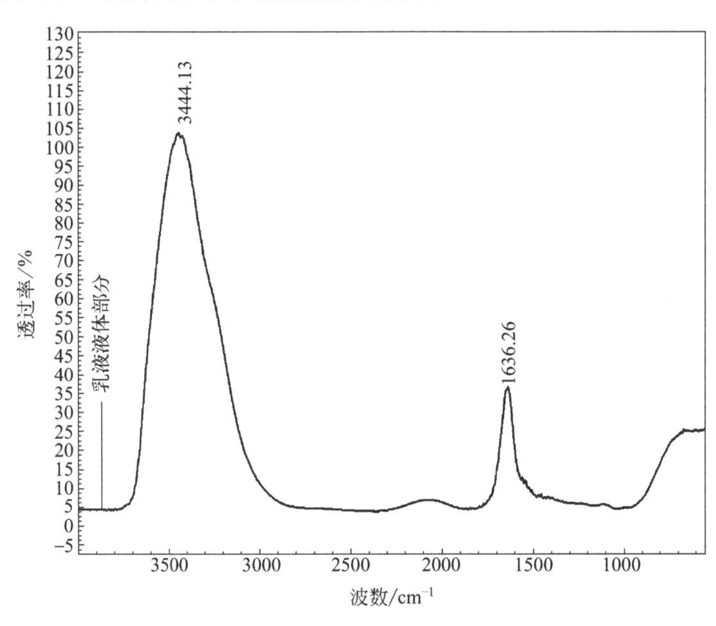


图 2　乳液样品中液体红外光谱图

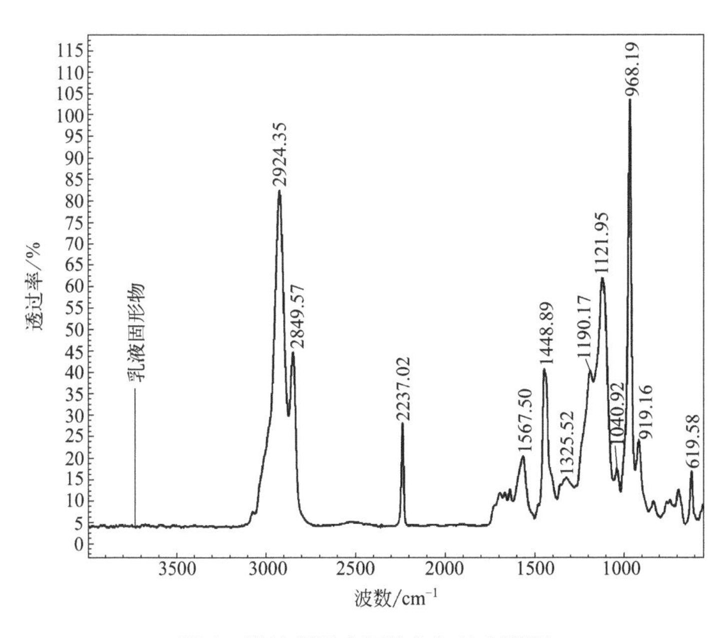


图 3　乳液样品中固体物红外光谱图

表 2　不同国家或地区部分牌号丁腈胶乳指标

| 项目 | 日本 LX551 | 美国 68074 | 英国 99G43 | 中国兰州石化 | 中国台湾地区 640D |
|---|---|---|---|---|---|
| 总固形物含量 /% | 45 | 43.5 | 43.5 | 45 | 43.5 |
| pH 值 | 8.5 | 8.0 ~ 8.3 | 8.0 ~ 8.5 | — | 8.2 |
| 表面张力 /（mN/m） | 31 | 30 ~ 40 | 29 | — | 32.5 |
| 黏度（旋转黏度计法）/（mPa · s） | 85 | < 100 | 15 ~ 60 | — | 50 |
| 丙烯腈含量 /% | 37 | 约 40 | 约 39 | — | ≥ 36.5 |

（2）样品产生来源分析

样品报关名称为“丁腈橡胶合成胶乳”，进口用于生产橡胶手套，鉴别机构工作人员到进口货物利用企业进行了核实，的确为橡胶手套专门生产企业。样品颜色纯正、无恶臭、无肉眼杂物，成分为丁腈橡胶，总固形物含量、丙烯腈含量、pH 值、表面张力、黏度等指标符合丁腈胶乳产品的指标范围，结合对国内某橡胶手套企业调研情况，判断鉴别样品为丁腈胶乳。

4. 鉴别结论

样品丁腈胶乳是有意识加工生产的产品，其进口是用作橡胶手套生产的原料，是这类胶乳通行的固有用途，判断鉴别样品不属于固体废物。

# 参考文献

[1] 张玉龙，孙敏. 橡胶品种与性能手册 [M]. 北京：化学工业出版社，2008.
[2] 于奎，钟启林，康安福，等. 羟基丁腈胶乳的基本性质 [J]. 合成橡胶工业，2012，35（05）：336-338.
[3] 刘志成. 丁腈胶乳工业手套开发探索 [J]. 中国橡胶，2004，20（17）：20-23.

## 四十、天然橡胶的再生胶

1. 前言

2018 年 9 月，某海关委托中国环科院固体废物研究所对其查扣的一票“再生橡胶”货物样品进行固体废物属性鉴别，需要确定是否属于固体废物。

2. 样品特征及特性分析

① 样品为 2 块土黄色橡胶块，均有一明显切割面，气孔明显，外观状态见图 1 和图 2。

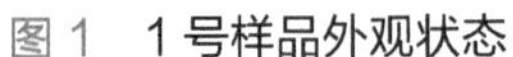

图1　1号样品外观状态

图2　2号样品外观状态

② 按照《橡胶　裂解气相色谱分析法　第1部分：聚合物（单一及并用）的鉴定》（GB/T 29613.1—2013）标准，对样品主要成分进行定性，结果显示2个样品均为天然橡胶。

③ 按照《橡胶　用无转子硫化仪测定硫化特性》（GB/T 16584—1996）标准，测试样品的硫化特性，结果见表1，硫化曲线见图3。

**表1　样品的硫化特性（145℃）**

| 样品 | $T_{10}$①| $T_{50}$ | $T_{90}$② | ML③/（N·m） | MH④/（N·m） |
|---|---|---|---|---|---|
| 1号 | 1min46s | 1min46s | 1min46s | 2.190 | 2.190 |
| 2号 | 1min29s | 1min29s | 1min29s | 2.200 | 2.200 |

①焦烧时间 $T_{10}$：胶料在硫化温度下加热出现烧焦的时间。

②正硫化时间（最宜硫化时间）$T_{90}$：代表胶料达到最佳性能状态时的硫化时间。

③ ML：最小转矩值，反映未硫化橡胶在一定温度下的流动性。

④ MH：最大转矩值，反映硫化胶最大交联度。

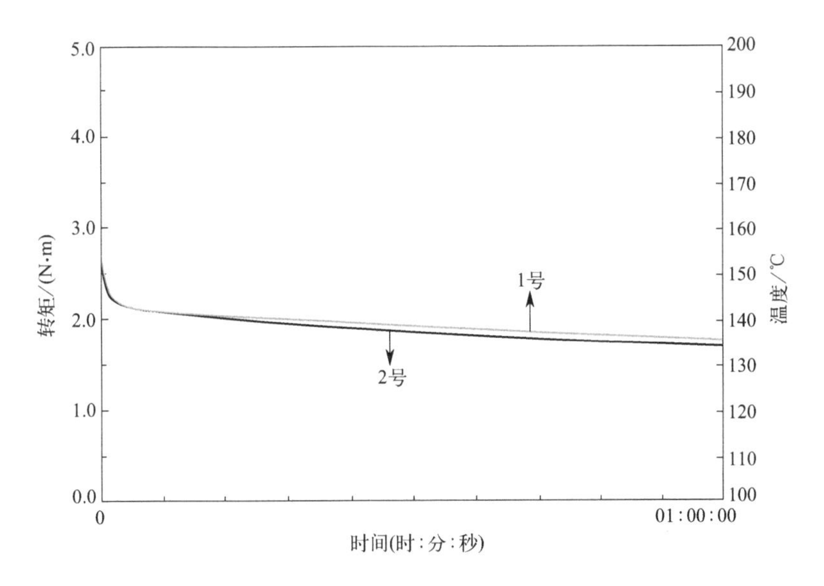


图3　样品的硫化曲线

④ 按照《再生橡胶　通用规范》(GB/T 13460—2016）的要求进行测试，结果见表 2。

**表 2　标准要求及样品测试结果**

| 项目 | | | 标准要求 | 1 号样品 | 2 号样品 |
| --- | --- | --- | --- | --- | --- |
| 胶种 | | | R-N | 天然橡胶 | 天然橡胶 |
| 灰分 / % | | ≤ | 48 | 13.52 | 8.24 |
| 丙酮抽出物 / % | | ≤ | 26 | 4.84 | 5.95 |
| 门尼黏度（ML 1+4，100℃） | | ≤ | 80 | 95① | 83① |
| 密度 / ( $mg/m^3$ ) | | ≤ | 2.00 | 0.98 | 0.96 |
| 拉伸强度 /MPa | ≥ | 10min | 4.0 | 20.5 | 19.9 |
| | | 15min | | 19.4 | 20.1 |
| | | 20min | | 17.6 | 10.8 |
| 拉断伸长率 /% | ≥ | 10min | 240 | 718 | 747 |
| | | 15min | | 718 | 756 |
| | | 20min | | 713 | 654 |

①表示样品门尼黏度测试条件为过辊 100℃。

### 3. 样品物质属性鉴别分析

（1）天然橡胶技术要求简介

天然橡胶按照形态可分为颗粒胶、烟片胶与绉片胶。其中颗粒胶又被称为标准胶，是将新鲜胶乳凝固或将胶乳在田间的凝固物制造成颗粒状，用热风干燥压块制得，是天然橡胶最具代表性的产品。天然橡胶的部分性能参数见表 3 [1]。

**表 3　天然橡胶的部分性能参数**

| 项目 | | 浅色胶 | 深色胶 | 项目 | 指标 |
| --- | --- | --- | --- | --- | --- |
| 灰分 /% | | 0.50 | 0.60~1.50 | 拉伸强度 /MPa | 20~160 |
| 门尼黏度（ML 1+4，100℃） | 初期 | 60~70 | 58~72 | 拉断伸长率 /% | 650~750 |
| | 贮存 2 个月后 | 85~90 | 75~88 | 丙酮抽出物 /% | 6~8 |

（2）样品产生来源分析

样品外观特征一致，主要成分为天然橡胶。2 个样品颜色暗沉，灰分含量分别为 13.52%、8.24%，明显高于表 3 中天然橡胶的灰分含量，这很有可能是样品中添加了促进剂、防老剂等所引起；2 个样品的硫化特性基本一致，在热硫化阶段最小转矩与最大转矩一致，曲线先下降但没有上升，表明样品经过热硫化后并不会有交联键产生，样品不是混炼胶，是对硫化交联键进行断裂后的再生产物。与《再生橡胶　通用规范》（GB/T 13460—2016）中 R-N（浅色再生橡胶）灰分的指标要求比较，样品的灰分不高，且 10mim、15min 拉伸强度和 10min、15min、20min 拉断伸长率已达到天然橡胶标准的指标要求，说明样品中天然橡胶含量高。由于天然橡胶含量较高，故在测试门尼黏度时参照天然橡胶测试方法，1 号样品测试结果接近贮存 2 个月后的天然橡胶浅色胶的门尼黏度值，2 号样品的测试结果符合贮存 2 个月后的天然橡胶深色胶的门尼黏度值；样品的丙酮（$C_3H_6O$）抽出物、密度、拉伸强度和拉断伸长率亦均符合 GB/T 13460—2016 中 R-N（浅色再生橡胶）的要求。总之，样品均为天然橡胶的再生橡胶，具有较好的加工使用性能。

### 4. 鉴别结论

样品为天然橡胶的再生橡胶，门尼黏度与天然橡胶标准胶基本相当，且灰分、丙酮（$C_3H_6O$）抽出物、密度、拉伸强度和拉断伸长率均符合《再生橡胶　通用规范》（GB/T 13460—2016）中 R-N（浅色再生橡胶）的要求。根据《固体废物鉴别标准　通则》（GB 34330—2017），判断鉴别样品不属于固体废物。

# 参考文献

[1] 于清溪. 橡胶原材料手册［M］. 2 版 . 北京：化学工业出版社，2007.

## 四十一、硫化再生胶粉

### 1. 前言

2021 年 8 月，某公司委托中国环科院固体废物研究所对其一票“精细轮胎再生胶粉”货物样品进行固体废物属性鉴别，需要确定是否属于固体废物。

### 2. 样品特征及特性分析

① 样品为黑色均质细粉粒，样品外观状态见图 1。

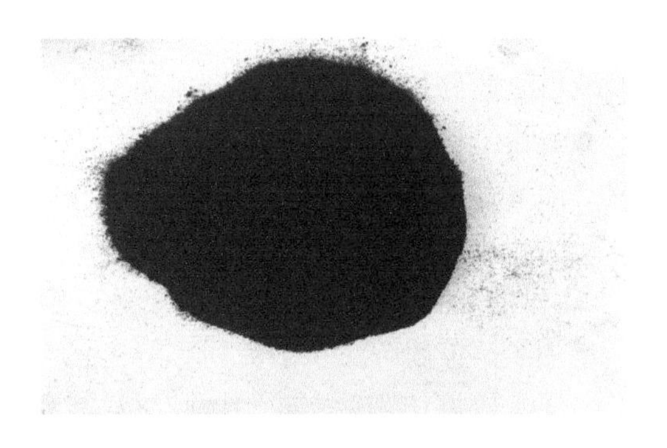

图 1　样品外观状态

② 按照《橡胶　裂解气相色谱分析法　第 1 部分：聚合物（单一及并用）的鉴定》（GB/T 29613.1—2013）标准，对样品主要成分进行定性分析，为天然橡胶 / 顺丁橡胶并用。

③ 参照《硫化橡胶粉》（GB/T 19208—2020），对样品进行性能测试，结果见表 1。

**表 1　样品实验结果及标准要求**

| 项目 | 轮胎类技术指标要求 | | | 样品实验结果 | 检验标准 |
|---|---|---|---|---|---|
| | $A_1$ | $A_2$ | $A_3$ | | |
| 加热减量 /% | ≤ 1.0 | ≤ 1.0 | ≤ 1.0 | 0.84 | GB/T 19208—2020 |
| 灰分 /% | ≤ 10 | ≤ 10 | ≤ 10 | 7.95 | GB/T 4498.1—2013（方法 B） |
| 丙酮抽出物 /% | ≤ 8 | ≤ 10 | ≤ 10 | 6.32 | GB/T 3516—2006（方法 A） |
| 橡胶烃含量 /% | ≥ 45 | ≥ 42 | ≥ 42 | 59.55 | GB/T 14837.1—2014 |
| 炭黑含量 /% | ≥ 26 | ≥ 26 | ≥ 26 | 28.28 | |
| 铁含量 /% | ≤ 0.05 | ≤ 0.05 | ≤ 0.05 | 0.0031 | GB/T 19208—2020 |
| 体积密度 /($kg/m^3$) | 260 ~ 380 | | | 357.1 | |
| 密度 /($10^3kg/m^3$) | ≤ 1.20 | | | 1.15 | GB/T 533—2008（方法 B） |
| 聚异戊二烯含量 /% | ≥ 26 | — | — | 53.60 | GB/T 15904—2018 |
| 拉断伸长率 /% | ≥ 450 | ≥ 380 | — | 532 | GB/T 528—2009 |
| 拉伸强度 /MPa | ≥ 15 | ≥ 12 | ≥ 12 | 18.1 | |
| 外观 | 应质地均匀，不应含有可见的木屑、金属、砂砾、玻璃等杂质 | | | 为黑色均匀的细颗粒橡胶粉 | GB/T 19208—2020 |

### 3. 样品物质属性鉴别分析

（1）硫化胶粉简介

根据委托方提供的瑞士某回收轮胎公司 TyreXol™TW50 产品的生产工艺：废旧轮胎胎面→分类→切割→水脉冲→ TyreXol™TW50 产品。

目前，废旧轮胎的回收利用方法主要有直接利用、热能利用、降解和间接利用四种，其中间接利用包括制取再生胶和橡胶粉。将废旧轮胎粉碎制取橡胶粉，掺入胶料中可替代部分生胶，降低产品成本；橡胶粉经活化改性之后可用来制造各种橡胶制品；掺入塑料中可生产防水卷材及渗灌管等[1]。

硫化胶粉生产过程是硫化橡胶经各种不同粉碎方法，筛分并去除非橡胶组分所制取的不同粒径的颗粒物[2]，只涉及材料的粉碎而不需要进行额外的脱硫过程。粉碎工艺从传统的常温粉碎，又增加了溶液粉碎、水射流粉碎等工艺。高压水射流能够在常温下实现对轮胎的破碎，经高压水射流切割后，轮胎橡胶材料能够被破碎成精细的橡胶粉末。高压水射流在常温条件下仅需一次破碎即能够获得 200 目左右的精细橡胶粉末，调节水射流参数能够在不切断钢丝的情况下实现橡胶材料与钢丝层及帘布层的分离，所得粉碎产物不需再进行橡胶材料与非橡胶材料的分离工作[3]。使用 TyreXol 水脉冲技术强化的新型高性能橡胶粉能够应用于多个工业领域，美国和欧洲的许多轮胎生产商已经添加了 2% ～ 3% 的精细橡胶粉（通过冷冻工艺获得）用于胎侧橡胶的配方，大约 10% 的水脉冲精细橡胶粉可以加入胎冠胶料中，不会影响轮胎性能[4]。

（2）样品产生来源分析

参照《硫化橡胶粉》（GB/T 19208—2020）标准，对样品进行性能测试，样品外观、加热减量、灰分等指标均符合标准中“轮胎类技术指标 $A_1$”中的要求，在该标准中，代码为 $A_1$ 的硫化橡胶粉材料为“已失去使用价值的全钢子午线轮胎”。样品定性的胶种为天然橡胶 / 顺丁橡胶并用，是典型的轮胎用橡胶，与 $A_1$ 的来源相吻合。样品外观与高压水射流技术生产的硫化橡胶粉有着较高的一致性。因此，样品来源与委托方介绍的一致，样品是符合产品质量标准《硫化橡胶粉》（GB/T 19208—2020）相应技术指标要求的硫化橡胶。

### 4. 鉴别结论

依据样品理化特性以及《固体废物鉴别标准　通则》（GB 34330—2017），判断鉴别样品不属于固体废物，是硫化橡胶粉产品。

## 参考文献


[1] 吴师强. 超高压水射流破碎子午线轮胎效率及胶粉性能研究［D］. 合肥：合肥工业大学，2016.

[2] 佚名 . 环境标志产品技术要求　再生橡胶及其制品［J］. 中国轮胎资源综合利用，2019（10）：36-37.

[3] 魏利萍，刘国栋，辛振祥. 臭氧改性超高压水射流法废旧轮胎胶粉在 NR 中的应用研究［J］. 特种橡胶制品，2020，41（02）：20-22.

[4] 索尼娅. 多项轮胎回收利用创新技术［J］. 中国轮胎资源综合利用，2019（11）：31-32.


## 四十二、跑道用三元乙丙橡胶颗粒

### 1. 前言

2020 年 12 月，某海关委托中国环科院固体废物研究所对其查扣的一票“三元乙丙胶（EPDM）合成橡胶”货物样品进行固体废物属性鉴别，需要确定是否属于固体废物。

### 2. 样品特征及特性分析

① 样品为灰绿色碎粒，质软有弹性，为橡胶材料经切割而成，有的边缘不规整，部分边缘泛黄，颗粒尺寸为 2 ～ 4mm，无明显外来杂质，样品外观状态见图 1。

② 按照《化学试剂　火焰原子吸收光谱法通则》（GB/T 9723—2007）对样品中的镁、钙元素进行分析测试，结果为镁含量 3.14%、钙含量 14.9%。

③ 按照《橡胶　裂解气相色谱分析法　第 1 部分：聚合物（单一及并用）的鉴定》（GB/T 29613.1—2013）标准，对样品主要成分进行定性分析，样品胶种为乙丙橡胶，灼烧后的灰分含量为 56.5%。

图 1　样品外观状态

④ 按照《硫化橡胶溶胀指数测定方法》（HG/T 3870—2008）的要求，测试样品的溶胀指数，溶剂为环己烷（$C_6H_{12}$），测试结果为 1.3%。

⑤ 按照《橡胶　用无转子硫化仪测定硫化特性》（GB/T 16584—1996）标准，测试样品的硫化特性，结果见表 1，硫化曲线见图 2。

**表 1　样品的硫化特性（160℃）**

| $T_{10}$ ① | $T_{50}$ | $T_{90}$ ② | ML ③ /（N · m） | MH ④ /（N · m） |
|---|---|---|---|---|
| 16s | 1min25s | 9min43s | 3.20 | 3.80 |

① 焦烧时间 $T_{10}$：胶料在硫化温度下加热出现烧焦的时间。

② 正硫化时间（最宜硫化时间）$T_{90}$：代表胶料达到最佳性能状态时的硫化时间。

③ ML：最小转矩值，反映未硫化橡胶在一定温度下的流动性。

④ MH：最大转矩值，反映硫化胶最大交联度。

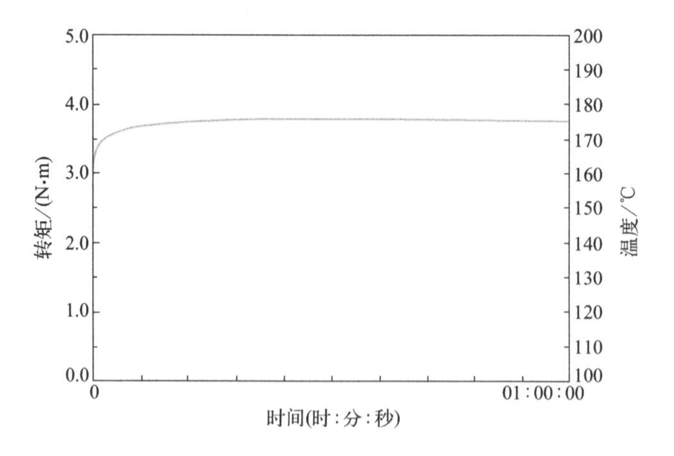


图 2　样品的硫化曲线

⑥ 按照《中小学合成材料面层运动场地》（GB 36246—2018）的要求，铺装时使用的固体原料（包括防滑颗粒、填充颗粒、铺装前的预制型面层和人造草等）中有害物质限量及气味需满足要求，对样品进行测试，结果与指标要求比较见表2。

**表2 样品测试结果与指标要求比较**

| 测试项目 | 检验结果 | 标准中指标要求 |
|---|---|---|
| 18种多环芳烃总和/(mg/kg) | 3.74 | ≤ 50 |
| 苯并[*a*]芘/(mg/kg) | 0.08 | ≤ 1.0 |
| 可溶性铅（Pb）/(mg/kg) | N.D. | ≤ 50 |
| 可溶性镉（Cd）/(mg/kg) | N.D. | ≤ 10 |
| 可溶性铬（Cr）/(mg/kg) | 1.41 | ≤ 10 |
| 可溶性汞（Hg）/(mg/kg) | N.D. | ≤ 2 |
| 气味等级/级 | 3 | ≤ 3 |

注：N.D. 为测试值未达到检出限。

### 3. 样品物质属性鉴别分析

（1）三元乙丙橡胶简介

三元乙丙橡胶（EPDM）具有良好的耐臭氧氧化、耐酸碱、耐冲击、耐化学腐蚀等特点，主要应用于胶黏剂、电线电缆护套、防腐衬里、防水建材、家用电器配件、塑胶跑道等领域[1]。EPDM塑胶跑道属于非标准类型的塑胶材料生产的跑道（图3），具有环保性好、耐候耐磨性好、色彩鲜艳、图案多样等特点，主要用于小学、幼儿园跑道或小区休闲活动场地。目前国内许多EPDM的颗粒（图4）大都是从国外进口[2]。橡胶颗粒和EPDM质量的好坏也在很大程度上影响其整体环保性能，质量较差的橡胶颗粒不仅气味难闻，而且可能引起塑胶跑道中重金属铅含量超标[3]。

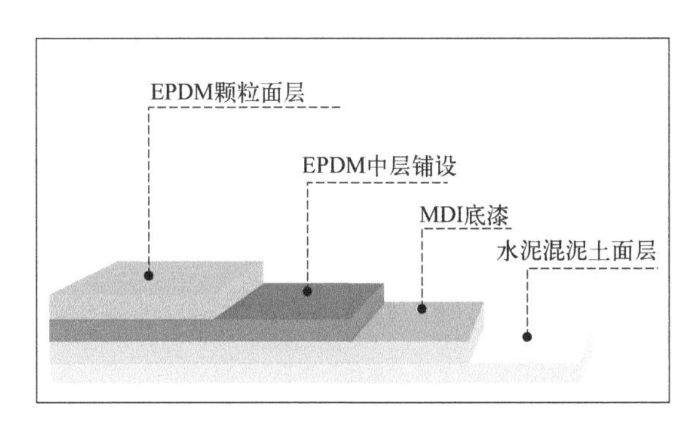


图3 三元乙丙橡胶跑道层示意图

MDI—二苯基甲烷二异氰酸酯

EPDM颗粒又叫三元乙丙橡胶颗粒，常见颗粒大小有0.5～1.5mm、1.5～2mm、2～4mm、3～5mm，具有色彩丰富明亮、弹性好、耐高低温、抗紫外线老化等优点。

当 EDPM 颗粒与单组分聚氨酯（PU）均匀拌和后均匀裹覆胶黏剂层，使得胶黏剂能黏附 EPDM 颗粒，在外界压力作用下 EPDM 颗粒紧密接触，促进了不同颗粒表面的胶黏剂能发生化学反应，生成聚酯 - 聚脲结构，达到紧密胶结的效果。

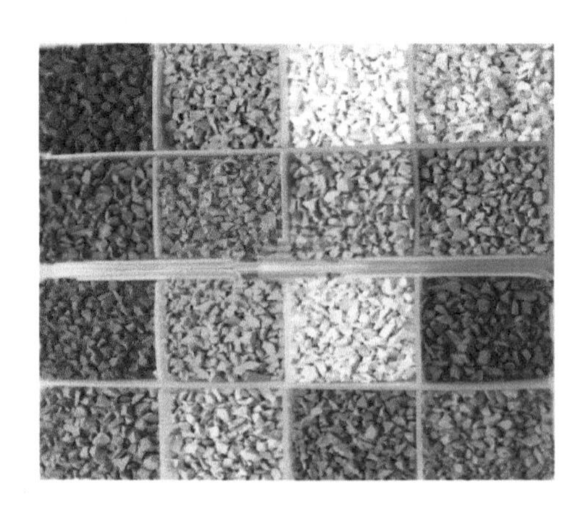

图 4　国内 EPDM 颗粒产品

生产塑胶跑道 EPDM 颗粒的原材料：EPDM 原胶（乙烯、丙烯、少量的非共轭二烯烃的共聚物）、橡胶油（常用白油）、粉料（轻钙粉或重钙粉或轻钙粉与重钙粉混用）、色粉、硫化剂、助剂（抗氧剂、紫外线吸收剂等）。应用于塑胶跑道的 EPDM 颗粒铺装使用时应符合《中小学合成材料面层运动场地》（GB 36246—2018）的要求，即固体原料（包括防滑颗粒、填充颗粒、铺装前的预制型面层和人造草等）中有害物质限量及气味需满足要求。

EPDM 颗粒生产工艺流程如下[4]。

① 上料、搅拌。投料进原料仓，粉状原辅材料钙粉、氧化锌、硫黄、硬脂酸、促进剂打入原料仓，橡胶油加入搅拌机，与配料计量后的粉状原辅材料进行密闭搅拌，搅拌机工作完成后，搅拌机切换至密炼机。

② 密炼、拉炼。在密闭状态下加压进行混合搅拌。缓冲仓内的原辅材料经密闭式螺旋输送机输送至密炼机。密炼过程为：利用在 5 ～ 6MPa 压力状态下密炼机高速旋转的叶轮搅拌（6 ～ 8min）产生的温度（100 ～ 105℃）将物料进行熔化混合。为防止密炼机温度过高，密炼机叶轮滚轴用水进行夹套冷却。拉炼工序是由拉炼机将橡胶挤压成片状。裁切成条后，装入推车待下一工序。

③ 熟化（硫化）。成形后的物料经推车进入熟化罐，利用蒸汽（约 140℃）进行熟化，熟化时间为 3 ～ 4h。

④ 冷却。熟化后的半成品橡胶板经自然冷却至室温。

⑤ 粉碎。冷却后的橡胶板需经粉碎机粉碎成颗粒状。

⑥ 包装。三元乙丙橡胶颗粒按规格装袋，包装后入成品仓库待售。

（2）样品产生来源分析

样品为 2 ～ 4mm 的颗粒，基本均匀，无外来杂质。样品胶种为乙丙橡胶，含有

56.52% 的灰分，说明样品加工过程中添加了大量无机物组分，其中镁和钙的含量分别为 3.14%、14.90%，与 EPDM 颗粒生产过程中使用的原辅材料有较高的匹配性。对样品进行有害物质限量及气味检测，结果符合《中小学合成材料面层运动场地》（GB 36246—2018）标准要求。样品经溶剂环己烷（$C_6H_{12}$）浸泡后发生溶胀，未溶解，只有硫化橡胶才发生溶胀，未硫化橡胶则会完全溶解于溶剂中。从硫化曲线实验来看，在热硫化阶段中，最大转矩与最小转矩之差为 0.600N · m，曲线很快上升至平坦区，说明该样品经过热硫化后产生了交联键。因此样品中大部分胶料发生了交联反应，也可能有极少部分胶料未彻底硫化交联。综上所述，样品总体上是硫化状态的混炼胶，或者为“半硫化”的混炼胶。

经咨询专家，样品出现半硫化现象可能主要由于铺设运动场地 EPDM 颗粒的性能需要，半硫化的 EPDM 颗粒质软，冲击弹性较好，但是耐磨性要低于全硫化 EPDM 颗粒。根据现有数据，推测半硫化 EPDM 颗粒形成的原因：一是 EPDM 原胶经加工后为达到冲击弹性较好的性能使其硫化不完全；二是原料选用 EPDM 原胶掺杂再生胶使其呈现半硫化的冲击弹性较好的状态。现有证据情况下，样品是符合铺设运动场地性能需要的三元乙丙橡胶（EPDM）颗粒。

#### 4. 鉴别结论

样品是三元乙丙橡胶（EPDM）颗粒，是有意识生产的用作摊铺塑胶跑道面层的正常材料，有稳定合理的市场需求。样品有害物质限量及气味检测符合《中小学合成材料面层运动场地》（GB 36246—2018）标准要求。依据《固体废物鉴别标准　通则》（GB 34330—2017）的相关准则，综合判断鉴别样品不属于固体废物，是塑胶跑道的正常原材料。

## 参考文献

[1] 王倩，刘波．三元乙丙橡胶应用市场分析及改性技术研究进展 [J]．化工管理，2020（04）：91-92．
[2] 周一玲，邓志浩．浅谈绿色环保适用型塑胶跑道的研发 [J]．中国橡胶，2010，26（10）：11-13．
[3] 胡月双，郭双齐．塑胶跑道产品及潜在质量风险 [J]．河北企业，2015（08）：145．
[4] 李枫．塑胶跑道材料生命周期评价与毒跑道问题防控 [D]．厦门：厦门大学，2018．

## 四十三、腰果酚摩擦粉

#### 1. 前言

2020 年 8 月，某海关委托中国环科院固体废物研究所对其查扣的一票“摩擦粉”货物样品进行固体废物属性鉴别，需要确定是否属于固体废物。

2. 样品特征及特性分析

① 样品为干燥的棕褐色细粉粒，全部可通过 2mm 孔径筛网，手摸如很细的砂粒并如炭粉粘手，感观均匀，无可见杂质，有轻微的特别气味。样品外观状态见图 1。

图 1　样品外观状态

② 采用激光粒度仪测定样品粒度分布（体积密度）。结果为 $D_{10}$：99.73μm；$D_{50}$：298.97μm；$D_{90}$：634.21μm。粒度分布曲线见图 2。

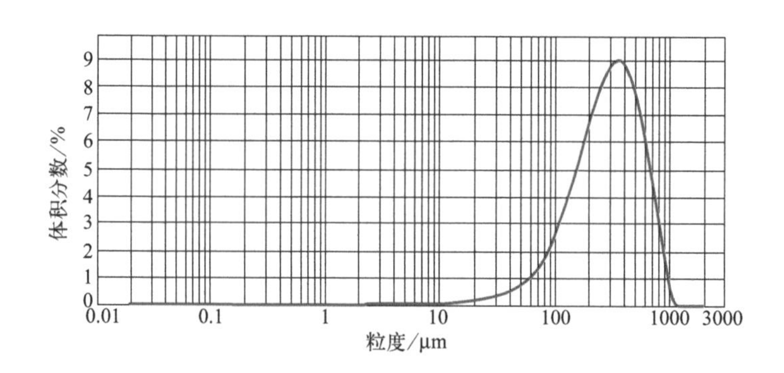


图 2　样品粒度分布曲线

③ 采用傅里叶变换红外光谱仪测定样品主体成分为有机碳，含量约 50%，明显含固化腰果酚醛树脂（包覆在单质碳颗粒上）。样品红外光谱图见图 3，电子能谱图见图 4。

④ 参照《腰果壳油摩擦粉》（JC/T 1014—2016）测定样品性能，结果与标准比较见表 1。样品不溶于正已烷（$C_6H_{14}$）、甲苯（$C_7H_8$）、甲醇（$CH_3OH$）、四氢呋喃（$C_4H_8O$）等有机溶剂。

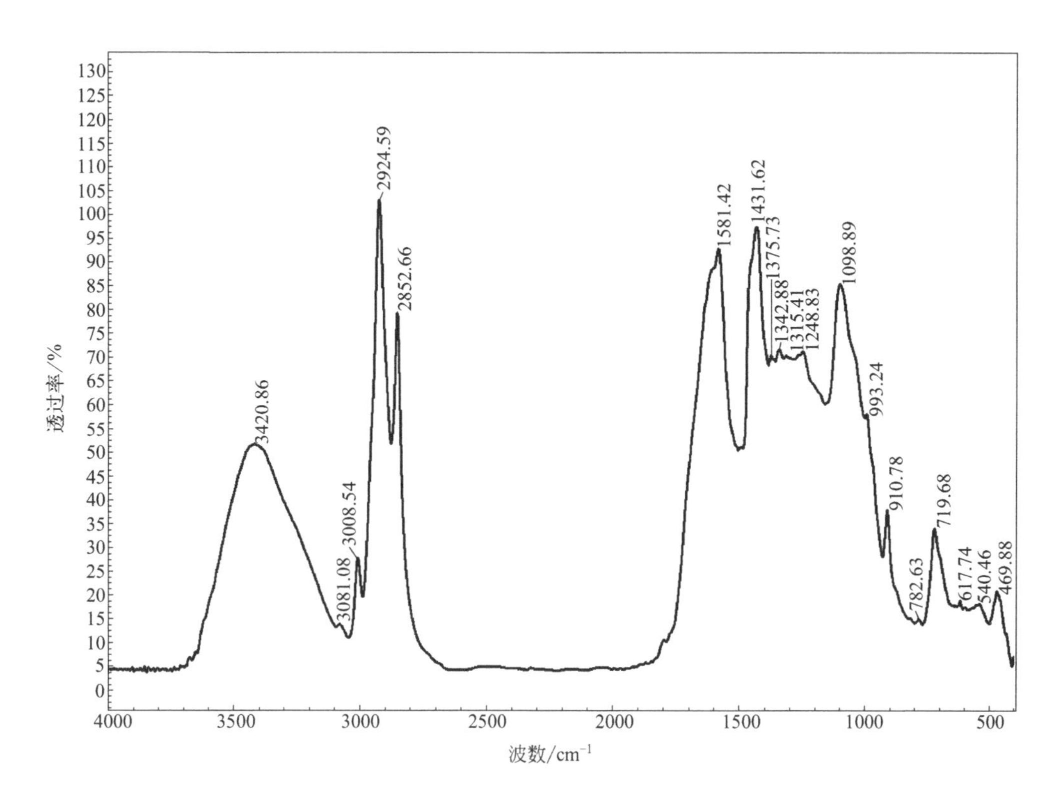


图 3　样品红外光谱图

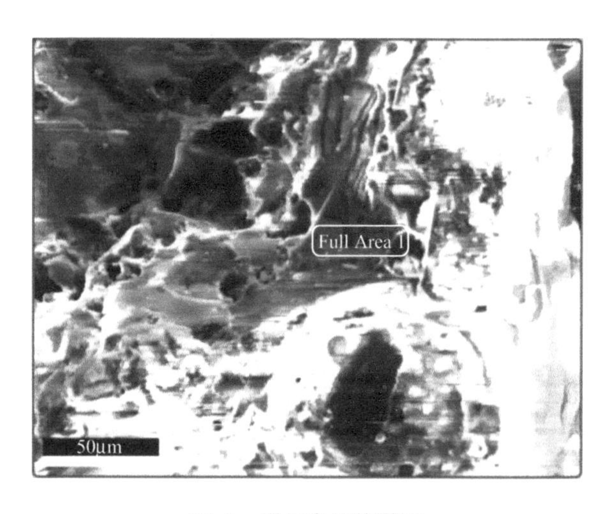


图 4　样品电子能谱图

### 3. 样品物质属性鉴别分析

（1）腰果酚摩擦粉简介

货物报关名称为摩擦粉。腰果酚摩擦粉是理想的摩擦材料，与纯酚醛摩擦材料相比具有力学性能好、磨耗小、热衰退低、使用寿命长等优点，可以满足高速公路、山路行车摩擦片的使用要求[1]。

**表 1　腰果壳油摩擦粉的理化性能及样品测定结果**

| 项目 | | 规格 | | | | | 样品结果 |
|---|---|---|---|---|---|---|---|
| | | YMF-30 | YMF-40 | YMF-50 | YMF-60 | YMF-80 | |
| 粒度分布 /% | +2000μm | ≤ 0.2 | — | — | — | — | — |
| | +1180μm | ≤ 10 | ≤ 0.2 | — | — | - | — |
| | +850μm | — | ≤ 10 | ≤ 0.2 | — | — | — |
| | +600μm | — | — | ≤ 10 | ≤ 0.2 | — | 4.0 |
| | +425μm | — | — | — | ≤ 15 | ≤ 1.0 | 35.4 |
| | +250μm | — | — | — | — | ≤ 15 | 35.4 |
| | -150μm | ≤ 20 | ≤ 25 | ≤ 30 | ≤ 35 | ≤ 50 | 6.6 |
| 丙酮萃取率 /% | | ≤ 5.5 | | | | | 3.7 |
| 370℃挥发分 /% | | ≤ 15.0 | | | | | 16.9 |
| 灰分 /% | | ≤ 4.0 | | | | | 5.0 |
| 水分 /% | | ≤ 1.0 | | | | | 0.9 |

腰果壳油摩擦粉按照制造方式不同有两种工艺路线。

1）釜聚法

将腰果壳油作主原料，在催化剂作用下进行聚合反应，制得高黏度的聚合油，在特殊的反应釜内凝胶化后进一步加热固化而得粉状固化物——摩擦粉。国内釜聚法生产的摩擦粉，首先在催化剂环烷酸铅存在的情况下，以 200℃以上的高温进行氧化聚合，制成高黏度的聚合油。然后在特殊的反应釜内，向该聚合油中添加六亚甲基四胺固化剂，在 115℃使其凝胶化，再把温度提高到 270℃使之完全固化。

2）烘焙法

首先将腰果壳油（也可外加其他组分改性）在催化剂作用下进行反应，制得高黏度的聚合油。

然后加适量固化剂混拌均匀，在高温热风烘箱内烘焙固化，最后经粉碎得到所需粒度的摩擦粉，由于烘焙法生产工艺相对简单，不需要特殊的反应设施，易于推广[2]。

腰果酚树脂摩擦粉是摩擦材料组成中不可或缺的一种组分，至今还无可替代，腰果酚摩擦粉生产大体分为 3 个步骤[3]：

① 合成腰果酚或改性腰果酚树脂，是具有一定流动性的深褐色黏稠状物，属于热塑性阶段；

② 与固化剂（甲醛、糠醛、六亚甲基四胺等）继续高温聚合，充分交联固化制成热固性树脂；

③ 粉碎、过筛、检验、包装。

由上看出，摩擦粉成分是由腰果壳油经过一系列的化学配制、加工后得到的热固性树脂粉体材料，是制备摩擦材料制品的原料之一。

（2）样品产生来源分析

鉴别样品具有以下特征：

① 样品以有机碳为主体成分，约占 50%，是腰果酚醛树脂生产中人为配制的活性炭还是腰果酚碳化后的炭目前难以准确确定，但文献［3］中有腰果壳油和焦炭粉、硫酸（$H_2SO_4$）混合反应后再加甲醛（$CH_2O$）反应，最后固化粉碎，制得加焦炭的腰果壳

油树脂摩擦粉的说法，因此不排除人为配制的焦炭粉或者是腰果成分硫酸化过程所致，两种来源都具有合理性；

② 样品中检测出固化腰果酚醛树脂（可能包覆在单质碳颗粒上），虽不能准确定量，但也表明样品的确来自腰果酚摩擦粉生产过程。

总之，判断鉴别样品是腰果酚摩擦粉生产中的物料，具有复杂性。

4. 鉴别结论

由于鉴别样品产生来源有一定的复杂性，现有条件下难以对样品进行全面和精细化实验解析，因而不能进行全质量评价，但从样品粒度分布曲线看，呈正态分布，粒度外观均匀、无可见杂质，应是来自同一生产加工过程，为有意识加工产物。样品成分中没发现有毒有害组分。根据以往鉴别经验和对国内摩擦材料企业的调研，样品可以作为腰果酚醛树脂的添加配料或者摩擦材料的添加配料。总之，样品是专门加工生产的产物，具有特定的用途，判断鉴别样品不属于固体废物。

## 参考文献


[1] 佚名．刹车片用腰果摩擦粉生产技术 [J]．农学学报，1997（08）：32.

[2] 李冬林，王兰梅．腰果壳油摩擦粉的合成研究探讨 [J]．非金属矿，1989（03）：49-51.

[3] 瞿雄伟，吴培熙．腰果酚及腰果酚类树脂 [M]．北京：化学工业出版社，2013.


## 四十四、粗腰果酚油液

1. 前言

2020 年 6 月，某海关委托中国环科院固体废物研究所对其查扣的一票“粗腰果酚”货物样品进行固体废物属性鉴别，需要确定是否属于固体废物。

2. 样品特征及特性分析

① 样品为棕黑色黏稠液体，有较轻的气味，但并不难闻。样品外观状态见图 1。

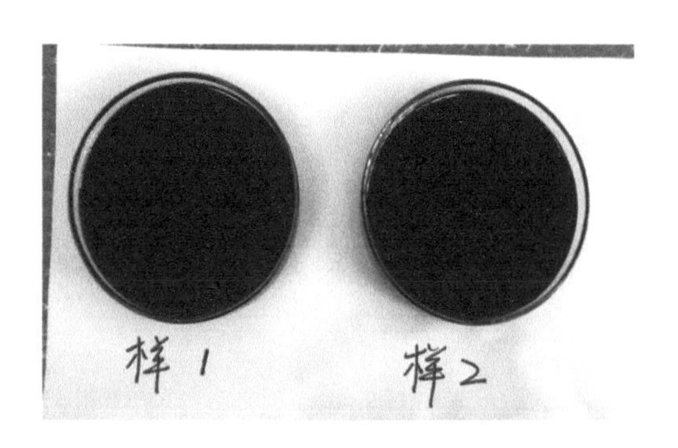


图 1　倒入玻璃皿中的 2 个样品的外观状态

② 采用傅里叶变换红外光谱仪（FTIR）对样品有机物进行定性分析，2 个样品主要成分均为腰果酚，含量接近 90%，红外光谱图见图 2 和图 3，样品中还有少量其他成分。

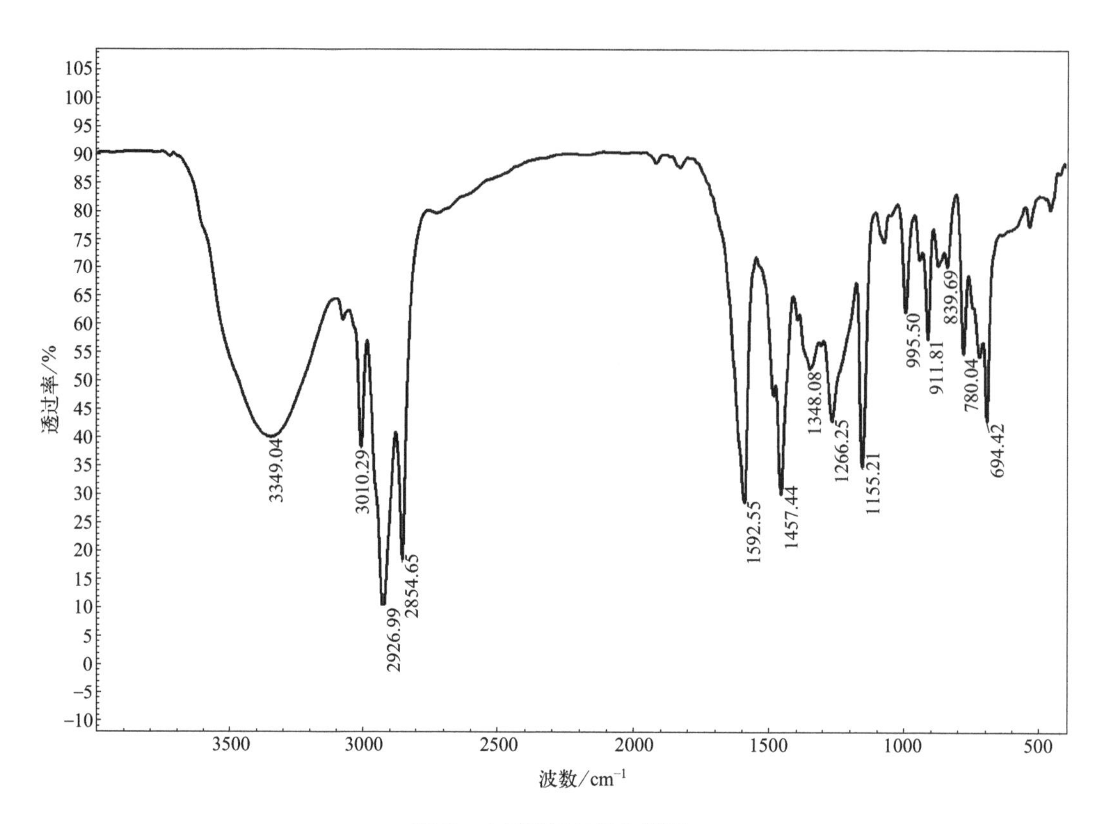


图 2　1 号样品红外光谱图

采用色谱 - 质谱仪分析样品有机物成分，主要为腰果酚，结果见表 1。

**表 1　样品有机组分分析结果**

| 样品 | 序号 | 保留时间 /min | 成分名称（分子量） | 峰面积 /% |
|---|---|---|---|---|
| 1 | 1 | 19.23 | 腰果酚（302） | 85.86 |
| | 2 | 20.77 | 腰果酚（330） | 1.49 |
| | 3 | 21.48 | 卡酚（318） | 10.62 |
| | 4 | 21.84 | 未知成分（328） | 2.03 |
| 2 | 1 | 19.20 | 腰果酚（302） | 88.59 |
| | 2 | 20.76 | 腰果酚（330） | 1.07 |
| | 3 | 21.47 | 卡酚（318） | 8.62 |
| | 4 | 21.83 | 未知成分（328） | 1.72 |

③ 测定样品的基本性能指标，结果见表 2。

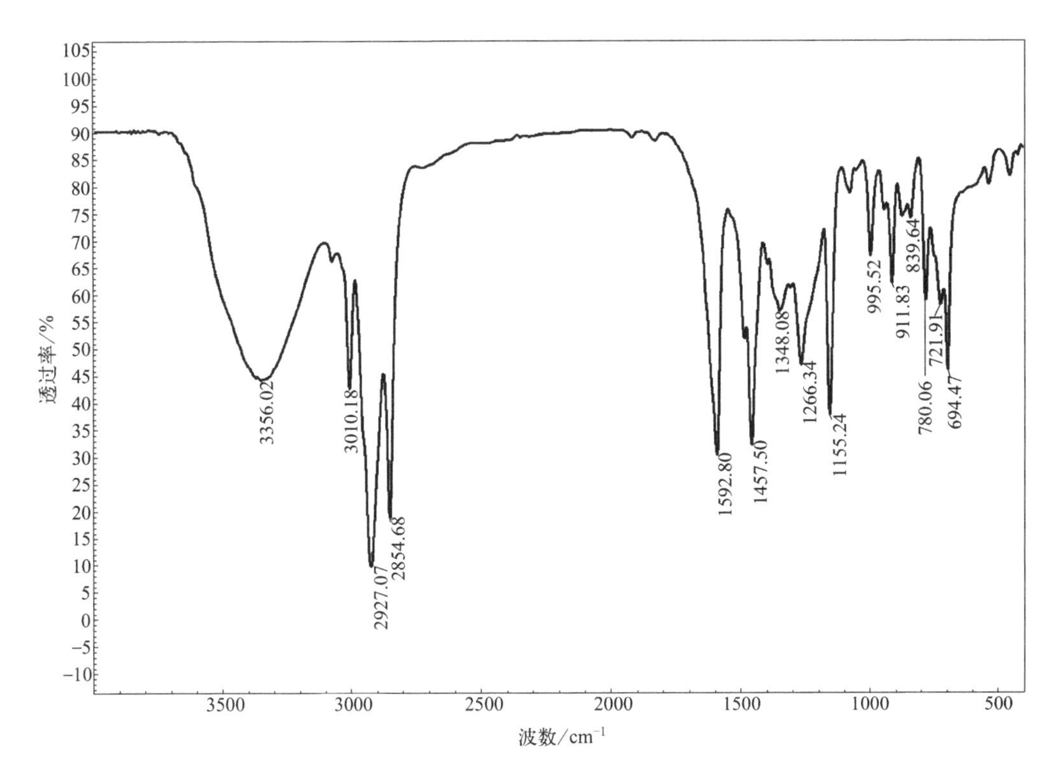


图 3　2 号样品红外光谱图

**表 2　样品的基本性能指标**

| 样品 | 色度 | 密度（20℃）/（$g/cm^3$） | 运动黏度（30℃）/（$mm^2/s$） | 水分 /% | 灰分 /% | 溴值（以 Br 元素计）/（g/100g） |
|---|---|---|---|---|---|---|
| 1 | ＞25 号 | 0.95 | 114.72 | 0.19 | ＜0.8 | 181 |
| 2 | ＞25 号 | 0.95 | 118.16 | 0.16 | ＜0.8 | 195 |

### 3. 样品物质属性鉴别分析

（1）腰果酚生产的相关产物

腰果酚是具有饱和长侧碳链基的单苯酚衍生物[1]，为 3- 烃基苯酚，基本结构是 OH/R（苯环结构式），间位上带有—$C_{15}H_{25\sim31}$ 的长侧支链，不饱和度为 0～3，即侧链带有单烯、双烯以及三烯 $C_{15}$ 顺式结构。腰果酚是以腰果壳为原料，经多道工序加工制得，主要工序见图 4。

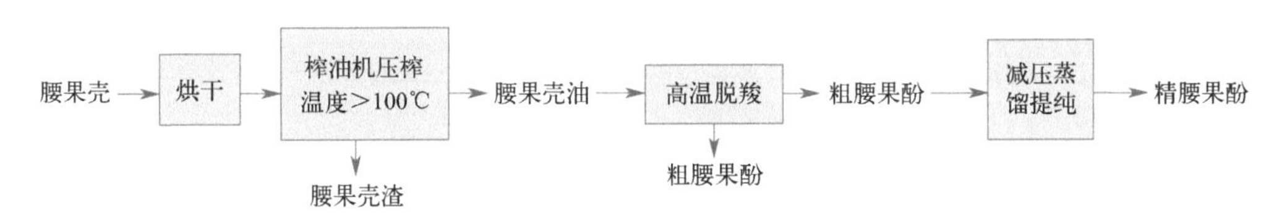


图 4　精腰果酚加工主要工序

① 腰果壳油[2]。将腰果壳干榨或萃取，得到腰果壳油，腰果壳油为深褐色或浅褐色不透明黏稠状液体，有刺鼻异味，主要成分为90%左右的腰果酸，还含有10%左右的卡酚和少量的单宁（鞣酸）、葡萄糖、葡萄糖苷及一些聚合物。腰果酸在120～200℃加热时易脱羧变成腰果酚。

② 粗腰果酚。腰果壳油受热脱羧后得到粗腰果酚，粗腰果酚的成分见表3，粗腰果酚中已不含腰果酸，是以腰果酚为主的多种酚类物质的混合物[2]，其中含有约90%的酚类物质。

**表3　国内市售粗腰果酚（精炼腰果壳油）成分分析结果**

| 序号 | 1 | 2 | 3 | 4 | 5 | 6 | 7 |
|---|---|---|---|---|---|---|---|
| 分子量 | 296 | 298 | 300 | 302 | 304 | 314 | 316 |
| 腰果酚 | OH $C_{15}H_{23}$ | OH $C_{15}H_{25}$ | OH $C_{15}H_{27}$ | OH $C_{15}H_{29}$ | OH $C_{15}H_{31}$ | OH $C_{16}H_{29}$ | OH $C_{16}H_{31}$ |
| 侧链上双键数 | 4 | 3 | 2 | 1 | 0 | 2 | 1 |

粗腰果酚还没有国家/行业标准，在互联网搜索相关商品信息，市场销售的粗腰果酚黏度较低，脱羧完全，相关技术要求见表4。

**表4　市场销售粗腰果酚的技术要求**

| 项目 | 指标1 | 指标2 | 指标3 | 指标4 |
|---|---|---|---|---|
| 腰果酚含量/% | ＞80 | 70～80 | 95 | 95 |
| 密度/($g/cm^3$) | 0.92～0.98 | 0.95～0.96 | 0.95 | 0.95 |
| 黏度/(mPa·s) | 150～600 | ≤200 | 322 | 322 |
| 水分/% | — | ≤0.3 | 1 | 1 |
| 灰分/% | — | ≤1 | 1 | 1 |
| 碘值（以$I_2$计）/（g/100g） | 220～270 | — | 250 | 254 |

③ 精腰果酚。精腰果酚为淡黄色微透明油状液体，有轻微刺激味[2]。《（树脂用）腰果酚》（HG/T 4118—2009）标准中的技术要求见表5。一般商品腰果酚纯度有的高达99.30%。

**表5《（树脂用）腰果酚》的技术要求**

| 项目 | 指标 | 项目 | 指标 |
|---|---|---|---|
| 外观 | 澄清透明液体 | 水分/% | ≤1.0 |
| 色度（加德纳号） | ≤18 | 灰分/% | ≤1.0 |
| 密度（20℃）/（$g/cm^3$） | 0.92～0.96 | 碘值（以$I_2$计）/（g/100g） | 100～250 |
| 黏度（30℃）/（mPa·s） | 30～70 | | |

④ 精馏残留物。精馏残留物为不溶于二甲苯（$C_8H_{10}$）或乙醇（$C_2H_5OH$）的棕褐色胶状物，可能是腰果酚中部分高不饱和度组分的自聚所致。减压精馏时，应控制操作时间，避免产生过多的聚合物或低聚物，使馏分产率降低。精馏残留物越少越好，若能溶于二甲苯或乙醇，有一定的流动性，则还有利用的可能；否则，只能用热甲苯（$C_7H_8$）将其溶胀后去除。

（2）样品产生来源分析

2 个样品外观和实验结果都具有很高的相似性，表明进口货物在容器中具有较好的分散均匀性，是同一来源的货物样品。样品外观为棕黑色油液状，有较轻的气味，与粗腰果酚外观特征相符。样品中腰果酚的含量在 87% ～ 90% 之间，其中卡酚也是粗腰果酚的特征组分，酚类物质总量在 98% 左右。图 2 和图 3 样品红外光谱图一致，其他杂质含量较少，而且与从文献资料中找到的腰果酚谱图非常相似。由于样品外观与腰果酚的含量没有达到《(树脂用）腰果酚》（HG/T 4118—2009）的要求，综合判断鉴别样品为粗腰果酚。

### 4. 鉴别结论

样品是来自腰果壳生产腰果酚过程中产生的粗腰果酚。粗腰果酚一方面是生产的产物，可直接作为原料产品销售，去生产腰果酚相关产品；另一方面以粗腰果酚为中间原料进一步精制生产精腰果酚产品，在瞿雄伟和吴培熙编著的《腰果酚及腰果酚类树脂》[2]中写道：“精馏前的粗腰果酚（脱羧腰果壳油）和精馏后的精腰果酚都可以作为商品腰果酚出售……均为腰果酚。”结合相关调研情况和以往中国环科院固体废物研究所鉴别同类样品获得的经验，综合判断鉴别样品符合粗腰果酚的特征和行业通行要求，是有意识加工获得的目标产物，根据《固体废物鉴别标准　通则》（GB 34330—2017）标准，判断鉴别样品为粗腰果酚产品，不属于固体废物。

# 参考文献

[1] 刘小英. 腰果酚基聚合物的研究 [D]. 福州：福建师范大学，2004.
[2] 瞿雄伟，吴培熙. 腰果酚及腰果酚类树脂 [M]. 北京：化学工业出版社，2013.

## 四十五、高温煤焦油

### 1. 前言

2021 年 4 月，某海关委托中国环科院固体废物研究所对其查扣的一票“煤焦油”货物样品进行固体废物属性鉴别，需要确定是否属于国家禁止进口的固体废物。

2. 样品特征及特性分析

① 样品为黑色黏稠状液体，倒入滤纸上并没有显现扩散的浅阴影（图 1 和图 2），具有刺激性气味（似煤油气味）。

图 1　从样品瓶中倒出样品

图 2　倒出在滤纸上的黑色黏稠样品

② 采用气相色谱 - 质谱联用仪对样品成分进行定性分析，主要成分为萘、菲、荧蒽、芘、苊烯、芴、茚、甲基萘、二苯并呋喃、蒽、苯并蒽、咔唑等，结果见表 1。

**表 1　样品有机组分定性分析结果**

| 序号 | 保留时间 /min | 峰面积百分比 /% | 化合物名称 | 序号 | 保留时间 /min | 峰面积百分比 /% | 化合物名称 |
|---|---|---|---|---|---|---|---|
| 1 | 5.33 | 0.29 | 二甲基苯 | 18 | 22.92 | 0.32 | 二甲基萘 |
| 2 | 5.86 | 0.16 | 苯乙烯 | 19 | 23.38 | 0.32 | 二甲基萘 |
| 3 | 5.93 | 0.09 | 二甲基苯 | 20 | 23.49 | 0.23 | 二甲基萘 |
| 4 | 8.11 | 0.14 | 三甲基苯 | 21 | 24.29 | 3.49 | 苊烯 |
| 5 | 8.46 | 0.50 | 苯酚 | 22 | 25.39 | 0.23 | 苊 |
| 6 | 8.91 | 0.25 | 三甲基苯 | 23 | 25.45 | 0.24 | 甲基联苯 |
| 7 | 9.02 | 0.19 | 氧茚 | 24 | 26.33 | 1.94 | 二苯并呋喃 |
| 8 | 10.62 | 2.53 | 茚 | 25 | 28.30 | 2.62 | 芴 |
| 9 | 10.96 | 0.32 | 甲基苯酚 | 26 | 32.98 | 0.51 | 二苯并噻吩 |
| 10 | 11.70 | 0.60 | 甲基苯酚 | 27 | 33.73 | 8.41 | 菲 |
| 11 | 14.28 | 0.41 | 二甲基苯酚 | 28 | 33.96 | 1.88 | 蒽 |
| 12 | 15.55 | 22.84 | 萘 | 29 | 35.20 | 1.00 | 咔唑 |
| 13 | 15.81 | 0.48 | 苯并噻吩 | 30 | 37.16 | 0.70 | 4*H*- 环五菲 |
| 14 | 17.35 | 0.39 | 喹啉 | 31 | 38.54 | 0.18 | 苯基萘 |
| 15 | 19.30 | 2.45 | 甲基萘 | 32 | 40.59 | 5.19 | 荧蒽 |
| 16 | 19.86 | 1.01 | 甲基萘 | 33 | 41.76 | 3.61 | 芘 |
| 17 | 22.12 | 0.48 | 联苯 | 34 | 43.97 | 0.46 | 苯并芴 |

续表

| 序号 | 保留时间 /min | 峰面积百分比 /% | 化合物名称 | 序号 | 保留时间 /min | 峰面积百分比 /% | 化合物名称 |
|---|---|---|---|---|---|---|---|
| 35 | 44.35 | 0.44 | 苯并芴 | 40 | 54.85 | 0.45 | 苯并 [k] 荧蒽 |
| 36 | 48.87 | 1.01 | 苯并蒽 | 41 | 55.26 | 0.18 | 苯并荧蒽 |
| 37 | 49.07 | 1.27 | 苯并蒽 | 42 | 56.04 | 0.44 | 苯并 [e] 芘 |
| 38 | 54.74 | 0.47 | 苯并 [b] 荧蒽 | 43 | 56.27 | 0.58 | 苯并 [a] 芘 |
| 39 | 54.82 | 0.27 | 苯并 [k] 荧蒽 | 44 | 56.70 | 0.11 | 苝 |

③ 采用高温模拟蒸馏气相色谱法测定样品馏程各温度段的质量收率，结果见表 2。

**表 2 样品温度 - 收率表**

| 温度 /℃ | < 170 | 170 ~ 210 | 210 ~ 230 | 230 ~ 300 | 300 ~ 330 | 330 ~ 360 | > 360 |
|---|---|---|---|---|---|---|---|
| 质量收率 /% | 1.3 | 13.0 | 2.4 | 15.9 | 5.5 | 11.2 | 50.7 |

注：高温模拟蒸馏气相色谱法的测试结果与实沸点蒸馏结果会有差异。

④ 参照《煤焦油》（YB/T 5075—2010）标准，对样品的密度（$\rho_{20}$）、水分、灰分、黏度（$E_{80}$）、甲苯不溶物（无水基）、萘含量（无水基）进行测试，结果见表 3。

**表 3 样品指标测试结果**

| 项目 | 测定结果 | 试验方法 |
|---|---|---|
| 密度（$\rho_{20}$）/（$g/cm^3$） | 1.16 | GB/T 2281—2008 |
| 水分 /% | 3.61 | GB/T 2288—2008 |
| 灰分 /% | 0.09 | GB/T 2295—2008 |
| 黏度（$E_{80}$） | 2.70 | GB/T 24209—2009 |
| 甲苯不溶物（无水基）/% | 8.41 | GB/T 2292—2018 |
| 萘含量（无水基）/% | 11.3 | YB/T 5078—2010 |

### 3. 样品物质属性鉴别分析

（1）煤焦油简介

煤焦油是煤在干馏和气化过程中副产的具有刺激性臭味、黑色或黑褐色、黏稠状的液体产品。根据干馏温度和工艺的不同可得到低温（450 ~ 650℃）干馏焦油、低温和中温（600 ~ 800℃）发生炉焦油、中温（900 ~ 1000℃）立式炉焦油和高温（1000℃）炼焦焦油几种焦油[1]。中低温煤焦油的组成和性质与高温煤焦油有较大差别，中低温煤焦油中含有较多的含氧化合物及链状烃，其中酚及其衍生物含量达 10% ~ 30%，烷烃约为 20%，同时重油（焦油沥青）的含量相对较少。表 4 是一种典型中低温煤焦油的性质及组成数据。

**表 4　一种典型中低温煤焦油的性质及组成**

| 20℃密度 /（$g/cm^3$） | 质量分数 /% | | | | | | |
|---|---|---|---|---|---|---|---|
| | 残炭 | 酚 | 硫 | 氮 | 饱和烃 | 芳烃 | 胶质 + 沥青质 |
| 0.98 | 4.0 | 15.3 | 0.33 | 0.79 | 21.0 | 54.0 | 25.0 |

高温煤焦油相对密度＞ 1.0，含大量沥青，几乎完全是由芳香族化合物组成的一种复杂混合物，从中分离并已认定的单种化合物约 500 种，其量约占焦油总量的 55%。高温煤焦油中质量分数≥ 1.0% 的化合物有 10 余种，分别是萘（10.0%）、菲（5.0%）、荧蒽（3.3%）、芘（2.1%）、苊烯（2.0%）、芴（2.0%）、蒽（1.5%）、2- 甲基萘（1.5%）、咔唑（1.5%）、茚（1.0%）和氧芴（1.0%）等。典型高温煤焦油馏分的产率及主要化合物见表 5 [2]。

**表 5　典型高温煤焦油馏分的产率和主要化合物分布**

| 馏分 | 沸点 /℃ | 产率 /% | 芳烃 | 含氧化合物 | | 含氮化合物 | | 含硫化合物 | | 不饱和化合物 |
|---|---|---|---|---|---|---|---|---|---|---|
| | | | | 酸性 | 中性 | 碱性 | 中性 | 酸性 | 碱性 | |
| 轻油 | ＜ 170 | 0.5 | 苯、甲苯、二甲苯 | — | — | 轻吡啶 | 吡咯 | 苯硫酚 | 噻吩 | 双环戊二烯 |
| 酚油 | 170 ~ 210 | 1.5 | 多甲基苯 | 苯酚类 | 氧芴 | 重吡啶 | 苯甲腈 | 苯硫酚 | — | 茚、苯乙烯 |
| 萘油 | 210 ~ 230 | 10.0 | 萘、甲基萘 | 三甲酚 | 甲基氧芴 | 喹啉、多甲基吡啶 | — | 萘硫酚 | 苯丙噻吩 | — |
| 洗油 | 230 ~ 300 | 8.0 | 二甲基萘、联苯、苊、芴 | 萘酚 | 氧芴 | 喹啉类 | 吲哚 | — | 苯丙噻吩同系物 | — |
| Ⅰ蒽油 | 300 ~ 330 | 13.5 | 蒽、菲 | 联苯酚、菲酚 | 苯并氧芴 | 吖啶、萘胺 | 咔唑 | — | 苯丙噻吩 | — |
| Ⅱ蒽油 | 330 ~ 360 | 8.5 | 芘、荧蒽 | 蒽酚、菲酚 | 苯并氧芴 | 吖啶 | 咔唑同系物 | — | 苯并硫芴 | — |
| 沥青 | ＞ 360 | 57.0 | — | — | — | — | — | — | — | — |

2010 年工业和信息化部发布了《煤焦油》（YB/T 5075—2010）标准，适用于高温炼焦时从煤气中冷凝所得的煤焦油，煤焦油的技术要求见表 6。

**表 6《煤焦油》（YB/T 5075—2010）标准技术要求**

| 项目 | 1 号 | 2 号 |
|---|---|---|
| 密度（$\rho_{20}$）/（$g/cm^3$） | 1.15 ~ 1.21 | 1.13 ~ 1.22 |
| 水分 /% | ≤ 3.0 | ≤ 4.0 |
| 灰分 /% | ≤ 0.13 | ≤ 0.13 |
| 黏度（$E_{80}$） | ≤ 4.0 | ≤ 4.2 |
| 甲苯不溶物（无水基）/% | 3.5 ~ 7.0 | ≤ 9.0 |
| 萘含量（无水基）/% | ≥ 7.0 | ≥ 7.0 |

（2）样品产生来源分析

样品为黑色黏稠状液体，具有刺激性气味；样品密度为 1.16g/cm$^3$，主要成分为萘、菲、荧蒽、芘、苊烯、芴、苊、甲基萘、二苯并呋喃、蒽、苯并蒽、咔唑、喹啉等物质；高温模拟蒸馏气相色谱法的测试结果虽不能精准表征样品的馏分产率，但其结果显示样品中沸点在 360℃以上的重质物质约有 51%，明显高于中低温煤焦油中重质物质（胶质 + 沥青质）25.0% 的含量；根据表 3 的测试结果，样品的密度（$\rho_{20}$）、水分、灰分、黏度（$E_{80}$）、甲苯不溶物（无水基）、萘含量（无水基）均符合 YB/T 5075—2010 标准的技术要求。总之，样品理化特征特性与高温煤焦油具有良好的符合性，判断鉴别样品来自高温炼焦时从煤气中冷凝得到的煤焦油。

### 4. 鉴别结论

鉴别样品是符合《煤焦油》（YB/T 5075—2010）标准技术要求的煤焦油，在以往我国《进口废物管理目录》中明确不包括符合该标准的煤焦油，依据《固体废物鉴别标准通则》（GB 34330—2017），判断鉴别样品不属于固体废物。

## 参考文献

[1] 高晋生. 煤的热解、炼焦和煤焦油加工 [M]. 北京：化学工业出版社，2010.
[2] 高晋生，张德祥，郁健. 煤焦油加工技术的探讨 [J]. 煤化工，2004（06）: 4-9.

## 四十六、粗甘油

### 1. 前言

2014 年 5 月，某海关委托中国环科院固体废物研究所对其查扣的一票“粗甘油”货物样品进行固体废物属性鉴别，需要确定是否属于固体废物。

### 2. 样品特征及特性分析

① 样品为黄褐色油状液体，易流动，有轻微醇香气味，包装桶底部有微量杂质，样品外观状态见图 1 和图 2。

② 对样品进行红外光谱分析，确定主体成分为甘油（$C_3H_8O_3$），红外光谱见图 3；样品用乙酸乙酯（$C_4H_8O_2$）萃取，清液提取物测定红外光谱，未见脂肪酸及脂肪酸酯特征，红外光谱见图 4；以分析纯甘油（浓度≥ 99.0%，$C_3H_8O_3$）作标样，用凝胶色谱法标定样品 $C_3H_8O_3$ 含量，大约为 91%，谱图未显见水（$H_2O$）和甲醇（$CH_4O$）谱峰，样品和标样对比谱图见图 5 和图 6；以分析纯 $C_3H_8O_3$（浓度≥ 99.0%）作标样，用液相色谱测定样品 $C_3H_8O_3$ 含量，用相对面积法定量计算约为 91.2%。

图 1　玻璃瓶中样品状况

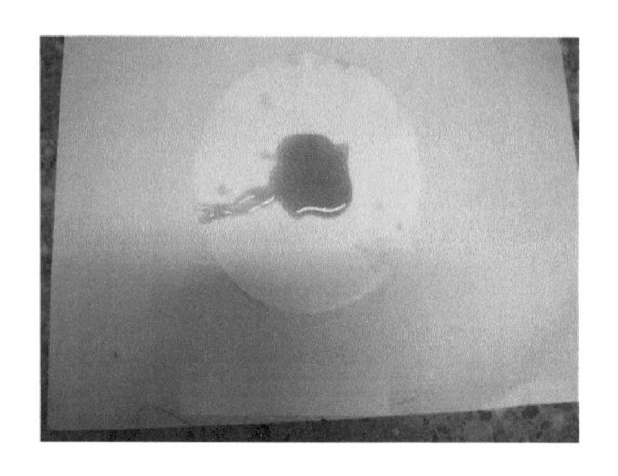

图 2　倒出放置在滤纸上的样品

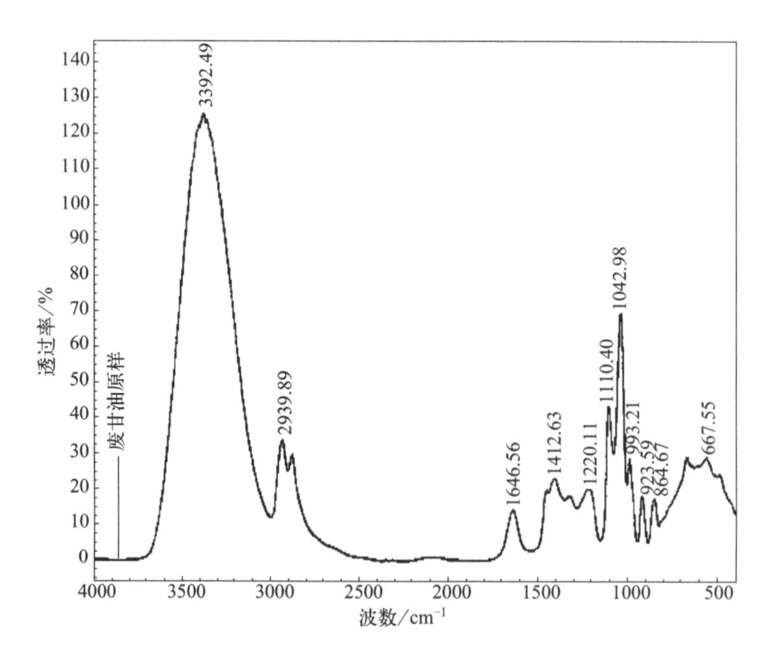


图 3　样品红外光谱图

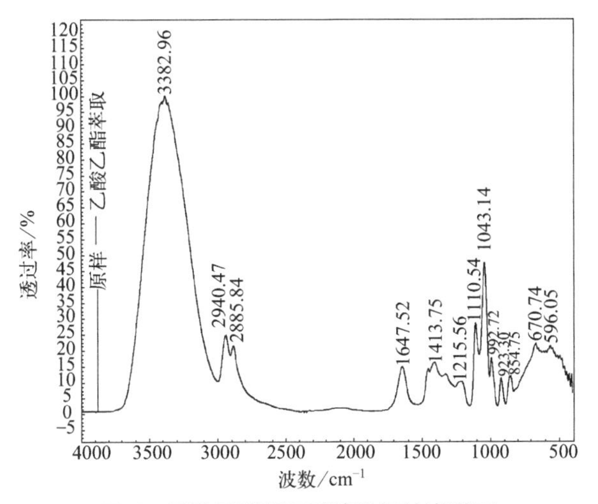


图4　乙酸乙酯萃取后清液红外光谱图

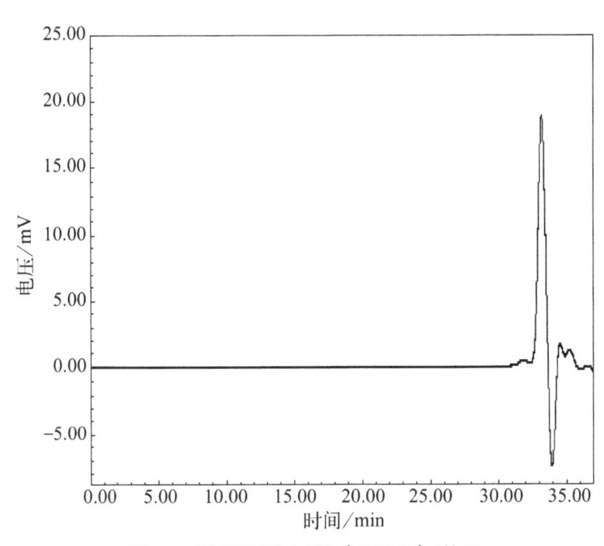


图5　样品凝胶色谱（GPC）谱图

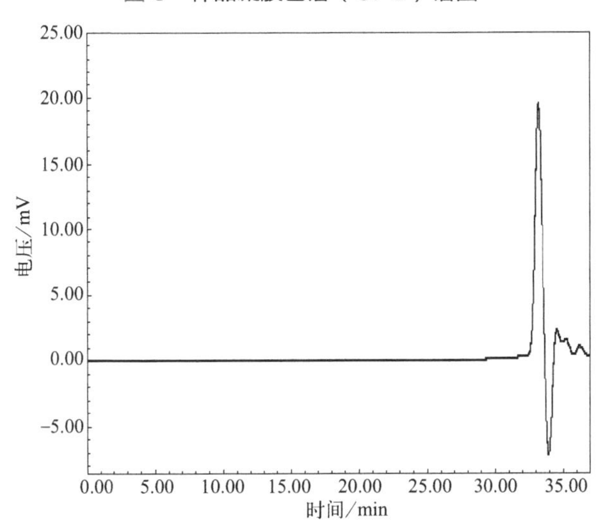


图6　分析纯甘油凝胶色谱（GPC）谱图

取适量样品蒸馏，收集易挥发物冷凝，进行红外光谱测试，所得谱图表明样品含水，但未见甲醇（$CH_4O$）特征峰，红外光谱图见图 7；取适量样品置于 50℃烘 48h，测得挥发分含量为 0.3%，推测含水约 0.3%；取适量样品用水溶解配成溶液，滴加 $AgNO_3$ 溶液，未见白色沉淀，表明样品不含氯元素；取适量样品于 600℃下灼烧，灰分约 2.6%，红外光谱分析确定其成分为 $Na_2SO_4$，谱图见图 8；取适量样品用四氢呋喃（$C_4H_8O$）多次溶解后，经离心得到难溶物，红外光谱分析确定其成分主要是纤维素硫酸钠（$Na_2SO_4$）及甘油（$C_3H_8O_3$），残留混合物约占样品总量 9.9%。

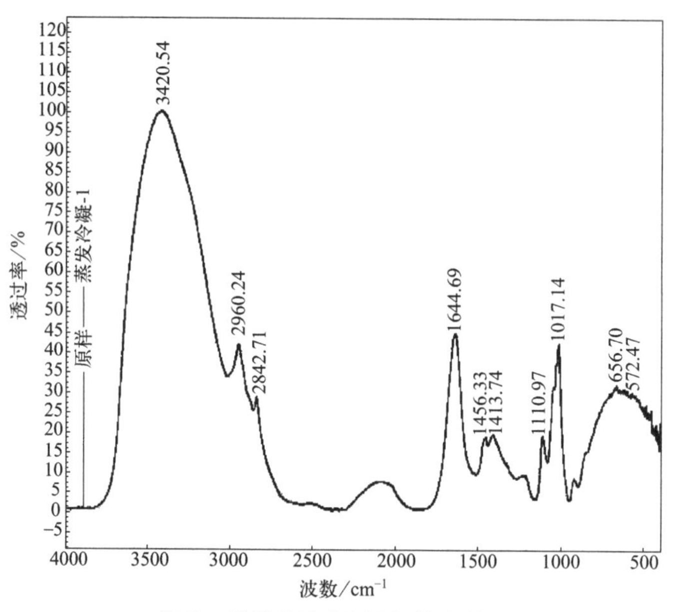


图 7　样品蒸馏冷凝液红外光谱图

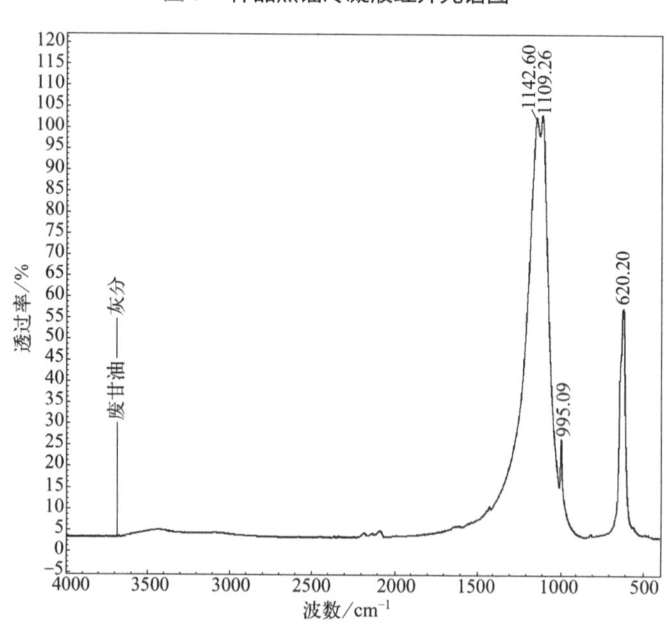


图 8　样品灰分红外光谱图

总之，确定样品的主要成分和大致含量如表 1 所列。

**表 1　样品主要成分和大致含量**

| 成分 | 甘油 | 纤维素硫酸钠 | 水 | 其他组分 |
|---|---|---|---|---|
| 大致百分含量 /% | 91 | 5 | 0.3 | 3.7 |

注：样品中未见氯化钠、甲醇及脂肪酸酯。

### 3. 样品物质属性鉴别分析

（1）甘油及其回收产物简介

甘油（$C_3H_8O_3$）是具有三个羟基的多元醇（如丙三醇，$C_3H_8O_3$），化学性质活泼，能参与多种类型的化学反应，如酯化反应、胺化反应、醚化反应、卤化反应、硝化反应、磷酸化反应等，可以生成许多种类的衍生物。$C_3H_8O_3$ 是重要的基本化工原料之一，来源是制皂业占 25%、脂肪酸业占 40%、脂肪醇业占 15%、生物燃料业占 10%、合成甘油业占 10%。天然油脂的主要成分是 3 分子的脂肪酸和 1 分子的甘油组成的酯，天然油脂是生产天然甘油的主要原料。

1）从油脂皂化废液中回收甘油

皂化废液或甜水中甘油（$C_3H_8O_3$）含量很低，一般皂化废液中含水 80% 左右、无机盐 10% ～ 15%、$C_3H_8O_3$ 6% ～ 10%、NaOH 0.1% ～ 0.5%、脂肪酸盐 0.1% ～ 1.0% 等。皂化废液的净化分酸处理和碱处理两部分。酸处理的目的是中和皂化废液中的游离碱和分解脂肪酸盐使生成脂肪酸。碱处理的目的是中和酸处理滤液中过量的 $FeCl_3$，形成 $Fe(OH)_3$ 胶体并吸附杂质。蒸发浓缩后，粗甘油中 $C_3H_8O_3$ 含量为 80%。来自油脂皂化废液的粗甘油生产流程如图 9 所示。

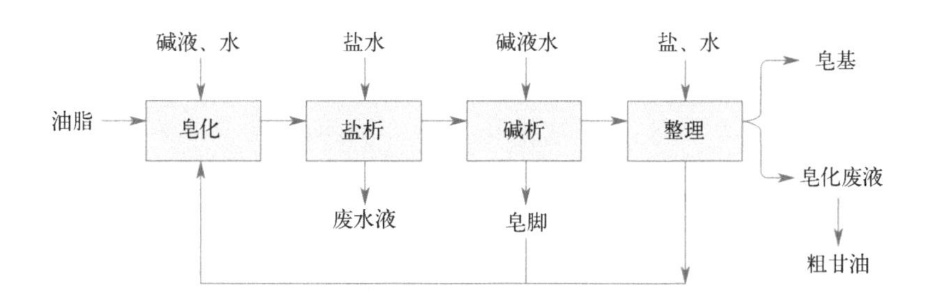


图 9　来自油脂皂化废液的粗甘油生产流程

2）从油脂与水的裂解甜水中回收甘油

① 高温连续水解工艺。油脂由高压泵输送到水解塔的下部，油脂穿过甘油水相上升，工艺水由高压泵输送至塔的上部经热交换分布器往下流，油脂和脂肪酸因比水密度小而向上浮，生成的 $C_3H_8O_3$ 与水一起向下流，经过逆流水解洗涤，脂肪酸和 $C_3H_8O_3$ 分别从塔顶和塔底经减压器排出，油脂在塔中停留时间为 2.5h 左右，水解率达到 98% 以上，裂解甜水中 $C_3H_8O_3$ 含量可达到 25% ～ 40%。

② 裂解甜水净化方法。在经过加热分离脂肪物、加石灰乳使脂肪酸生成钙皂沉淀物并析出、再加 $Na_2CO_3$ 使过量的石灰乳形成碳酸钙沉淀，过滤后的水为净化水（二清水）。二清水再经过活性炭吸附脱色、离子交换树脂净化后得到净化甜水。净化甜水直接蒸发浓缩，可得到 $C_3H_8O_3$ 含量达 98% 以上的精制甘油。

3）从油脂醇解的甜水中回收甘油（即生物柴油的副产甘油）

油脂与醇类反应生成的脂肪酸和 $C_3H_8O_3$ 的反应是油脂化工的重要反应之一，可以得到多种酯类产品。工业上应用最多的是甲醇解，产物为脂肪酸甲酯（生物柴油成分）和 $C_3H_8O_3$。在油脂与甲醇（$CH_3OH$）进行酯交换的反应中，1mol 油脂与 3mol $CH_3OH$ 反应，生成 3mol $CH_3OH$ 和 1mol $C_3H_8O_3$。而在脂肪酸与 $CH_3OH$ 的酯化反应中，1mol 脂肪酸与 1mol $CH_3OH$ 反应生成 1mol $CH_3OH$ 和 1mol $H_2O$。醇解甘油的浓度比油脂水解甜水的浓度高很多，可达 70% 以上。其中的 $CH_3OH$ 用蒸发器蒸发出回用，粗甘油再精制得甘油成品。

4）其他方法

其他方法还有：将油脂通过加氢反应，使生成脂肪醇和 $C_3H_8O_3$；将油脂通过氨解生成酰胺和 $C_3H_8O_3$；油脂通过酶制剂裂解生成脂肪酸（甘油酯）和 $C_3H_8O_3$。

总之，油脂为原料分解加工产物（如脂肪酸、脂肪酸酯、皂基）中产生的工业副产物（如皂化废液、甜水）经过一系列净化、蒸发浓缩、蒸馏、脱色、脱臭、离子交换等可获得精制甘油成品。由于皂化废液和甜水中 $C_3H_8O_3$ 含量较低，经过加工处理后才能成为粗甘油，粗甘油经进一步精制才能成为甘油产品[1-2]。

（2）样品产生来源分析

从实验分析结果可知，样品中主要组分甘油（丙三醇，$C_3H_8O_3$）含量约 91%、水分约 0.3%、硫酸钠盐（$Na_2SO_4$）约 5% 以及少量其他组分，$C_3H_8O_3$ 含量远高于上述工业副产物（如皂化废液、甜水）中的 $C_3H_8O_3$ 含量，符合《进出口税则商品及品目注释》（2012 年版）中粗甘油产品的解释。我国制定的《甘油》（GB/T 13206—2011）国家标准中二等品 $C_3H_8O_3$ 含量 $\geqslant$ 95.0%、硫酸化灰分 $\leqslant$ 0.05%，样品并不满足该标准质量要求。因此，判断鉴别样品为粗甘油。

### 4. 鉴别结论

粗甘油是由油脂工业的副产物加工处理而成，又是进一步除杂、脱色、脱臭等精制处理生产 $C_3H_8O_3$ 产品的原料。样品粗甘油虽然是由工业副产物加工而成，但在处理过程中并没有带入更多的污染物质，反而是去除了原料中的大部分水分和杂质。根据委托海关提供的材料，进口货物价值为 2070 元 /t，搜索互联网信息精制后的 $C_3H_8O_3$ 产品价格约为 6000 元 /t，其市场价值为正。粗甘油是生产精制甘油的正常原料，因此判断鉴别样品是有意识生产的产物，是为满足市场而制造，经济价值为正，属于正常的商业循环或使用链中的一部分，判断鉴别样品不属于固体废物。

## 参考文献

[1] 张金廷，胡培强，施永诚，等．甘油［M］．北京：化学工业出版社，2008．
[2] 李昌珠，蒋丽娟，程树棋．生物柴油——绿色能源［M］．北京：化学工业出版社，2005．

# 四十七、橡胶操作油

### 1. 前言

2016 年 5 月，某海关委托中国环科院固体废物研究所对其查扣的一票“橡胶操作油”货物样品进行固体废物属性鉴别，需要确定是否属于禁止进口的固体废物。

### 2. 样品特征及特性分析

① 样品为棕绿色黏稠油状液体，样品外观状态见图 1 和图 2。

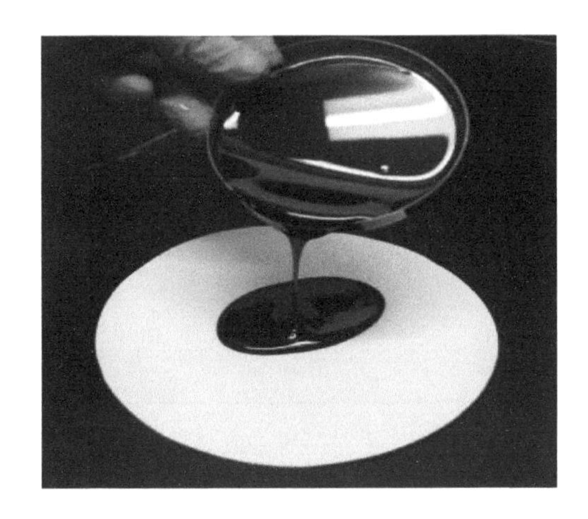

图 1　倒出样品外观状态

图 2　滤纸上样品外观状态

② 按照相关检测标准，检测了样品的典型特征指标，结果见表 1。

**表 1 样品典型特征指标**

| 项目 | | 实验结果 |
|---|---|---|
| 密度（20℃）/（$kg/m^3$） | | 1007.7 |
| 闪点（闭口）/℃ | | 239.0 |
| 运动黏度（20℃）/（$mm^2/s$） | | 1034.0 |
| 运动黏度（100℃）/（$mm^2/s$） | | 23.0 |
| 凝固点 /℃ | | -17.2 |
| 硫含量 /% | | 3.99 |
| 碳型分布 /% | 芳香烃 | 45 |
| | 环烷烃 | 34 |
| | 链烷烃 | 21 |
| 馏程 /℃ | 初馏点 | 389 |
| | 10% 回收温度 | 437 |
| | 20% 回收温度 | 468 |
| | 50% 回收温度 | 491 |
| | 70% 回收温度 | 515 |
| | 90% 回收温度 | 550 |
| | 95% 回收温度 | 566 |
| | 干点 | 619 |

### 3. 样品物质属性鉴别分析

（1）橡胶操作油简介

橡胶在加工过程中需要加入一定量的橡胶操作油以改善其加工性能，提高粉末状配合剂的分散性，从而提高橡胶的加工性能。橡胶操作油根据其烃类组分含量的不同，分为石蜡油、环烷烃油和芳香烃油，橡胶操作油的分类见表 2 [1]。

**表 2 橡胶操作油分类**

| 橡胶操作油的类型 | | 石蜡油 | 环烷烃油 | 芳香烃油 |
|---|---|---|---|---|
| 碳型分布 | 芳香烃 /% | ＜ 10 | 0 ~ 15 | 25 ~ 60 |
| | 环烷烃 /% | 20 ~ 35 | 25 ~ 45 | 20 ~ 45 |
| | 链烷烃 /% | 60 ~ 75 | 35 ~ 65 | 20 ~ 45 |

兰州某石化公司的芳香烃油产品的主要组分为芳香烃、环烷烃和链烷烃，其碳型分布为芳香烃 32%、环烷烃 28% 和链烷烃 40%，其主要指标密度（20℃）为 1025kg/m$^3$，闪点为 295℃，运动黏度（100℃）为 27.3mm$^2$/s [2]。

橡胶操作油的制备过程分为三步：

第一步，原油蒸馏。将原油进行常压和减压蒸馏，将减压蒸馏所得的部分馏分作为橡胶操作油的基础油品。

第二步，基础油精制。基础油还需要以特定的溶剂进行抽提精制，除去溶剂后进一步精制得到精制基础油，由此制备橡胶操作油。通常的精制过程包括糠醛精制、用异丙醇 - 氨水混合溶剂脱酸、白土精制、氧化铝脱除芳烃。

第三步，橡胶操作油制备。在得到的精制基础油中加入适量的黏度调节剂、低温性能改进剂等，制备出橡胶操作油 [3]。

橡胶操作油的生产工艺流程见图 3。

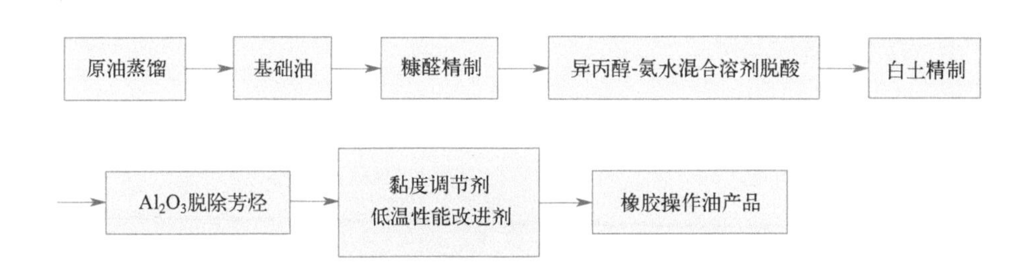


图 3 橡胶操作油的生产工艺流程

（2）样品产生来源分析

样品主要成分为有机烃类物质，碳型分布结果为芳香烃 45%、环烷烃 34% 和链烷烃 21%，与橡胶操作油中的芳香烃油碳型分布相符合。样品的主要指标包括密度（20℃）、闪点和运动黏度（100℃），分别为 1007.7kg/m$^3$、239.0℃和 23.0mm$^2$/s，与兰州某石化公司的芳香烃油产品资料的指标值相似。样品的典型指标与某口岸检验中心对鉴别为橡胶操作油的某货物指标也非常相似。目前没有查找到橡胶操作油的相关标准，综合判断鉴别样品为芳香烃油类的橡胶操作油。

### 4. 鉴别结论

橡胶操作油是通过原油蒸馏得到基础油，然后再进行精制，在精制后的基础油中加入黏度调节剂、低温性能改进剂等得到的产品，是“有意识生产的产物”，是“为满足市场需求而制造”且“该物质的生产有质量控制”，依据《固体废物鉴别导则（试行）》，判断鉴别样品不属于固体废物，为橡胶操作油。

# 参考文献


[1] Wommelsdorff R，戴梅英 . 操作油——橡胶胶料中的矿物油软化剂 [J]. 橡胶参考资料，1989（11）：18-25.

[2] 胡海华，刘春芳，赵洪国，等. 不同环保型操作油的性质及对乳聚丁苯橡胶性能的影响 [J]. 合成橡胶工业，2013，36（02）：127-131.

[3] 王凤娟. 环保型轮胎用橡胶操作油的研究 [J]. 化工生产与技术，2004，11（04）：22-23，33.


## 四十八、棕榈酸性油

### 1. 前言

2016 年 12 月，某海关委托中国环科院固体废物研究所对其查扣的一票“棕榈酸性油”样品进行固体废物属性鉴别，需要确定是否属于禁止进口的固体废物。

### 2. 样品特征及特性分析

① 样品为棕黄色膏状物，有明显异味，无肉眼可见杂质，样品包装和外观状态分别见图 1 和图 2。

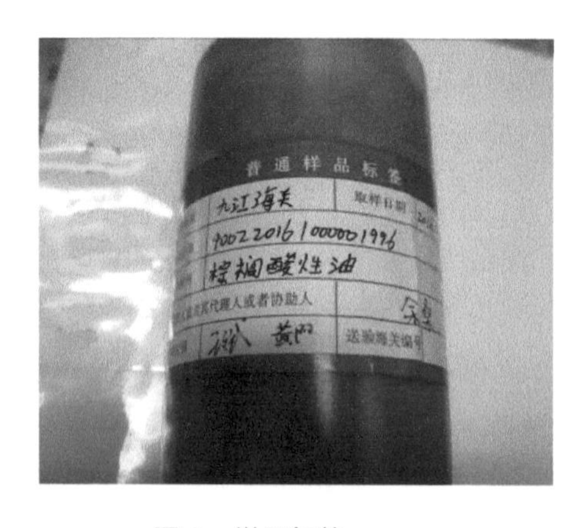


图 1　样品包装

图 2　样品外观状态

② 采用气相色谱仪分析样品组成，样品的碳链分布以 $C_{16}$ 和 $C_{18}$ 为主，各成分的含量见表 1，气相色谱图见图 3。

表 1　样品中各成分组成及含量

| 成分 | $C_{12:0}$ | $C_{14:0}$ | $C_{16:0}$ | $C_{16:1}$ | $C_{18:0}$ | $C_{18:1}$ | $C_{18:2}$ | $C_{18:3}$ | $C_{20:0}$ |
|---|---|---|---|---|---|---|---|---|---|
| 含量 /% | 0.14 | 0.82 | 40.55 | 0.16 | 5.07 | 43.14 | 8.19 | 0.19 | 0.47 |

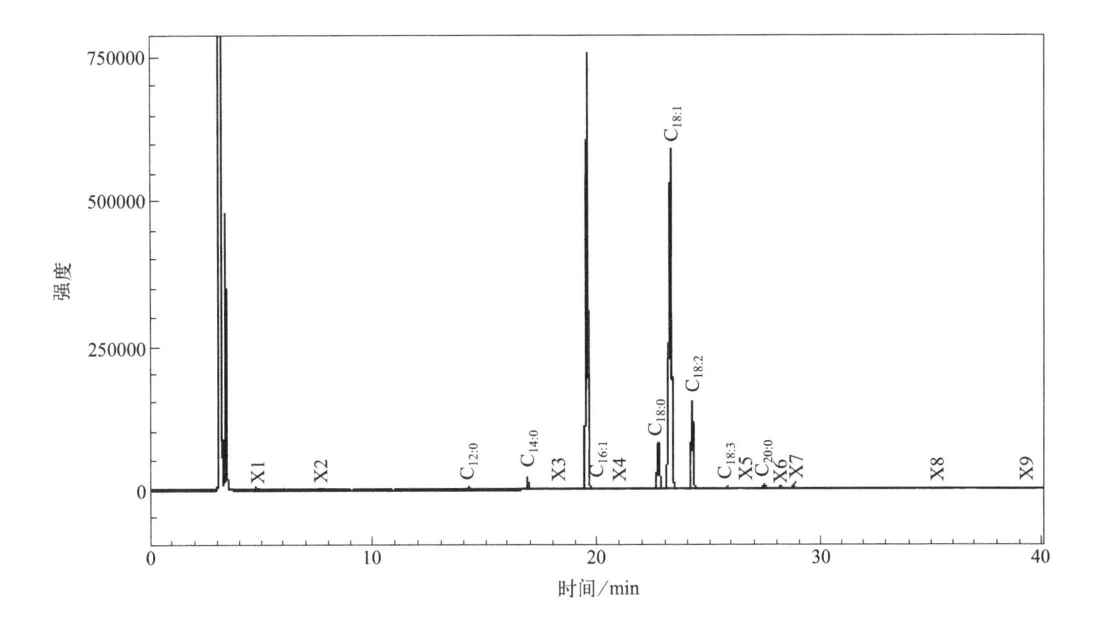


图 3 样品气相色谱图

③ 参照《动植物油脂 酸值和酸度测定》(GB/T 5530—2005)、《动植物油脂 皂化值的测定》(GB/T 5534—2008)、《动植物油脂 碘值的测定》(GB/T 5532—2008)、《动植物油脂 杂质测定法》(GB/T 5529—1985)测试样品的酸值、皂化值、碘值和水杂,结果见表 2。

表 2 样品酸值、皂化值、碘值和水杂的测试结果

| 测试项目 | 酸值(以 KOH 计)/(mg/g) | 皂化值(以 KOH 计)/(mg/g) | 碘值(以 $I_2$ 计)/(g/100g) | 水杂 /% |
| --- | --- | --- | --- | --- |
| 结果 | 174.9 | 199.2 | 52.6 | 0 |

## 3. 样品物质属性鉴别分析

(1)棕榈油及其相关产物的加工简介

油棕是生长在热带和亚热带的多年生木本油料植物,从其果实中提取的棕榈油品质优良。棕榈油为“饱和油脂”,其饱和脂肪酸含量为 50.2%,脂肪酸主要包括棕榈酸、油酸、亚油酸、肉豆蔻酸等,其中棕榈酸和油酸的含量最高,分别高达 41.3% ~ 46.3% 和 36.7% ~ 40.8%;此外,还含有 9% ~ 12% 的亚油酸。棕榈油生产工艺流程见图 4[1-4]。棕榈油的精炼过程包括化学精炼和物理精炼,化学精炼包括脱胶、中和、水洗、脱色、过滤和脱臭等过程,可以是间歇式或连续式生产,工艺流程见图 5[5-6]。表 3 是我国《棕榈油》(GB 15680—2009)的特征指标(部分)。

图 4　棕榈油生产工艺流程

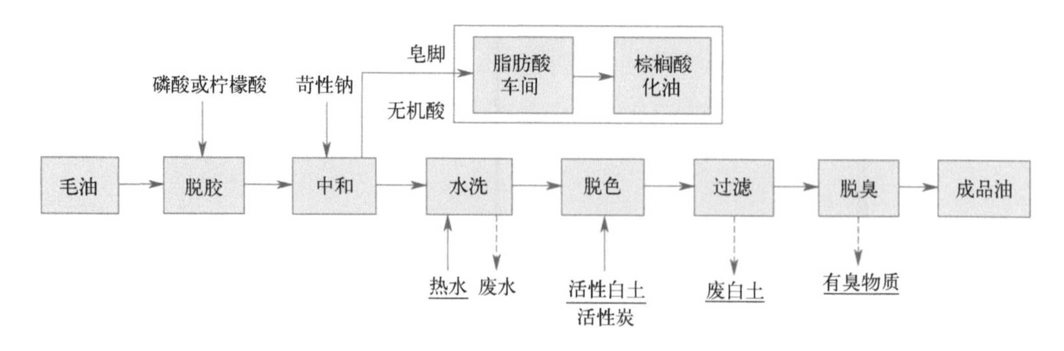


图 5　棕榈油的化学精炼工艺流程

**表 3　棕榈油的特征指标（部分）**

| 项目 | 碘值（以 $I_2$ 计）/（g/100g） | 皂化值（以 KOH 计）/（mg/g） | 脂肪酸含量 /% | | | | | | | | |
|---|---|---|---|---|---|---|---|---|---|---|---|
| | | | 月桂酸 $C_{12:0}$ | 豆蔻酸 $C_{14:0}$ | 棕榈酸 $C_{16:0}$ | 棕榈一烯酸 $C_{16:1}$ | 硬脂酸 $C_{18:0}$ | 油酸 $C_{18:1}$ | 亚油酸 $C_{18:2}$ | 亚麻酸 $C_{18:3}$ | 花生酸 $C_{20:0}$ |
| 指标 | 50.0 ~ 55.0 | 190 ~ 209 | 约 0.5 | 0.5 ~ 2.0 | 39.3 ~ 47.5 | 约 0.6 | 3.5 ~ 6.0 | 36.0 ~ 44.0 | 9.0 ~ 12.0 | 约 0.5 | 约 1.0 |

油脂精炼过程会产生一系列副产物，其中皂脚在碱炼脱酸工序中产生，是油脂精炼副产物中最有价值的部分。植物皂脚的产量大，对于植物油皂脚回收利用的研究较多，如将皂脚中夹杂的中性油（甘油三酯）提取出来继续精炼，将其中的总脂肪酸提取出来用作工业原料，或者进一步制成脂肪酸酯用作工业原料或生物柴油等，现在国内已建成多家专门处理皂脚的油脂加工厂，利用皂脚生产脂肪酸和生物柴油[7]。皂脚脂肪酸的组成主要取决于原料油脂的品种，如大豆油碱炼皂脚脂肪酸，其成分和大豆油脂肪酸成分大致相同，菜籽油碱炼皂脚脂肪酸其成分基本上和菜籽油脂肪酸成分相同，其他油脂碱炼皂脚脂肪酸组分也基本如此。用皂脚生产脂肪酸的反应式如下：

$$2RCOONa+H_2SO_4 \xrightarrow{\triangle} 2RCOOH+Na_2SO_4$$

从皂脚中提取脂肪酸，必须经过几个工序才能得到粗制品至脂肪酸成品，皂脚前处理常用工艺有水解酸化法、皂化酸解法及酸化水解法三种。酸化水解法具有节能降废、操作简便和利于甘油（$C_3H_8O_3$）回收的优点，因而生产上采用较多。酸化水解法制备脂肪酸的工艺流程见图 6[8]，其中对酸化油的要求是，分层要好，酸值（以 KOH 计）在

120mg/g 以上为宜，酸值（以 KOH 计）在 80mg/g 以下则质量较差，原因是水杂分离不清会给后续工序操作带来困难。

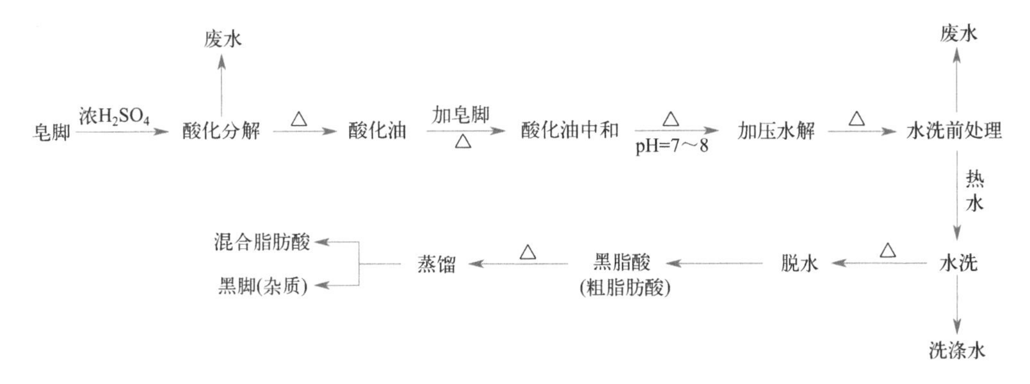


图 6　皂脚制备脂肪酸工艺流程

结合文献中的报道，以及图 5 和图 6 的工艺流程图，棕榈酸化油是棕榈油精炼所产生的过滤渣（皂脚）经酸处理而得的产物，其中含大量的游离脂肪酸，可作为生物柴油的生产原料[5-9]。通过咨询专家，棕榈酸化油可随精炼工艺的不同而不同，但在行业内需满足以下指标要求才具有经济价值，指标要求见表 4。

表 4　棕榈酸化油指标要求

| 项目 | 水杂 /% | 碘值（以 $I_2$ 计）/（g/100g） | 皂化值（以 KOH 计）/（mg/g） | 游离脂肪酸 /% | 颜色 |
|---|---|---|---|---|---|
| 指标 | < 3 | 45 ~ 56 | 195 ~ 215 | 30 ~ 80 | 黄色、棕色 |

（2）样品产生来源分析

气相色谱仪分析结果显示，样品的碳链分布以 $C_{16}$、$C_{18}$ 为主（表 1），其中的脂肪酸含量、碘值和皂化值（表 2）均在棕榈油主要特征指标（表 3）的正常数值范围内，表明样品具有棕榈油的特性，应是来自棕榈油的生产过程。样品的酸值（以 KOH 计）达到 174.9mg/g，满足工业生产上对酸化油的酸值要求。根据《动植物油脂　酸值和酸度测定》（GB/T 5530—2005），游离脂肪酸的含量可用酸度表示，使用标准中酸值与酸度的换算公式计算样品的酸度为 79.8%，即样品中游离脂肪酸的含量为 79.8%。样品外观为棕黄色膏状物，且测试结果显示样品的水杂、碘值、皂化值均满足表 4 中的指标要求，因此判断样品是棕榈酸化油。

4. 鉴别结论

样品是棕榈酸化油，是棕榈油精炼过程中产生的皂脚经无机酸酸化后得到的产物，根据已有材料，样品是有意识生产的，满足行业内棕榈酸化油的指标要求，具有经济价值，是棕榈酸化油正常商业循环或使用链中的一部分，建议该批货物不作为固体废物管理，即不属于固体废物。

# 参考文献


[1] 陈文麟，姚华民，宋新毛，等．棕榈油生产工艺及设施配置 [J]．中国商办工业，2000（3）：52-53．

[2] 田洪芸，田栋．棕榈油产业介绍及其应用 [J]．山东食品发酵，2014，172：48-49．

[3] 赵云，覃文．马来西亚对油棕种植材料研究及棕榈油产品生产 [J]．粮食与油脂，2004（8）：28-31．

[4] 王挥，宋菲，曹飞宇，等．棕榈油的营养及功能性成分分析 [J]．热带农业科学，2014，34（6）：71-74．

[5] Wong M H，张崇伟．棕榈油的精炼工艺 [J]．中国油脂，1980：8-13．

[6] 贾友苏．马来西亚的棕榈油工业简介 [J]．中国油脂，1993（4）：55-57．

[7] 饶华俊，徐坤华，王庆和，等．油脂精炼副产物皂脚的研究进展 [J]．食品科技，2014，39（9）：199-203．

[8] 陶瑜．皂脚脂肪酸提取和分离生产工艺 [J]．粮食与油脂，1993（3）：25-31．

[9] 徐丹，陈可娟．棕榈酸化油制备生物柴油的工艺优化研究 [J]．当代化工，2015，44（4）：661-663，666．


## 四十九、聚甲醛

### 1. 前言

2014 年 4 月，某海关委托中国环科院固体废物研究所对其查扣的一票“初级形状的聚丙烯”货物样品进行固体废物属性鉴别，需要确定是否属于禁止进口的固体废物。

### 2. 样品特征及特性分析

① 样品为均匀的白色细粉末，105℃下烘干失重率为 0.5%，样品干基 550℃下灼烧后的烧失率为 99.8%。样品外观状态见图 1。

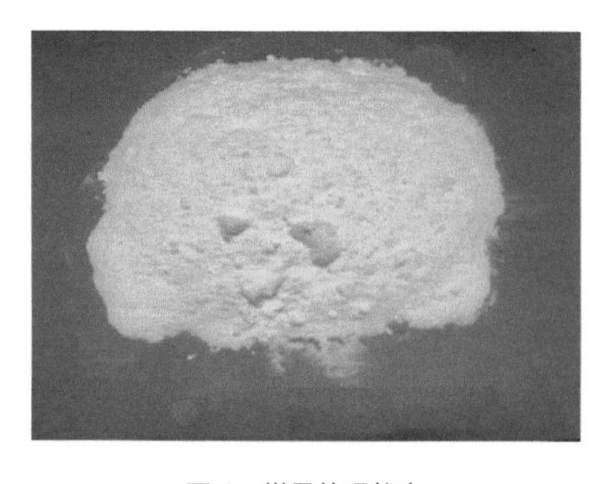

图 1　样品外观状态

② 对样品进行红外光谱分析，成分为聚甲醛（POM），红外光谱图见图 2。

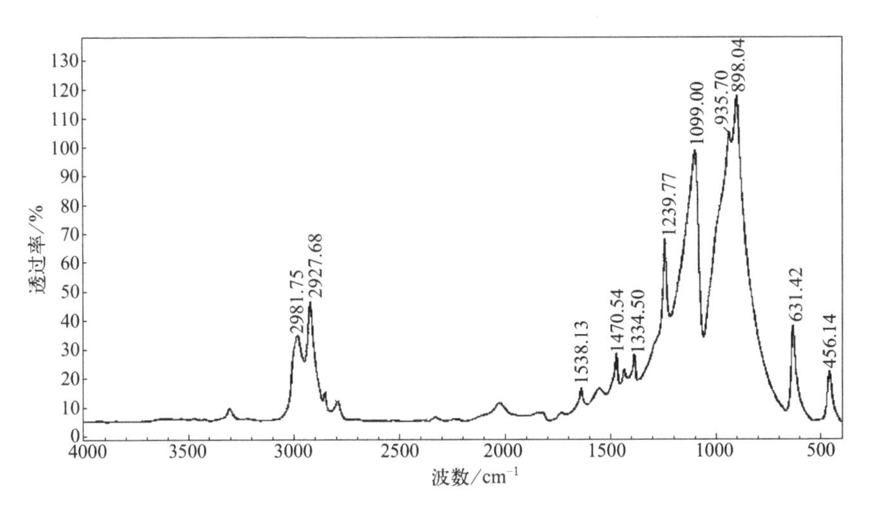


图 2　样品红外光谱图

③ 样品约含 99.2% 的聚甲醛（POM）、0.5% 的水分和 0.2% 的无机盐。

### 3. 样品物质属性鉴别分析

从成分分析看，样品不是初级形状的聚丙烯（PP），是聚甲醛（POM）。

我国还没有聚甲醛国家标准和行业标准。资料表明[1]，多聚甲醛中甲醛的含量达到 96% 以上，属于高品质的多聚甲醛。低分子量的多聚甲醛为白色或淡黄色粉粒，灼烧残渣≤ 0.5%，多聚甲醛的质量分数≥ 93%。低分子量多聚甲醛照片见图 3。

样品为均匀的白色细粉末，聚甲醛（POM）和灼烧残渣质量分数均满足文献资料中的要求，因此，在已有证据情况下判断鉴别样品是专门生产的 POM 产品。

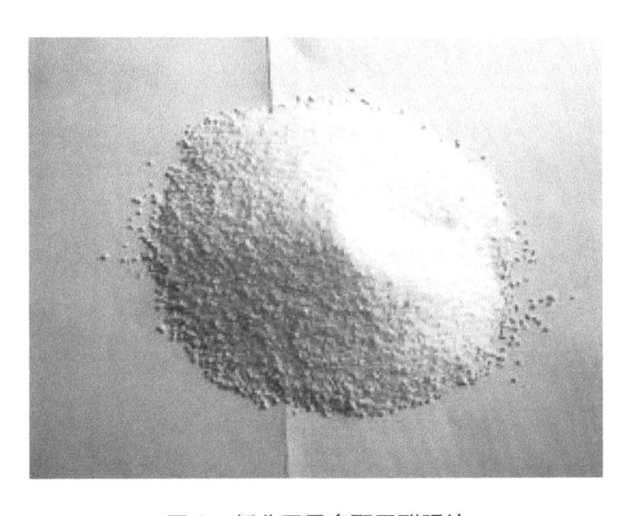

图 3　低分子量多聚甲醛照片

4. 鉴别结论

鉴别样品是聚甲醛（POM）产品，不属于固体废物。

# 参考文献

[1] 徐伟刚. 草甘膦的合成与质量控制研究 [J]. 化工时刊，2011，25（09）：44-47.

## 五十、副产聚乙烯蜡

1. 前言

2018 年 12 月，某海关委托中国环科院固体废物研究所对其查扣的一票“聚乙烯蜡”货物样品进行固体废物属性鉴别，需要确定是否属于固体废物。

2. 样品特征及特性分析

① 样品为灰白色蜡质膏状物质，无明显异味，具有一定黏性，偶见细黑点，样品及货物外观状态见图 1 和图 2。

图 1　样品照片

图 2　货物照片（铁桶中白色物质）

② 采用傅里叶变换红外光谱仪（FTIR）、差示扫描量热仪（DSC）、凝胶渗透色谱（GPC）综合分析样品，主体成分为（乙烯 -$\alpha$- 烯烃）共聚物，熔点分别为 54℃、83℃、94℃、104℃（该物质自身可能呈现“多晶相”而表现出“多熔点”），样品在四氢呋喃（$C_4H_8O$）中大部分溶解（80% ～ 90%），溶解部分的数均分子量约 5000、重均分子量约 6500。样品红外光谱图见图 3，DSC 熔融曲线见图 4，凝胶渗透色谱（GPC）图和分子量结果见图 5。

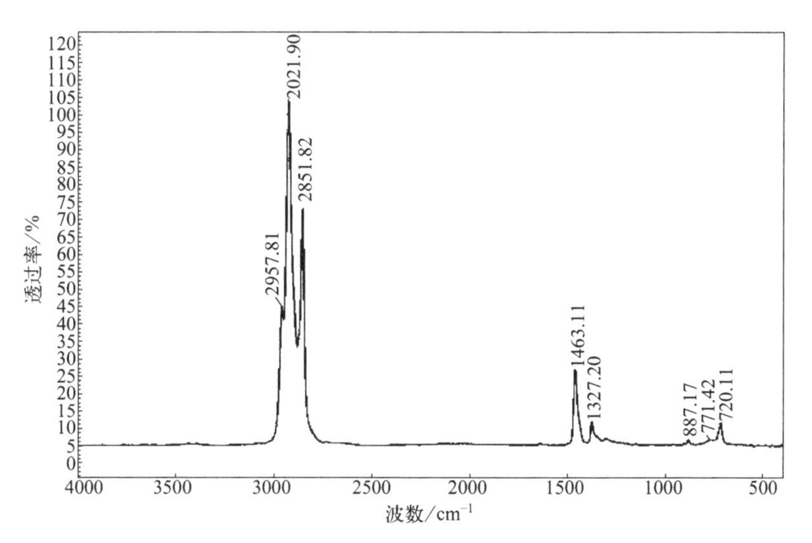


图 3　样品红外光谱图

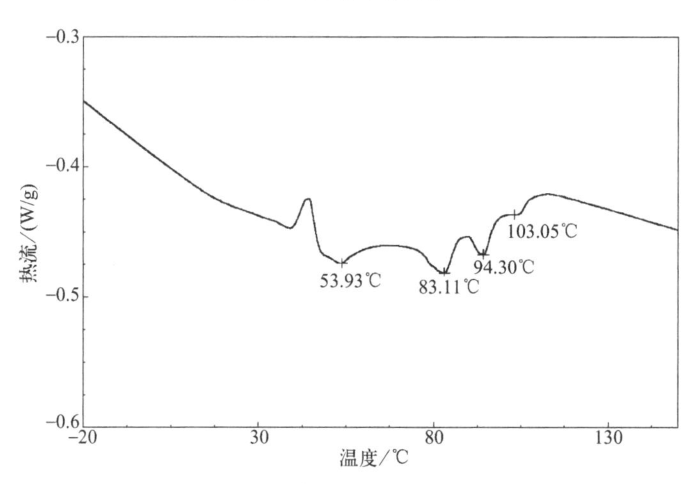


图 4　样品 DSC 熔融曲线图

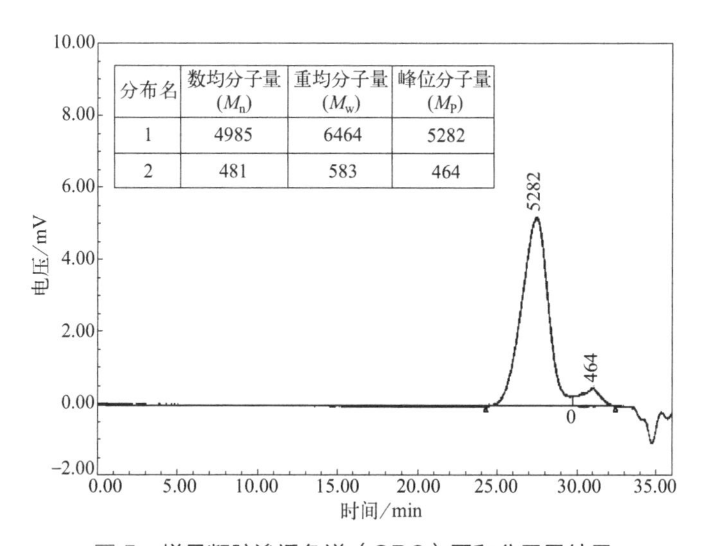

| 分布名 | 数均分子量 ($M_n$) | 重均分子量 ($M_w$) | 峰位分子量 ($M_P$) |
|---|---|---|---|
| 1 | 4985 | 6464 | 5282 |
| 2 | 481 | 583 | 464 |



图 5　样品凝胶渗透色谱（GPC）图和分子量结果

③ 参照国外某公司聚乙烯蜡低聚物的牌号指标主要项目，对样品基本性能进行测试，结果见表1。

**表1　样品性能指标实验结果**

| 项目 | 结果 | 试验方法标准号 |
| --- | --- | --- |
| 滴熔点/℃ | 96.5 | GB/T 8026—2014 |
| 针入度（100g，25℃）/0.1mm | 119 | GB/T 4985—2010 |
| 黏度（100℃）/（mPa·s） | 450 | SH/T 0018—2007 |
| 黏度（110℃）/（mPa·s） | 270 | |
| 黏度（120℃）/（mPa·s） | 215 | |
| 黏度（150℃）/（mPa·s） | 110 | |
| 酸值（以KOH计）/（mg/100g） | 0.1 | GB/T 7304—2014 |
| 密度（20℃）/（$kg/m^3$） | 875 | GB/T 13377—2010 |

3. 样品物质属性鉴别分析

（1）聚乙烯蜡简介

聚乙烯蜡用途广泛，在室温下呈软膏状、片状或粉末状，无毒、无味、无腐蚀性，是一种具有优良性能的工业材料，可用于制造色母粒、塑钢、聚氯乙烯（PVC）管材、热熔胶、橡胶、鞋油、皮革光亮剂、电缆绝缘料、地板蜡、涂料、油墨等产品中作添加剂，质量上佳的微粉聚乙烯蜡还可以用于化妆品和个人护理品。

聚乙烯蜡（PEW）的生产方法主要有以下几种：

① 高压法聚乙烯蜡；

② Fisher-Tropsh 合成蜡；

③ 热裂化法聚乙烯蜡；

④ Ziegler 法聚乙烯蜡；

⑤ 聚乙烯（PE）生产中的副产蜡。

高压低密度聚乙烯（LDPE）装置副产蜡形态为糊状，分子量1000～4000，在70～100℃时呈熔融态，熔程较宽，具有良好的化学稳定性和热稳定性，蜡烛生产企业用其制作耐燃蜡烛，还用作塑料添加剂和线性低密度聚乙烯加工改性剂。高压副产原料蜡利用前需要净化处理，以除去蜡中的低分子物质和溶剂，通过减压蒸馏、溶剂萃取和常压分离等方法，可以达到净化目的[1]。

聚乙烯（PE）生产中产生的副产聚乙烯蜡是国内PEW的主要来源之一，PEW分子量分布宽，导致其熔融温度范围较宽，即低分子量级的熔点与高分子量级的熔点间差距较大。吉林石化乙烯厂高密度聚乙烯装置得到的聚乙烯蜡（PEW）经分离后得到熔程范围在 74.9 ～ 78.8℃的低熔点聚乙烯蜡产品以及熔程范围在 83.5 ～ 86.7℃的高熔点聚乙烯蜡产品[2]。

聚乙烯生产过程中的低聚物副产物质量有波动，产量也不稳定，尤其在生产不正常时，这种现象更为严重。例如，聚合过程中发生分解反应时，在低聚物中可能会混入分解所产生的炭黑，使其变成黑色或浅灰色；又如，分离系统操作不当或发生故障时还可能使低聚物中混入少量高分子量的聚乙烯（PE），使低聚物分子量分布变宽[3]。

通过文献资料以及调研总结出：

① 聚乙烯蜡原料及产品主要来源于聚乙烯（PE）装置产生的低分子聚合物，俗称副产蜡，副产蜡分子量主要在 2000 ～ 5000 之间，也有更低或更宽的；

② 聚乙烯副产蜡熔程分布范围较宽，主要在 70 ～ 100℃，熔点也有更低或更宽的，美国某公司的 A-C1702 牌号低聚物滴熔点 90℃ ；

③ 副产蜡形态有片状、粉状、块状、膏状，其中膏状的副产蜡黏度最低；

④ 我国还没有低聚物副产蜡产品质量国家标准或行业标准，国内不同的装置产出的副产蜡数量和品质不同，一般将高品质的当产品对待，品质差的便随意处置，北京某公司乙烯装置产生的软状副产蜡每吨约 6000 元；

⑤ 副产蜡用途广泛，使用前通常要进行一定的预处理，如根据不同熔点进行分割产品、消除更低分子的溶剂物质、去除杂质等；

⑥ 美国某公司的这类低聚物产品牌号多并有相应技术指标要求；

⑦ 我国长期以来存在低分子聚乙烯蜡的进口，质量高低差异较大。

（2）样品产生来源分析

样品为膏状蜡，主要成分为（乙烯 -$\alpha$- 烯烃）共聚物，熔程范围较宽并表现出多熔点而符合乙烯低聚物特征，数均分子量在 5000 也符合乙烯低聚物特征，样品红外光谱图与文献资料中 LDPE 生产中的聚乙烯蜡红外光谱图吸收峰波数具有很高的相似性，样品与高压低密度聚乙烯（LDPE）装置副产蜡相符，是低分子聚乙烯蜡。

### 4. 鉴别结论

通过行业调研，此次进口的聚乙烯蜡品质最接近甚至好于美国某公司的 A-C1702 牌号，具有较好的性价比，即分散性好、灰分低、黏度高、抗热性好、使用时添加量少。

样品货物可不经预处理直接作为塑料母粒的添加剂，是塑料制品的良好分散剂，此类聚乙烯低聚物原料在国外产量很小，长期以来处于供不应求状况，具有较高的经济价值，也属于聚乙烯蜡产品正常的商业循环或使用链中的一部分，实验证明样品符合膏状副产聚乙烯蜡基本指标要求，符合海关《进出口税则商品及品目注释》中对人造蜡及调制蜡的解释。总之，判断鉴别样品是生产聚乙烯塑料（LDPE）时产生的副产物料，是聚乙烯蜡的初级产品，不属于固体废物。

## 参考文献

[1] 赵庆龙，陈雷．高压聚乙烯装置副产蜡做色母粒分散剂的研究 [J]．化工科技市场，2006，29 (03)：32-33，52．
[2] 贾寅寅．聚乙烯副产物聚乙烯蜡的深加工研究 [D]．长春：长春工业大学，2013．
[3] 林哲．低分子聚乙烯工业应用 [J]．石化技术，1981 (02)：92-96．

## 五十一、腈纶（聚丙烯腈纤维）次级丝

### 1. 前言

2018年8月，某海关委托中国环科院固体废物研究所对其查扣的一票“次级丝”货物样品进行固体废物属性鉴别，需要确定是否属于国家禁止进口的固体废物。

### 2. 样品特征及特性分析

① 样品为黄白色有光泽的丝状物，丝细且长，呈并丝或多丝蓬松态，干净、无异味、无杂质，手感非常柔软光滑，用手难以扯断，样品外观状态见图1。到口岸海关货场查看实物状态，货物装在聚丙烯吨袋中，呈十几米或数十米长的丝束状，手感非常舒服，并不是杂乱缠绕的“乱麻一堆”状态，现场货物外观状态见图2和图3。

图1 样品外观状态

图2 掏出货物

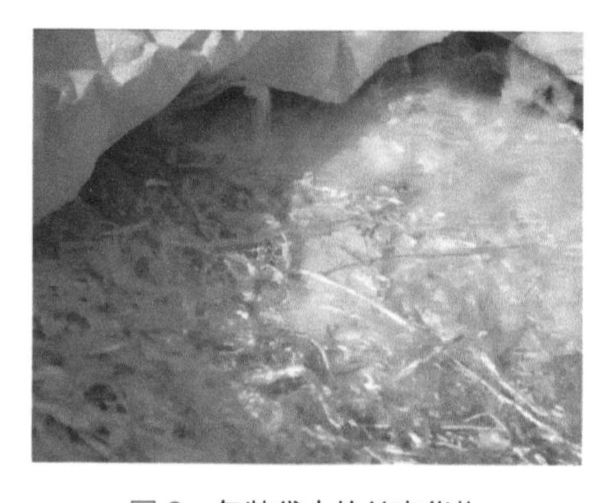

图3 包装袋中的丝束货物

② 采用红外光谱仪分析样品成分，为聚丙烯腈（腈纶，$C_3H_3N$），红外光谱图见图 4。

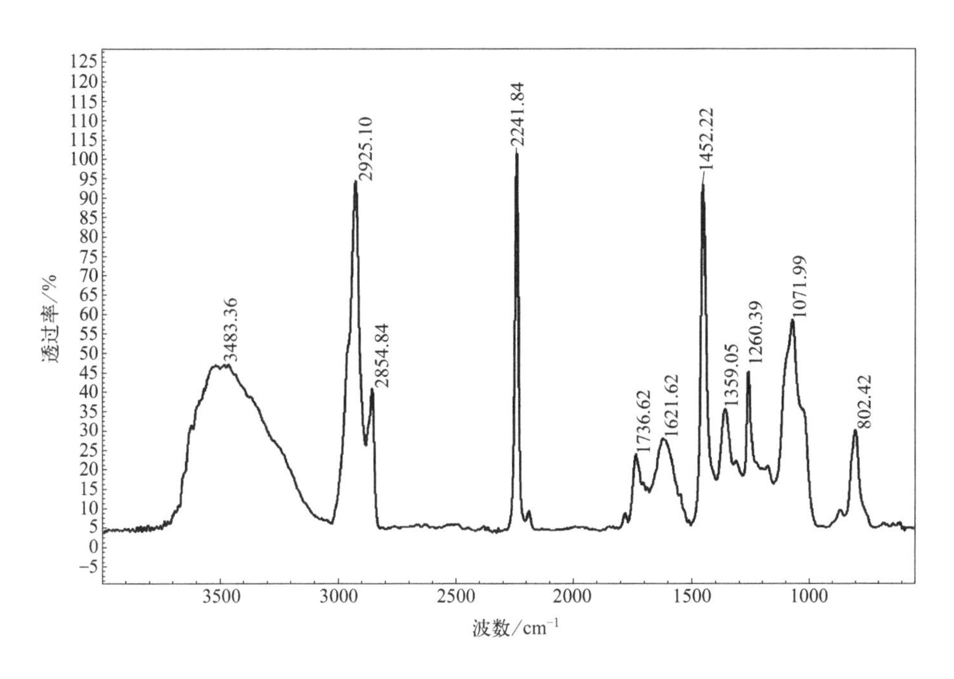


图 4　样品红外光谱图

③ 将样品纤维裁短进行相关性能测试，结果见表 1。

**表 1　样品性能测试结果**

| 检测项目 | 线密度 /dtex | 断裂强度 /（cN/dtex） | 断裂强度 CV/% | 断裂伸长率 /% | 断裂伸长率 CV/% | 疵点含量 /（mg/100g） | 卷曲数 /（个 /25mm） |
|---|---|---|---|---|---|---|---|
| 实测值 | 1.28 | 5.70 | 10.2 | 11.4 | 8.3 | 0.0 | 0.0 |
| 标准值 | 1.11 ~ 11.11 | ≥ 2.1 | — | 自定 | — | ≤ 100 | 自定 |
| 参照标准 | GB/T 14335—2008（方法 A） | GB/T 14337—2008 | | | | GB/T 14339—2008（方法 A） | GB/T 14338—2008 |

3. 样品物质属性鉴别分析

（1）腈纶简介

腈纶是聚丙烯腈或丙烯腈含量＞ 85%（质量分数）的丙烯腈共聚物制成的合成纤维。聚丙烯腈纤维的性能极似羊毛，弹性较好，伸长 20% 时回弹率仍可保持 65%，蓬松卷曲且柔软，保暖性比羊毛高 15%，有合成羊毛之称[1]。腈纶产品主要分为短纤维、长束及毛条三类。

腈纶生产工艺所用溶剂主要有硫氰酸钠（NaSCN）、*N,N*- 二甲基甲酰胺（DMF）、*N,N*-

二甲基乙酰胺（DMAC）、二甲基亚砜（DMSO）、丙酮（$C_3H_6O$）、碳酸乙烯酯（EC）、硝酸和氯化锌等[2]。腈纶的主要生产工艺流程为[3]：聚合→纺丝→蒸汽（或热水）热牵伸→水洗→干燥致密化→再次拉伸→卷曲→热定形→冷却→切断→打包。腈纶生产工艺流程见图5。

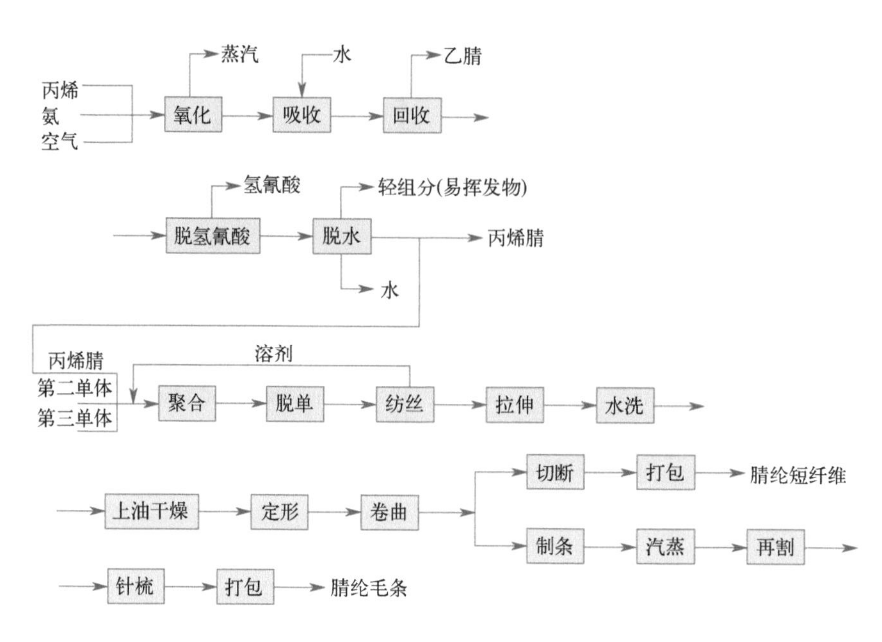


图5 腈纶生产工艺流程

（2）样品产生来源分析

样品为黄白色有光泽的丝束状，丝细且长，呈并丝或多丝蓬松态，样品质地均匀、干净、无异味、无杂质，手感非常柔软光滑，用手难以扯断。通过查看现场货物状况，货物装于统一的袋内，包装完好、干净整洁，外观特征与海关所送样品一致。参考标准《腈纶短纤维和丝束》（GB/T 16602—2008）中的腈纶短纤维的性能项目和指标值，样品的线密度为1.28dtex，满足标准最低值为1.11dtex的要求；样品的断裂强度为5.70cN/dtex，满足标准最低值为2.1cN/dtex的要求；样品的疵点含量为0mg/100g，表明样品在加工过程中有较好的质量控制，已达到较好的品质；样品卷曲数为0个/25mm，样品无卷曲。其他性能指标均由生产单位根据用途自定。

根据样品和现场开箱货物外观特征、性能测试结果及咨询专家意见，判断鉴别样品不是腈纶生产过程中产生的腈纶废丝或下脚料，样品来自腈纶纤维生产工艺，是经过腈纶短纤维生产工序中大部分工序后，处于已完成定形工序、未进行卷曲工序（或目标产品不需卷曲工序）的未切断的腈纶产物，是腈纶短纤维生产过程中产生的正常中间产物，符合GB/T 16602—2008标准中的腈纶短纤维的性能项目和指标要求。经咨询专家和查阅文献，样品货物裁切成短纤维后，可掺入混凝土拌合物中，能有效减小混凝土因失水、温差、自干燥等因素而引起的原生裂隙尺度，增强混凝土的抗塑性、开裂能力，同时也提高了混凝土的抗弯韧性、抗疲劳强度和抗弯抗拉强度，从而增强了混凝土道面的耐久性[4]。样品也可作为碳纤维增强材料的生产原料。

### 4. 鉴别结论

样品是以生产腈纶短纤维为目的而产生的卷曲前产物或未经卷曲产物，为腈纶短纤维生产过程中产生的正常中间产物，该中间产物是生产腈纶短纤维工序中不可或缺的一部分，不需要修复即可作为下一道工序的原料并全部得到利用。样品产物属于有意识生产，是为满足市场需求而制造的，属于正常的商业循环或使用链中的一部分，满足短纤维使用的市场需求和基本质量要求，中国环科院固体废物研究所鉴别人员认为样品没有丧失聚丙烯腈纤维材料的原有用途。根据《固体废物鉴别标准　通则》(GB 34330—2017）标准，判断鉴别样品不属于固体废物。

## 参考文献

[1] Masson J M. 腈纶生产工艺及应用 [M]. 陈国康，沈新元，林耀，等译 . 北京：中国纺织出版社，2004.
[2] 汪维良，任铃子. 腈纶生产工艺：第一讲　腈纶生产路线概况 [J]. 合成纤维工业，1993，16(04)：41-45.
[3] 崔克清. 安全工程大辞典 [M]. 北京：化学工业出版社，1995.
[4] 贾建强，翁兴中，颜祥程，等. 道面聚丙烯腈纤维混凝土的耐久性研究 [J]. 混凝土，2010(11)：59-61.

## 五十二、亚麻短纤维

### 1. 前言

2019 年 9 月，某海关委托中国环科院固体废物研究所对其查扣的一票“机械短麻、亚麻条”货物样品进行固体废物属性鉴别，需要确定是否属于固体废物。

### 2. 样品特征及特性分析

① 样品为麻黄色纤维，成团，纤维粗细不均匀，手感柔软、质感粗糙，纤维上附着有粉末及小碎屑，样品外观状态见图 1。

② 依据《纺织纤维鉴别试验方法　第 2 部分：燃烧法》(FZ/T 01057.2—2007)、《纺织纤维鉴别试验方法　第 3 部分：显微镜法》(FZ/T 01057.3—2007）对样品进行定性分析，结果为亚麻。

③ 参照团体标准《亚麻短纤维》(T/CBLFTA 001—2019）对样品相关技术指标进行检测，检测结果见表 1。

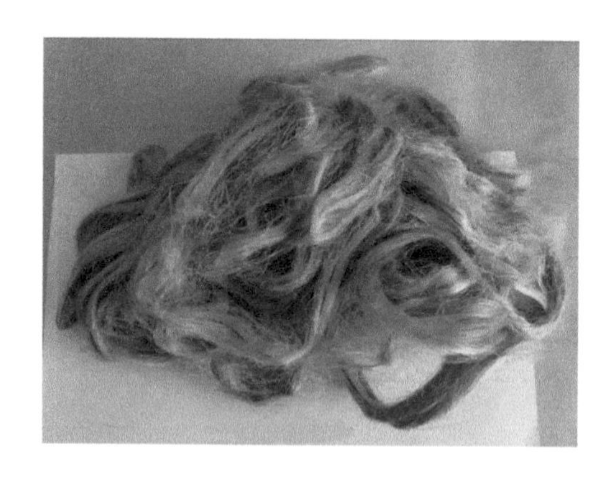

图 1　样品外观状态

**表 1　样品测试结果**

| 平均长度 /mm | 含杂率 /% | 回潮率 /% | 柔软度 | 色泽 |
| --- | --- | --- | --- | --- |
| 369.98 | 0.3 | 9.1 | 较柔软 | 麻黄色 |

### 3. 样品物质属性鉴别分析

（1）亚麻纤维简介

1）亚麻原料来源

亚麻原料初加工厂由麻农收购的亚麻茎[1]，在脱胶处理前为亚麻原茎。亚麻原茎的形成特征（生长状况）在很大程度上决定亚麻纤维含量以及质量。亚麻原茎经脱胶和机械加工（打麻）等初加工手段所提取出的亚麻长纤维称为亚麻打成麻，占原料的 15% ～ 25%，打成麻因其初步脱胶（沤麻）方式不同，有雨露麻和温水麻之分。此外，纤维产物还有亚麻短纤，其作为亚麻混纺行业的主要原料，占原料的 13% ～ 25%；废料主要指麻屑、麻秆以及原麻上不能制成纤维的其他物质，占原料的 45% ～ 50%。

图 2 是亚麻产出物示意图，图 3 是亚麻短纤维打包方式。可纺性亚麻纤维的生产工艺又叫亚麻初加工[2-3]，其工艺流程如图 4 所示。

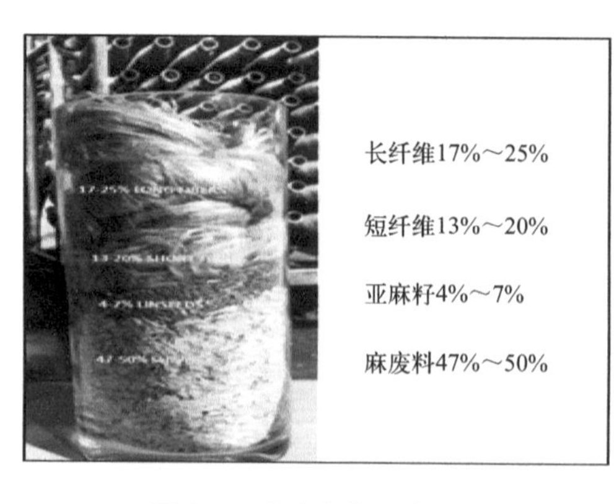


图 2　亚麻产出物示意图

图 3　亚麻短纤维打包方式

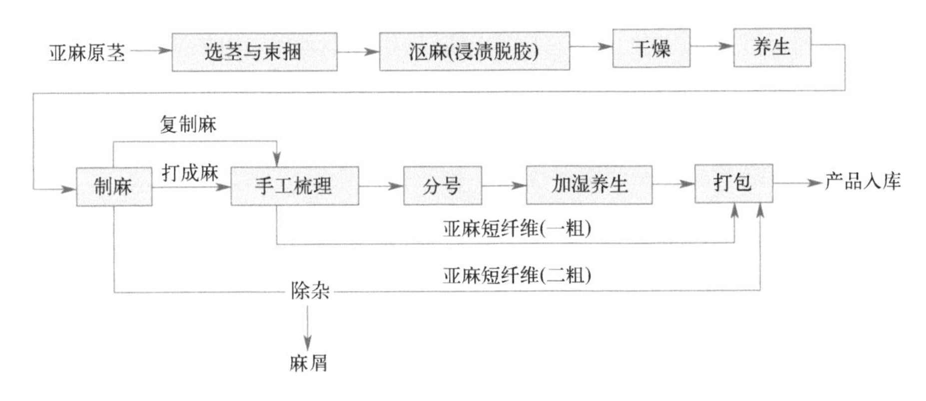


图 4　亚麻纤维的生产工艺流程

2）亚麻短纤维

在加工亚麻原茎秆剥离出亚麻长纤的过程中[4]，再次加工在机械上未被剥离的亚麻原茎秆所得到的未达到亚麻长纤维标准的副产品统称为亚麻短纤维。亚麻短纤维可以与棉花、羊毛、化纤等混合加工成亚麻混纺纱。亚麻短纤维经过多步骤的除杂过程后打包进行销售，作为短纺系统的原料，工艺过程如图 5 所示。

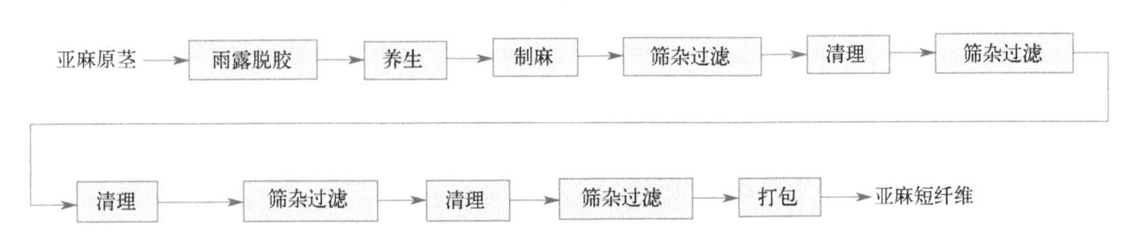


图 5　亚麻短纤维生产工艺过程

在亚麻短麻制条中，所用亚麻短纤维原料有以下几种：

① 在栉梳机梳理打成麻时所获得的机器短麻；

② 降级麻，即将短的麻和低级打成麻经松开机（或粗梳机）处理后的短纤维；

③ 粗麻，即将亚麻原料初加工，在制取打成麻时获得的一粗和二粗，经除杂（包括去除麻屑）处理后所获得的短纤维；

④ 由手工初梳、整梳或重梳后所得的短麻（现基本为栉梳重梳所获得的短纤维）；

⑤ 纺织厂各生产工序中产生的回丝。

机器短麻（机短麻）是亚麻短纤维中品质较好的一种短麻，为亚麻纺织厂中短纺系统的原料。打成麻用栉梳机梳理后[5]，分成梳成长麻和机器短麻两部分，其中，梳成长麻按长麻纺纱工艺纺纱，机器短麻按短麻工艺纺纱。机器短麻由麻茎的梢部和根部的纤维组成，梢部纤维虽较长一些，但成熟期短，纤维纤弱，根部纤维成熟期长，果胶含量高，纤维粗硬，麻屑较多。一般情况下，机器短麻长度为 140 ～ 220mm，分裂度（指亚麻集束纤维支数）为 250 ～ 780 公支（1.28 ～ 4tex），0 ～ 50mm 短绒量在 30% 左右，同时含有麻皮屑等杂物。

亚麻短纤维标准在国内目前仅有由中国麻纺织行业协会2019年10月12日发布执行的《亚麻短纤维》（T/CBLFTA 001—2019）团体标准，其中对亚麻短纤维提出了指标要求，见表2。在国际上，白俄罗斯共和国国家标准《亚麻纤维短规格》（CTB 1850—2009）对亚麻短纤维产品的生产质量提出了相应指标要求，见表3。

**表2 《亚麻短纤维》（T/CBLFTA 001—2019）团体标准中的指标**

| 项目 | 平均长度 /mm | 柔软度 | 含杂率 /% | 回潮率 /% | 色泽 |
|---|---|---|---|---|---|
| 标准要求值 | ≥ 16 | 较柔软 | ≤ 10 | ≤ 12 | 淡黄、淡灰，光泽较好，颜色杂 |

**表3 《亚麻纤维短规格》（CTB 1850—2009）中的指标**

| 亚麻号 | 2 | 3 | 4 | 6 | 8 |
|---|---|---|---|---|---|
| 纤维长度 /mm | 54 | 109 | 138 | 158 | 177 |
| 含杂率 /% | 24 | 22 | 19 | 15 | 11 |

3）国内亚麻市场状况

我国是世界上最大的纤维型亚麻生产国和亚麻纤维进口国[6]，法国是世界上亚麻原料主要出口国。我国纤维用亚麻的种植少，麻纺织行业所使用亚麻短纤维主要依靠进口，根据相关行业协会提供的海关统计数据，进口亚麻纤维情况见表4，亚麻短纤维价格约为亚麻长纤（打成麻）价格的40%。我国每年生产的各类亚麻纱线（含亚麻混纺纱线）大约50万吨，亚麻短纤维是重要的天然纤维之一。

**表4　2014 ~ 2018年进口亚麻纤维统计**

| 年份 | 打成麻（长麻） | | | 亚麻短纤维 | | |
|---|---|---|---|---|---|---|
| | 数量 /kg | 金额 / 美元 | 平均单价 /（美元 /kg） | 数量 /kg | 金额 / 美元 | 平均单价 /（美元 /kg） |
| 2014 | 132816433 | 393285608 | 2.96 | 33132594 | 42417473 | 1.28 |
| 2015 | 119334197 | 356975273 | 2.99 | 63756900 | 78042877 | 1.22 |
| 2016 | 123881094 | 363396801 | 2.93 | 40065644 | 46559204 | 1.16 |
| 2017 | 127014400 | 328395000 | 2.59 | 50694898 | 51135499 | 1.01 |
| 2018 | 126098428 | 407702170 | 3.23 | 72676417 | 90246110 | 1.24 |

（2）样品产生来源分析

亚麻短纤维来自亚麻原茎，是经过一系列加工、除杂工艺后产出的物质，是与主产物打成麻一并作为产物的农作物产品，相对于长麻而言应为副产品；亚麻短纤维产品有完整的加工工艺，短纤维产品在贸易上有着相应的质量标准控制；亚麻短纤维在用途上是短纺系统上不可或缺的原料，从国外进口亚麻短纤维是我国麻纺织和棉纺织企业较为稳定的原料来源渠道；亚麻短纤维作为亚麻原麻的加工产物，在价格上低于长麻（打成麻），平均单价大约为长麻单价的40%，是副产品的合理价格。

亚麻短纤维中混有的麻屑、麻秆等杂质，主要是由于麻纤维与麻秆之间含有大量的胶质，在初加工过程中只进行简单的梳理和长短麻分离，避免过度梳理打击造成纤维断裂，因此亚麻短纤维中多少会有麻屑、麻秸等与麻纤维粘连，在后期梳理加工过程可以有效分离。

样品为麻黄色纤维，纤维较柔软，抖落有少量麻屑、粉尘，整体状态均匀，不含有其他杂物。经测试，样品为亚麻，平均长度达到369.95mm，含杂率为0.3%，回潮率为9.1%，均符合《亚麻短纤维》（T/CBLFTA 001—2019）标准的要求，样品中麻屑、麻秆含量远远低于标准中10%的要求，参考白俄罗斯共和国国家标准《亚麻纤维短规格》（GTB 1850—2009），样品主要指标符合8号亚麻的质量要求；根据委托方提供的报关单信息，样品进货价格接近打成麻（长麻）平均价格，远高于亚麻短纤维平均价格。

总之，通过必要的实验分析、调研及咨询行业专家，综合判断鉴别样品含大量长麻纤维，梳理整齐度高，呈纤维束状，纤维品质较好，接近亚麻打成麻，是经过除杂工序加工过的纤维品质较好的高品质的六道短麻，是机器短麻。

### 4. 鉴别结论

鉴别样品为亚麻短纤维中的机器短麻，符合相关原料产品标准要求，是有意识加工生产的目标产物，该产物具有稳定、合理市场需求，是亚麻纤维生产中的副产品，不符合《固体废物鉴别标准　通则》（GB 34330—2017）中固体废物判断准则的要求，因而判断鉴别样品不属于固体废物，是亚麻短纤维原料产品。

## 参考文献

[1] 王启祥．亚麻纤维开发利用初探［J］．中国麻业，2003（04）：186-189．
[2] 赵欣，高树珍，王大伟．亚麻纺织与染整［M］．北京：中国纺织出版社，2007．
[3] 东华大学纺织学院（内部资料）．
[4] 白俄罗斯共和国国家标准《亚麻纤维短规格》（CTB 1850—2009）．
[5] 朱源泉，刘重．亚麻短麻生产工艺的比较［J］．辽宁丝绸，2005（01）：21-22．
[6] 冯昊，王立娟．亚麻的加工利用技术［M］．北京：科学出版社，2010．

## 五十三、棉短绒

### 1. 前言

2018年4月，某海关委托中国环科院固体废物研究所对其查扣的一票“棉短绒”货物样品进行固体废物属性鉴别，需要确定是否属于固体废物。

### 2. 样品特征及特性分析

① 样品呈浅白色，为层压状的棉短绒纤维，有裁切整齐端，手扯纤维有碎末、短

纤产生，可见少许棉籽壳、枝叶屑杂物。样品外观状态见图 1。

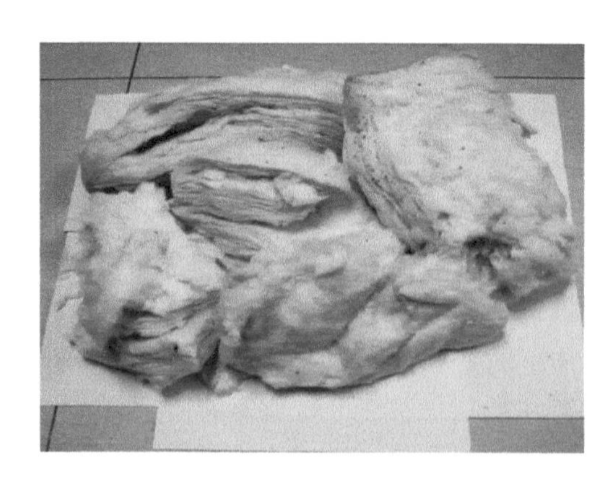

图 1 **样品外观状态**

② 参考《棉短绒》（GB/T 20223—2006）标准及棉纤维其他性能指标对样品进行测试，结果见表 1。

**表 1 样品纤维实验结果**

| 指标 | 手扯长度≤3mm比例 /% | 硫酸不溶物 /% | 灰分 /% | 回潮率 /% | 质量平均长度 /mm | 根数平均长度 /mm | 质量短纤维含量(＜16.5mm)/% | 根数短纤维含量(＜16.5mm)/% |
|---|---|---|---|---|---|---|---|---|
| 结果 | ＜58 | 4.1 | 1.5 | 5.30 | 7.8 | 4.9 | 90.3 | 97.8 |
| 指标 | 上四分位长度 /mm | 细度 /mtex | 成熟度纤维百分数 /% | 未成熟纤维含量 /% | 纤维棉结含量 /（粒 /g） | 纤维棉结平均大小 /μm | 籽皮棉结含量 /（粒 /g） | 籽皮棉结平均大小 /μm |
| 结果 | 10.0 | 196 | 84 | 6.1 | 287 | 700 | 157 | 926 |

### 3. 样品物质属性鉴别分析

（1）棉短绒简介

棉短绒是指籽棉经轧花后残留在棉籽上的一部分短而密集的纤维和绒毛。棉短绒的用途很广，是纺织、化纤、化工、军工生产的重要纤维素原料。按照国家规定，棉短绒可以分为三类，每类又可分为三个等级。一类绒一般为头道绒，二类绒为二道绒，三类绒为三道绒。由于不同长度的短绒有不同的用途，因此必须分道剥绒分类分级打包，使生产的各类短绒具有规定的长度和较好的品质。短绒中若含有过多的杂质会降低使用价值，特别是以短绒为化学工业原料时，杂质对生产操作、产品质量和生产成本等都有很大的影响。因此，在剥绒过程中必须加强清籽和清绒，重点在清除未剥绒前棉籽的杂质，并注意防止剥绒过程中产生新的杂质。

我国棉短绒生产工艺流程一般是：剥绒前先将棉籽进行清理，再运输到剥绒机上，剥下的短绒经清理后，再运输到打包车间进行分类分级打包；剥绒后棉籽通过输送装置，进入棉籽仓库。对短绒生产过程中产生的下脚料和尘塔绒要及时回收清理，防止资源损失[1]，如图 2 所示。

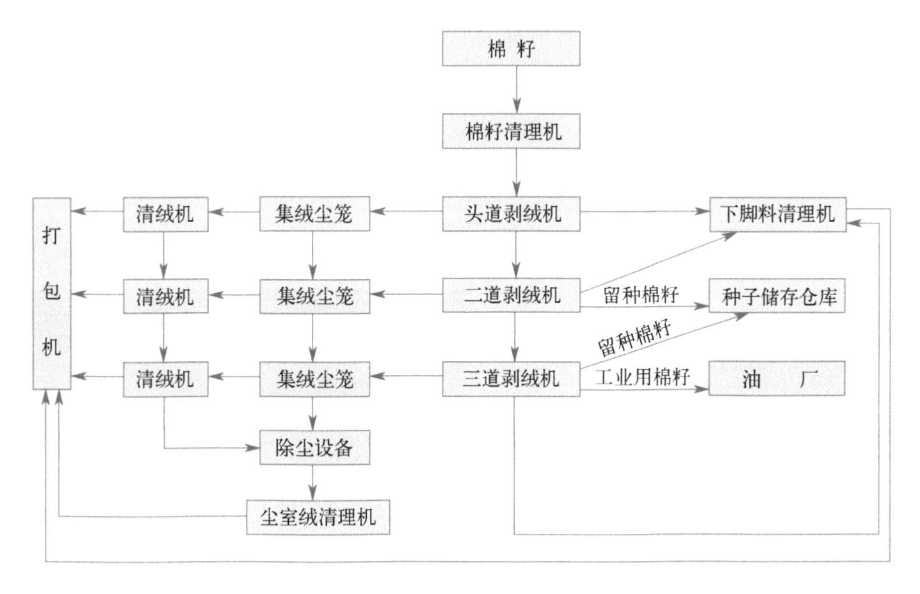


图 2 棉短绒生产工艺流程

（2）样品产生来源分析

样品手扯长度≤ 3mm 的比例＜ 58%，按照《棉短绒》（GB/T 20223—2006），推测样品为棉短绒产品二类绒。样品成熟纤维百分数为 84%，符合标准中≥ 50% 的要求；硫酸不溶物为 4.1%，符合标准中≤ 8.5% 的要求；灰分为 1.5%，符合标准中≤ 2.2% 的要求；回潮率为 5.3%，符合标准中≤ 10.5% 的要求。据此判断鉴别样品为棉短绒二类绒。

4. 鉴别结论

样品为棉籽上剥取的棉短绒，样品经压制分层明显，并且具有统一特征，是分类分级打包后而形成的，样品指标符合《棉短绒》（GB/T 20223—2006）标准的要求，判断鉴别样品不属于固体废物，为正常生产的棉短绒产品。

# 参考文献


[1] 吴传信．棉花加工［M］．北京：中国财政经济出版社，1993．


## 五十四、路面用粒状木质纤维

1. 前言

2019 年 4 月，某海关委托中国环科院固体废物研究所对其查扣的一票“纤维素机械浆”货物样品进行固体废物属性鉴别，需要确定是否属于固体废物。

2. 样品特征及特性分析

① 样品为黑色棒状颗粒，用手可掰开，内部为灰白色，可见纤维状物质，偶见黑色胶状物，直径约 5mm，长度在 5 ～ 20mm 之间；测定样品含水率为 1.7%，干基样品 550℃灼烧后剩余灰分为 23%，样品外观状态见图 1；用水浸泡样品较易散开，水层有些浑浊，下层沉淀为黑灰色纤维和渣滓状，可见白、红、黄、蓝色碎纸片，见图 2。

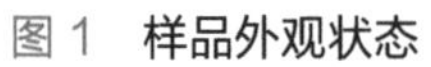

图 1 样品外观状态

图 2 样品在水中散开后可见各种碎纸片（如图中箭头所指）

② 采用傅里叶变换红外光谱仪（FTIR）、差式扫描量热仪（DSC）、电子能谱仪等分析仪器，分析样品的物质组成，结果见表 1。样品主体成分为纤维素（木质），另含 $CaCO_3$、高岭土组分，以及少量四氢呋喃（$C_4H_8O$）可溶的有机物（疑似沥青）、聚乙烯（PE）等成分，部分红外光谱图见图 3 ～图 5。

表 1 样品组分及百分占比

| 名称 | 纤维素（木质） | 碳酸钙 | 高岭土① | 四氢呋喃可溶有机物② | 聚乙烯 |
|---|---|---|---|---|---|
| 质量分数 /% | 约 70 | 约 14 | 约 9 | 约 5.5 | 约 1.5 |

① 含其他少量硅酸盐。

② 主体疑似为沥青。

③ 参照交通运输部公路科学研究所编制的《沥青路面用纤维》（鉴别当时为征求意见稿），对样品的部分指标进行测试，结果见表 2。显微镜下观察样品纤维组成，以阔叶木和针叶木纤维为主，偶见少量非木质纤维（如棉纤维），显微镜下纤维特征见图 6。

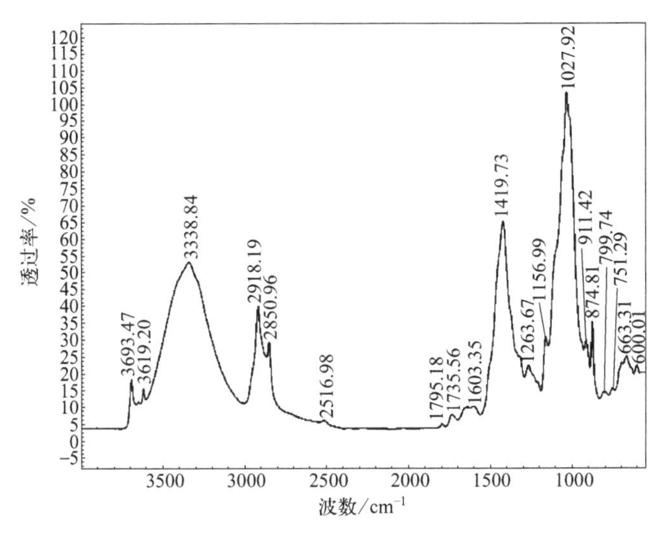


图 3　样品原样红外光谱图

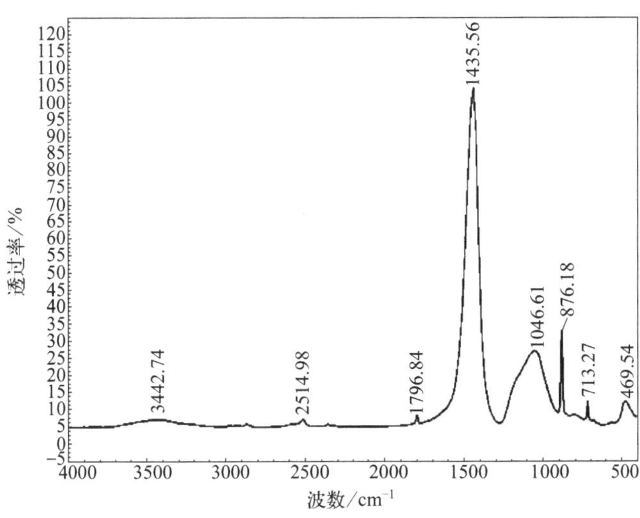


图 4　样品灼烧后灰分的红外光谱图

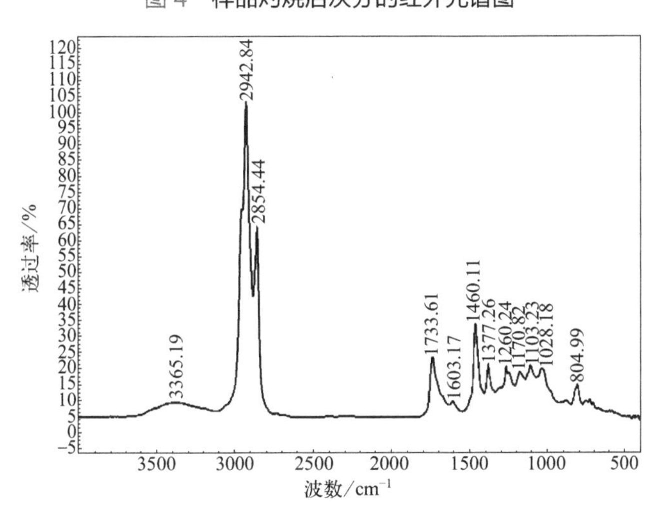


图 5　样品经异丙醇提取后的红外光谱图

表 2　部分指标测试结果

| 项目 | | 结果 | 标准指标要求 |
| --- | --- | --- | --- |
| 灰分含量 [(620±30)℃]/% | | 18.5 | 12 ~ 22 |
| 质量损失（210℃，1h）/% | | 2.6 | ≤6，且无燃烧现象 |
| 含水率 /% | | 0.8 | ≤5 |
| 热萃取后的絮状木质纤维 | 吸油率 / 倍 | 4.8 | 4 ~ 8 |
| | 木质纤维含量 /% | 95.1 | ≥95 |

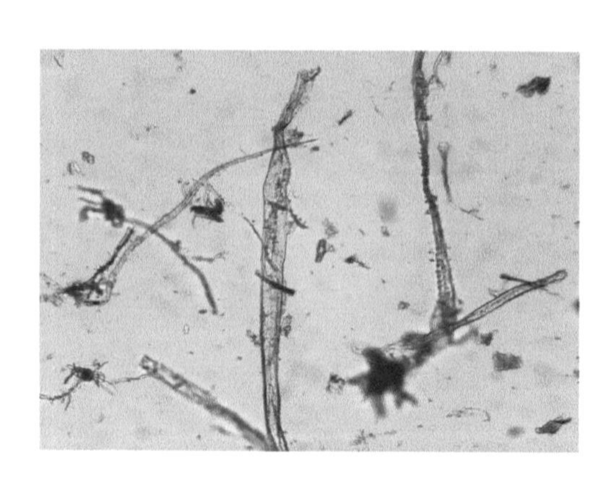

图 6　显微镜下阔叶木和针叶木纤维特征

3. 样品物质属性鉴别分析

（1）样品不是纸浆、机械浆

机械浆（mechanical pulp，MP）是指利用机械方法磨解纤维原料所制成纸浆的总称。实质上含有木材中原有的全部木质素并需要大量的机械处理来分离纤维而制成的纸浆[1]。样品为颗粒状，样品中含有大量的无机物，高岭土和碳酸钙的含量达到了 23%，含有少量胶状沥青类物质和少量聚乙烯（PE），用手掰开后偶见黑色胶状物，显然样品外观特征、组成成分均与纸浆不符，因而判断鉴别样品不是纸浆，也不是机械浆。

（2）样品不是垃圾衍生燃料

城市混合生活垃圾通常不能直接作为固体燃料使用，通常将其制成垃圾衍生燃料（RDF），这是发达国家较成熟的垃圾处理方式，日本、韩国等国家已普遍应用 RDF 发电或供热。原生垃圾通过破碎、风选、磁选等去除不可燃成分，再经过脱水干燥加入 CaO 等添加剂，在一定的温度和压力下将其压制成 RDF。根据不同城市垃圾组成的差异，也可设计更加优化的分选、破碎、干燥、添加剂和成形压力，减少 RDF 中的不燃物，增加 RDF 的热值。加入添加剂可以消除 RDF 热解以及燃烧过程中产生的有害气体对设备的腐蚀和排放，同时也可防止成品 RDF 变质[2]。RDF 的物质组成一般为：纸 68.0%，塑料胶片 15.0%，硬塑料 2.0%，非铁类金属 0.8%，玻璃 0.1%，木材、橡胶 4.0%，其他物质 10.0%[3]。RDF 燃料为圆柱状颗粒，直径 15 ～ 20mm，长度 50mm 左右，发热量接近煤炭，可用于垃圾发电厂、水泥厂、各种工业锅炉等作为燃料；生物质燃料样品（干燥基）的灰分一般在 0.3% ～ 2.1% 之间，有的可达 6.0%[4]。

样品组成以木质纤维素为主，约 70%，含有大约 14% 的碳酸钙、约 9% 的高岭土、约 5.5% 的疑似沥青物质、约 1.5% 的聚乙烯（PE），灰分远高于生物质中的灰分含量，样品不宜归为 RDF。

（3）样品产生来源分析

粒状木质纤维是一种木质素纤维，可作为纤维稳定剂添加到沥青、碎石混合料（SMA）中[5]，这种纤维稳定剂主要起到加筋、分散、吸附及吸收沥青、稳定、增黏等多种作用。

粒状木质纤维直径规格一般有两种，分别是 4.5mm、6.5mm。粒状木质纤维是采用沥青或蜡作为造粒剂，由絮状纤维经物理作用制成的纤维。絮状纤维在制造过程中需喷涂耐高温涂覆材料，目的是保护纤维与集料拌和时不被高温破坏，也能保持较低的含水量，避免纤维吸水腐烂。涂覆材料为高岭土、碳酸钙、硅藻土、提纯的膨胀土等无机材料。涂覆材料过少，不足以保护纤维，涂覆材料过多，会妨碍纤维的持油效果，因此纤维经高温燃烧剩下的灰分，必须控制在（18±5）% 的范围内。根据我国的工程经验，粒状木质纤维含水率≤ 5%，吸油率按照纤维质量的 4 ～ 7 倍控制，210℃下的质量损失应≤ 6%。美国、加拿大、德国及法国等国家使用的木质纤维最常见来源于木材植物，也有一些来源于回收的报纸[6]，即粒状木质纤维是由木材植物絮状纤维或回收废纸打碎成絮状纤维，再经喷涂涂覆材料（如碳酸钙、高岭土等）、造粒剂（如沥青、蜡等），混合后挤压成形得到。

显微镜下观察，样品中主要有阔叶木纤维和针叶木纤维，还有少量非木质纤维，样品组分定性分析时还发现样品中含有少量的聚乙烯（PE），判断鉴别样品不是直接来自木材纤维压制产物；样品在水中被打散后，还可见少许各色碎纸片，很可能是来自回收的废纸。样品是直径约 5mm、长度在 5 ～ 20mm 之间的颗粒状物料，显然是机器挤压形成；样品由木质纤维（阔叶木和针叶木纤维）、碳酸钙、高岭土以及疑似沥青类物质组成，其外观特征、成分组成与 SMA 路面用粒状木质纤维稳定剂特征相符。经测试，样品的灰分基本满足粒状木质纤维灰分控制在（18±5）% 范围内的要求，证明样品中无机物的添加量满足粒状木质纤维生产过程中喷涂耐高温涂覆材料的要求。经咨询专家，样品可以满足我国高速公路工程对这类材料的需要。总之，判断鉴别样品是由废纸加工生产得到的 SMA 路面用粒状木质纤维稳定剂，可归为粒状木质纤维的产物。

### 4. 鉴别结论

经过多年的实践，业内已形成一套通用的 SMA 路面用木质纤维的质量要求，即灰分（18±5）%、含水率≤ 5%、吸油率为纤维质量的 4 ～ 7 倍、210℃下的质量损失应≤ 6%。经测试，550℃下样品灰分为 23%、含水率为 1.7%、吸油率为 4.8%、纤维耐热性即 210℃下纤维的质量损失为 2.6%，均符合以上要求。

2019 年 4 月 18 日，委托机构组织召开了进口颗粒纤维固体废物属性研讨会，来自海关、交通运输部公路科学研究院的专家参加了该会议，专家认为申报品名为“纤维素机械浆”属于品名申报不实，应按“路面用木质纤维素”产品申报。

经了解，我国高速公路沥青路面使用粒状木质纤维数量有限，不会导致变相消纳处理国外废纸的状况。

总之，样品是由废纸加工生产的粒状木质纤维，是有意识生产的，符合行业通用产品质量要求，满足我国高速公路（沥青路面）建设工程的需求和相关标准，依据《固体废物鉴别标准 通则》（GB 34330—2017），判断鉴别样品不属于固体废物，为粒状木质纤维原料产品。

# 参考文献

[1] 朱金林．对机械浆的几点看法 [J]．国际造纸，1984 (02)：24-27.

[2] 张显辉，任卉．垃圾衍生燃料（RDF）的制备及其燃烧技术研究 [J]．环境科学与管理，2008，33 (12)：14-16.

[3] 陈盛建，高宏亮，余以雄，等．垃圾衍生燃料（RDF）的制备及应用 [J]．节能与环保，2004 (04)：27-29.

[4] 李薇，付殿峥，付正辉，等．生物质电厂燃料灰分含量与元素分析指标间相关性分析研究 [J]．可再生能源，2014，32 (07)：1044-1048.

[5] 王国磊，薛靖．浅谈SMA路面在公路工程中的应用 [J]．科技信息，2009 (11)：279.

[6] 常嵘，严二虎，王志军，等．沥青混合料用纤维素纤维研究 [J]．公路交通科技：应用技术版，2018，14 (2)：30-32.

# 五十五、盐湿牛肚边皮

## 1. 前言

2019年4月，某海关委托中国环科院固体废物研究所对其查扣的一票“盐湿牛肚边皮”货物进行固体废物属性鉴别，需要确定是否属于固体废物。

## 2. 货物特征及特性分析

鉴别货物共有3个集装箱，对集装箱全部开箱、掏箱、拆包，并进行随机抽样查看和尺寸测量，情况见表1。

**表1 集装箱开箱、掏箱、拆包查看及牛皮尺寸测量情况**

<table>
<tr><th>序号</th><th colspan="3">检查和测量情况</th></tr>
<tr><td rowspan="6">第1个集装箱</td><td colspan="3">集装箱内共10托货物，掏出7托，箱内剩余3托。从掏出货物中随机拆4托，箱中剩余3托中随机拆1托。共拆包5托，每托随机抽取5条，共测量25条牛皮面积</td></tr>
<tr><td rowspan="5">牛皮样品尺寸/$cm^2$</td><td>第1托</td><td>5750、5500、4334、4830、9310</td></tr>
<tr><td>第2托</td><td>7830、7975、7000、6400、5590</td></tr>
<tr><td>第3托</td><td>3400、6075、7740、8800、7020</td></tr>
<tr><td>第4托</td><td>6250、5940、5130、7020、7840</td></tr>
<tr><td>第5托</td><td>8580、6831、8100、5700、7136</td></tr>
</table>

续表

| 序号 | 检查和测量情况 | | |
|---|---|---|---|
| 第 2 个集装箱 | 集装箱内共 10 托货物，掏出 7 托，箱内剩余 3 托。从掏出货物中随机拆 4 托，箱中剩余 3 托中随机拆 1 托。共拆 5 托，每托随机抽取 5 条，共测量 25 条牛皮面积 | | |
| | 牛皮样品面积/$cm^2$ | 第 1 托 | 9430、8679、7590、8843、8481 |
| | | 第 2 托 | 7752、5910、7440、5700、5920 |
| | | 第 3 托 | 8679、8128、9744、10530、8712 |
| | | 第 4 托 | 7548、7110、6816、8925、6732 |
| | | 第 5 托 | 9728、8856、8784、5655、8664 |
| 第 3 个集装箱 | 集装箱内共 12 托货物，掏出 7 托，箱内剩余 5 托。从掏出货物中随机拆 5 托，箱中剩余 5 托中随机拆 1 托。共拆 6 托，每托随机抽取 5 条，共测量 30 条牛皮面积 | | |
| | 牛皮样品面积/$cm^2$ | 第 1 托 | 5236、5610、9800、7808、9120 |
| | | 第 2 托 | 9554、7950、6975、7950、9462 |
| | | 第 3 托 | 5635、6664、10537、8880、8680 |
| | | 第 4 托 | 9585、8019、6000、5508、7888 |
| | | 第 5 托 | 8019、8015、5060、7533、7650 |
| | | 第 6 托 | 8160、7140、6968、5724、8602 |

查看货物情况如下：

① 货物叠放整齐，保存完整，对抽取的样品展开后未发现发霉质变、生蛆等现象，牛皮一面带毛，个别皮张毛面粘有少量杂物；

② 样品展开后为长条状生皮，表面可见盐粒，部分生皮边缘附着肉、脂肪，有异味；

③ 样品两条为一对，每条均有一侧长边切割整齐，另一侧长边为剥皮后不规整自然形状；

④ 抽样牛皮的尺寸大部分集中在 6000 ～ 9000$cm^2$ 之间，不足 5000$cm^2$ 的仅占 2.5%。

部分货物外观状态见图 1 ～图 4。

图 1 集装箱内货物（一）

图 2 集装箱内货物（二）

图 3 掏出货物

图 4 牛皮块及测量尺寸

3. 货物物质属性鉴别分析

（1）牛肚边皮

由于牛皮各部位功能不同，原料皮的不同部位的粒面、纤维松紧度不同，组织构造也会有一定差异。按照体型部位对牛皮进行划分主要是有利于在制革生产加工过程中，针对各部位组织构造的特点，合理加工，从而获得优良的成品革，如图 5 所示[1]。

牛肚边皮为牛腹肷部位皮，是牛肋骨和胯骨之间的部分，又称为腋部。在对整张牛皮进行切割处理时，通常是沿背脊线割开，将全张皮对分两半，称为半张皮。

按照部位对牛皮进行切割会产生两条对称的牛肚边皮。

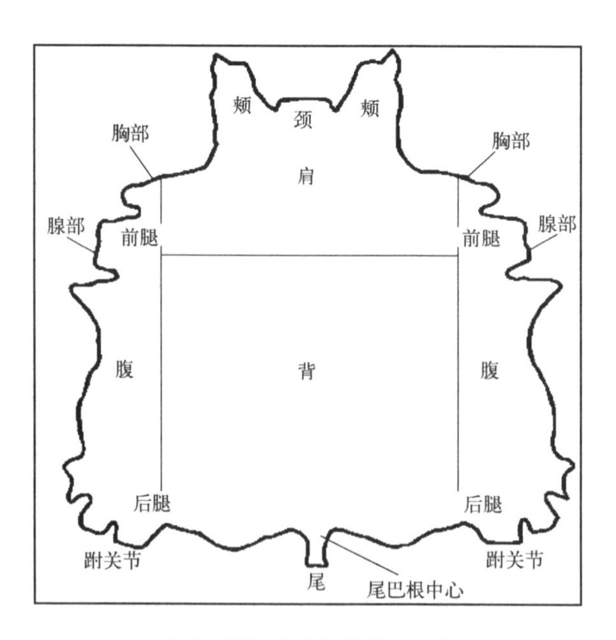


图 5 整张牛皮各部分示意图

（2）样品产生来源分析

干盐腌法[2]腌制牛皮是用占牛皮重 25% ～ 30% 的干盐均匀地撒布在肉面上，以除去皮内水分，达到防腐目的。为了提高保存效果，可在干盐内加入盐重 1% ～ 1.5% 的对二氯苯（1,4- 二氯苯）。腌制 6 ～ 8d 后牛皮的内外盐浓度达到平衡[3]。

从形貌、尺寸等方面可判断鉴别货物为采用干盐腌法腌制的牛肚边皮，即货物报关的盐湿牛肚边皮，属于生牛皮。

### 4. 鉴别结论

牛皮一侧切割整齐，符合牛肚边皮切割形貌特征。牛皮按照每两条一对的方式叠放，通过牛皮表面毛皮颜色及尺寸可判断其裁切自同一张牛皮，为有意切割加工的非整张牛皮。三箱抽样样品中，皮张面积集中在 6000 ～ 9000cm$^2$ 之间，不足 5000cm$^2$ 的仅占 2.5%，表明货物牛皮绝大部分面积较大，有利于后续利用。货物牛皮未发生腐烂、生蛆、严重破损和明显掺杂现象。一对牛肚边皮的重量及使用面积占整张生皮的 1/3 左右，用途及利用率较高，按照牛皮不同部位进行分割是牛皮正常加工方式，不是生牛皮加工中产生的边角余料、碎料。因而，判断鉴别货物是正常的牛皮原料，不属于固体废物。

## 参考文献

[1] 魏世林. 制革工艺学 [M]. 北京：中国轻工业出版社，2001.
[2] 王择. 牛皮的初加工 [J]. 农家顾问，2010（03）：57.
[3] 谷士荣. 鲜牛皮的初加工和贮藏技术 [J]. 农村实用技术与信息，2007（08）56.

## 五十六、脱脂骨粒

### 1. 前言

2019 年 11 月，某海关委托中国环科院固体废物研究所对其查扣的一票“脱脂骨粒”货物样品进行固体废物属性鉴别，需要确定是否属于国家禁止进口的固体废物。

### 2. 样品特征及特性分析

① 样品由黄白色、土黄色骨粒组成，含有很少量棕黄色骨粉；骨粒为碎渣状，大小不均、形状不规则，有一定的腥膻味。样品外观上有差异，用孔径为 5mm 的样筛对样品进行筛分以及测定样品 105℃下的含水率及样品的残油率，结果见表 1。样品外观状态及样品过筛后的筛上物与筛下物见图 1 和图 2。

表 1　样品颗粒筛分情况及含水率和残油率

| 项目 | 过 5mm 孔径筛网 | | 含水率 /% | 残油率 /% |
|---|---|---|---|---|
| | 筛上颗粒质量占比 /% | 筛下颗粒质量占比 /% | | |
| 结果 | 94.48 | 5.52 | 3.38 | 1.64 |

图 1　样品外观状态

图 2　样品过筛后的筛上物（左）与筛下物（右）

② 采用 X 射线衍射仪（XRD）分析样品的物相组成，主要成分为 $Ca_5(PO_4)_3(OH)$，X 射线衍射谱图见图 3。

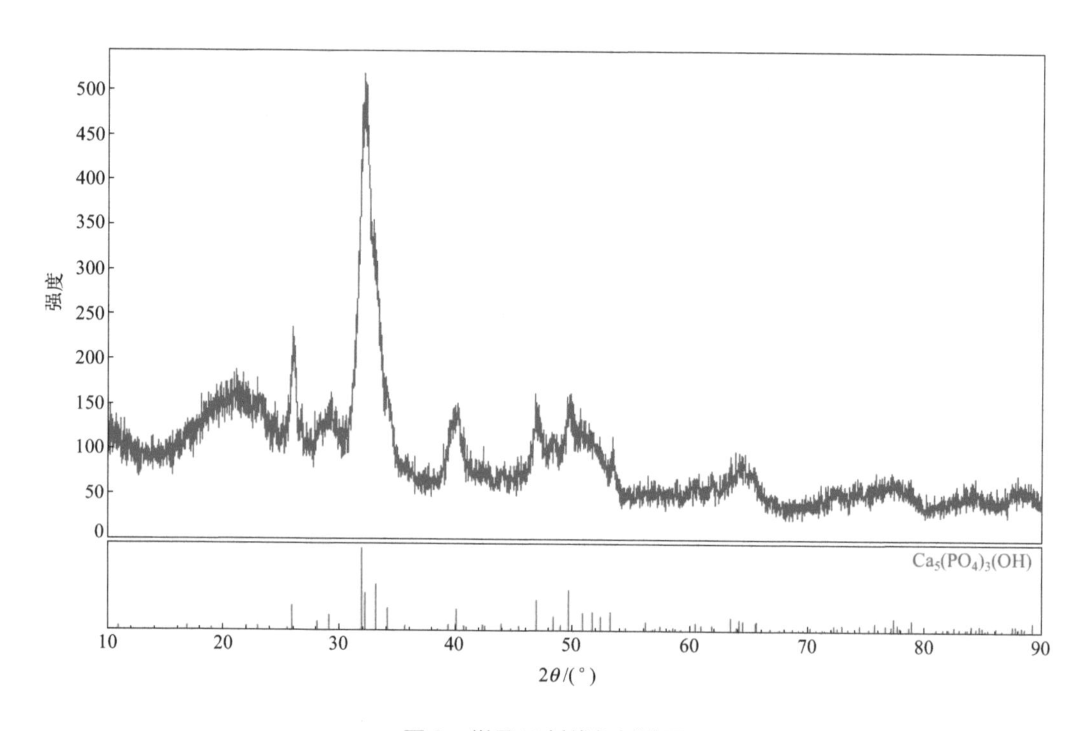


图 3　样品 X 射线衍射谱图

### 3. 样品物质属性鉴别分析

（1）脱脂骨粒

骨粒是生产骨明胶的优质原料。骨粒的加工工艺通常是将新鲜骨经砸骨、脱脂、烘干、分选等加工过程，最终得到骨粒产品[1]。

1）砸骨

砸骨是为了提高骨料的骨粒产率，因此砸骨机选择至关重要。为了提高产率，需要在粗砸后进行水煮，然后再进入其他对骨料损害较小的精砸机，可以提高骨粒产率。骨粒加工尺寸应＜20mm，所以有些骨粒精砸后还是大于规格要求，经干燥机干燥后还需把分选出的≥20mm的骨粒进行复砸。

2）脱脂

脱脂可分为水力脱脂法、水煮法和挤压法。其中水煮法为将精砸后的骨粒装入笼筐里，再把笼筐放入能加热的水槽中；将水槽里的水和骨粒一同加热到90～95℃，保持1～3h，然后吊出，迅速将骨粒放入离心机甩出骨粒上部分油水。熟骨粒的残油率能达到3%～5%，但鲜骨用此方法残油率很高，需事先将骨料内的骨油煮出或重复一遍才行。此法蒸煮温度较高，时间较长，在一定程度上破坏了骨胶原。

3）干燥

干燥工具通常有滚筒干燥机、炒罐和烘床，生产规模较大时选用滚筒干燥机，不但能实现连续化生产，还能灭菌，确保骨粒质量。骨粒水分应控制在10%以内。

4）分选

分选分为2种：

① 粒度分选（5～8mm、8～12mm、12～18mm或5～10mm、10～15mm、15～20mm）；

② 重力分选（8L容器），容重≥6.0kg为硬质骨，3.5kg≤容重＜6.0kg为轻质骨。

分选方式由各厂根据采购的骨粒情况自定。

5）验收标准

常用骨粒验收标准指标包括：

① 胶原蛋白含量，鲜牛骨粒≥22%，熟牛骨粒≥17%；

② 残油率≤3%；

③ 水分≤10%；

④ 粒度，小于同规格的不得≥5%，大于同规格的不得≥5%；

⑤ 骨粉≤1%；

⑥ 筋腱≤1%；

⑦ 无脱胶、发黑，无变质骨粒。

（2）样品产生来源分析

样品主要成分为$Ca_5(PO_4)_3(OH)$，符合动物骨骼主要物质元素组成；样品大部分为黄白色骨粒，小部分为黄棕色骨粉，与正常脱脂骨粒产品外观有高度相似性；样品粒度较均匀，样品中＜5mm颗粒的重量仅占5.52%，筛下物几乎为碎骨渣，少量骨粉，其骨粉含量满足正常脱脂骨粒骨粉含量＜1%的要求；样品残油率为1.64%，符合正常产品不超过3%的要求；未发现筋腱等附着物。总之，判断鉴别样品是来自骨料加工处理过程中的产物，现有数据基本符合脱脂骨粒产品要求，属于脱脂骨粒正常产物。

### 4. 鉴别结论

样品属于脱脂骨粒正常产物，依据《固体废物鉴别标准　通则》(GB 34330—2017)，判断鉴别样品不属于固体废物。

# 参考文献

[1] 周士海. 浅谈骨粒加工工艺 [J]. 明胶科学与技术，2014，34 (01): 49-51.

# 后记
## ——对固体废物属性鉴别的再认识和思考

2012 年在我出版《固体废物特性分析和属性鉴别案例精选》一书时，写下了这篇认识和思考。不觉又一个 10 年过去了，中国环科院固体废物研究所依然坚持在固体废物属性鉴别工作上，回过头看该篇文章是对鉴别工作的切身体会，鉴别理念和基本方法并没有过时，其中非固体废物鉴别原理是对各类非废物判断案例的专门总结，将认识和思考修改后作为本书后记。

我国固体废物属性鉴别主要应用在口岸查扣的疑似固体废物物品的判断以及国内固体废物的危险特性鉴别两方面。在口岸监管和打击洋垃圾进口执法活动中，固体废物鉴别工作尤为重要，因为固体废物和非废物的进口管理要求及结果完全不同，以往固体废物的进口必须获得环境保护管理部门的批准，2020 年后零进口固体废物已经明确写入新修订的《固体废物污染环境防治法》中，固体废物不再允许进口。进口物品的固体废物属性鉴别不可逾越的一步是判断样品是否为正常产品或商品。对于有证据或能找到证据确定具有正常商品特质或不属于固体废物的物品应判断为产品，对于不能归入正常商品范畴的物品才有可能判断为固体废物。面对口岸进口管理中来源不清楚、不确定、形态各种各样、模棱两可、似是而非的物品，仅确定正常产品或商品这一步就有相当的难度。因为固体废物属性鉴别是立足于对鉴别样品或鉴别对象的产生来源分析及固体废物概念内涵和外延的分析判断，固体废物鉴别不应该也不可能取代对商品的品质检验或质量分析，还因为非商品检验系统的固体废物鉴别机构并不具有商品质量检验的有利条件和优势。因此，口岸海关检验机构对进口物品疑似为废物的最初判断非常关键，这首先取决于口岸监管或检验人员对查扣物品的初步认知经验的多少，即管理者不能怀疑一切，完全无根据地查扣货物，怀疑的前提是在个人和集体认知范围内，认为进口物品有一些废物特征或非正常商品特征；随着管理技术的进步，近些年海关总署风控机构会根据口岸汇总信息，下达进口废物风险控制指令，实行统一查扣行动。根据多年鉴别样品统计，各地口岸海关或检验机构所委托的样品经鉴别绝大多数被判断为固体废物，其中只有少部分样品可凭样品外观特征判断为固体废物，如报废电子电器产品类，而对于粉末、块状、泥状、液态及其混合物等物质，单凭样品外观特征和鉴别人员的感官认知是难以判断的，必须通过实验和综合分析才能确定；也有部分样品判断为非废物，如有色金属矿、铁矿粉、高钛渣、富锰渣、固体废物经过处理之后的初级加工产物、橡胶生胶或混炼胶等初级形状产品等，这些物品的判断并非容易。总之，要求鉴别人员掌握各类物品的必要知识，才能应对各种不同特性的被怀疑为固体废物的物品。

多数情况下，固体废物属性鉴别比较复杂，即便对被鉴别的同类物品也很难下精确重复性的结论，因为并不是各批次的样品所有特征都相同，尤其体现在含金属的矿渣类废物方面。由于委托鉴别样品往往是未知来源物品，需要梳理分析各种可能的来源、工艺过程、产生环节、收集存放特点等信息，多种因素导致产物的成分和物质构成有差异甚至有显著差异。固体废物属性鉴别时，应掌握一些基本内容或知识点，典型的如形成废物的原始物料是什么、生产工艺或基本过程是什么、非废物部分或生产目的是什么，当这三个节点的问题分析清楚了，物品的来龙去脉便基本清楚了，此时才能有效套用《固体废物鉴别标准　通则》（GB 34330—2017）中的判断准则，掌握和分析样品产生的这三个环节成为固体废物鉴别的重要方法。由于实验分析的局限性和掌握资料的程度不同，分析这三个环节的侧重点不同，不同鉴别人员和机构对同类物品的判断还有可能出现较大偏差，判断物品的产生过程可能不一样，甚至最后鉴别结论完全不同，鉴别当中应尽量减少这种差异性和不确定性。

鉴别过程中对于产品类标准的使用需慎重，不能机械地使用相关标准，应综合考虑，体现在以下方面。第一，使用相关产品标准的前提是确定鉴别物品的基本类别，例如使用铜精矿或锌精矿标准的前提是鉴别物品属于同类矿物，具有矿物的基本成分、含量范围和物质构成特征特性，其产生过程还应符合矿物采选业的生产特点，不能仅以某一含铜含锌渣中有价元素的含量达到精矿标准要求，便将精矿标准作为判断样品为矿物的唯一依据，否则会导致大量含铜含锌有色金属废物归为精矿的情况发生，这不符合实际情况、不正确。例如，渣钢铁或废钢铁中铁的成分含量肯定超过大多数铁矿，不能只以铁的成分及其含量或者标准作为衡量依据，否则会造成误判，毕竟含铁矿物和含铁废料两者物质类别和属性不同；再例如，比较难把握的是高端产品生产中的报废品可作为其他低端产品的原料或直接做低端产品使用，不能随便套用某一下游产物的标准，应紧紧把握产生来源这一立足点。第二，不符合产品标准或规范中的某些要求，物品也不一定属于固体废物，有些矿产品、初级加工产物、粗产品、半成品、过程产物等很可能没有成文的或可适用的标准或质量规范，例如有些原矿物中的有价元素品位或含量很低，不能因此就否定其自然矿物属性，关键在于有充分的矿物鉴定分析依据，如果鉴定出的确属于矿物，则不能依据固体废物政策确定其进口与否；在从原料到最终产品生产中，会出现很多粗加工产品，这些粗产品可能有标准来衡量，也可能没有标准来衡量，但的确都属于正常的产物，不能将这类产物都鉴别为固体废物；又如橡胶加工过程环节多、品种多、配方多、形态多，在硫化工序之前均可能产生初级产品或副牌胶，如原胶、生胶、混炼胶等，在这些环节也可能产生同类废料，如挤出的焦烧料、裁剪的边角碎料、机头杂碎料、严重污染料、落地回收料、过滤残余物料等，这些情形下辨别废物和非废物非常棘手，多点取样和选取代表性样品便非常重要，有国家标准或行业标准的尽量套用这些标准，在缺乏国家或行业标准的情况下才可考虑企业标准要求。第三，不能因为某些查扣产物满足一定的质量规范就完全否定物品的废物属性，主要是因为没有“废物质量标准”来衡量，一个满足质量标准或部分指标要求的物品完全有可能由于其他原因成为废物。例如，对于大多数消费类产品废物，体现的是消费者使用后放弃该物品，如果对其中某部分做实验，完全可能具有满足产品标准或具有产品部件使用功能的特性，或者有些废物经过简单修复便可恢复原有使用功能，此时更应该关注货物的整体收集和存放状况，混合物或混杂物是这类废物的典型特征，鉴别过程应尽量避免以偏概全，以局部样品代替整体，以一般指标替代关键指标；又例如，有些工业产品往往不是由于成分及含量不符合产品要求而成为废物，可能是由于余量不足导致成为废物，可能是由于市场需求的缺失成为废物，也可能是价格的异常波动或流通受阻等原因成为废物，还可能是政策的不确定性原因导致成为废物，这些情况下体现出产品和固体废物之间的相对性，二者在一定条件下可能相互转化，鉴别时面对委托样品难以应用和完全体现出这些情况，解决办法是多角度综合判断。第四，在应用产品标准或规范作为废物属性鉴别的判断依据时，应尽可能使用社会公认的标准或规范，如行业标准和国家标准，特定情况下也可使用企业标准和生产规范，例如对某些特定的化工副产品，当产物及其生产工艺没有行业可借鉴的相同或类似的工艺时便可借鉴特定规范作为分析判断的参考依据。目前，我国企业标准或团体标准大量发展，固体废物鉴别过程中应小心谨慎使用这类标准，对于含有毒有害物质的或为了规避固体废物监管的尤其要小心，不可将这类标准视为法宝而在废物判断上大开方便“绿灯”。第五，为避免和减少误判，应用标准或规范作为判断依据时还要与其他方面一起考虑。

固体废物属性鉴别中最困难的鉴别对象是生产中的各类过程产物。《固体废物污染环境防治法》的固体废物概念中虽然体现了固体废物最本质的两个方面，即物质或物品丧失了原有利用价值和被抛弃，这两方面的特点非常适合对消费产品类废物和终端产品类废物或需要最终处置废物的判断，这方面容易理解和把握。但该法律定义也存在明显不足，即对工业生产中产生的各类副产物废物，或工艺过程的废物，或大量回收产物是否属于固体废物的适应性并不很强。过程产物的原有利用价值是什么？固体废物和非废物原材料都可能来自生产加工中，如果仅以可作为原料使用来衡量便难以得出固体废物的结论，因为几乎所有固体废物都可找到合理的利用方式和途径，固体废物可利用性是形成废物监管者和贸易者之间纠纷的症结。物质或物品是否被抛弃更难理解，被弃掉实际上是拥有者和产生者的行为，鉴别过程除非掌握鉴别物品被抛弃的明确证据，否则几乎不可能对鉴别样品产生的行为方式进行判断。但社会现实中的确存在被抛弃的行为，尤其是发达国家向发展中国家转移废物的行为，这是鉴别过程中对来源复杂的鉴别样品，很少能单一应用固体废物的法律概念进行判断的原因所在。那么，对这类过程产物的鉴别判断还是应该建立在前述三个环节分析基础之上，并结合行业的通行做法全面考虑。例如，湿法炼锌过程中产生的铜镉渣、铅银渣、浸出铁渣（或铁矾渣）等属于典型的具有较高利用价值的过程产物，但由于是锌浸液的净化过程所形成的渣，净化的主要目的是得到浓度较高和杂质含量较少的锌液，渣是典型的副产物，形成的渣难以有质量控制，即使在同一工厂利用也是可有可无的尴尬情况，通常应归入固体废物范畴；又例如，铜锍是硫化铜精矿熔炼过程中的中间产物，是矿物去掉大部分熔渣（俗称“黑砂”）后形成的硫化亚铜和硫化亚铁的瘤状共熔体，是进一步冶炼粗铜的正常原料，因此铜锍通常情况下不属于固体废物；还有由钛铁矿生产的高钛渣，虽然称为渣，但它是有意识生产的产物，在形成高钛渣的过程中产生的生铁反而是副产物，高钛渣又是生产钛白粉等化工产品的原料，满足高钛渣产品行业标准的钛渣不属于固体废物；再例如，用硫铁矿制酸的烧渣是典型的过程产物，当硫酸为主产品并且含铁烧渣市场行情不好时，或者烧渣中的有害物质超出了作为铁矿的基本质量要求时，烧渣便很可能成为固体废物，反之，烧渣是主产品或副产品，不是固体废物，面对申报为硫酸烧渣的鉴别样品时，不可望文生义简单地将其判断为固体废物，可从有害金属的含量和铁含量品位角度予以重点考虑。

固体废物鉴别应以对鉴别物品进行特性分析为基础，包括外观特征、物理特性、化学特性、技术指标等，特性分析难以有统一的或固定的要求，原则上以得到正确的鉴别结论为目的。对于电子废物等消费产品类废物通常可通过外观特征来确定，如果废弃特征非常不明显则比较棘手，若利用专业测试机构进行分析，往往会陷入产品性质鉴定的方向误区，时间长、成本高，还依然难以下判断结论，此时最佳途径是通过咨询专家和必要的特征指标来确定。如何确定特征指标是鉴别的关键和难点所在，不同物品不一样。对于种类来源非常多的矿渣类废物，准确定位在哪个环节产生也较为困难，可通过确定样品的主要成分和物相结构并且和查找的资料进行比对分析，结合咨询行业专家意见，推断出来源结论；对于化工类物品或废物，产生情况更复杂，必须首先进行成分定性和找到物质特征分析指标，也往往需咨询行业专家才能准确判断；对于材料类物品或废物，特征指标相对比较容易确定，如钕铁硼（NdFeB）磁性材料等含稀土成分的物质，其中 Nd、Pr、Dy、B 是典型的特征元素。虽然废物鉴别应建立在物品的特性分析基础之上，但应尽量避免实验分析的误区，即对样品进行全解析或按照产品质量指标进行全分析，因为废物鉴别并不能完全等同于产品的研发和产品质量跟踪检验，面对纷繁的样品是难以做精细化解析或全分析的。例如，对于某些高技术材料废物或精细化工品报废品，如果找到某一杂质指标及其含量显著超标或异常的特征，而且该指标对产品的形成或质量影响至关重要，则可以不需要分析材料的其他更专业的技术和性能指标，便可判断为报废产物；再例如，多晶硅生产中产生的“U”形棒炭头料，如果硅块中很容易发现有圆弧形内表面、深黑色炭迹象和外表面光滑弧形的迹象，基本上可认定为很不好用的炭头料，可判断为固体废物，比通过实验分析来确定要容易很多。

在海关查扣的物品中，废物二次资源经过加工处理的物品占有较高的比例，由于绝大多数这类废物二次处理产物缺少明确或详细的鉴别依据或判别原则，其废物属性的鉴别判断也不容易把握，鉴别时可以掌握以下几个要点。

① 如果以回收的消费类产品废物为原料，即使经过初步分拣分类、破碎筛分、剪切、压制、熔化等简单处理，并且仍有一个可随意堆积存放或混合的过程，这类产物仍属于废物，但符合国家颁布的再生原料产品标准的除外。例如，从生活垃圾中分拣出的废塑料、废玻璃、废纸、废木料，从钢渣中分离的渣钢铁，从报废汽车拆解分拣出的各类组分等依然属于固体废物。

② 以废物为原料经过较为复杂的专门设备和工艺技术流程有意生产的产物，并且该产物满足相关标准或规范，与正常原料或产品相比不会增加污染风险，则不属于固体废物。如有色金属冶炼中产生的含锌的熔渣和除尘灰，再经过烟化炉烟化富集处理得到的氧化锌粉，满足《锌冶炼用氧化锌富集物》（YS/T 1343—2019）标准要求时则不属于固体废物；再如含铜电镀污泥和其他废物原料经过回收、配料、熔炼等过程形成的含金属铜 70% 左右的粗铜锭也不宜简单认定为固体废物，虽然它不是传统矿物火法冶炼产生的粗铜，但在行业内的确可归于初级产品范畴。

③ 如果废物二次资源经过较为复杂的物理和化学处理，处理过程中产生的价值较低的副产物应归于固体废物范畴，如黄铜灰提取锌之后的泥、渣、灰均属于固体废物。

④ 废物二次资源即便经过较为复杂的物理和化学处理，若处理产物中仍含有大量的其他有害组分和或杂质，并严重影响后续利用，即不能进入正常的商业循环或使用链中，这类产物仍应归于固体废物范畴。例如电镀废液蒸发处理后的产物，除主要金属得到富集外，其他有害重金属杂质也得到富集，仍属于不好利用的物质；很多高浓度有机废液经过进一步浓缩处理后，水分含量大为减少，便于进一步无害化处置和利用，这类浓缩富集产物仍为固体废物。

⑤ 有机物二次资源回收料经过加工处理的产物判断难度更大，产物形态和种类千差万别，应根据产生工艺、产物性质、关键指标、市场需求、堆存情况等进行综合判断。

混合物或混杂物是固体废物最基本和普遍的特征，生活垃圾和医疗废物如此，工业和商业废物亦如此，物品可能是由于废弃而变得混合或混杂，也可能是由于混合或混杂而废弃。例如精细化工生产中，最后提纯的是产品，次纯产物可能是一个副产品，也可能是中间原料，而成分复杂、杂质得到富集、利用价值不高的产物便成为废物；冶炼渣是矿物和配料中最后不作为冶炼产品中不需要的含各类杂质元素的混合物。在进口物品废物属性鉴别中关注是否混合或混杂非常有意义也非常有必要，鉴别物品如果明显是由混合物或混杂物组成，便多了判断为废物的一个理由；反之，如果鉴别物品是由非常纯的物质组成或由基本固定的成分组成，就多了一个判断为非废物的理由，但都需要辅之以其他证据进行综合判定。鉴别过程中，鉴别对象是否属于混合物或混杂物一定要描述和分析清楚，切不可张冠李戴。例如，集装箱中装有各种电子电器产品和明令禁止进口的报废电子电器产物，为了装卸和储运方便，通常将这些物品按类别打包或包装，鉴别时不能将集装箱中分类包装的电子电器产品以集装箱中混装有废电子电器产物为由都判断为固体废物，也不能以有电子电器产品和包装为由将废电子电器产品界定为正常产品，此时废物和非废物仅仅是作为储运对象而已，不能算是真正的混合或混杂。那么，鉴别中如何把握好废物的混合或混杂的特性呢？不同物品杂乱无章掺杂在一起、同一物质组分分布极为不均、对产品质量有致命影响的夹杂物和污染物、包装和堆存方式极为随意等特点应该是正确理解废物混合和混杂的关键。实际当中，面对废物和非废物相互混合混杂的情况则比较棘手，目前国内外没有可用的规范和依据，应具体问题具体分析，应侧重考虑整批物品的理化指标和应用性能，如精矿砂中混有极少量冶金渣相物质就不能简单地认为整批货物属于固体废物，回收烟尘中混有少量精矿砂也不能简单地认为整批货物属于精矿砂，同一规格或品牌的商品中有极个别质量不合格的产物也不能将整批货物认定为固体废物。总之，固体废物的混合或混杂特性仅是固体废物的一种存在形式，在鉴别过程中不能完全依据这一特性来作为判断物品为固体废物的充分依据，要进行多方面的求证分析。

在以往《固体废物鉴别导则（试行）》中的废物和非废物综合判断流程中首先考虑物质是不是有意生产，在《固体废物鉴别标准　通则》（GB 34330—2017）中定义了目标产物“是指在工艺设计、建设和运行过程中，希望获得的一种或多种产品，包括副产品”，这个定义也包含有意获得的产物。面对已知生产流程产生的物品不难分辨物质的产生是有意还是无意，但面对未知来源物品或复杂物品的鉴别时较难分辨是有意还是无意生产，有意或无意属于主观判断范畴，不同的人会有不同的理解，鉴别时很难直接以有意和无意作为判别依据，需要通过鉴别工作再找出有意还是无意的证据。那么，如何把握物品是有意产生还是无意产生的呢？第一，看生产的目的，生产目的明确，得到的产品自然明确；第二，看对生产流程的控制，有目的的生产一定是围绕得到主、副产品进行工艺控制的生产；第三，看产物质量，有控制规范的生产一定是为了得到满足质量标准或规范要求的产物。肯定了这几点，鉴别物品应该是有意产生的，不属于废物，否则很可能属于固体废物。例如，高炉炼铁是为了得到铁水或生铁，炉料配制、工艺控制、设备定制、出铁水时间等都是为了得到符合要求的铁水或生铁，此时铁水或生铁是冶金产品，而产生的高炉渣则不是生产的目的和进行工艺控制的产物，高炉渣不会有质量控制指标（不能与成分及含量范围相混淆），高炉渣属于固体废物。因此，将鉴别物品产生来源这三点分析清楚了，鉴别物品是有意产生还是无意产生就基本清楚了，此时有意或无意才能作为判别物品是废物或非废物的重要依据。对于工艺流程环节复杂、产生较多副产物质中的某种产物进行固体废物属性鉴别，准确把握上面三点并非容易，需要从更广泛的范围进行综合判别。例如，原油炼制过程中产生的渣油，渣油进一步提取燃料油和润滑油之后的沥青，对渣油和沥青不能简单地以有意或无意产生来进行判断，需要考虑行业的通行做法和市场需求，产生量很大、有稳定市场需求时就不能判为废物，在我国渣油通常属于炼油的中间产品，也是进一步催化裂化炼制各种油品的原料，有些大型炼油厂每年要进口数百万吨的渣油原料，沥青也属于传统的炼制副产品。

上面提到了鉴别复杂物品时考虑其生产目的和质量控制，这是分析物品产生来源的着眼点。面对工艺流程较长、产物较多的情况，有时也很难认清生产目的，对于生产目的不明确的产物应结合该种产物是不是行业中为满足市场需求而生产的，有稳定的市场需求可以认为是有目的产生的，那么这种产物便多了一个判断为非废物的理由，例如焦炭生产中产生的副产高温煤焦油，如果高温煤焦油是为了进一步分离提取萘、菲、荧蒽、芘、葱、蒽、苊、咔唑、甲基萘等更高价值的化学产物，那么煤焦油属于煤化工的正常原料，不应该属于固体废物，事实上我国很多大型的炼焦或煤制气的企业都没有将高温煤焦油作为固体废物进行管理；如果产生的少量煤焦油掺入煤中进行燃烧处理或进行其他处置，则可以认为其生产过程不是为了获得煤焦油，或者煤焦油中含有大量水分和杂质并且严重影响后续利用，那么，它应该属于固体废物。从煤焦油这个例子可以看出废物具有相对性的特点。物品废物属性鉴别中经常会用到其产生是否有质量控制，质量控制可以是从生产源头的原料进行质量控制，还可以是生产过程中的工艺参数控制，也可以是最终产物的质量调配控制，如果能确定鉴别物品是经过了这些步骤中的质量控制方式，其产物应不属于固体废物。对有经过明确工艺控制参数出来的产物比较好判断，但对有些生产流程中出来多种产物又没有明确工艺控制参数的产物就较难把握。例如二氢茉莉酮酸甲酯香料产品生产中由二氢茉莉酮酸甲酯粗产品进行蒸馏获得的头段蒸馏物属于副产物，头段蒸馏副产物再进行蒸馏又获得多种馏分产物，这些馏分产物是分段收集的，每段产物主次成分不一样，很难属于纯净的化工产物，属于混合物，此时应仔细分析其中某一产物的质量控制方式，如果三个过程都不能证明有质量控制，不属于符合规范操作的产物，那么很可能属于固体废物。当然，考虑物质产生是否有质量控制仅仅是废物属性判断的一个方面，还应结合其他方面进行综合考虑，如市场需求等。

海关查扣疑似废物物品的重要理由之一是防止有毒有害的物品污染我国环境、危害人们健康。在鉴别实际中，直接应用进口物品造成环境污染影响作为判断依据的情况几乎没有，因为即便鉴别为禁止进口固体废物的物品仍在口岸存放，没有流入环境，没有造成实际环境污染和危害，但并不能因此而忽视或否定鉴别物品的潜在影响和污染风险，加强监管的目的是预防污染风险的发生。鉴别过程中如何应用环境影响这一判别依据呢？第一，同初级产品相比，该物质的使用是否环境无害。例如对报关名称为某精矿的疑似废物样品进行鉴别时，如果样品中有害元素含量超出《重金属精矿产品中有害元素的限量规范》（GB 20424—2006）的要求且有价金属物质的含量显著偏低时，可从严判为固体废物，这种情况是直接进行有害组分的比对分析，比较容易掌握。第二，同相应原材料相比，鉴别物品作为原材料使用时，是否产生更大的环境污染风险和健康危害风险。例如，对某些较为难判断的过程产物采用一些更系统的环境影响评价方法进行量化分析，如全生命周期环境影响评价方法，与正常原料相比环境污染风险是否增加，如果增加，便多了判断为固体废物的一个重要证据。第三，看鉴别物品中是否含有对环境有害的成分，而这些成分通常在所替代的原料或产品中没有，这些成分在其后的再循环过程中不能被有效利用或再利用。例如，通常铁精矿中铜和锌的含量要求很低，原则上应分别低于 0.2% 和 0.1%，如果报关名称为铁矿粉或废钢铁的鉴别物品中含有较高含量的铜或锌，便不能简单地判断为铁矿粉或废钢铁，应分析产物的真实来源，否则会影响炼铁高炉工况和生铁产品质量。第四，在鉴别实际中，有一类物质应特别注意，即查扣的以肥料名义报关进口的物品，由于很多废物可以作为肥料或肥料的原料来使用，土地处理是固体废物最为普遍的处理处置方式，也由于肥料施用于土地和农作物，其影响非常重要，鉴别判断时应多方面分析，看是否满足国家肥料标准的要求，严防借用肥料名义进口固体废物或利用土地处置境外固体废物。

前面提到固体废物概念的原有利用价值和过程产物难以衡量原有利用价值的问题，的确，固体废物属性鉴别对物品的可利用性是一个较为纠结又不可回避的问题。因为无论是作为商品或原材料还是作为固体废物进口，从大多数鉴别样品来看，往往会具有利用价值，即便是过去允许进口的固体废物，其驱动力仍是来自其可利用产生的经济价值；因为鉴别工作中自然或不自然地会考虑样品的可利用性，也是鉴别工作的着眼点之一；因为在案件查处和处理过程中，也不能回避物品的用途和价值大小。那么，鉴别过程中如何正确处理物品的可利用性和固体废物之间的关系呢？第一，判断物品是否属于固体废物与其可利用性没有必然的关系，可利用性不是区别固体废物和非废物的充分条件，具有经济利用价值甚至较高经济价值不是固体废物的本质特征，它只是决定固体废物流向和处置利用的动因和促进相应原料产品允许进口的重要理由。第二，固体废物的本质特征之一是物品、物质丧失原有利用价值，尽管很多情况下对原有利用价值不好理解和界定，但对于原料、产品或商品而言总是有其固有用途和主要用途，在鉴别工作中如果可确定物品是否具有固有用途和主要用途，那么离抓住属于固体废物的本质特征也就不远了，辅之以其他证据进行综合判断。第三，鉴别过程正确分析或体现出物品的可利用性还有其他重要作用，不能为了鉴别而鉴别、为了概念而概念、为了归类而归类，而是可以更深层次体现出相关政策的合理与否，也为案件的合理处理提供依据和信息，因而分析物品的可利用性应是鉴别工作者的责任。

自 2017 年下半年以来，由于国家实行更严厉的禁止固体废物进口政策，海关持续开展打击洋垃圾入境行动，通过委托鉴别案例，出现了洋垃圾化整为零的“蚂蚁搬家”式入境新动向，更具有隐蔽性，很容易被忽视。这些新动向具体表现形式为：一是航班旅客携带入境，例如西部某省份的机场海关相继查扣了多起由航班旅客入境时行李箱携带废手机显示屏、废手机、废线路板的情况，通过现场鉴别认定为禁止进口的固体废物；二是陆路旅客携带入境，如西北某陆路口岸发现入境旅客携带废线路板入境；三是货船空载返回境内时，夹藏一些废物隐蔽进境，例如某海关查获了船舶舱底夹带生活垃圾和货运船舶侧壁夹层私藏废钢铁入境的情况；四是船舶携带入境，例如某海关水上缉私机构查获运输船舶携带废轮胎，看似为防撞击和增加浮力的安全措施，实则为变相走私进口废轮胎。洋垃圾入境可谓是海陆空都有，这些情形下单批次入境废物数量很少，形态较简单，货值也不大，不易被发觉和被查处。由于我国禁止进口固体废物管理中并没有建立相应的豁免管理条件，凡是发现这种化整为零的进口固体废物的情况，也应鉴别为禁止进口的固体废物，不防微杜渐便会慢慢沉渣泛起、四处冒泡，蚕食政府部门辛辛苦苦建立起来的打击洋垃圾入境、净化国门的成果。

在对外开放和经济发展的不同时期，我国海关特殊监管区域借鉴国际自由贸易港（区）的通行做法和成功经验，先后设立保税区、出口加工区、保税物流园区、跨境工业区、保税港区、综保区等多种类型，国家正将上述不同类型特殊区域统一整合为综合保税区（简称为综保区）。综保区内保税维修业务是根据形势发展需要逐步拓展出来的新型加工业态。目前，我国特殊区域内的保税维修和再制造业务主要集中在航空、船舶、电子、机电、机械、机床等领域的产品，其中上海的航空器、船舶发动机、机电产品维修，天津港保税区开展的维修再制造业务包括航空器、船舶、医疗器械，厦门的航空领域维修，珠海的航空维修，苏州的电子和机电产品维修，在综保区等特殊区域发展较好，已形成配套发展、产业相对完整的维修产业；广西北海保税区墨盒、复印机以及喷墨打印机产品等的再制造过程中也涉及维修。这里很可能出现需要进行固体废物鉴别的一种新情况，保税维修物品是属于产品还是固体废物需要明确区分开，建立区分原则、目录依据和标准规范，当没有一定技术要求予以限定时，又很可能成为进口固体废物的便利渠道，冲击固体废物进口禁令政策，违背现行禁止进口固体废物的法律和政策要求。保税维修物品入境坚持以下几点很重要：第一，回归到固体废物概念的基本含义，物品应是没有丧失物品的原有利用价值或固有用途，可以并值得维修的商品，即进境物品原有商品属性没有发生根本性的改变，如进口保税维修的发动机经过维修后依然是发动机，进口保税维修的复印机经过维修后依然是复印机，进口保税维修的机床经过维修后依然是机床；第二，进口保税维修的商品是以高质化维修利用为目的，不是以消纳、无害化处置为目的，也不是以废物拆解的循环利用为目的，固体废物处置和利用获得的价值远远低于保税维修产品的价值；第三，保税维修和一些再制造是在特殊监管区内进行，企业要获得相应资质，鉴别过程中有必要对保税维修企业核实其合法经营资质，这应该成为判定产品的前置条件；第四，保税维修中产生的二次固体废物量要尽可能少，更换的部件多了、处理的难度大了都可能导致产生大量的固体废物，这是我国政府主管部门或监管部门不愿意看到的；第五，保税维修物品进境过程中含有的不具备维修条件的报废品数量应尽量低，虽然没有明确控制标准和管理依据，建议控制在不超过5% 含量范围为宜。企业搞保税维修和再制造要下足功夫，有专用场地、成熟技术、先进设备、检测能力、技术人员、进出口资质等基本条件，也要有对维修和加工处理产生的固体废物的处置消纳能力，如外运核销能力。这些也是保税维修物品固体废物鉴别中应该重视的方面。

固体废物属性鉴别是为了更好地执行国家固体废物进口管理的法律法规，体现出法规的严肃性。鉴别是由具有授权资质的专业鉴别机构进行，首先应站在国家和社会的高度，担负起责任，因此，鉴别人员必须掌握固体废物方面的法律法规和政策，知晓固体废物的分类和界定准则，进口物品固体废物鉴别在分析物品的产生来源、确定物品的自然属性基础上还体现出固体废物的社会属性。在鉴别工作中如何有效体现出固体废物的社会属性，有以下思考。第一，判断物质物品是否属于废物的原则依据应准确，目前的重要依据是固体废物的法律概念和《固体废物鉴别标准　通则》（GB 34330—2017）中的原则；判断物质物品属于固体废物的理由应清楚，2017 年之前主要依据环境保护部、海关总署等部门颁布的固体废物进口管理的三个目录、进口可用作原料的环境保护控制标准、固体废物进口管理办法，2020 年以后则是《固体废物污染环境防治法》中的“国家逐步实现固体废物零进口”的规定，委托方特别要求判断物品是否对环境有害时也应找到较为充分的理由，主要依据包括《国家危险废物名录》《危险废物鉴别标准》《控制危险废物越境转移及其处置巴塞尔公约》及其管理名录等。第二，对有些难下结论的物品，充分考虑行业或企业的通行做法，可以征求行业专家的意见，切忌站在个别利用企业角度来考虑问题，行业中的通行做法是展现固体废物社会属性的重要方面，比如由固体废物初步加工的再生原料产品的鉴别结论可能引发新的矛盾，对同一类物品有的鉴别机构判断为固体废物，有的鉴别机构判断为非固体废物，大家应理性看待这种情况，尤其对鉴别物质物品中夹杂物的控制，不能规定过高的夹杂物含量，也不能苛刻地规定很低且不容易实现的夹杂物或杂质成分含量。第三，应考虑国家的环境利益、人们的健康利益、国家形象是否会由于进口该物质物品受到不利影响和损害，对属于国家明令禁止进口的固体废物应坚定判断。第四，对国家有关部门许可的或相关文件规定的可不按照固体废物管理的物品，如实验用样品、再加工产物、旧货旧品、保税维修物品等，应明确产生来源依据和判断依据，当鉴别依据缺失又可能事关重大的情况下，建议鉴别机构向国家相关管理部门汇报和咨询。第五，应密切关注国家生态环境管理的宏观策略和发展趋势，对那些由固体废物经过加工处理且符合相关再生原料产品标准可以进口的物质应做到心中有数。例如，对含有大量腐烂、霉变、混杂大量杂物的废纸、废塑料、纤维、橡胶等，应严格控制其进口，可按照海关商品目录中的城市垃圾进行严判；对于符合再生钢铁原料产品标准、再生塑料颗粒产品标准、再生铜原料产品标准、再生黄铜原料产品标准、再生铝原料产品标准、再生纸浆原料产品标准、再生氧化锌产品标准等的原材料均不再判断为固体废物。第六，监管和执法部门要求鉴别报告或鉴别机构提供一些进口物品鉴别的必要信息，鉴别机构可结合各自单位的具体要求尽量满足，编写鉴别报告应结论简明而又内容全面，符合《进口货物的固体废物属性鉴别程序》的相关要求。

固体废物鉴别是对固体废物的概念及其本质的延伸应用，更是对固体废物鉴别标准的具体应用，以上是我对鉴别工作的切身体会，从鉴别样品首要判断解决的问题、标准或规范的使用、物质溯源的几个关键节点的把握、过程产物的判断、特征特性分析、废物资源加工产物的判断、混合物的判断、有意和无意生产、生产目的和质量控制、环境影响、利用价值、"蚂蚁搬家"式的进口新动向、保税维修和再制造物品的鉴别、固体废物的社会属性等方面进行的思考总结，都是来自鉴别实践中获得的经验和知识。鉴别是基于所掌握的实验数据和来源信息进行推导判断，鉴别过程较为复杂，很多疑难杂症的案例开了我国同类物品鉴别工作的先河，由于经验和知识的局限性会导致有的判断可能存有争议，敬请读者批评指正！

周炳炎

2023 年 11 月